"十四五"普通高等教育本科系列教材

中国电力教育协会高校能源动力类专业精品教材

U0159025

（第二版）

传热学

编著　刘彦丰　梁秀俊　高正阳　刘　璐
主审　王秋旺　杜小泽

中国电力出版社
CHINA ELECTRIC POWER PRESS

内 容 提 要

本书共 11 章，按传热学知识的系统性进行阐述：第 1 章为概述，第 2～4 章为导热，第 5～7 章为对流传热，第 8～9 章为辐射传热，第 10 章为传热过程与换热器，第 11 章为传热学专题。主要部分按照先介绍基础知识和基本内容，再介绍加深和拓展内容的顺序进行编排。

本书充分考虑学生学习的认知规律，教学内容分层次编排，部分内容相对独立，便于取舍。本书可作为能源动力类、机械类、土木工程类相关专业的教材，适用于 32～72 学时的教学安排。

图书在版编目（CIP）数据

传热学 / 刘彦丰等编著 . —2 版 . —北京：中国电力出版社，2021.4（2024.11 重印）
"十四五"普通高等教育本科系列教材　中国电力教育协会高校能源动力类专业精品教材
ISBN 978-7-5198-5384-6

Ⅰ . ①传… Ⅱ . ①刘… Ⅲ . ①传热学—高等学校—教材 Ⅳ . ① TK124

中国版本图书馆 CIP 数据核字（2021）第 033145 号

出版发行：中国电力出版社
地　　址：北京市东城区北京站西街 19 号（邮政编码 100005）
网　　址：http://www.cepp.sgcc.com.cn
责任编辑：吴玉贤（610173118@qq.com）
责任校对：黄　蓓　王小鹏
装帧设计：王红柳
责任印制：吴　迪

印　　刷：三河市航远印刷有限公司
版　　次：2015 年 2 月第一版　2021 年 4 月第二版
印　　次：2024 年 11 月北京第六次印刷
开　　本：787 毫米 ×1092 毫米　16 开本
印　　张：19.75
字　　数：387 千字
定　　价：58.00 元

扫码获取
资源

本书第一版作为教材在多所高校的相关专业得到了使用。为了进一步适应"育人为根本、能力为重点、学习为中心、成效为标准"的教学理念，更好地发挥教材在教学过程中的重要作用，在总结各方面反馈意见的基础上，对本书第一版的内容及编排顺序进行了全面的修订工作。修订后原有的一些不足得以改进，特点也更加鲜明，具体体现在：

（1）知识结构的系统性和教学内容的层次性合理优化。本书第一版将传热学主要内容分成了"基础传热学篇"和"传热学分析篇"。使用过程中发现部分内容位置不够合理，拆分成两篇使得知识结构的系统性受到影响。为此，第二版整体仍按照导热、对流传热、辐射传热、换热器和专题的顺序编排，但在导热、对流传热、辐射传热部分，按照先基础理论和基本内容，再加深和拓宽的原则进行编排。如第 2～4 章为导热部分，第 2 章为导热基础，包括导热问题分类、傅里叶导热定律、导热问题的数学描写、一维稳态和零维非稳态问题的分析求解等内容，此为各学时均应安排的教学内容；第 3 章为二维稳态及非稳态导热的分析求解，第 4 章为导热问题的数值解法，可根据专业和学时选学这两章内容。第 5～7 章为对流传热部分，第 8～9 章为辐射传热部分，编排方式与第 2～4 章类似。因此，第 1、2、5、8 章构成了"基础传热学"，为最低学时（32 学时）必须学习的部分；48 学时的课程应再学习第 7、9、10 章的内容；64 学时以上的课程应再学习第 3、4、6 章的内容；第 11 章为拓展学习的内容。

（2）典型问题的多层面综合分析。本书第一版选取部分实际问题，在不同的例题和习题中进行不同层面的分析，以培养学生综合分析和解决传热问题的能力，同时增加知识的关联性，加深学生对基本知识的理解。本书第二版进一步加强了这方面的特色，比如，对于一个无限长矩形截面金属体电加热的问题，通过 4 个例题，从导热问题分类、数学描写、理论分析解、数值求解等多层面进行分析。再如，对一个平板式太阳能集热器，通过 6 个例题，对其外表面的对流散热、中间夹层的自然对流散热、表面涂层的发射率和吸收比、集热效率等进行计算。类似的典型问题在附录 19 中给出了详细列表。

（3）增加了数字资源。随着信息技术的不断发展和学生学习习惯的变化，本书第二版增加了相关的数字资源。主要包括传热学工程应用相关的视频、核心内容讲解微课、导热虚拟仿真实验软件及程序的演示视频、部分习题参考答案和部分习题详解（文中相应位置标 *）。在附录 20 中给出了本书配套数字资源的目录，读者可以扫描二维码获取。

本版修订工作分工如下：刘彦丰负责第 1 章和全书的统稿，刘璐负责第 2 章，梁秀俊负责第 3～7 章和第 10、11 章，高正阳负责第 8、9 章，相关数字资源也由对应教师负责。

本书第一版由王秋旺教授和杜小泽教授审稿，杜小泽教授对修订后的第二版再次进行了认真审阅，并提出了许多宝贵的意见和建议，在此向他们表示感谢。同时向所有为本书修订提出建议的师生给予的支持表示感谢。

鉴于编者水平所限，书中不足之处在所难免，恳请读者批评指正。

编 者

2021 年 3 月

第一版前言

传热学是研究由温差引起的热量传递规律的一门学科。由于传热学在科学技术领域的广泛应用，它已成为许多工科专业的一门重要技术基础课程。一门课程的学习，不仅应使学生掌握相关的知识，还应该能够使学生的综合能力得到锻炼和提高。这就需要教师能够真正理解学生的学习过程，以提高学生的学习效果为目标开展教学。本书的作者近年来围绕这一教学理念不断开展教学改革的实践和探索，并且为了适应教学改革的需要编写了《传热学》内部讲义，在中国电力出版社的鼓励和支持下，经过不断地修改和补充，现予出版。

本书的主要特点体现在以下几个方面：

（1）教学内容分层次。本书将传统传热学内容整理成了两个层次，分别为基础传热学篇和传热学分析篇。将传热学中最基本的概念、理论和应用等提炼出来，形成传热学的基础知识，称之为基础传热学篇。这一部分内容没有过多的理论推导，学生学习相对容易，同时也是学生学习该课程必须掌握的内容。将以理论分析为主的内容、导热问题的数值解法和相变传热等整理成了传热学分析篇。学生在学习基础传热学之后，再进行该部分的学习，困难会降低，同时也可进一步加深对原有内容的理解。

（2）注重对综合性传热问题的分析。我们日常生活及实际工程中的传热问题多是综合的，在这些问题中往往是多种传热模式共存。能够正确分析问题中存在哪些传热模式，并利用能量守恒定律分析它们之间的相互关系，是解决问题的关键。因此，本书第 1 章和第 5 章都是强调对学生该方面能力的培养。本书还在例题和习题的设计上，尝试采用典型问题贯穿的形式。如本书多处对高温金属件自然冷却问题进行分析，在第 1 章例题中对其涉及的传热模式和能量守恒关系进行分析，在第 3 章习题中计算其对流传热表面传热系数，在第 5 章习题中利用集总参数模型分析金属件温度的变化，在第 8 章和第 9 章习题中又进一步采用分析解法和数值解法求解该问题。类似的问题还有对多层玻璃窗、平板式太阳能集热器、等截面直肋片、换热器等的传热分析和计算。这种方法有利于提高学生的学习兴趣，加深学生对重要知识的掌握程度，培养学生分析和解决综合问题的能力。

（3）采用了传热模式的概念。从机理上，热量的传递有导热、热对流、热辐射三种基本方式，但工程上更关注的则是纯导热、对流传热和辐射传热三种热量传递的现象。因此，本书将导热、对流传热、辐射传热定义为热量传递的三种基本模式。对具体传热问题进行分析时，分析清楚传热模式即可，而不必分析其机理。

本书第 1、2、4、5、6、12 章和第 13 章的 13.1～13.3 节由刘彦丰编写，第 3、10、11 章和第 13 章的 13.5 节由高正阳编写，第 7、8、9 章和第 13 章的 13.4 节由梁秀俊编写，全书由刘彦丰统稿。

本书由王秋旺教授和杜小泽教授审稿。两位对本书的初稿进行了认真的审阅，并提出了许多宝贵的意见和建议，在此向他们表示衷心感谢。在前期的试用中，华北电力大学（保定）李斌、高建强、方立军、高鹏、刘璐和董静兰也都提出过有益的建议，编者在此一并致谢。

限于编者水平，书中疏漏和不足之处在所难免，恳请读者批评指正。

编　者
2014 年 12 月

目　录

第 1 章　概　　述

工程热力学是研究热能及其转换规律的一门学科。在热能与机械能转换的热力过程中，需要系统不断地通过边界与环境进行热量传输，热力学中不涉及热量传输的方式以及热量传输的速率，但这些内容对于一个热力系统的具体设计和运行非常关键。传热学是研究在温差作用下热量传递规律及其应用的一门学科，重点是研究不同情况下传热方式以及相应的热量传递速率的计算方法。传热不仅是常见的自然现象，而且广泛存在于工程技术的各个领域。因此，工程热力学与传热学两门学科各有侧重、相互补充，成为热科学的主要内容。学习本章的目的是希望读者能够初步了解传热学在典型工程技术领域的应用，正确理解三种不同的热量传递模式，树立采用能量守恒观点分析传热问题的思想，为以后章节的学习打下基础。

1.1　传热学的研究内容及其工程应用

1.1.1　传热学的研究内容

热能是自然界最普遍的一种能量存在形式。宇宙中一切物质，无论是人、树木等生物体，还是尘土、冰川等非生物体，都具有一定的热能。物质具有热能多少的宏观表现就是其温度的高低。根据热力学第二定律，凡是有温差的地方，就有热能自发地从高温物体传向低温物体或从物体的高温部分传向低温部分。在不会引起歧义的情况下，通常也将热能传递称为热量传递。

传热学就是研究在温差作用下热量传递规律及其应用的一门学科。传热学和热力学都属于物理学中热学的分支。传热学的研究历史最早可追溯到 1701 年，英国科学家牛顿（I. Newton）在估算烧红铁棒的温度时，就提出了被后人称为牛顿冷却公式的数学表达式。1804—1822 年，法国物理学家毕渥（J. B. Biot）、傅里叶（J. B. J. Fourier）等开始了导热问题的系统研究。1800 年，英国天文学家赫歇尔（F. W. Herschel）在观察太阳光谱的热效应时发现了红外线，随后众多的物理学家对热辐射进行了理论和实验研究。到 20 世纪 30 年代，传热学逐渐成为一门独立的学科。

虽然热量传递的三种基本方式（热传导、热对流和热辐射）是大家所熟知的，但是一个具体问题究竟包含哪一种或哪几种热量传递方式，这些热量传递方式之间是怎样的关系，还需要利用传热学知识去判断，这也是研究传热问题的基础。温差是传热的条件，确定物体内部的温度分布就成为传热问题研究的核心。在很

微课1
传热学的研究
内容及其应用

多的工程问题中，我们还需定量计算热量传递的速率，以便对换热设备进行设计或优化。以上这些内容就构成了传热学的主要研究内容。

传热学中常用热流量和热流密度表示热量传递速率的大小。热流量表示单位时间内通过某一给定面积的热量，用 Φ 表示，国际单位为 W；热流密度是单位时间内通过单位面积的热量，用 q 表示，国际单位为 W/m^2。

1.1.2　传热学的工程应用

传热不仅是常见的自然现象，而且广泛存在于工程技术的各个领域。在能源动力、建筑环境、材料冶金、石油化工、机械制造、航空航天等工业中传热学发挥着极其重要的作用；生物医学、电气电子、食品加工、轻工纺织、农业生产等领域也都在不同程度上依赖传热研究的最新成果。虽然在各行业中遇到的传热问题千差万别，但从传热研究的角度这些问题大致可分为两种：一种主要是为了确定物体内部或空间区域中的温度分布，以便对其温度进行控制，使设备能安全地运行；另一种主要是为了计算传热过程中热量传递的速率，以及确定在一定条件下强化传热或削弱传热的技术途径。

下面对一些技术领域或工程中的传热现象及其应用情况进行简单介绍，以帮助读者对传热学的应用背景和研究对象有一个初步的认识。

（1）火力发电厂。火力发电厂是利用煤、石油、天然气等燃料生产电能的工厂。图 1-1 所示为火力发电厂生产过程示意，燃料在锅炉中燃烧加热水使之成为蒸汽，将燃料的化学能转变成热能；蒸汽推动汽轮机旋转，热能转换成机械能；汽轮机带动发电机旋转，将机械能转变成电能。整个过程在实现能量转换的同时也存在着大量的热量传递过程。

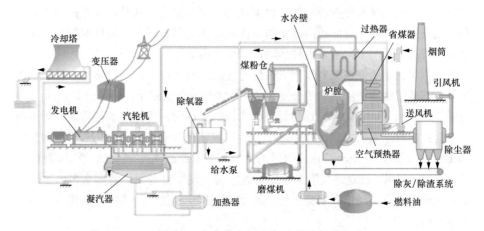

图 1-1　火力发电厂生产过程示意

锅炉的换热面（水冷壁、过热器、再热器、省煤器、空气预热器）及凝汽器等都是两种流体进行热交换的设备，这些设备的热力性能设计及其运行都直接影响机组的技术经济指标。机组中一些厚壁设备（如汽包、汽轮机的汽缸壁等）在启动、停机或变工况运行中其内部的温度控制对机组的安全性有重要的影响。发电机转子、定子及铁芯冷却技术的提高也是大机组发展中的一项关键技术。

（2）建筑环境工程。建筑环境工程为人们提供舒适的居住场所，同时最大化地节约能源消耗，是现代建筑设计的重要指标之一。在我国，目前建筑能耗约占全社会总能耗的三分之一，其中最大的是采暖和制冷，与气候条件相近的发达国家相比，我国建筑采暖能耗要高很多。因此，建筑物围护结构（墙体、门窗、屋顶等）的保温、隔热性能设计，将太阳能利用与建筑设计相结合，提高建筑物内暖通空调设备的能源利用效率都极为重要。

如图 1-2 所示，平板式太阳能集热器是收集太阳辐射能量进行热利用的一种装置，其中涉及多种形式的传热问题。近年来，随着技术的不断成熟，该装置也越来越多地在节能建筑上使用。

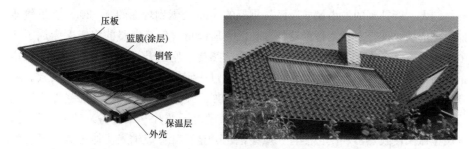

图 1-2　平板式太阳能集热器及其在建筑上的应用

随着人民生活水平的提高，空调得到越来越普遍的应用。图 1-3 所示为蒸汽压缩式空调制冷系统原理及蒸发器。系统中冷凝器和蒸发器传热性能的改进，对缩小空调体积、提高能效起着关键作用。目前高效的空调制冷能效比（额定制冷量与额定功耗的比值）已达到 6.0。

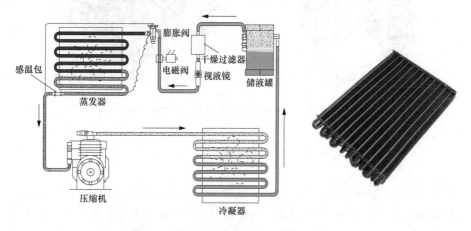

图 1-3　蒸汽压缩式空调制冷原理及蒸发器

（3）航空航天。太空中飞行的航天器，向阳面和背阴面有很大的温差，如何阻挡太阳的高温热辐射和本身向太空（温度约 3K）的热辐射，确保座舱内宇航员的正常生活与工作以及仪器设备的安全运行，在重返大气层时如何抵挡与大气摩擦产生的上千摄氏度高温，都是重要的工程传热问题。

（4）金属热处理。在机械制造行业中也存在着大量的传热问题，金属热处理是其中最为典型的情况。金属热处理是将金属工件放在一定的介质中加热到适宜的温度，并在此温度中保持一定时间后，在不同的介质（空气、水、油）中冷却，通过改变金属材料表面或内部的显微组织结构来控制其性能的一种工艺。对热处理过程中不同工作条件、不同材质及几何形状时工件的温度场进行预测和控制，均需用到传热学的知识。

（5）电子芯片的冷却。随着微电子制造技术的不断进步，蚀刻尺寸（在一个硅晶圆上所能蚀刻的最小尺寸）已从早期的 $3\mu m$ 发展到现在的 $3\sim20nm$。虽然器件尺寸的缩小使得芯片上每个器件的功耗有所降低，但是电路的集成度增加了几个数量级，整个电子芯片单位面积上产生的热量急剧上升。如果不能及时将该热量散出，电子芯片温度就会上升，当温度超过一定极限就会发生故障或失效。一方面传热技术的有效利用为芯片的冷却提供了保障（图 1-4 是两款台式计算机 CPU 的散热器）；另一方面为了应对更高密度电子芯片（或设备）的散热问题，发展了微尺度换热器、微型热管、微型记忆合金百叶窗、纳米流体等微细尺度的热控技术，这也拓展了传统的传热理论。

图 1-4　台式计算机 CPU 的散热器

1.2　热量传递的基本模式

大多数资料认为热量传递的方式有热传导、热对流和热辐射三种，这主要是根据热量传递的机理不同而区分的。但是在传热学的研究及工程应用中，通常将热量传递现象分为导热、对流传热和辐射传热三种基本模式。下面进行具体的说明。

1.2.1　热传导与导热

热传导是指依靠分子、原子及自由电子等微观粒子的随机热运动（热扩散）而引起的热量传递。热传导是物体的固有属性，固体、液体和气体中都可能发生热传导。从微观的角度来看，气体、液体、导电固体和非导电固体的热传导机理是不同的。在气体中，热传导是由分子的热运动和分子间的相互碰撞所引起的热量传递。图1-5所示为气体中热传导的示意。气体的温度越高，其分子的平均动能就越大，不同能量水平的分子相互碰撞，使热量由高温处向低温处传递。在非导电固体中，热传导是通过晶格的振动，即分子、原子在其平衡位置附近的振动来实现的。图1-6所示为非导电固体通过晶格振动热传导的示意。

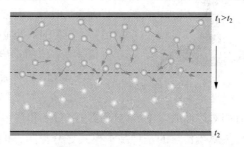

图 1-5　气体中热传导的示意

如图1-7所示，在导电固体中有相当多的自由电子，它们在晶格之间像气体分子那样运动，自由电子的运动在导电固体的热传导中起着主要作用。对于液体的热传导机理，至今还存在两种不同的观点。一种观点认为定性上类似于气体，只是分子间的距离更小、分子的相互作用更强；另一种观点认为液体的热传导机理类似于非导电固体，主要靠晶格的振动。微观机理的进一步论述已超出本书的范围，本书只讨论热传导的宏观规律。

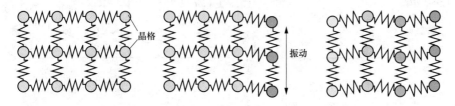

图 1-6　非导电固体通过晶格振动热传导的示意

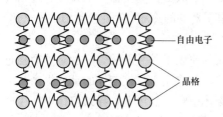

图 1-7　导电固体中热传导的示意

导热是指仅通过热传导发生的热量传递现象。导热是传热的三种基本模式之一。在密实固体内部的热量传递通常只有热传导，所以传热模式就是导热。对于两个温度不同的固体接触表面其热量传递模式也是导热。如图1-8所示，手握金属棒的一端，将另一端靠近灼热的火焰，就会有热量通过金属棒传到手掌，这种热量传递现象就是导热。在液体和气体内部，有温差必定就有热传导发生，但是通常也会伴随有热对流的存在，所以很难形成纯导热现象。典型的导热问题还包括：通过建筑物墙体的热量传递、热力管道由

图 1-8 导热的示意

内向外的散热、金属热处理过程中其内部的热量传递等。

1.2.2 热对流与对流传热

热对流是指流体发生宏观运动时，由于流体迁移携带引起的热量传递。热对流属于流体内部的另一种热量传递机理，但是，当流体内存在温差时，也必将伴随热传导，因此，热对流往往和流体的热传导同时发生，传热学中一般不讨论单独的热对流问题。

对流传热（对流换热）是指流体与固体壁面有相对运动时，两者之间通过热对流和热传导方式所发生的热量传递现象。对流传热属于传热的三种基本模式之一。图 1-9 所示为对流传热示意。当黏性流体在固体壁面上流动时，由于黏性的作用，在靠近壁面的地方流速逐渐减小，图 1-10 示意性地表示了这种近壁面处流速的变化。在贴壁处流体将被滞止而处于无滑动状态，换句话说，贴壁处总会存在一个极薄的流体层相对于壁面是不流动的，壁面与流体间的热量传递必须穿过这个流体层，而穿过不流动的流体层的热量传递方式只能是热传导。因此，从机理上来分析，对流传热包含了紧贴固体壁面处静止流体薄层内的热传导和流体内部的热对流及热传导。

图 1-9 对流传热示意   图 1-10 对流传热的机理分析

对流传热是生活或工程上一个非常普遍的现象，比较典型的对流传热问题包括：房间内空气与墙壁的换热、淬火过程中金属表面与周围流体的换热、食物在流体中的加热或冷却、冷风对电器设备或电子器件的冷却、工业换热器中冷（热）流体与壁面的换热等。

在对流传热现象中，驱使流体流过壁面的原因不外乎两种。一种是外力强迫流体流动，如在风机、泵或其他压差等外部动力作用下，使流体的动能提高从而获得宏观速度，称为强制对流；另一种是流体中存在温度差，导致流体中产生密度差，在体积力的作用下就会产生浮升力而促使流体发生流动，称为自然对流。图 1-11 所示为强制对流和自然对流传热对比的示意。

若在对流传热现象中流体由于吸热或放热发生相态的变化，则称为有相变的对流传热。如液体在高于其饱和温度的表面被加热而沸腾，由液态变为气态；蒸气被低于其饱和温度的表面冷却而凝结，由气态变为液态。图 1-12 所示为凝结与沸腾传热的示意。

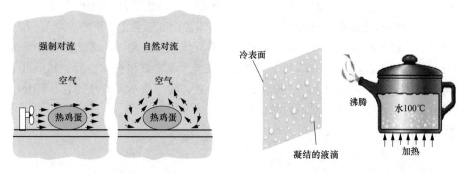

图 1-11　强制对流与自然对流　　　　图 1-12　凝结与沸腾传热的示意
　　　　　传热对比的示意

无论是哪一类对流传热，其对流传热的热流量目前仍使用牛顿冷却公式计算，即

$$\Phi = hA\Delta t \tag{1-1}$$

其中　　　　　　$\Delta t = t_w - t_f(t_w > t_f)$，或 $\Delta t = t_f - t_w(t_w < t_f)$

式中：h 为整个固体表面的平均表面传热系数（或对流传热系数），$W/(m^2 \cdot K)$；A 为流体与固体表面接触的面积，m^2；t_w 为固体表面的平均温度，℃；t_f 为流体温度，℃。

由于流体温度在空间上有变化，习惯上，当固体壁面与有限空间的流体进行对流传热时，t_f 取空间内平均的流体温度；当壁面与大空间的流体进行对流传热时，t_f 取远离壁面未受传热影响的流体温度，用符号 t_∞ 表示。

为了使读者对表面传热系数的大小有一个初步的印象，在表 1-1 中列举了不同对流传热类型的表面传热系数数值范围。

表 1-1　　　　　不同对流传热类型的表面传热系数数值范围　　　　$W/(m^2 \cdot K)$

对流传热类型	表面传热系数 h
空气自然对流传热	1～10
水自然对流传热	200～1000
空气强制对流传热	3～100
高压水蒸气强制对流传热	500～35 000
水强制对流传热	1000～15 000
水沸腾	2500～35 000
水蒸气凝结	5000～25 000

1.2.3　热辐射与辐射传热

辐射是指物体通过电磁波传递能量的方式。任何物体均由微观粒子（电子、质子、离子等）构成，若由于某种原因，微观粒子的运动状态发生改变，就会伴随着辐射能量的产生。有多种原因可以诱使物体向外发射辐射，例如，γ 射线是原子核能级跃迁衰变时释放出的射线，无线电波是导体中电流强弱的交替改变产生的电磁波。**热辐射**就是指由于物体微观粒子的热运动向外发射的辐射。

不同的辐射具有不同的波长和频率。在日常生活和工业上常见的温度范围内，热辐射的波长一般为 $0.1\sim100\mu m$，包括部分紫外线、可见光（$0.38\sim0.76\mu m$）和部分红外线三个波段。图 1-13 所示为热射线在整个电磁波谱中的位置。其中可见光又可按波长从长到短分为红、橙、黄、绿、蓝、靛、紫不同颜色的光，红外线又可分为近红外（$0.76\sim25\mu m$）和远红外（$25\sim1000\mu m$）。

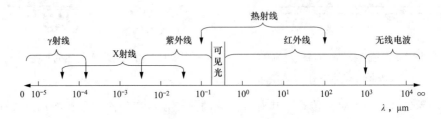

图 1-13　热射线在整个电磁波谱中的位置

物体产生的热辐射随波长的分布规律与其温度紧密相关。在工业上所遇到的温度范围内，即 2000K 以下，大部分辐射能量位于近红外的范围内，在可见光范围内的能量不超过 1.3%。太阳辐射是和我们日常生活紧密相关的，太阳相当于一个温度约为 5762K 的物体，太阳辐射的能量主要集中在 $0.2\sim3\mu m$ 的波长范围内，且可见光所占的比例约为 45%。

对于大多数的固体和液体，内部分子发出的热辐射被临近分子强烈吸收，因此，由固体或液体表面向外发出的热辐射是由离暴露表面约 $1\mu m$ 之内的分子发出的。同样，当热射线穿过空间，落到固体或液体表面上时，除了一部分能量被表面反射以外，其余的被表面薄层里密集的分子吸收。虽然像玻璃、石英之类的固体和多数液体对可见光具有一定的透射性，但对红外辐射同样表现出强烈的吸收性。正因为这些原因，通常将固体或液体向外发出和吸收热辐射看作一种表面物理现象，即取决于材料的表面性质、特征和温度，与其内部状况无直接关系。

O_2、N_2 等具有对称结构的双原子气体无发射和吸收热辐射的能力，称为热辐射的透热介质或非辐射性气体。因此，通常可将空气作为非辐射性气体。而 CO_2、H_2O（气）、SO_2、氟利昂等多原子气体和结构不对称的双原子气体（如 CO）则具有辐射能力（包括辐射和吸收），它们被称为辐射性气体。工业上含碳燃料燃烧所产生的烟气一般含有大量的 CO_2 和水蒸气，因此必须将其作为辐射性气体考虑。例如在锅炉的炉膛内，燃料燃烧产生的热量主要通过烟气的热辐射传递给炉膛四周并联管组成的水冷包壳（水冷壁）。

辐射传热（或辐射换热）就是物体之间通过发射与吸收热辐射进行热量传递

的现象。自然界所有物体（固体或液体）都不停地向空间发出热辐射（包括自身的辐射和反射环境的辐射），同时又不断地吸收从环境投入到其表面的热辐射。即使两个物体的温度完全相同，它们之间发射和吸收热辐射的过程也没有停止。

相比于导热和对流传热，辐射传热具有以下特点：

（1）辐射传热总是伴随着物体的热力学能与辐射能这两种能量形式之间的相互转化。物体发射热辐射时，其热力学能转化为辐射能；在物体吸收热辐射时，辐射能又转化为物体的热力学能。

（2）热辐射不依靠中间媒介，可以在真空中传播，太阳辐射穿过浩瀚的太空到达地球就是典型的实例。

1.2.4　分析实际问题中的注意事项

以上分别介绍了热量传递的三种基本模式：导热、对流传热和辐射传热。在一些实际问题中可能存在多个热量传递的环节，甚至在其中一个环节中就存在多种模式。正确判断其中的传热模式是解决问题的基础。对实际问题进行分析时，需要注意以下几点：

（1）在不透过热射线的密实固体内的热量传递只有导热。

（2）对于玻璃、塑料等固体材料以及液体，若表面有可见光波段的辐射存在，还需考虑该部分辐射在其内部的传递和吸收。

（3）对于没有外力推动的液体和气体，若内部存在温度差，必然会产生密度差，但是若密度增加的方向与体积力场方向一致，则不会产生浮升力，其内部的热量传递仍是导热，否则就会产生自然对流。

（4）有宏观流动的流体与固体表面的换热一定存在对流传热，但若流体为非辐射性气体（如空气），则表面还必与其可见的其他表面进行辐射传热。

（5）对于表面与外界的辐射传热，一定要明确是与哪个表面或介质之间发生辐射传热。

1.2.5　稳态传热与非稳态传热

无论是哪一种热量传递现象，如果系统中各点的温度（t）不随时间（τ）而改变则称为稳态传热，反之则称为非稳态传热。本书在导热问题中会涉及非稳态过程，而对于对流传热和辐射传热一般只讨论稳态的情况。

例题 1-1　图 1-14 中，在两个温度不同的水平夹层内有液体存在，试分析图（a）和图（b）中冷、热表面间热量传递的模式有何不同。

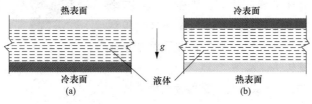

图 1-14　例题 1-1 附图

题解：

图 1-14（a）中热量传递的模式为导热。虽然水平夹层中液体上、下有温度差，也存在密度差异，但是下面的温度低，密度大，上层温度高，密度小。密度增加的方向与重力场方向一致，不会产生浮升力。此外，上、下表面发出的热辐射都属于红外辐射，无法穿透液体层，因此，两表面之间也不会有辐射传热的存在。

图 1-14（b）中热量传递的模式为自然对流传热。该情况正好与图 1-14（a）相反，下层流体密度小，上层流体密度大，因此，在重力场作用下，流体发生宏观的运动，流体与上、下壁面之间发生自然对流传热。

例题 1-2 如图 1-15 所示，将一个高温的金属件悬吊在房间中，分析其冷却过程的传热模式。

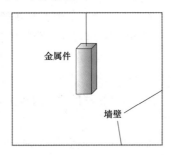

金属件

墙壁

图 1-15　例题 1-2 附图

题解：

该问题中的热量传递分为两个环节，首先是热量从金属件的内部向表面的传递，然后是通过表面向周围环境的散热。由于金属件的温度随时间变化，故该问题属于非稳态传热。

在第一个环节，即热量从金属件的内部向表面的传递，传热模式只能是导热。在第二个环节，金属件表面与环境的换热又分两个方面，一是与周围空气进行的对流传热，属于自然对流传热；二是与周围墙壁进行的辐射传热。

例题 1-3 换热器是工业上常见的一种设备，它将热流体的部分热能传递给冷流体，使流体温度达到工艺流程规定的指标。图 1-16 所示为一种用于将水蒸气凝结的换热器，分析其中存在的传热模式。

题解：

该问题中的热量传递分为三个环节，分别是从水蒸气到冷却管外壁面的传热；从冷却管外壁面到内壁面的传热；从冷却管内壁面到冷却水的传热。

在第一个环节中，水蒸气在冷却管外壁面凝结释放热量，属于有相变的对流传热；在第二个环节中，热量以导热的形式从冷却管外壁面传到内壁面；在第三个环节中，冷却管内壁面与冷却水进行强制对流传热。

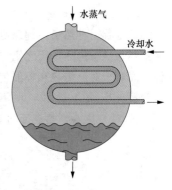

水蒸气

冷却水

图 1-16　例题 1-3 附图

例题 1-4 对一个双层玻璃窗的传热模式进行分析（见图 1-17）。分析的条件是夏日的白天，有太阳光线照射到玻璃窗，室外的空气温度高于室内的空气温度。

题解：

（1）多数普通玻璃对可见光具有很高的穿透性（大于90％以上），因此大部分太阳的辐射能可以直接穿过玻璃到达室内。

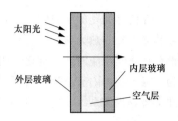

图 1-17　例题 1-4 附图

（2）存在的其他传热模式包括：①室外空气与外层玻璃外表面的对流传热，外界环境与外层玻璃外表面的辐射传热；②通过外层玻璃的导热及穿过玻璃的辐射；③两层玻璃之间的换热包括：两玻璃表面之间的辐射传热，夹层内的空气与两侧表面的对流传热（若间距和温差很小时，也可视为导热）；④通过内层玻璃的导热及穿过玻璃的辐射；⑤内层玻璃窗表面与室内空气的自然对流传热，也有与其他表面的辐射传热。

1.3　能量守恒定律在分析传热现象中的应用

在传热现象分析中，能量守恒定律是非常重要的工具。为给以后的学习作准备，现给出能量守恒定律在分析传热现象中的一些具体表达式。

1.3.1　能量守恒定律的基本形式

能量守恒定律指出：能量既不会凭空产生，也不会凭空消失，它只能从一种形式转化为其他形式，或者从一个物体转移到另一个物体，在转化或转移的过程中，能量的总量不变。能量守恒定律是自然界最普遍、最重要的基本定律之一。能量守恒定律可表示为

$$E_{in} - E_{out} = \Delta E \tag{1-2}$$

式中：E_{in} 和 E_{out} 分别为进入和离开系统的总能量；ΔE 为系统总能量的增加。

系统的总能量 E 包括：①系统的热力学能。广义热力学能是指构成系统的所有分子无规则运动动能（内动能）、分子间相互作用势能（内位能）、分子内部以及原子核内部各种形式能量的总和。内动能是温度的函数，对应的这部分能量也称为显能；内位能的改变将影响物质相态（固态、液态和气态）的转变，这部分能量称为潜能。内动能和内位能之和就是热能。由于通常的物理过程不涉及分子内部以及原子核内部能量的变化，所以热能也可看作是狭义的热力学能。②系统的动能和势能。动能取决于物体的宏观运动速度，势能取决于物体在外力场中所处的位置。它们都是因为物体作机械运动而具有的能量，所以合称为机械能。

通过边界进、出系统的能量包括：①以传热模式（导热、对流传热或辐射传热）传递的热量；②在系统边界处发生的功（由于边界移动、轴转动等），外界对系统做功或系统对外界做功；③工质携带的能量，如果有流体流入、流出系统，则流体必定携带相应的热能和机械能。

微课3
能量守恒定律
在分析传热
现象中的应用

在传热问题的研究中，有时候也会遇到分子内部或原子核内部储存能量（即除热能以外的热力学能部分）的改变，其改变部分通常会转化成热能；如物体内部存在化学反应时，将有化学能与热能的转换；物体内部有核反应时，核能转变为热能；物体内有电流通过时，电能转变为热能。对于这些系统内产生的热量，通常将其当作系统的内热源。若系统存在内热源，则式（1-2）的能量守恒关系式可改写为

$$E_{in} - E_{out} + Q_g = \Delta E_{st} \tag{1-3}$$

式中：Q_g 为内热源所生成的热量；E_{st} 为系统中热能和机械能的变化。

内热源产生热量的多少与产生热源的容积及热源强度有关。内热源强度定义为内热源在单位体积内单位时间所产生的热量，用符号 $\dot{\Phi}$ 表示，单位是 W/m^3。若系统内热源强度均匀，则有

$$Q_g = \dot{\Phi} V \Delta \tau \tag{1-4}$$

下面对几种常见包含传热现象的控制系统进行能量守恒分析。

1.3.2　封闭控制容积

对于如图 1-18 所示的一个封闭的控制容积，它边界上通过传热与外界交换能量，容积内部有内热源存在，系统没有机械能的变化。对于该类型问题，在一个时间段（$\Delta \tau$）内，其能量守恒关系可表示为

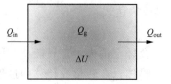

$$Q_{in} - Q_{out} + Q_g = \Delta U \tag{1-5}$$

图 1-18　封闭控制容积的能量守恒关系

式中：Q_{in} 和 Q_{out} 为通过界面传入和传出控制容积的热量；ΔU 为储存在控制容积中热力学能的增量。

在单位时间内，上面的能量守恒关系可表示为

$$\frac{dU}{d\tau} = \Phi_{in} - \Phi_{out} + V\dot{\Phi} \tag{1-6}$$

式中：$dU/d\tau$ 为系统的热力学能增加速率；Φ_{in} 和 Φ_{out} 是通过界面传入和传出控制容积的热流量。

对于稳态问题，必定有 $dU/d\tau = 0$。

1.3.3　稳定流动的开口控制容积

工程上常遇到工质流过热力设备的问题，如换热器、散热器或流体在管道内的换热等。图 1-19 所示的具有稳定流动的开口控制容积，流体与设备的壁面以对流传热的形式进行热量交换，在设备的进、出口截面上有流体的流入和流出。流体流动处于稳定状态。

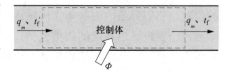

图 1-19　具有稳定流动的开口控制容积

在本书所讨论的问题中，认为流体无内热源，没有机械能与功的转化，系统进、出口截面上机械能的变化也很小，流体可作为不可压缩流体处理。

在单位时间内，该开口控制容积的能量守恒关系可表示为

$$\Phi = q_m(h_{\text{out}} - h_{\text{in}}) \tag{1-7}$$

式中：Φ 为流体与设备的边界上对流传热的热流量；q_m 为进出截面的质量流量，kg/s；h 为流体比焓（下标 in、out 表示进、出截面），J/kg。

对于无相变的流动过程，式（1-7）也可以写成

$$\Phi = q_m c_p(t_f'' - t_f') \tag{1-8}$$

式中：c_p 为流体的平均比定压热容；t_f' 和 t_f'' 为进、出截面上流体的平均温度。

对于有相变的流动过程，式（1-7）表示为

$$\Phi = q_m r \tag{1-9}$$

式中：r 为流体的相变潜热，J/kg。

1.3.4　表面的能量守恒

在传热学的研究中，也经常对系统或物体的某一表面进行能量守恒关系的分析。控制表面既没有体积，也没有质量，无论稳态还是非稳态问题，都不需要考虑能量的储存，也不需要考虑内热源是否存在，此时能量守恒方程变为

$$\Phi_{\text{in}} = \Phi_{\text{out}} \tag{1-10}$$

例题 1-5　对例题 1-2 高温金属件冷却过程中的能量守恒关系进行分析。

题解：

例题 1-2 题解已对金属件冷却过程中的传热模式进行了分析。如图 1-20 所示，热量从金属件的内部以导热形式向表面传递，金属件表面以对流传热和辐射传热的形式向外界散热。Φ_1、Φ_2、Φ_3 分别为从金属件内部以导热形式传向表面的热流量、金属件表面的对流散热热流量和辐射散热热流量。

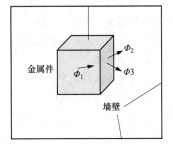

图 1-20　例题 1-5 附图

若以金属件整个外表面作为研究对象，可利用式（1-10）列出任意时刻整个表面的能量守恒关系，即

$$\Phi_1 = \Phi_2 + \Phi_3$$

若以整个金属件作为研究对象，则可利用式（1-6）列出任意时刻整个金属件的能量守恒关系，即

$$\int_V \rho c \frac{\partial t}{\partial \tau} \mathrm{d}V = -(\Phi_2 + \Phi_3)$$

讨论：通过对该问题的分析可知，对一个具体的传热现象分析，如何选取研究对象，需要根据问题的具体特点和研究目的来确定。

例题 1-6　若例题 1-3 中的换热器在如下参数下稳定运行：饱和蒸汽的温度为

33℃，蒸汽质量流量为 1.35kg/s，冷却水的进口温度为 17℃，出口温度为 23℃。忽略换热器向外界的散热，计算所需冷却水的质量流量。

题解：

分析： 根据例题 1-3 的分析，该换热器中有三个热量传递环节，即冷却管外壁面凝结形式的对流传热、从冷却管外壁面到内壁面的导热、冷却管内壁面与冷却水进行的强制对流传热。在稳定运行下，且忽略换热器向外界的散热时，三个环节所传递的热流量相等。同时，蒸汽凝结放出的热流量应等于冷却水在换热器中吸热的热流量。

计算： 根据附录查得 33℃下水的汽化潜热为 2423.73kJ/kg，利用式（1-9）可得换热器蒸汽凝结放出的热流量为

$$\Phi = q_{m1} r = 1.35 \times 2\ 423\ 730 = 3\ 272\ 035.5 (\text{W})$$

冷却水的平均温度为 $\bar{t}_f = (t'_f + t''_f)/2 = (17+23)/2 = 20(℃)$，查附录得冷却水的平均比定压热容 $c_p = 4183\text{J}/(\text{kg} \cdot \text{K})$。

利用式（1-8）可得换热器冷却水的流量为

$$q_{m2} = \frac{\Phi}{c_p(t''_f - t'_f)} = \frac{3\ 272\ 035.5}{4183 \times (23-17)} = 130.37(\text{kg/s})$$

 拓展资源： 传热学工程应用相关的视频

视频

1. 高强度钢的淬火过程
2. 航天飞行器的温度控制与返回舱的隔热
3. 绿色建筑与建筑节能
4. 塔式熔盐太阳能光热发电
5. 核燃料棒
6. 青藏铁路路基冻土的保护
7. 石墨烯与 CPU 散热
8. 液态金属与大功率器件的快速散热

 **思 考 题**

1-1   列举日常生活中导热、对流传热和辐射传热的例子。

1-2   与导热和对流传热相比，辐射传热有何特点？

1-3   你认为传热学与热力学的研究对象和研究内容有什么相同和不同？

1-4   说明热力学能、热能和热量的区别。

1-5   什么叫做内热源？内热源的强度如何表示？

1-6   为什么针对控制容积和针对表面的能量平衡关系有根本的差别？

1-7   一位家庭主妇告诉她的工程师丈夫说，站在打开门的冰箱前会感觉很冷，丈夫说

不可能，理由是冰箱内没有风扇，不会将冷风吹到她的身上。你觉得是妻子说得对，还是丈夫说得对？为什么？

1-8　夏季会议室中的空调把室温定在24℃，同一个房间在冬天供暖季内将室温也调到24℃。但是夏季室内人们穿短裤、裙子感觉舒适，冬天则必须穿长袖、长裤甚至毛衣才舒适。请问这是为什么？

1-9　解释冬天玻璃暖房的温室效应是如何形成的。

 习　　题

1-1　在冬天，某房间内有取暖设备，室内的空气温度高于室外。试对通过房间墙壁（单层砖墙）的散热过程进行分析，说明各环节的传热模式。

1-2　一个近似可看作圆球形的食物（例如鸡蛋），在沸水中煮熟后取出进行冷却。指出下面几种冷却过程中食物表面的传热模式：①放在一个大容器的冷水中；②用流动的冷水冲击；③悬放在室内；④悬放在室内，同时用冷风吹。

1-3　厂房内有一根输送热水的管道，管道材质为普通碳钢，其外面包有保温层，对其中的热量传递模式进行分析。

1-4　对火力发电厂中锅炉省煤器的热量传递模式进行分析。

1-5　对蒸气压缩式空调制冷系统中的冷凝器和蒸发器热量传递模式进行分析。

1-6　一个电烙铁，通电后其温度将逐渐升高，分析其中的传热模式及能量守恒关系。

1-7　图1-21是一个散热器的实物图，其底面接触热源，温度较高，平行的散热片之间有冷空气流过，对其中的热量传递模式进行分析。

1-8　对一个平房屋顶的外表面所涉及的传热模式进行分析：①在白天，有太阳辐射投射到屋顶表面，且室外温度高于室内温度；②在晚上，室内温度高于室外温度。

1-9　有一个家用电加热壶，其加热功率为2000W，容量为1.7L。若某次烧水测定中，5min将20℃的水加热到了100℃。计算：①水的平均升温速率；②加热过程中的热量散失（水的密度和比热容取60℃的数值）。

图1-21　习题1-7附图

1-10　在水沸腾试验中，对置于水中的不锈钢棒进行电加热。已知，不锈钢棒的直径4mm，加热段长10cm，测得加热功率为50W，表面的平均温度为109℃，水的压力为1.013×10^5 Pa。试计算该试验中沸腾传热的表面传热系数。

1-11　热线风速仪是工业上用于测量空气流速的一种仪器。其原理是将感测元件——一根通以电流而被加热的细金属丝置于通道中，当气体流过它时将带走一定的热量，此热量与流体的速度有关。某热线风速仪的探头直径为0.5mm，长度为20mm。通过标定已知$u=6.25 \times 10^{-5} h^2$，式中速度$u$和表面传热系数$h$的单位分别为m/s和W/($m^2 \cdot$ K)。在一次应用中，空气温度为20℃，风速仪探头表面温度稳定后为70℃，加热丝的功率为0.5W，

忽略加热丝表面的辐射散热。计算表面传热系数及风速。

习题1-13详解

1-12 有学生提出一个公共浴室节能的方法，采用洗澡后的废水余热对新的冷水进行预加热，以提高热能使用效率。已知废水的温度为 35℃，质量流量为 0.5kg/s，希望将废水降到 30℃。不考虑所用换热器的散热损失，试计算能将质量流量为 0.2kg/s 的冷水从 15℃ 加热到多少度？[水的比热容均取 $c=4183J/(kg \cdot K)$]

*1-13 某核燃料棒结构如图 1-22 所示，核燃料是铀混合物粉末烧结的二氧化铀陶瓷芯块，其形状可看作直径为 1cm 的长圆柱，在额定负荷时，其热功率相当于 $\dot{\Phi}=2.5 \times 10^8 W/m^3$ 的内热源。在核陶瓷芯块的外侧是厚度为 0.5mm 的锆合金套管。①计算锆合金套管外表面的热流密度；②若套管外是平均温度为 $t_f=310℃$ 的冷却工质，工质与壁面对流传热的表面传热系数为 $h=20\,000W/(m^2 \cdot K)$，计算锆合金套管外表面的温度。

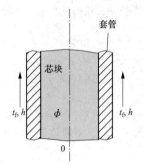

图 1-22 习题 1-13
附图

第 2 章 导 热 基 础

导热是指仅有热传导作用时所发生的热量传递现象。导热主要发生在相互接触且温度不同的物体之间或一个物体内部温度不同的部分之间。研究导热问题的主要目的是确定导热体内的温度分布（温度场）及导热所传递的热流量。导热的基本定律——傅里叶定律建立了导热热流密度与温度场之间的关系，因此确定导热体中的温度场就成为研究导热问题的核心内容。求解导热体温度场的方法主要有数学分析求解和数值求解。数学分析求解通过对导热问题的数学描写推导得到温度与其他变量之间的函数关系式。数值求解的概念和基本方法将在第 4 章专门介绍。本章主要介绍有关导热问题的分类、傅里叶定律、数学描写等基本概念和理论，以及典型一维稳态导热和零维非稳态导热的分析求解。

2.1 导热问题的分类

导热问题一般根据温度场和导热体的特点进行分类。温度场是各个时刻物体中各点温度所组成的集合，又称为温度分布。连续性介质的温度场可用函数的形式表示，如直角坐标系中的温度场可表示为 $t = f(x, y, z, \tau)$。确定导热体中的温度场是研究导热问题的核心内容。工程上通过确定温度场可以确定热量传递速率及热膨胀、热应力等相关的参数。导热体的特点包括导热体的几何特点、导热体内是否有内热源等。

1. 按照温度随时间的变化分类

在导热过程中，如果各空间位置处的温度不随时间发生变化，称为稳态导热，否则称为非稳态导热。

应该说，绝对的稳态导热是不存在的，所谓的稳态导热，只是在一定的时间范围内物体的温度变化足够小，我们将其近似处理的情况。例如，对于一个房间墙壁，仅仅研究其在某一时间段内的导热，若内、外侧温度不变，就可以将其简化为一个稳态问题。工程中许多热力设备在恒定工况下运行时，设备部件内的导热就可以看作是稳态的。

绝大多数的非稳态导热是由导热体换热条件的变化引起的。例如一年四季或一天 24h 大气温度的变化引起的地表层、建筑物墙壁温度变化；工程中热力设备（如蒸汽轮机、内燃机及喷气发动机等）在启动、停机或改变工况时引起的零部件内的温度变化；热加工、热处理工艺中工件在加热或冷却时的温度变化；火车在制动时由刹车瓦与车轮之间的摩擦热而引起的车轮的温度变化等。

在数学表达上，稳态导热时 $\dfrac{\partial t}{\partial \tau}=0$，非稳态导热时 $\dfrac{\partial t}{\partial \tau}\neq 0$。

2. 按照导热体的温度在空间上的变化分类

为了分析导热体的温度在空间维度上的变化，选取适当的坐标系非常重要。如一个平行六面体适宜在直角坐标系中分析，而一个圆柱体或球体则适宜在圆柱或球坐标系中分析。如图 2-1 所示，任意一点 P 在三个正交坐标系中的坐标分别表示为 $P\,(x,\,y,\,z)$，$P\,(r,\,\varphi,\,z)$，$P\,(r,\,\varphi,\,\theta)$。

按照导热体内的温度在空间维度上的变化情况，一般可以将导热问题分为一维、二维和三维导热。在分析实际问题时，往往根据相对尺寸的大小或求解精确度的要求忽略某方向的温度变化，将多维问题简化为较低维数的问题，从而降低分析求解的难度。

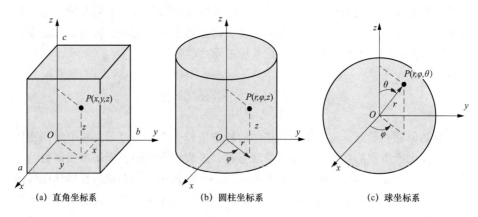

(a) 直角坐标系   (b) 圆柱坐标系   (c) 球坐标系

图 2-1　三个正交坐标系示意

如图 2-1（a）所示长方体内的三维导热，当符合以下情形时一般可简化为二维：①长方体的两个端面绝热，如上下两面绝热，则可忽略 z 方向的温度变化，$t = f(x, y, \tau)$；②某一方向尺寸远远大于其他两个方向的尺寸，如 $c\gg a$ 且 $c\gg b$，可忽略 z 方向的导热。当符合以下情形时一般可简化为一维：①长方体的某 4 个侧面绝热，如四周绝热，则可只考虑 z 方向的温度变化，$t=f\,(z,\ \tau)$；②某两个方向的尺寸远远大于第三个方向的尺寸，如 $c\gg a$ 且 $b\gg a$，实际中，$c>10a$ 且 $b>10a$ 即符合要求，则可只考虑 x 方向的温度变化，$t = f(x,\tau)$。

对于图 2-1（b）所示的圆柱（或圆筒壁）内部导热，大多数情况温度沿周向 φ 不发生变化，因此可简化为二维问题。当圆柱长度远远大于半径即 $l\gg r$ 或圆柱上、下底面绝热时，可简化为圆柱坐标系中径向一维导热 $t=f(r,\ \tau)$；如果圆柱侧面绝热，两端温度不相等，则可看作沿轴向的一维导热 $t=f(z,\ \tau)$。如图 2-1（c）所示的圆球（或球壳）导热，多数可简化为球坐标系中沿径向的一维导热 $t=f(r,\ \tau)$。

平壁、圆筒壁（长圆柱）和球壳分别是三个坐标系中典型的一维问题。

平壁，也称为大平壁或无限大平壁，是直角坐标系中的一维导热体。如图2-2所示，x轴表示导热即温度变化的方向，δ是该方向上平壁的厚度。例如通过玻璃窗、墙壁等的热量传递现象都可以当作平壁导热。

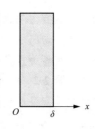

图2-2 平壁示意

圆筒壁（长圆柱）是圆柱坐标系中温度只沿径向r变化的一维导热。工程中实心的长圆柱导电体、输运流体的各类管道壁的导热等都属于此类问题，图2-3为圆筒壁示意。

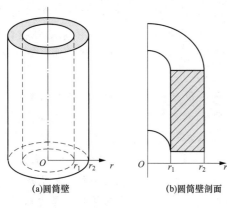

(a)圆筒壁　　(b)圆筒壁剖面

图2-3　圆筒壁示意

还有一种特殊情况，在非稳态导热问题中，如果导热体内各点的温度随空间位置的变化很小而可以忽略，则仅需考虑温度随时间的变化，此时相当于温度场和空间维度没有关系，称为非稳态导热的零维问题，或称为集总系统的非稳态导热，可表示为$t=f(\tau)$。

3. 按照导热体内是否存在内热源分类

导热问题按照导热体内是否存在内热源可以分为有内热源的导热和无内热源的导热。在第1章曾介绍过内热源的概念，当导热体内有核能、电能、化学能与热能的转换时，通常将这些形式的能量当作导热体的内热源。对于导热体内的化学反应，若是吸热过程，则$\dot{\Phi}<0$，即内热源为负值。

对工程实际中的导热现象进行分析时，首先要将其合理简化，确定所属导热问题的类型，然后寻求具体的解决途径。

例题2-1 一个断面为矩形且很长的金属导体，放置在室内，分析以下过程中导体内的导热类型：（1）初始情况下其内部温度均匀且等于周围的空气温度，从某时刻起开始通电加热，通电后最初的一段时间；（2）加热到一定时间后导体内各点的温度不再升高的这段时间；（3）切断电源后导体温度下降的过程。

演示1
例题2-1分析

题解： 由题意可知，金属导体很长，因此可忽略其长度方向的温度变化，其断面为矩形，适宜放在直角坐标系进行研究。对不同的过程，分析如下：

（1）通电后电能转化为热能，导体吸热温度不断升高，且在断面上中心温度高，边界处温度低。导热类型为直角坐标系中的二维、有内热源、非稳态导热。

（2）导体内各点温度不再升高，通电产生的热量等于边界向环境的散热，过程处于稳态。断面的中心温度仍高于表面的温度。此时导热类型为直角坐标系中的二维、有内热源、稳态导热。

（3）切断电源后，导体内没有了热源，导体温度下降，属于非稳态过程。此时导热类型为直角坐标系中的二维、无内热源、非稳态导热。

例题 2-2　某核燃料棒结构如图 1-22 所示，核燃料是铀混合物粉末烧结成的二氧化铀陶瓷芯块，其形状可看作直径为 d 的长圆柱，在额定负荷时，其热功率相当于 $\dot{\Phi}$ 的内热源，陶瓷芯块的外侧是厚度为 δ 的锆合金套管，套管外侧用温度为 t_f 的介质进行冷却。试分析核燃料棒在额定负荷时，陶瓷芯块及其套管中的导热类型。

题解：由核燃料棒的几何特性可知，宜在圆柱坐标系中分析，燃料棒很长，可认为温度只沿径向变化；在额定负荷时，整个工作系统的温度不随时间改变，为稳态过程。陶瓷芯块内的导热类型为圆柱坐标系中的径向一维、有内热源、稳态导热。套管内的导热类型为圆柱坐标系中径向一维、无内热源、稳态导热。

例题 2-3　刚采摘下来的苹果在很长的一段时间内，由于葡萄糖的分解而具有"呼吸"作用，结果会在其表面析出 CO_2、水蒸气，并在内部产生热量。在储存苹果的仓库进行通风以保持其温度恒定。确定苹果内的导热类型。

题解：葡萄糖分解产热相当于苹果的内热源，使其内部温度高于表面温度，苹果的形状可近似看作是球形，导热是沿径向进行的，通风使得苹果表面的对流散热等于其内部产热，从而保持其温度恒定。因此，苹果内的导热类型为球坐标系中径向一维、有内热源、稳态导热。

2.2　导热基本定律与导热系数

2.2.1　等温线和温度梯度

微课6
导热基本定律与导热系数

在一个非等温的物体内部，把同一瞬间物体内温度相同的各点连接起来构成的面称为**等温面**，它可能是平面，也可能是曲面。在任何一个二维的截面上等温面表现为**等温线**。在对导热问题的研究中，常采用等温线定性描述物体内的温度场，图 2-4 所示为等温线表示的一个物体内的温度场示例。温度不同的等温线彼此不能相交。在连续介质中，等温线在物体内不会任意中断，可以是闭合的或终止于物体的边界。

在同一条等温线上没有热流，热量只能在两个等温线（面）之间进行传递。尽管等温线之间的温差相同，但是，从等温线上任一点出发，沿不同方向到达另一条

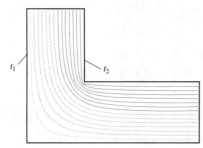

图 2-4　温度场示例

等温线时，其温度变化率是不一样的，在等温面的法线方向上温度变化率最大，如图 2-5 所示。为此，将等温面的法线方向上温度变化率定义为**温度梯度**。温度梯度是矢量，沿等温面的法向指向温度升高方向，用 grad$t$ 表示，即

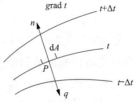

$$\mathrm{grad}t = \lim_{\Delta n \to 0}\left(\frac{\Delta t}{\Delta n}\right) = \frac{\partial t}{\partial n}\boldsymbol{n} \qquad (2\text{-}1)$$

图 2-5　等温线与温度梯度

因为热量总是自发地从高温部分传向低温部分，因此，热流传递的方向总是与温度梯度的方向相反。

2.2.2　导热基本定律

以导热形式所传递的热流量与哪些因素有关？遵循什么样的规律？法国物理学家毕渥根据平壁导热的实验首先提出了导热热流密度正比于两侧温差、反比于平壁厚度的规律。法国物理学家、数学家傅里叶在此基础上进一步凝练该物理问题的本质，并用更严谨的数学关系对导热问题的内在规律进行揭示，由此得到导热基本定律，也称为**傅里叶定律**。傅里叶定律可表述为：在导热过程中，通过任意点的热流密度正比于该点的温度梯度，而热量传递的方向则与温度梯度的方向相反，傅里叶定律的数学表达式为

$$\boldsymbol{q} = -\lambda \,\mathrm{grad}\, t \qquad (2\text{-}2)$$

式中：λ 为导热系数（或热导率），W/(m·K)。

如前所述，热流密度是矢量，指向与温度梯度相反的方向，在直角坐标系中，热流密度在三个坐标方向上分量的计算式为

$$q_x = -\lambda\,\frac{\partial t}{\partial x},\, q_y = -\lambda\,\frac{\partial t}{\partial y},\, q_z = -\lambda\,\frac{\partial t}{\partial z} \qquad (2\text{-}3)$$

利用式（2-3）计算得到的热流密度是隐含方向的，其方向指向坐标轴的正方向。

直角坐标系内，式（2-2）也可写为

$$\boldsymbol{q} = q_x\boldsymbol{i} + q_y\boldsymbol{j} + q_z\boldsymbol{k} \qquad (2\text{-}4)$$

傅里叶定律揭示了导热热流密度与温度梯度之间的内在联系，若已知导热体内部的温度分布，便可以利用导热基本定律确定导热的热流密度或热流量，它是研究导热问题的理论基础。

随着科学技术的发展及研究领域的扩展，发现一些不遵循傅里叶定律的导热现象，如导热物体的温度极低（接近 0K）、过程的时间极短（小于 10^{-12} s）或过程发生的空间尺度极小（与微观粒子的平均自由行程相接近）。这些情况统称为非傅里叶导热问题，本书仅讨论服从傅里叶定律的导热问题。

2.2.3　导热系数

导热系数是物质重要的热物性参数，表示该物质导热能力的大小。根据傅里叶定律的数学表达式，有

$$\lambda = \frac{|q|}{|\mathrm{grad}t|} \qquad\qquad (2\text{-}5)$$

式（2-5）说明，导热系数等于温度梯度的绝对值为 1K/m 时的热流密度。导热系数与材料的种类和温度等因素有关。虽然现有理论提供了多数情况下物质内导热过程微观机理的解释，但是这些理论还不够完善，除了理想气体和晶体等比较简单的情况以外，绝大多数材料还不能用理论方法精确计算其导热系数。实际应用材料的导热系数可以根据式（2-5）通过实验测得。不同材料的导热系数数值差别很大，表 2-1 列出了一些典型材料在 20℃ 时的导热系数。

表 2-1　　　　　　　　　一些典型材料在 20℃ 时的导热系数　　　　　　W/(m·K)

材料名称		λ	材料名称		λ
固体（金属）	纯银	427	液体	水（0℃）	0.551
	纯铜	398		水（20℃）	0.599
	黄铜（Cu70%，Zn30%）	109		水银（汞）	7.90
	纯铁	81.1		饱和氨水	0.479
	碳钢（约0.5%C）	49.8		11号润滑油	0.143
固体（非金属）	玻璃	0.65~0.71	气体（大气压力下）	空气	0.025 9
	水泥	0.3		氮气	0.025 6
	软木板	0.044~0.079		氢气	0.177
	冰（0℃）	2.22		水蒸气（0℃）	0.018 3

从表 2-1 可以看出：一般金属的导热系数大于非金属的导热系数（相差 1~3 个数量级）；纯金属的导热系数大于它的合金；对于同一种物质来说，固态的导热系数最大，气态的导热系数最小。例如同样在 0℃，冰的导热系数为 2.22W/(m·K)，水的导热系数为 0.551W/(m·K)，水蒸气的导热系数为 0.018 3W/(m·K)。

GB/T 4272—2008 中规定，在平均温度为 298K（25℃）时的导热系数不大于 0.08W/(m·K) 的材料可作为保温材料（或绝热材料），如膨胀塑料、膨胀珍珠岩、矿渣棉等。绝大多数保温材料具有多孔或纤维结构，这些材料不是均匀介质，它们的导热系数是表观导热系数，或称为折算导热系数。相当于和多孔材料物体具有相同的形状、尺寸和边界温度，且通过的导热热流量也相同的某种均质物体的导热系数。

一般来说，所有物质的导热系数都是温度的函数。大多数纯金属的导热系数随温度的升高而减小，例如在 10K 的温度下，纯铜的导热系数可达 12 000W/(m·K)；而一般合金与非金属、气体的导热系数则随温度的升高而增大；大多数液体的导热系数随温度的升高而减小，而水、甘油等强缔合液体的导热系数随温度的升高而增大。详细情况可参考有关手册。对于绝大多数材料，其导热系数可以近似地认为随温度线性变化，表示为

$$\lambda = \lambda_0(1+bt) \tag{2-6}$$

式中：λ_0 为按式（2-6）计算的材料在 0℃时的导热系数值，并非材料在 0℃时的导热系数真实值，如图 2-6 所示；b 为由实验确定的常数，其数值与物质的种类有关。

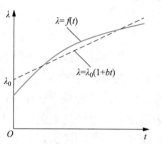

图 2-6　导热系数 λ 与温度 t 的关系

例题 2-4　已知一预制混凝土板的厚度为 0.5m，在预制过程中，某时刻其厚度方向温度分布为抛物线形式，现以混凝土板的中心作为坐标原点，计算得到的温度分布为：$t=40-400x^2$，已知混凝土的导热系数为 1.28W/(m·K)。试计算该时刻通过混凝土板中心面和一侧面的热流密度。

题解：

分析：已知一维温度分布的具体函数表达式，可由傅里叶定律 $q=-\lambda\dfrac{\mathrm{d}t}{\mathrm{d}x}$ 求解任意位置的导热热流密度。

计算：

由 $t=40-400x^2$，得 $\dfrac{\mathrm{d}t}{\mathrm{d}x}=-800x$。

由傅里叶定律 $q=-\lambda\dfrac{\mathrm{d}t}{\mathrm{d}x}$，得

中心面 $x_1=0\,\mathrm{m}$ 处，热流密度为 $q_1=1.28\times800\times0=0(\mathrm{W/m^2})$。

侧面 $x_2=0.25\,\mathrm{m}$ 处，热流密度为 $q_2=1.28\times800\times0.25=256(\mathrm{W/m^2})$。

例题 2-5　一耐火砖墙厚度为 δ，其两侧表面分别保持均匀恒定的温度 t_1、t_2（假设 $t_1>t_2$），在此温度范围内砖墙的导热系数可以用线性关系式 $\lambda=0.093\,(1+0.001\,7t)$ 来表示。试定性画出其内部温度分布趋势。

题解：

定性地确定温度分布趋势，相当于确定温度变化率 $\mathrm{d}t/\mathrm{d}x$ 的大小变化。温度分布曲线可由傅里叶定律表达式分析得到。

建立如图 2-7 所示的坐标系，随着 x 的增加，温度逐渐降低，墙体的导热系数 λ 减小，墙壁内温度处于稳态，各截面上传递的热流量和热流密度相等，因此，根据傅里叶定律，温度梯度的绝对值 $\mathrm{d}t/\mathrm{d}x$ 逐渐变大，其定性的温度分布如图中所示。

讨论：应用傅里叶定律可以很方便地定性确定温度分布。请读者思考如果有均匀的内热源 $\dot{\Phi}>0$ 的平板，已知平板两侧温度分别为 t_1、t_2 并保持不变，平板内的温度分布情况？

图 2-7　例题 2-5 附图

2.3 导热问题的数学描写

　　导热问题的数学描写就是用数学语言即数学符号描述温度与空间、时间变量之间的关系。导热问题的数学描写通常由导热微分方程及其定解条件构成。导热微分方程给出的是导热体内部温度与其他自变量的关系式，定解条件则是导热体表面及时间上的约束条件。本节首先以直角坐标系和圆柱坐标系中的一维、有内热源的非稳态问题为例推导其导热微分方程，然后给出三个坐标系中更一般形式的导热微分方程，最后给出常见导热问题的定解条件。

2.3.1 直角坐标系中一维、有内热源、非稳态导热微分方程的推导

　　建立导热微分方程的基本思路是：在导热体内部选取任意微元控制体作为研究对象，对其进行能量分析并建立能量守恒关系，根据物理定律写出各能量的数学表达式，分析整理得到温度与其他自变量之间的关系式。这里首先以有内热源的平壁非稳态导热为例介绍建立导热微分方程的一般过程。

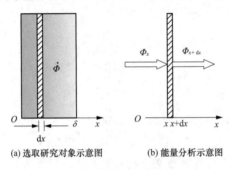

　　已知平壁的面积为 A，厚度为 δ，材料的导热系数为 λ，内热源强度为 $\dot{\Phi}$，其他物性参数均已知。该问题为直角坐标系内一维非稳态导热问题，建立如图 2-8（a）所示的示意图及坐标系，在平壁内任意 x 处取厚度为 $\mathrm{d}x$ 的微元控制体为研究对象，对微元控制体的能量分析如图 2-8（b）所示。封闭控制容积的能量守恒关系式（1-6）

(a) 选取研究对象示意图　　(b) 能量分析示意图

图 2-8　平壁导热微分方程的建立

即为其能量守恒关系式，式（1-6）中各项分析如下：

　　系统的热力学能增加速率为

$$\frac{\mathrm{d}U}{\mathrm{d}\tau} = \rho\,\mathrm{d}Vc\,\frac{\partial t}{\partial \tau} \tag{a}$$

　　通过左侧 x 界面传入控制容积的热量只有导热形式，按照傅里叶定律，得

$$\Phi_{\mathrm{in}} = \Phi_x = -\lambda A\,\frac{\partial t}{\partial x} \tag{b}$$

　　通过右侧 $x+\mathrm{d}x$ 界面，传出控制容积的热流量也只有导热，即

$$\Phi_{\mathrm{out}} = \Phi_{x+\mathrm{d}x} = \Phi_x + \frac{\partial \Phi_x}{\partial x}\mathrm{d}x = \Phi_x + \frac{\partial}{\partial x}\left(-\lambda A\,\frac{\partial t}{\partial x}\right)\mathrm{d}x \tag{c}$$

　　单位时间内热源生成的热量为

$$\Phi_{\mathrm{v}} = \dot{\Phi}\mathrm{d}V \tag{d}$$

　　将式（a）~式（d）带入式（1-6）可得

$$\rho dVc \frac{\partial t}{\partial \tau} = \Phi_x - \left[\Phi_x + \frac{\partial}{\partial x} \left(-\lambda A \frac{\partial t}{\partial x} \right) dx \right] + \dot{\Phi} dV \tag{e}$$

考虑到对于平壁 $dV = Adx$，整理可得有内热源的平壁非稳态导热微分方程为

$$\rho c \frac{\partial t}{\partial \tau} = \frac{\partial}{\partial x} \left(\lambda \frac{\partial t}{\partial x} \right) + \dot{\Phi} \tag{2-7a}$$

从推导过程可看出上式中各项的物理意义，等号左边表示控制体热力学能的增加速率，等号右边第一项表示净导入控制容积的热流量，第二项表示单位时间内热源生成的热量。

大多数情况下，材料的导热系数可以近似按照常数处理，式（2-7a）可整理为

$$\frac{\partial t}{\partial \tau} = a \frac{\partial^2 t}{\partial x^2} + \frac{\dot{\Phi}}{\rho c} \tag{2-7b}$$

式中：a 为材料的热扩散率，$a = \lambda/(\rho c)$，m^2/s，它反映物体导热能力与储热能力相对大小的关系，在非稳态导热时，热扩散率 a 越大，其内部温度趋于均匀的能力就越大。

式（2-7）是在平壁有内热源、非稳态时得到的，假若是有内热源的稳态问题，则导热微分方程为

$$\lambda \frac{d^2 t}{dx^2} + \dot{\Phi} = 0 \tag{2-8}$$

若平壁中不含内热源，则平壁非稳态的导热微分方程为

$$\frac{\partial t}{\partial \tau} = a \frac{\partial^2 t}{\partial x^2} \tag{2-9}$$

2.3.2　圆柱坐标系中径向一维、有内热源、非稳态导热微分方程的推导

仿照平壁导热微分方程的推导，下面推导圆柱坐标系中径向一维、有内热源、非稳态情况下的导热微分方程。

建立如图 2-9（a）所示的坐标系，在单位长度的圆柱体中任意半径 r 处、取厚度为 dr 的微元控制体作为研究对象，对微元控制体的能量分析如图 2-9（b）所示。微元控制体的能量守恒关系仍符合式（1-6），其中的各项具体分析如下。

系统的热力学能增加速率为

$$\frac{dU}{d\tau} = \rho dVc \frac{\partial t}{\partial \tau} \tag{f}$$

式中，控制体体积 $dV = 2\pi r \times 1 \times dr = 2\pi r dr$。

通过半径 r 处，圆柱界面导入控制容积的热流量为

$$\Phi_{\mathrm{in}} = \Phi_r = -\lambda (2\pi r) \frac{\partial t}{\partial r} \tag{g}$$

通过半径 $r + dr$ 处，圆柱界面导出控制容积的热流量可表示为

$$\Phi_{\mathrm{out}} = \Phi_{r+dr} = \Phi_r + \frac{\partial \Phi_r}{\partial r} dr = \Phi_r + \frac{\partial}{\partial r} \left(-\lambda 2\pi r \frac{\partial t}{\partial r} \right) dr \tag{h}$$

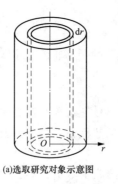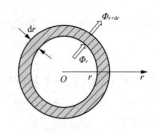

(a)选取研究对象示意图　　　　　(b)能量分析示意图

图 2-9　圆柱坐标系导热微分方程推导示意

单位时间内热源生成的热量为

$$\Phi_{\mathrm{v}} = \dot{\Phi}\mathrm{d}V \tag{i}$$

将式（f）～式（i）带入式（1-6）可得

$$\rho \mathrm{d}Vc\,\frac{\partial t}{\partial \tau} = \Phi_r - \left[\Phi_r + \frac{\partial}{\partial r}\Big(-\lambda 2\pi r\,\frac{\partial t}{\partial r}\Big)\mathrm{d}r\right] + \dot{\Phi}\,\mathrm{d}V \tag{j}$$

整理可得，圆柱坐标系中径向一维、有内热源的非稳态导热微分方程为

$$\rho c\,\frac{\partial t}{\partial \tau} = \frac{1}{r} \times \frac{\partial}{\partial r}\Big(\lambda r\,\frac{\partial t}{\partial r}\Big) + \dot{\Phi} \tag{2-10a}$$

同样，若将材料的导热系数近似按照常数处理，式（2-10a）可整理为

$$\frac{\partial t}{\partial \tau} = \frac{a}{r} \times \frac{\partial}{\partial r}\Big(r\,\frac{\partial t}{\partial r}\Big) + \frac{\dot{\Phi}}{\rho c} \tag{2-10b}$$

式（2-10b）可做进一步的简化。比如，对于仅沿径向的稳态、无内热源圆筒壁的导热，其对应的导热微分方程为

$$\frac{1}{r} \times \frac{\mathrm{d}}{\mathrm{d}r}\Big(r\,\frac{\mathrm{d}t}{\mathrm{d}r}\Big) = 0 \tag{2-11}$$

2.3.3　三个正交坐标系中导热微分方程的一般形式

1. 直角坐标系中三维、有内热源、非稳态导热微分方程

对于直角坐标系中的三维、有内热源、非稳态导热问题，需在导热体中任意取三维的微元控制体作为研究对象，如图 2-10 所示，微元控制体 $\mathrm{d}V = \mathrm{d}x\mathrm{d}y\mathrm{d}z$，分析其能量守恒关系，可得到其导热微分方程，具体过程读者可自行完成。

三维问题与前面所分析一维问题的区别就是净导入微元体的热量来自 x、y、z 三个坐标方向，根据式（2-7）各项的物理意义，仿照 x 方向净导入项的表示，可得 y 方向的净导入应为 $\frac{\partial}{\partial y}\Big(\lambda\,\frac{\partial t}{\partial y}\Big)$，$z$ 方向的净导入应为 $\frac{\partial}{\partial z}\Big(\lambda\,\frac{\partial t}{\partial z}\Big)$。因此，可以直接写出直角坐标系中三维、有内热源、非稳态的导热微分方程，即

$$\rho c\,\frac{\partial t}{\partial \tau} = \frac{\partial}{\partial x}\Big(\lambda\,\frac{\partial t}{\partial x}\Big) + \frac{\partial}{\partial y}\Big(\lambda\,\frac{\partial t}{\partial y}\Big) + \frac{\partial}{\partial z}\Big(\lambda\,\frac{\partial t}{\partial z}\Big) + \dot{\Phi} \tag{2-12}$$

若导热系数按照常数处理，式（2-12）可整理为

$$\frac{\partial t}{\partial \tau} = a\left(\frac{\partial^2 t}{\partial x^2} + \frac{\partial^2 t}{\partial y^2} + \frac{\partial^2 t}{\partial z^2}\right) + \frac{\dot{\Phi}}{\rho c} \quad (2\text{-}13)$$

式（2-12）和式（2-13）为直角坐标系中导热微分方程的一般形式，对于具体问题，应根据空间维数、是否有内热源、稳态或非稳态，在此基础上简化。

2. 圆柱坐标系中三维、有内热源、非稳态导热微分方程

在如图 2-11 所示的圆柱坐标系内取微元控制体 $dV = r d\varphi dr dz$ 为研究对象，建立能量守恒关系，可得圆柱坐标系中三维、非稳态、有内热源导热微分方程的一般形式，即

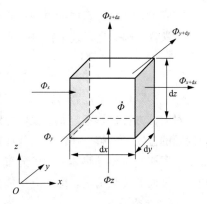

图 2-10　直角坐标系中的三维微元控制体

$$\rho c\frac{\partial t}{\partial \tau} = \frac{1}{r}\times\frac{\partial}{\partial r}\left(\lambda r\frac{\partial t}{\partial r}\right) + \frac{1}{r^2}\times\frac{\partial}{\partial \varphi}\left(\lambda\frac{\partial t}{\partial \varphi}\right) + \frac{\partial}{\partial z}\left(\lambda\frac{\partial t}{\partial z}\right) + \dot{\Phi} \quad (2\text{-}14)$$

若导热系数按照常数处理，式（2-14）可整理为

$$\frac{\partial t}{\partial \tau} = a\left[\frac{1}{r}\times\frac{\partial}{\partial r}\left(r\frac{\partial t}{\partial r}\right) + \frac{1}{r^2}\times\frac{\partial^2 t}{\partial \varphi^2} + \frac{\partial^2 t}{\partial z^2}\right] + \frac{\dot{\Phi}}{\rho c} \quad (2\text{-}15)$$

3. 球坐标系中三维、有内热源、非稳态导热微分方程

在如图 2-12 所示的球坐标系内取微元控制体 $dV = r^2\sin\theta d\theta d\varphi dr$ 为研究对象，建立能量守恒关系，可得球坐标系中三维、有内热源、非稳态导热微分方程的一般形式，即

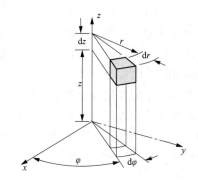

图 2-11　圆柱坐标系中的微元控制体

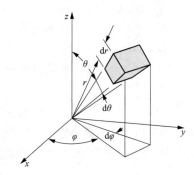

图 2-12　球坐标系中的微元控制体

$$\rho c\frac{\partial t}{\partial \tau} = \frac{1}{r^2}\times\frac{\partial}{\partial r}\left(\lambda r^2\frac{\partial t}{\partial r}\right) + \frac{1}{r^2\sin\theta}\times\frac{\partial}{\partial \theta}\left(\lambda\sin\theta\frac{\partial t}{\partial \theta}\right) + \frac{1}{r^2\sin^2\theta}\times\frac{\partial}{\partial \varphi}\left(\lambda\frac{\partial t}{\partial \varphi}\right) + \dot{\Phi} \quad (2\text{-}16)$$

实际上，球坐标系中的导热一般仅有温度沿径向 r 变化的一维问题，此时，若 λ 为常数，则球坐标系中径向一维、有内热源、非稳态的导热微分方程为

$$\frac{\partial t}{\partial \tau} = a\,\frac{1}{r^2} \times \frac{\partial}{\partial r}\left(r^2\,\frac{\partial t}{\partial r}\right) + \frac{\dot{\Phi}}{\rho c} \tag{2-17}$$

2.3.4 导热问题的定解条件

对微分方程进行不定积分仅可得到该方程的通解。为了获得满足某一具体导热问题的温度场特解，还需给出该特定问题的定解条件。导热问题的定解条件主要指：①初始时刻导热体的温度分布，即**初始条件**；②导热体边界上的温度或与周围环境间的传热情况，即**边界条件**。

1. 初始条件

初始条件描述了导热体在导热过程开始时，其内部温度的分布情况。稳态导热问题中温度场不随时间变化，故不需要初始条件。只有非稳态导热问题才需要初始条件。对于直角坐标系的情况可表示为

$$\tau = 0, t = f(x, y, z) \tag{2-18}$$

最常见的情况是过程开始时物体内部的温度分布均匀，比如：初始时刻物体内各点温度均为 t_0，此时，初始条件可表示为

$$\tau = 0, t = t_0 \tag{2-19}$$

2. 边界条件

无论稳态还是非稳态导热问题，为了确定其温度分布，都需要说明导热体几何边界上的换热条件。常见导热问题的边界条件有三类。

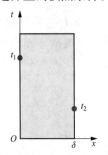

图 2-13　两侧为第一类边界平壁的示意

（1）**第一类边界条件**。给定导热体边界上的温度。如图 2-13 所示的平壁，两边界上的温度分别保持某一恒定值，其对应的数学表达式为

$$\begin{cases} x = 0, t = t_1 \\ x = \delta, t = t_2 \end{cases} \tag{2-20}$$

边界上的温度可以通过直接测量得到、在设计时做了规定或者由其他计算获得。对于非稳态问题，边界上的温度可以恒定，也可以随时间变化。

（2）**第二类边界条件**。给定导热体边界上的热流密度。根据表面的能量守恒关系，边界面内侧导热的热流密度应等于边界面外侧给定的热流密度。如图 2-14（a）所示的平壁，两边界上的热流密度分别保持某一恒定值，且热流指向导热体，其对应的数学表达式为

$$\begin{cases} x = 0, -\lambda\,\dfrac{\partial t}{\partial x} = q_1 \\ x = \delta, -\lambda\,\dfrac{\partial t}{\partial x} = -q_2 \end{cases} \tag{2-21}$$

式中，由傅里叶定律给出的热流方向是指向坐标轴正方向的。

热流密度为零的边界称为**绝热边界**。如图 2-14（b）所示的单层圆筒壁，如果外壁面绝热，则其边界条件可表示为

$$r = r_2, \quad \frac{\partial t}{\partial r} = 0 \quad (2\text{-}22)$$

同样，若导热属于非稳态问题，边界上的热流密度可能是恒定的，也可能是随时间变化的。

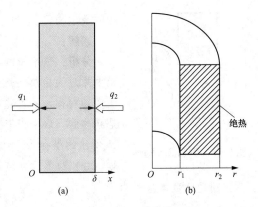

图 2-14 第二类边界条件的示意

（3）**第三类边界条件**。边界与周围流体进行对流传热，给定流体温度 t_f 及表面传热系数 h。边界面内侧导热的热流密度应等于边界面外侧对流传热的热流密度。如图 2-15 所示的平壁，两侧面均为对流边界，对应的数学表达式为

$$x = 0, -\lambda \frac{\partial t}{\partial x} = h_1(t_{f1} - t)$$
$$(2\text{-}23)$$
$$x = \delta, -\lambda \frac{\partial t}{\partial x} = h_2(t - t_{f2})$$

流体温度和表面传热系数是否为定值，式（2-23）都成立。

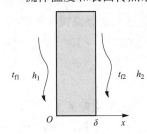

图 2-15 平壁的第三类
边界条件

以上三类边界条件之间有一定的联系。在一定条件下，第三类边界条件可以转化为第一、二类边界条件。式（2-23）可变形为

$$\frac{\partial t}{\partial x} = -\frac{h}{\lambda}(t - t_f) \quad (2\text{-}24)$$

由式（2-24）可知，当 h/λ 趋于无穷大时，由于边界面的温度变化率只能是个有限值，因此，壁面的温度等于流体温度，此时，第三类边界条件变成第一类边界条件。若表面传热系数 h 等于零，则边界面的温度变化率也为零，即物体边界面绝热，此时，第三类边界条件变成特殊的第二类边界条件。

除了以上三类常见的边界条件，边界上也会有下面的几种情况：与另外一种材料相接触、表面与环境进行辐射传热、表面既有对流传热也有辐射传热。此时，边界条件都可以用表面的能量守恒关系式得到。

例题 2-6 为了对某平板状的模制塑料产品进行冷却，使其暴露于高速流动的空气中。已知塑料制品的厚度 $2\delta = 60\text{mm}$，初始温度 $t_0 = 80℃$，冷空气温度 $t_f = 20℃$，对流传热的表面传热系数 $h = 100\text{W}/(\text{m}^2 \cdot \text{K})$，材料的物性参数如下：$\rho = 1200\text{kg/m}^3$、$c = 1500\text{J}/(\text{kg} \cdot \text{K})$、$\lambda = 0.3\text{W}/(\text{m} \cdot \text{K})$。写出描述该制品内温度

演示2
例题2-6分析

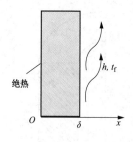

图 2-16　例题 2-6 附图

场的数学描写。

题解：

分析： 该平壁的导热为直角坐标系内一维、非稳态、无内热源的导热问题。由于两侧对流边界相同，平壁内温度场对称，不可能有热量穿过对称面，因此该对称面是绝热的。取平板厚度的一半为研究对象，建立如图 2-16 所示的坐标系。计算区域初始温度均匀，左侧边界绝热，右侧边界为对流传热边界。

该问题的数学描写为

$$\begin{cases} \dfrac{\partial t}{\partial \tau} = a\,\dfrac{\partial^2 t}{\partial x^2} \\[2mm] \tau = 0,\ t = t_0 \\[2mm] x = 0,\ \dfrac{\partial t}{\partial x} = 0 \\[2mm] x = \delta,\ -\lambda\,\dfrac{\partial t}{\partial x} = h(t - t_{\mathrm{f}}) \end{cases}$$

讨论： 在写数学描写的时候，一般不代入具体数据，而是用符号表示。

例题 2-7　一个正方形截面的长柱体悬置在某不导电的液体内，正方形边长 $2a = 0.1\,\mathrm{m}$，从某时刻开始对其通电加热，电流 $I = 20\,\mathrm{A}$，柱体的电阻 $R = 10\,\Omega/\mathrm{m}$，加热到一定时间后，柱体各处的温度不再随时间变化。已知液体温度 $t_{\mathrm{f}} = 20\,℃$，表面传热系数 $h = 2000\,\mathrm{W/(m^2 \cdot K)}$，柱体导热系数 $\lambda = 10\,\mathrm{W/(m \cdot K)}$。试给出描述柱体温度场的数学描写。

题解：

分析： 例题 2-1 中已分析过该问题，在柱体各处的温度不随时间变化时，导热处于稳态。该问题属于直角坐标系中二维、有内热源、稳态导热，四个边界均为第三类边界条件。因此建立如图 2-17 所示的坐标系，通电产生的内热源强度 $\dot{\Phi} = \dfrac{I^2 R}{4a^2}$，其数学描写为

$$\begin{cases} \dfrac{\partial^2 t}{\partial x^2} + \dfrac{\partial^2 t}{\partial y^2} + \dfrac{\dot{\Phi}}{\lambda} = 0 \\[2mm] x = 0,\ -\lambda\,\dfrac{\partial t}{\partial x} = h(t_{\mathrm{f}} - t) \\[2mm] x = 2a,\ -\lambda\,\dfrac{\partial t}{\partial x} = h(t - t_{\mathrm{f}}) \\[2mm] y = 0,\ -\lambda\,\dfrac{\partial t}{\partial y} = h(t_{\mathrm{f}} - t) \\[2mm] y = 2a,\ -\lambda\,\dfrac{\partial t}{\partial y} = h(t - t_{\mathrm{f}}) \end{cases}$$

讨论： 由于温度场的对称性，也可以建立如图 2-18 所示的坐标系，坐标原点设在截面的中心，取右上角的 1/4 区域作为研究对象，请读者自己完成其相应的数学描写。

演示3
例题2-7讨论

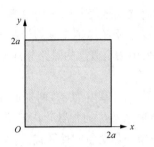

图 2-17 例题 2-7 附图

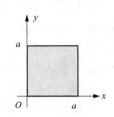

图 2-18 例题 2-7 讨论附图

例题 2-8 某类型的核燃料棒由核燃料陶瓷芯块和锆合金套管组成。二氧化铀陶瓷芯块的形状可看作半径为 r_1 的长圆柱，在额定负荷时，其热功率相当于 $\dot{\Phi}$ 的内热源，导热系数为 λ_1。外侧锆合金套管的厚度为 δ，导热系数为 λ_2。假设核燃料陶瓷芯块与套管交界面处的温度为 t_1。套管外侧用温度 t_f 的介质进行冷却，表面传热系数为 h。试分别给出核燃料陶瓷芯块和锆合金套管温度场的数学描写。

题解：

分析： 由例题 2-2 可知核燃料陶瓷芯块和锆合金套管的导热物理模型，因此建立如图 2-19 所示的坐标系。

核燃料陶瓷芯块为圆柱坐标系内有内热源的一维稳态导热，由温度场的对称性，轴心处为绝热边界，外侧为第一类边界条件，其温度场的数学的描写为

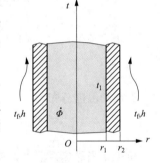

图 2-19 例题 2-8 示意

$$\begin{cases} \dfrac{1}{r}\dfrac{\mathrm{d}}{\mathrm{d}r}\left(r\dfrac{\mathrm{d}t}{\mathrm{d}r}\right)+\dfrac{\dot{\Phi}}{\lambda_1}=0 \\[2mm] r=0,\dfrac{\mathrm{d}t}{\mathrm{d}r}=0 \\[2mm] r=r_1,t=t_1 \end{cases}$$

套管为圆柱坐标系内无内热源的一维稳态导热，内壁为第一类边界条件，外侧为第三类边界条件，其温度场的数学描写为

$$\begin{cases} \dfrac{\mathrm{d}}{\mathrm{d}r}\left(r\dfrac{\mathrm{d}t}{\mathrm{d}r}\right)=0 \\[2mm] r=r_1,t=t_1 \\[2mm] r=r_2,-\lambda_2\dfrac{\mathrm{d}t}{\mathrm{d}r}=h(t-t_f) \end{cases}$$

2.4 无内热源的一维稳态导热

本节首先对典型一维导热体（平壁、圆筒壁和球壳）的无内热源、稳态导热问题进行分析求解，得到其内部的温度分布规律及导热热流量的计算式；然后结合直流电路欧姆定律引出热阻概念，并介绍采用热阻概念的热路分析方法。

2.4.1 通过平壁的稳态导热

讨论如下的单层平壁导热：平壁的面积为 A，厚度为 δ，两侧面温度分别保

持 t_1、t_2 恒定不变，导热系数 λ 为常数，内部无热源存在。确定平壁内部的温度分布和热流量的计算式。

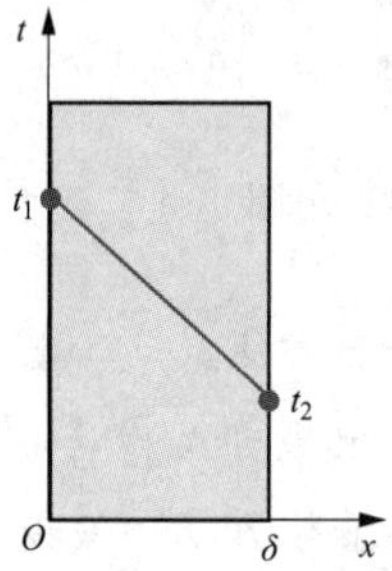

该问题的物理模型为直角坐标系内一维、无内热源的稳态导热，且导热体常物性，两侧均为第一类边界条件，因此建立如图 2-20 所示的坐标系，其温度场的数学描写为

图 2-20 平壁导
热示意

$$\begin{cases} \dfrac{\mathrm{d}^2 t}{\mathrm{d}x^2} = 0 & (2\text{-}25) \\[2mm] x = 0, t = t_1 \\[2mm] x = \delta, t = t_2 & (2\text{-}26) \end{cases}$$

导热微分方程式（2-25）的通解为

$$t = c_1 x + c_2 \tag{a}$$

将边界条件式（2-26）代入式（a）可解得

$$c_1 = -\frac{t_1 - t_2}{\delta}, c_2 = t_1 \tag{b}$$

则平壁内的温度分布为

$$t = t_1 - \frac{t_1 - t_2}{\delta} x \tag{2-27}$$

可见，当导热系数 λ 为常数时，无内热源平壁稳态导热的温度呈线性分布，如图 2-20 所示，斜率为

$$\frac{\mathrm{d}t}{\mathrm{d}x} = -\frac{t_1 - t_2}{\delta} \tag{c}$$

通过平壁的热流密度可由傅里叶定律得出，即

$$q = -\lambda \frac{\mathrm{d}t}{\mathrm{d}x} = \lambda \frac{t_1 - t_2}{\delta} \tag{2-28}$$

通过平壁的热流量为

$$\Phi = A\lambda \frac{t_1 - t_2}{\delta} \tag{2-29}$$

2.4.2 通过圆筒壁的稳态导热

讨论通过单层圆筒壁的稳态导热。已知圆筒壁的内、外半径分别为 r_1、r_2，

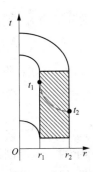

图 2-21 单层圆筒
壁的稳态导热

长度为 l，内、外壁面分别维持均匀恒定的温度 t_1、t_2，导热系数 λ 为常数，圆筒壁无内热源存在。确定圆筒壁内部的温度分布和热流量的计算式。

该问题的物理模型为圆柱坐标系内一维、无内热源的稳态导热，且导热体常物性，两侧均为第一类边界条件。因此建立如图 2-21 所示的坐标系，其温度场的数学描写为

$$\begin{cases} \dfrac{\mathrm{d}}{\mathrm{d}r}\left(r\dfrac{\mathrm{d}t}{\mathrm{d}r}\right)=0 & (2\text{-}30) \\[2mm] r=r_1,\ t=t_1 & \\[1mm] r=r_2,\ t=t_2 & (2\text{-}31) \end{cases}$$

导热微分方程式（2-30）的通解为

$$t = c_1 \ln r + c_2 \tag{d}$$

将边界条件式（2-31）代入式（d）可解得

$$c_1 = -\frac{t_1-t_2}{\ln(r_2/r_1)}, \quad c_2 = t_1 + \frac{t_1-t_2}{\ln(r_2/r_1)}\ln r_1 \tag{e}$$

因此，圆筒壁内的温度分布为

$$t = t_1 - (t_1 - t_2)\frac{\ln(r/r_1)}{\ln(r_2/r_1)} \tag{2-32}$$

可见，圆筒壁内的温度分布为对数曲线形式。温度沿 r 方向的变化率为

$$\frac{\mathrm{d}t}{\mathrm{d}r} = -\frac{t_1-t_2}{\ln(r_2/r_1)} \times \frac{1}{r} \tag{f}$$

式（f）说明温度变化率的绝对值随 r 增大逐渐减小，如图 2-21 所示。

在圆筒壁的任意半径 r 处，导热的面积 $A=2\pi rl$，应用傅里叶定律得通过圆筒壁的热流量计算式为

$$\Phi = -\lambda A \frac{\mathrm{d}t}{\mathrm{d}r} = \frac{t_1-t_2}{\dfrac{1}{2\pi\lambda l}\ln\dfrac{r_2}{r_1}} \tag{2-33}$$

对于单位长度的圆筒壁，其热流量为

$$\Phi_l = \frac{t_1-t_2}{\dfrac{1}{2\pi\lambda}\ln\dfrac{r_2}{r_1}} \tag{2-34}$$

2.4.3 通过球壳的稳态导热

现讨论如下的问题：一个单层球壳，内、外半径分别为 r_1、r_2，球壳内、外表面分别维持均匀恒定的温度 t_1、t_2，球壳材料的导热系数 λ 为常数。对于内、外表面都保持均匀温度的球壳，其内部的导热属于球坐标系中径向一维、稳态导热问题。由式（2-17）简化可得该问题的导热微分方程为

$$\frac{\mathrm{d}}{\mathrm{d}r}\left(r^2\frac{\mathrm{d}t}{\mathrm{d}r}\right)=0 \tag{2-35}$$

利用给定的球壳两侧的边界条件，内、外半径 r_1、r_2 处温度分别为 t_1、t_2，可求得球壳内的温度分布为

$$t = t_1 - \frac{t_1 - t_2}{1/r_1 - 1/r_2}(1/r_1 - 1/r) \tag{2-36}$$

通过球壳的热流量为

$$\Phi = \frac{4\pi\lambda(t_1 - t_2)}{1/r_1 - 1/r_2} \tag{2-37}$$

式（2-29）、式（2-33）和式（2-37）都是在导热系数为常数的情况下推导的，当材料导热系数随温度线性变化时，以上计算式中的导热系数用导热温差范围内的平均导热系数代替即可。

2.4.4 热阻的概念及其应用

1. 热阻的概念

热量传递与自然界中的其他传递过程，如电量的传输、动量的传递、质量的传递有类似之处。各种传递过程的共同规律可归结为

过程中的传递速率＝过程的动力/过程的阻力

在直流电路中，通过电路的电流由欧姆定律给出，即

$$I = \frac{U}{R}$$

式中：I 为电量传递的速率，即电流；U 为电量传递的动力，即电压；R 为电量传递的阻力，即电阻。

在热量传递过程中，热量传递的动力为温差 Δt，因此热量传递的速率即热流量可以类似地写为

$$\Phi = \frac{\Delta t}{R} \tag{2-38}$$

式中：R 为热量传递的阻力，称为热阻，K/W，不同的热量传递过程有不同的热阻计算式。

由式（2-29）得单层平壁导热热阻为

$$R = \frac{\delta}{\lambda A} \tag{2-39}$$

由式（2-33）得单层圆筒壁导热热阻为

$$R = \frac{1}{2\pi\lambda l}\ln\frac{r_2}{r_1} \tag{2-40}$$

由式（2-37）得单层球壳导热热阻为

$$R = \frac{1}{4\pi\lambda}\left(\frac{1}{r_1} - \frac{1}{r_2}\right) \tag{2-41}$$

由牛顿冷却公式（1-1）得对流传热热阻为

$$R = \frac{1}{hA} \tag{2-42}$$

微课9
热阻的概念
及应用

单位面积热阻 $R_A = RA$，单位为 $m^2 \cdot K/W$。

2. 热阻概念的应用

热阻概念的建立给复杂热量传递过程的分析带来了很大的便利。可以借用比较熟悉的串、并联电路的分析方法来分析热量传递过程，称为热路分析法。以下通过两个例子介绍热阻的应用。

多层平壁是指由几层不同材料叠在一起组成的复合平壁。例如房屋的墙壁，以红砖为主体，内有白灰层，外抹水泥砂浆；锅炉炉墙，内壁为耐火材料层，外为钢板，中间为保温材料。

如图 2-22 所示的三层平壁，假设三层平壁材料的导热系数分别为 λ_1、λ_2、λ_3，厚度分别为 δ_1、δ_2、δ_3，平壁两侧外表面分别保持均匀恒定的温度 t_1、t_4。各层之间的接触非常紧密，因此相互接触的表面具有相同的温度，假定分别为 t_2、t_3。分析通过这个三层平壁的热流量。

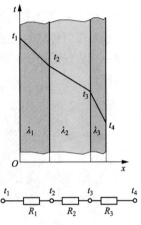

图 2-22 三层平壁导热示意

由于通过此复合平壁的导热是稳态的，通过各层的热流量相同，相当于串联电路通过各电阻的电流相等，因此可以用热阻串联的形式表示该导热过程，如图 2-22 所示，则通过该复合平壁的热流量等于两侧的总温差除以三个环节的总热阻，可得

$$\Phi = \frac{t_1 - t_4}{R_1 + R_2 + R_3} = \frac{t_1 - t_4}{\dfrac{\delta_1}{A\lambda_1} + \dfrac{\delta_2}{A\lambda_2} + \dfrac{\delta_3}{A\lambda_3}} \tag{2-43a}$$

以此类推，通过 n 层平壁的热流量计算式为

$$\Phi = \frac{t_1 - t_{n+1}}{R_1 + R_2 + \cdots + R_n}$$
$$= A \frac{t_1 - t_{n+1}}{\sum\limits_{i=1}^{n} \dfrac{\delta_i}{\lambda_i}} \tag{2-43b}$$

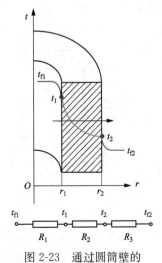

图 2-23 通过圆筒壁的传热过程

如图 2-23 所示，一单层圆筒壁，内、外半径分别为 r_1、r_2（内径和外径分别为 d_1、d_2），长度为 l，导热系数为 λ，圆筒壁内、外两侧的流体温度分别为 t_{f1}、t_{f2}，且 $t_{f1} > t_{f2}$，两侧的表面传热系数分别为 h_1、h_2。分析通过这个圆筒壁的热流量。

由于圆筒壁两侧面的温度 t_1、t_2 未知，所以不能直接利用通过圆筒壁的热流量计算式。圆管两侧都是对流传热，且已知流体的温度和对流传热的表面传热系数。圆管内侧的对流传热、圆管壁的导热及圆管外侧的对流传热三个热量传递环节组成一个串联的热路。稳态情况下，通过热路的热流量相等，且等于总温差除以三个环节的总热阻，可得

$$\Phi = \frac{t_{f1} - t_{f2}}{R_1 + R_2 + R_3} = \frac{t_{f1} - t_{f2}}{\dfrac{1}{\pi d_1 l h_1} + \dfrac{1}{2\pi\lambda l}\ln\dfrac{d_2}{d_1} + \dfrac{1}{\pi d_2 l h_2}} \tag{2-44}$$

除了以上两种情况，热路法还可以分析很多类似的热量传递问题，但需要注意：①涉及辐射传热的问题，由于其特殊性不能简单应用，将在第 8 章进行介绍；②热路分析法仅适用于稳态的热量传递过程；③热路分析法不适用于有内热源的导热问题。

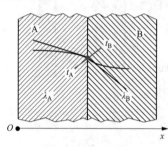

图 2-24　接触面理想边界条件

3. 接触热阻

以上分析多层复合壁时，认为在不同材料的交界面上，接触面两侧保持同一温度，即假定两层壁面之间保持了良好的接触，如图 2-24 所示，不但两侧热流密度相等，接触面的温度也相等，即

（1）界面处热流密度相等，有

$$-\lambda_A \frac{\partial t_A}{\partial x} = -\lambda_B \frac{\partial t_B}{\partial x} \tag{2-45a}$$

（2）界面处温度相等，有

$$t_A = t_B \tag{2-45b}$$

工程实际中任何固体表面之间的接触都不可能是紧密的，如图 2-25 所示，此时接触面两侧存在温度差，即 $t_A \neq t_B$。在这种情况下，两壁面之间只有接触的地方才直接导热，在不接触处存在空隙，热量是通过空隙内流体的导热、对流和辐射的方式传递的，因而存在传热阻力，称为接触热阻。若为稳态情况，交界面两侧的热流密度仍然相等，所以式（2-45a）仍然成立。

对于单位面积的接触面，接触热阻定义式为

$$r_c = \frac{t_A - t_B}{q} = \frac{\Delta t_c}{q} \tag{2-46}$$

式中：q 为导热热流密度。

由式（2-46）可以看出，在 q 不变的情况下，接触热阻越大，接触面上的温差就越大。

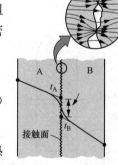

图 2-25　接触热阻

通常影响接触热阻的因素有：①相互接触的物体表面的粗糙度：粗糙度越高，接触热阻就越大。②相互接触的物体表面的硬度。在其他条件相同的情况下，两个都比较坚硬的表面之间接触面积较小，因此接触热阻较大，而两个硬度较小或者一个硬一个软的表面之间接触面积较大，因此接触热

阻较小。③相互接触的物体表面之间的压力，显然，加大压力会使两个物体直接接触的面积加大，中间空隙变小，接触热阻也就随之减小。

工程上，为了减小接触热阻，除了尽可能抛光接触表面，加大接触压力外，有时在接触表面之间加一层导热系数大、硬度又很小的纯铜箔或银箔，或者在接触面涂上一层导热油，在一定压力下，可将接触空隙中的气体排走，显著减小接触热阻。

由于接触热阻的影响因素非常复杂，目前还不能从理论上得出统一的计算规律，对于不同条件下的接触热阻只能通过实验来测定。

例题 2-9 在考虑一个建筑物冬天的采暖设计中，需要确定平房屋顶的散热情况。已知房顶的长和宽分别为 5m 和 4m，房顶的厚度为 25cm，房顶材料的导热系数为 0.8W/(m·K)。若晚上屋顶内、外侧表面平均温度分别维持为 15℃和 -5℃，试计算：（1）晚上通过房顶散热的热流量；（2）一个晚上（按 10h 计算）通过房顶散失的热量。

题解：

画示意图如图 2-26 所示。

分析：①由于房顶的长和宽都远大于厚度，所以通过房顶的导热可看作直角坐标系中一维的导热问题；②根据题意，屋顶内、外表面温度稳定，所以通过屋顶的导热为稳态导热；③屋顶的导热系数为常数。对这样的问题，可用式（2-29）计算其热流量。

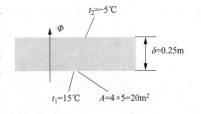

图 2-26 例题 2-9 附图

计算：（1）通过屋顶散热的热流量为

$$\Phi = \lambda A \frac{t_1 - t_2}{\delta} = 0.8 \times (5 \times 4) \times \frac{15 - (-5)}{0.25} = 1280(\text{W})$$

（2）一个晚上（按 10h 计算）通过房顶散失的热量为

$$Q = \Phi \Delta \tau = 1280 \times 10 = 12.8(\text{kWh})$$

例题 2-10 某工程应用的换热器，其内部的换热管采用的是内径 16mm、壁厚为 1mm 的钢管，已知换热管内侧的管壁平均温度为 52.5℃，换热管外侧的管壁平均温度为 50℃，管材的导热系数为 40W/(m·K)，计算单根换热管每米所传递的热流量。

题解：

分析：①通过管道壁的导热可看作圆柱坐标系中一维的导热问题；②根据题意，换热管内、外侧的温度恒定，所以为稳态导热。

计算：通过换热管每米的热流量可由式（2-34）计算，即

$$\Phi_l = \frac{2\pi\lambda(t_1 - t_2)}{\ln(r_2/r_1)} = \frac{2 \times 3.14 \times 40 \times (52.5 - 50)}{\ln(18/16)} = 5331.8(\text{W/m})$$

演示4
例题2-11圆
球导热仪的
实验简介

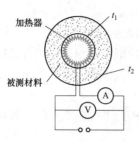

图 2-27 例题 2-11 附图

例题 2-11 圆球导热仪是测定粒状和粉末状材料导热系数的一种仪器，是应用通过球壳稳态导热热流量的计算方法设计的。图 2-27 所示为该仪器实验原理，导热仪的主体由两层同心的薄壁纯铜球壳组成，在球的内部安装加热器，被测材料均匀地填充在内、外球壳之间。若某次实验中，测得稳定情况下，球壳内、外表面的平均温度分别为 50℃ 和 30℃，通电的电压和电流分别为 20V 和 0.3A。已知圆球导热仪的内壳直径为 80mm，外壳直径为 160mm。计算该实验中材料的导热系数为多少？

题解：

分析：由题意，稳定情况下，内部电加热器产生的热量全部通过被测材料传导到外表面并由外表面散失于环境中，利用式（2-37）可计算出被测材料的导热系数。

计算：稳定情况下，通过被测材料导热的热流量即为电加热器的功率，为

$$\Phi = IU = 0.3 \times 20 = 6(\text{W})$$

由式（2-37）得被测材料的导热系数为

$$\lambda = \frac{\Phi \times (1/r_1 - 1/r_2)}{4\pi(t_1 - t_2)} = \frac{6 \times (1/0.04 - 1/0.08)}{4 \times 3.14 \times (50 - 30)} = 0.3[\text{W}/(\text{m} \cdot \text{K})]$$

例题 2-12 已知一供热管道，管道内输送热水的平均温度为 180℃，水与管道内壁的表面传热系数为 4500W/(m² · K)，已知管道外径为 500mm，壁厚为 30mm，管道的导热系数为 35W/(m · K)，管道外包厚度为 200mm、导热系数为 0.08W/(m · K) 的保温材料，保温层外表面温度为 45℃，求该管道单位长度的散热损失。

题解：

分析：管道散热的热量传递过程包括：管道内热水与管道内壁的对流传热、管道和保温层的导热、管道外表面的对流散热和辐射散热。由已知的热水平均温度和保温层外表面温度可知，在此温差范围内有串联的三个热阻：热水与管道内壁的对流传热热阻、管道的导热热阻、保温层的导热热阻。由式（2-44）可计算该管道单位长度的散热损失。

计算：由已知得管道内径 $d_1 = 500 - 2 \times 30 = 440$（mm），管道外径 $d_2 = 500$mm，保温后外径 $d_3 = 500 + 2 \times 200 = 900$（mm），对于单位长度的管道有

热水与管道内壁的对流传热热阻为

$$R_1 = \frac{1}{hA} = \frac{1}{4500 \times 3.14 \times 0.44} = 1.61 \times 10^{-4}(\text{K}/\text{W})$$

管道的导热热阻为

$$R_2 = \frac{1}{2\pi\lambda_1 l}\ln\frac{d_2}{d_1} = \frac{1}{2 \times 3.14 \times 35}\ln\frac{500}{440} = 5.81 \times 10^{-4}(\text{K}/\text{W})$$

保温层的导热热阻为

$$R_3 = \frac{1}{2\pi\lambda_2 l}\ln\frac{d_3}{d_2} = \frac{1}{2\times 3.14\times 0.08}\ln\frac{900}{500} = 1.17(\text{K/W})$$

该管道单位长度的散热损失为

$$\Phi = \frac{\Delta t}{\sum R} = \frac{180-45}{1.61\times 10^{-4}+5.81\times 10^{-4}+1.17} = 115.31 \ (\text{W/m})$$

讨论： ①本例题中在仅已知管道内流体温度和管道保温层外壁面温度的情况下，利用热阻串联很方便地求解了管道的散热损失，这也是工程上常常采用的方法。②本例题中三个串联的热阻中保温层的导热热阻远远大于另外两个热阻，占总热阻的 99.94%，故仅考虑保温层导热热阻重新计算该问题结果为 115.38W/m，误差仅为 0.06%，因此，在工程上可以直接忽略管壁的导热热阻和管内侧的对流传热热阻。

2.5 有内热源的一维稳态导热

微课10
有内热源的
一维稳态导热

在工程技术领域也会遇到一些有内热源的导热问题，如电器及线圈中有电流通过时的发热，化工过程中的放热、吸热反应以及核能装置中燃料元件的裂变等。对于有内热源的平壁和圆柱体的稳态导热，其导热微分方程也是 2 阶常微分方程，比较容易获得分析解，本节将对其在第一类边界情况下的问题进行求解，并与无内热源问题的求解结果进行比较。

2.5.1 有内热源的平壁稳态导热

研究如下平壁内部的温度分布：平壁具有均匀的内热源 $\dot{\Phi}$，厚度为 δ，平壁的侧面面积为 A，导热系数 λ 为常数，其两侧表面分别保持均匀恒定的温度 t_1、t_2。

该问题为直角坐标系中一维、稳态、有内热源的导热问题，两侧均为第一类边界条件，建立如图 2-28 所示的坐标系，描述温度场的数学描写为

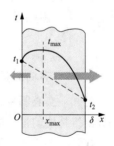

图 2-28 有内热源
的平壁导热

$$\begin{cases} \dfrac{\mathrm{d}^2 t}{\mathrm{d}x^2}+\dfrac{\dot{\Phi}}{\lambda}=0 & (2\text{-}47) \\[2mm] x=0, \quad t=t_1 \\[1mm] x=\delta, \quad t=t_2 & (2\text{-}48) \end{cases}$$

导热微分方程式 (2-47) 的通解为

$$t = -\frac{\dot{\Phi}}{2\lambda}x^2 + c_1 x + c_2 \tag{a}$$

利用边界条件式 (2-48) 可得 c_1 和 c_2 分别为

$$c_1 = \frac{\dot{\Phi}\delta}{2\lambda} + \frac{t_2 - t_1}{\delta}, \quad c_2 = t_1 \tag{b}$$

将 c_1 和 c_2 代入通解，整理可得平壁内的温度分布为

$$t = \frac{\dot{\Phi}}{2\lambda}(\delta x - x^2) + (t_2 - t_1)\frac{x}{\delta} + t_1 \tag{2-49}$$

由傅里叶定律得出通过任意位置 x 处的热流密度为

$$q = -\lambda\frac{dt}{dx} = \frac{\dot{\Phi}}{2}(2x - \delta) - \frac{t_2 - t_1}{\delta}\lambda \tag{2-50}$$

由式（2-49）可以看出，平壁内的温度为抛物线形分布，不再是线性的，如图 2-28 所示。当 $\dot{\Phi} > 0$ 时，温度分布曲线开口向下，当 $\dot{\Phi}$ 大于一定数值后，温度分布曲线在平壁内某处出现峰值 t_{max}，平壁内热流的方向从温度峰值处指向两侧壁面。

当有内热源的平壁两侧为相同的第三类边界条件，且流体温度为 t_f，表面传热系数为 h 时，亦可通过求解其温度场的数学描写，得到平壁内的温度分布为

$$t = \frac{\dot{\Phi}}{2\lambda}(\delta x - x^2) + \frac{\dot{\Phi}\delta}{2h} + t_f \tag{2-51}$$

式（2-51）表明，此时平壁内温度场以中心面对称，在中心面即 $x = \frac{\delta}{2}$ 处有温度最大值，为

$$t_{max} = \frac{\dot{\Phi}\delta^2}{8\lambda} + \frac{\dot{\Phi}\delta}{2h} + t_f \tag{2-52}$$

当有内热源的平壁两侧为相同的第一类边界条件 t_w 时，相当于第三类边界条件的 $h \to \infty$，则在中心面处的最高温度为

$$t_{max} = \frac{\dot{\Phi}\delta^2}{8\lambda} + t_w \tag{2-53}$$

2.5.2　有内热源的圆柱体稳态导热

已知一实心圆柱体，具有均匀的内热源 $\dot{\Phi}$，半径为 R，导热系数 λ 为常数，外表面维持均匀恒定的温度 t_w。

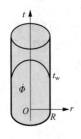

该问题为圆柱坐标系内一维稳态有内热源的导热问题，建立如图 2-29 所示的坐标系，由于实心圆柱体温度场的对称性，轴心处绝热，外表面为第一类边界条件，描述其温度场的数学描写为

$$\begin{cases} \dfrac{1}{r}\dfrac{d}{dr}\left(r\dfrac{dt}{dr}\right) + \dfrac{\dot{\Phi}}{\lambda} = 0 & (2\text{-}54) \\[3mm] r = 0, \quad \dfrac{dt}{dr} = 0 \\[2mm] r = R, \quad t = t_w & (2\text{-}55) \end{cases}$$

图 2-29　有内热源的圆柱体

对式（2-54）积分一次，得

$$\frac{dt}{dr} + \frac{1}{2}\frac{\dot{\Phi}}{\lambda}r = \frac{c_1}{r} \tag{c}$$

根据 $r=0$ 处的边界条件，得 $c_1=0$，对式（c）再一次积分，得

$$t=-\frac{1}{4}\frac{\dot{\Phi}}{\lambda}r^2+c_2 \tag{d}$$

由 $r=R$ 处的边界条件，得

$$c_2=t_w+\frac{1}{4}\frac{\dot{\Phi}}{\lambda}R^2 \tag{e}$$

将 c_2 代入式（d），整理可得圆柱体内的温度分布为

$$t=\frac{1}{4}\times\frac{\dot{\Phi}}{\lambda}(R^2-r^2)+t_w \tag{2-56}$$

由式（2-56）可知，具有均匀内热源的圆柱体，其内部温度呈抛物线分布，如图 2-29 所示，最高温度必定在圆柱的轴心上，且有

$$t_{max}=\frac{1}{4}\times\frac{\dot{\Phi}}{\lambda}R^2+t_w \tag{2-57}$$

例题 2-13 已知某平壁的面积 A 为 $1m^2$，厚度 δ 为 $0.3m$，两侧面温度分别为 200℃和 20℃并保持不变，平壁材料的导热系数 λ 为 $0.5W/(m\cdot K)$，平壁内热源 $\dot{\Phi}$ 为 $2000W/m^3$。以温度为 200℃的表面作为坐标原点建立坐标系，（1）确定平壁内的温度分布；（2）计算平壁内 x 分别为 0.06、0.12、0.18、0.24m 处的温度值。

题解：

分析： 先分析该问题的物理模型，为直角坐标系中一维、稳态有内热源的导热问题，两侧都是第一类边界条件，可由式（2-49）得到其温度分布，代入不同的 x 值，可得到不同位置处的温度值。

计算： （1）根据已知 $t_1=200℃$、$t_2=20℃$，代入式（2-49），得

$$t=\frac{2000}{2\times0.5}\times(0.3x-x^2)+(20-200)\times\frac{x}{0.3}+200$$

整理得平壁内的温度分布为

$$t=200-2000x^2$$

（2）代入 x 值，计算得 x 分别为 0.06、0.12、0.18、0.24m 处，温度分别 192.8、171.2、135.2、84.8℃。

例题 2-14 某类型的核燃料棒由核燃料陶瓷芯块和锆合金套管组成。若二氧化铀陶瓷芯块的形状可看作直径为 1cm 的长圆柱，在额定负荷时，其热功率相当于 $\dot{\Phi}=2.5\times10^8W/m^3$ 的内热源，它的导热系数为 $\lambda_1=5W/(m\cdot K)$。外侧锆合金套管的厚度为 0.5mm，导热系数为 $\lambda_2=2W/(m\cdot K)$。套管外用 $t_f=310℃$ 的介质进行冷却，表面传热系数为 $h=20\,000W/(m^2\cdot K)$。计算核燃料棒的最高温度。

题解：

分析： 建立如图 2-30 所示的坐标系。燃料棒的最高温度一定在陶瓷芯心线上，且最高温度可由式（2-57）计算，但是陶瓷芯块的外表面温度 t_1 是未知

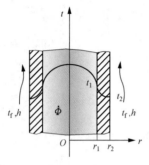

图 2-30　例题 2-14
附图

量。核燃料释放的热量将全部通过套管，并以对流传热的形式传递给冷却工质。因此，可首先计算出套管外表面温度 t_2，再计算陶瓷芯块与套管接触面温度 t_1。

计算：单位长度陶瓷芯块产生的热功率，即单位长度套管外表面对流传热的热流量为

$$\Phi = \dot{\Phi} \pi r_1^2 = 2.5 \times 10^8 \times 3.14 \times 0.005^2 = 19\,625(\text{W})$$

根据牛顿冷却公式，可得

$$t_2 = t_f + \Phi/(2\pi r_2 h)$$
$$= 310 + 19\,625/(20\,000 \times 2 \times 3.14 \times 0.005\,5)$$
$$= 338.4(℃)$$

利用通过圆筒壁导热的计算公式，可得

$$t_1 = t_2 + \Phi \frac{\ln(r_2/r_1)}{2\pi\lambda_2} = 338.4 + 19\,625 \times \frac{\ln(0.005\,5/0.005)}{2 \times 3.14 \times 2} = 487.3(℃)$$

由式（2-57）可得燃料棒的最高温度为

$$t_{\max} = \frac{1}{4} \times \frac{\dot{\Phi}}{\lambda} R^2 + t_1 = \frac{1}{4} \times \frac{2.5 \times 10^8}{5} \times 0.005^2 + 487.3 = 799.8(℃)$$

讨论：①本问题中要计算核燃料棒的最高温度，在前面正文中已有该类型问题的分析求解，因此不再写出问题的数学描写及重复进行分析求解。②在求解未知温度 t_1 时，也可利用套管导热热阻和套管外对流传热热阻串联之总热阻，利用热路分析得出。

2.6　通过肋片的导热

微课11
肋片及工程
计算

在工程上，经常需要对对流传热过程进行强化，采用肋片有效增大传热面积是强化对流传热的重要技术手段。所谓肋片，是指从基础换热表面上伸展出来的固体表面，又称为翅片。电动机的外壳、部分暖气片和电子元件的散热装置上都有肋片。肋片表面的散热量与肋片表面的温度分布有直接关系。本节首先介绍常见肋片的形式，接下来对肋片散热的过程进行分析并给出肋效率的概念，最后介绍通过等截面直肋导热的分析求解。

2.6.1　肋片的主要形式

图 2-31 所示为典型的从平直表面扩展出去的肋片形式。图 2-32 所示为两种从圆管壁扩展出去的肋片形式。

工程上的肋片形式还有很多，如梯形肋、针形肋、外螺纹管等形式。图 2-31（a）中的矩形直肋片和图 2-32（a）中的直肋沿高度方向上的截面积是不变的，类似这样形式的

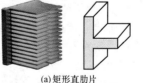

(a)矩形直肋片　　(b)三角形肋片

图 2-31　平直表面上的肋片

肋片又称为<u>等截面直肋</u>。

对于由多根管子组成的管束，有时候将肋片做成一体的形式，然后整体套到管束上，称为大套片，如图2-33所示。

(a)直肋　　　　　　　　(b)环肋

图 2-32　圆管壁外侧的肋片形式

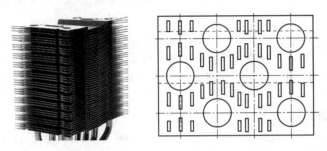

图 2-33　管束外的大套片

2.6.2　肋片散热过程分析及肋效率

1. 肋片散热过程分析

下面以图 2-34 所示的一个等截面直肋为例，简要分析肋片的散热过程。肋片的高度、厚度和宽度分别用 H、δ 和 l 表示，沿肋高方向截面积为 $A_c = l\delta$，截面周长为 $P = 2(l+\delta)$。肋片与基础表面相交的地方称为肋根，其温度用 t_0 表示，周围没有受到影响的流体温度用 t_∞ 表示，表面传热系数为 h，如果肋片表面的流体为气体，表面除了与流体进行对流传热，也会与周围的环境进行辐射传热，为了简化分析，通常可以将辐射传热的影响折算到表面传热系数 h 中，具体方法将在第 9 章介绍。

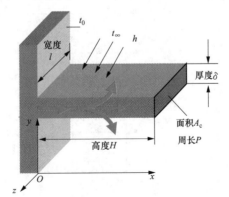

图 2-34　等截面直肋散热分析示意

假定 $t_0 > t_\infty$，热量从肋的根部以导热形式向肋的顶端传递，由于表面的散热，导热的热流量不断减小。肋片表面的温度沿肋片高度逐渐降低，其变化近似可用图2-35表示。忽略肋端散热，因此肋片的散热热流量可表示为

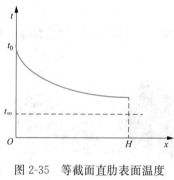

图 2-35　等截面直肋表面温度
分布示意

$$\Phi = \int_0^H h(t - t_\infty) P \mathrm{d}x \qquad (2\text{-}58)$$

由式（2-58）可知，要想计算肋片的散热热流量，需要知道肋片表面的温度变化规律。此外，沿着肋片高度的增加，肋片表面的温度逐渐降低，单位高度上的散热量逐渐减小，所以，到一定高度后，再简单增加肋片的高度，只会增加成本，而对强化传热起不到太多作用。

2. 肋效率

为了表征肋片散热的有效程度，引进肋效率 η_f 的概念，其定义式为

$$\eta_f = \frac{\text{肋片实际的热流量 } \Phi}{\text{假设整个肋片表面处于肋根温度下的热流量 } \Phi_0} \qquad (2\text{-}59)$$

式（2-59）的分母也称为肋片的理想散热热流量，具体可表示为

$$\Phi_0 = hA_f(t_0 - t_\infty) \qquad (2\text{-}60)$$

式中：A_f 为肋片的面积。

肋效率与肋片的形状和尺寸、材料的导热系数、肋片的表面传热系数都有关系。工程上希望在满足一定散热热流量的基础上，采用材料和制造成本较低形式的肋片。

一些学者已将部分形式肋片的肋效率整理成了计算图线的形式。图 2-36 所示为矩形直肋和三角形肋的效率曲线，图 2-37 所示为环肋的效率曲线，其他形式肋片的效率曲线可参考有关文献或手册。这样，就可以通过这些计算图线查得肋效率，再利用式（2-59）计算肋片的实际散热热流量。

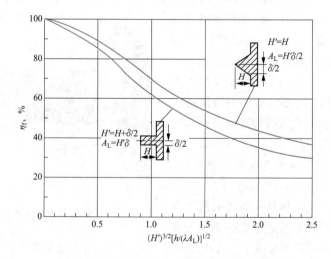

图 2-36　矩形直肋和三角形肋的效率曲线

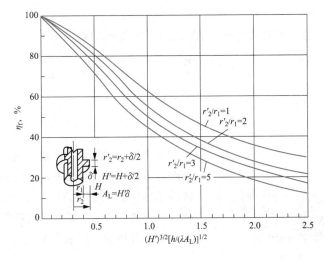

图 2-37 环肋的效率曲线

2.6.3 通过等截面直肋导热的分析求解

通过等截面直肋导热的理论分析求解是传热学中的一个经典实例，通过这部分的学习可以帮助读者提高分析和解决实际问题的能力。

1. 研究对象

仍以如图 2-34 所示的等截面直肋片为研究对象，假设肋片的宽度远大于厚度 ($l \gg \delta$)，流体温度 t_∞ 和表面传热系数 h 均保持不变，肋片的散热处于稳态情况。

2. 物理模型

严格来说，肋片的导热是三维的问题，温度场 $t = f(x, y, z)$。由于宽度较大，且换热条件一致，因此可以忽略 z 方向的温度变化。在肋片的厚度方向，也就是 y 方向，中心温度一定是高于表面温度的，但通常情况下，其表面传热系数 h 较小，而肋片的导热系数 λ 很大，且肋片厚度 δ 较薄，相当于表面的换热热阻 $1/h$ 远大于内部的导热热阻 $(\delta/2)/\lambda$，因此在任一截面，肋片表面与中心的温度差异可以忽略。这样肋片温度就只沿肋高方向有变化，肋片内部的温度场简化成了一维稳态情况，即 $t = f(x)$。

对于沿肋高 x 方向的一维问题，边界位于肋根 $x=0$ 和肋顶端 $x=H$ 处，其表面就不再是计算区域的边界，但是肋片表面是有热量传递的，且不能忽略。此时可以将表面传递的热量折算成虚拟的体积内热源，若向外散热，则内热源为负；若环境向肋片传热，则内热源为正。最终该物理问题就变成一维稳态有内热源的导热。

肋根温度恒定属于第一类边界，肋的顶端 $x=H$ 处与流体进行对流传热，属于第三类边界条件，但通常可以近似将肋的顶端作为绝热条件，这样可以大大简化求解的复杂性，在后面的讨论中会看到，简化后对计算的准确性影响不大。

微课12
等截面直肋
的分析解

3. 数学模型

由上面的分析可得描述该导热问题的数学模型，即

$$
\begin{cases}
\dfrac{\mathrm{d}^2 t}{\mathrm{d}x^2} + \dfrac{\dot{\Phi}}{\lambda} = 0 & \text{(a)} \\[2mm]
x = 0, t = t_0 & \\[2mm]
x = H, \dfrac{\mathrm{d}t}{\mathrm{d}x} = 0 & \text{(b)}
\end{cases}
$$

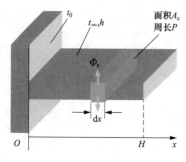

图 2-38　直肋虚拟热源分析的示意

导热微分方程中的内热源项可由微元段表面的对流传热量折算而来，下面确定该虚拟热源的强度。如图 2-38 所示，沿肋片高度方向任意取一微元段 $\mathrm{d}x$ 作为研究对象，该微元段表面对流传热的热流量可表示为

$$
\Phi_s = hP\mathrm{d}x(t - t_\infty) \tag{c}
$$

相应的微元段体积为 $A_c\mathrm{d}x$，因而虚拟热源的强度为

$$
\dot{\Phi} = -\frac{\Phi_s}{A_c \mathrm{d}x} = -\frac{hP(t - t_\infty)}{A_c} \tag{d}
$$

将式（d）代入式（a）得到该问题的导热微分方程为

$$
\frac{\mathrm{d}^2 t}{\mathrm{d}x^2} - \frac{hP(t - t_\infty)}{A_c \lambda} = 0 \tag{2-61}
$$

4. 分析求解

该问题的导热微分方程式（2-61）是一个二阶非齐次常微分方程，为化成齐次便于求解，引入过余温度 $\theta = t - t_\infty$，同时，令 $m^2 = hP/(\lambda A_c)$，于是导热微分方程式（2-61）可进一步整理为

$$
\frac{\mathrm{d}^2 \theta}{\mathrm{d}x^2} - m^2 \theta = 0 \tag{2-62}
$$

边界条件式（b）转变为

$$
\begin{cases}
x = 0, \theta = \theta_0 \\[2mm]
x = H, \dfrac{\mathrm{d}\theta}{\mathrm{d}x} = 0
\end{cases} \tag{2-63}
$$

导热微分方程式（2-62）的通解为

$$
\theta = c_1 \mathrm{e}^{mx} + c_2 \mathrm{e}^{-mx} \tag{e}
$$

由边界条件（2-63）可得

$$
\begin{aligned}
\theta_0 &= c_1 + c_2 \\
c_1 m\mathrm{e}^{mH} &- c_2 m\mathrm{e}^{-mH} = 0
\end{aligned} \tag{f}
$$

从中可求出 c_1、c_2，整理后得到的解为

$$
\theta = \theta_0 \frac{\cosh[mH(1 - x/H)]}{\cosh(mH)} \tag{2-64}
$$

在肋端 $x = H$ 处，其过余温度为

$$\theta_H = \theta_0 \frac{1}{\cosh(mH)} \tag{2-65}$$

图 2-39 所示为由式（2-64）绘出的等截面直肋的温度分布示意图。将式（2-64）代入式（2-58）可得肋片的散热热流量。

实际上，整个肋片表面对流传热的热流量就等于肋片根部 $x = 0$ 处导热的热流量，即

$$\Phi_{x=0} = -\lambda A_c \frac{d\theta}{dx}\Big|_{x=0} \tag{2-66}$$

而从式（2-64）可得

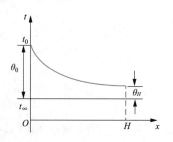

图 2-39 等截面直肋的温度分布示意

$$\frac{d\theta}{dx} = \theta_0(-m)\frac{\sinh[mH(1-x/H)]}{\cosh(mH)} \tag{g}$$

将式（g）代入式（2-66）得

$$\Phi = \Phi_{x=0} = -\lambda A_c \frac{d\theta}{dx}\Big|_{x=0} = \theta_0(\lambda m A_c)\tanh(mH) \tag{2-67}$$

以上各式中，cosh、sinh 和 tanh 各代表双曲余弦函数、双曲正弦函数和双曲正切函数，其值可在数学函数表中查得或根据下面的定义式计算得到：

$$\cosh(x) = \frac{e^x + e^{-x}}{2}, \sinh(x) = \frac{e^x - e^{-x}}{2}, \tanh(x) = \frac{\sinh(x)}{\cosh(x)}$$

5. 对解的讨论

（1）在建立物理模型的分析中提出，表面换热热阻 $1/h$ 与内部导热热阻 $(\delta/2)/\lambda$ 直接影响截面上的温度差异。因此，无量纲参数 $\frac{h(\delta/2)}{\lambda}$ 综合反映了这些因素的影响，它是以肋的半厚为特征长度的毕渥数（Bi），具体工程应用中，一般只要满足 $Bi < 0.1$，就认为肋片的温度分布基本满足一维假设。

（2）在前面的分析中近似将肋端视为绝热边界，若将肋端按对流传热边界处理，且表面传热系数与其他散热表面相同，可分析求得肋片表面过余温度分布为

$$\frac{\theta}{\theta_0} = \frac{\cosh[mH(1-x/H)] + h/(m\lambda)\sinh[mH(1-x/H)]}{\cosh(mH) + h/(m\lambda)\sinh(mH)} \tag{2-68}$$

温度表达式（2-64）是无量纲参数 θ/θ_0、mH 和 x/H 之间的函数关系，式（2-68）则是无量纲参数 θ/θ_0、mH、$h/(m\lambda)$ 和 x/H 之间的函数关系。在工程上常遇到的问题中，无量纲参数 mH 在 0.1～3 之间变化，对应的 $h/(m\lambda)$ 为 0.02～0.04。取典型数据计算，并将两公式的计算结果绘制在同一图上，如图 2-40 所示，当 $mH = 3$ 时，两公式计算的结果几乎重合，在其他 mH 值时，有一定的误差，但是基本可以忽略。

对于一些特殊问题，若肋片较厚，$h/(m\lambda)$ 较大时，为减小由式（2-64）计算带来的误差，常采用灵活的处理办法，把端部的散热量折算到肋面上去。于是对肋

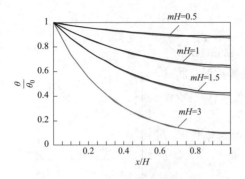

图 2-40　两种肋端边界下无量纲温度分布

高修正，修正后的肋高为 $H' = H + \delta/2$。

（3）等截面直肋的合理高度。将式（2-67）和式（2-60）代入肋效率的定义式（2-59），可得等截面直肋效率的计算式为

$$\eta_{\mathrm{f}} = \frac{\theta_0 (\lambda m A_{\mathrm{c}}) \tanh(mH)}{hPH\theta_0}$$

$$= \frac{\tanh(mH)}{mH} \tag{2-69}$$

一般通过增加肋片的高度来增加肋片的面积。但是，在其他条件相同时，随着肋片高度的增加，肋效率将不断降低。比较一个有限高度的肋片与无限高的肋片，根据式（2-67）可得两种情况下肋片表面热流量的比值为

$$\frac{\Phi}{\Phi_{H \to \infty}} = \tanh(mH) \tag{2-70}$$

将式（2-70）的结果整理成图 2-41，可以看出，当 mH 接近 3 时，已相当于无限高肋片，再增加肋片的高度就没有任何意义了。当 $mH < 1.5$ 时，其比值近似线性增加，且在 $mH = 1.5$ 时，比值已达到 90%。因此，一般肋片的高度应为

$$H < \frac{1.5}{m} \tag{2-71}$$

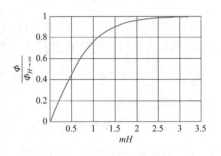

图 2-41　有限高肋与无限高肋散热量比值随 mH 的变化

（4）在实际中，整个肋片表面的表面传热系数是不均匀的，因此计算结果会和实际情况略有差别。本问题中假定了 $t_0 > t_\infty$，但所有分析结果对于 $t_0 < t_\infty$ 的情况仍然适用。本节等截面矩形直肋的分析结果同样适用于其他形状的等截面直肋。

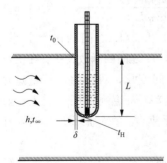

图 2-42　例题 2-15 示意

例题 2-15　图 2-42 所示为用玻璃管温度计测量管道内流体温度的示意图，为了保护温度计，将其放入一个装有油的套管中。已知：套管长 $L = 100\mathrm{mm}$，外径 $d = 15\mathrm{mm}$，壁厚 $\delta = 1\mathrm{mm}$，套管材料的导热系数 $\lambda = 45\mathrm{W/(m \cdot K)}$。已知玻璃管温度计的指示温度为 200℃，套管根部的温度 $t_0 = 50℃$，套管外表面与流体之间表面传热系数为 $h = 40\mathrm{W/(m^2 \cdot K)}$。试求出流体的真实温度和测温误差。

题解：

分析： 由于温度计放在套管的端部，所以温度计指示的是测温套管端部的温度 t_H。测温套管与周围环境进行对流传热，由于套管根部的温度低于流体温度，因此，在套管壁内部将有从端部到根部的导热。此问题和本节所讨论的肋片问题实质上是一致的。测温误差就是套管端部的过余温度 $t_H - t_\infty$，利用本节的等截面直肋片式（2-65）可以计算。

计算： 套管截面面积 $A = \pi d\delta$，套管换热周长 $P = \pi d$，因此参数 mH 为

$$mH = \sqrt{\frac{hP}{\lambda A}}H = \sqrt{\frac{h}{\lambda \delta}}L = \sqrt{\frac{40}{45 \times 0.001}} \times 0.1 = 2.98$$

利用式（2-65），套管端部的过余温度为

$$t_H - t_\infty = \frac{t_0 - t_\infty}{\cosh(mH)} = \frac{50 - t_\infty}{\cosh(2.98)}$$

因为测温套管端部的温度 t_H，即测量温度为 200℃，代入上式，可解得流体的真实温度为 $t_\infty = 216.9$℃，于是测温误差为

$$t_H - t_\infty = -16.9(℃)$$

讨论： 由本例题分析计算过程可得，使测温误差减小可采用的方法有：①套管开口区域加保温，这样可以减小 $\theta_0 = t_0 - t_\infty$；②增大套管长度；③强化表面对流传热以增大 h；④套管采用导热系数小的材料；⑤采用薄壁套管。

例题 2-16 某环形翅片管的外径为 25mm，翅片的高度为 6mm，翅片厚度为 0.2mm，翅片材料的导热系数为 36W/(m·K)，外侧的表面传热系数为 110W/(m²·K)，计算该肋片的效率。

题解：

计算： 肋片的主要几何数据为 $r_1 = 25/2 = 12.5$（mm），$H = 6$（mm），$r_2 = r_1 + H = 12.5 + 6 = 18.5$（mm），$\delta = 0.2$（mm）；材料的导热系数和外侧的表面传热系数为 $\lambda = 36$W/(m·K)，$h = 110$W/(m²·K)。

首先计算查图 2-37 所需的计算参数，即

$$r_2'/r_1 = (r_2 + \delta/2)/r_1 = (18.5 + 0.1)/12.5 = 1.488$$

$$H' = H + \frac{\delta}{2} = 6 + 0.1 = 6.1(\text{mm})$$

$$A_L = H' \times \delta = 6.1 \times 0.2 = 1.22(\text{mm}^2)$$

$$(H')^{3/2}[h/(\lambda A_L)]^{1/2} = (6.1 \times 10^{-3})^{3/2} \times \left(\frac{110}{36 \times 1.22 \times 10^{-6}}\right)^{1/2} = 0.753$$

查图 2-37 得 $\eta_f = 0.7$。

2.7 非稳态导热的集总参数法

物体中温度随时间变化的导热问题属于非稳态导热。由于增加了时间变量，

微课13
非稳态导热
的集总参数
模型

非稳态导热问题的研究要比稳态导热问题更复杂。本节重点介绍非稳态导热中的一种特殊情况，导热体内各点的温度随空间位置的变化很小而可以忽略（近似零维），仅需考虑温度随时间变化的问题，其对应的分析求解也被称为非稳态导热的集总参数法。

2.7.1　非稳态导热的类型

非稳态导热主要可以分为两类：非周期性非稳态导热和周期性非稳态导热。所谓非周期性非稳态导热是指物体内任意位置的温度随时间连续升高（加热过程）或连续下降（冷却过程），直至逐渐趋近于某个新的平衡温度；或者随着时间的推移温度呈现不规则的变化。这类非稳态过程一般是由边界换热突然发生阶跃变化、内热源瞬间发生或停止、内热源强度随时间改变等情况引起的。周期性非稳态导热即导热体内各点的温度随时间作周期性变化，主要是由边界换热的周期性变化引起导热体内的温度也呈现周期性的反复升降。本书只讨论非周期性非稳态导热。

2.7.2　非稳态导热的集总参数模型

在 2.1 节中曾提出一种特殊的非稳态导热，导热体的温度仅看作时间 τ 的函数，即 $t = f(\tau)$，而与空间坐标无关的零维非稳态导热问题，符合这一特点的导热体也称为集总体。在有些工程问题中，有时并不特别关心导热体内部温度在空间上的差异，而仅希望了解其平均温度随时间的变化情况，这时可把导热体看作集总体进行近似分析。传热学中把这种近似处理非稳态导热的方法称作集总参数法，这种物理模型称作集总参数模型。采用集总参数模型可以大大简化实际工程问题的复杂程度，在一些复杂热力系统的动态仿真计算中常常会使用。

对于零维的非稳态导热体，可将整个导热体作为控制体，其能量守恒关系遵循封闭控制容积的能量守恒关系式（1-6）。根据集总体的概念，其热力学能增加速率可表示为

$$\frac{\mathrm{d}U}{\mathrm{d}\tau} = \int_V \rho c \, \frac{\mathrm{d}t}{\mathrm{d}\tau} \mathrm{d}V = \rho c V \, \frac{\mathrm{d}t}{\mathrm{d}\tau} \tag{2-72}$$

因此，集总体的能量守恒关系可写成如下形式：

$$\rho c V \frac{\mathrm{d}t}{\mathrm{d}\tau} = \Phi_{\mathrm{in}} - \Phi_{\mathrm{out}} + V\dot{\Phi} \tag{2-73}$$

如果确定了导热体与环境的换热方式，并能给出其热流量的计算式，便可分析求解出导热体温度随时间变化的函数关系式。

2.7.3　物体被液体加热或冷却过程的集总参数模型分析

物体被液体加热或冷却是工程中常见的一类非稳态导热现象，此过程中物体表面通过对流传热的形式与环境交换热量，从而使物体热力学能增加或降低。

设有一个任意形状的物体，如图 2-43 所示，其体积为 V，表面面积为 A，密度 ρ、比热容 c 及导热系数 λ 为常数，初始温度为 t_0。突然将该物体放入温度为 t_∞ 的液体中，设 $t_0 > t_\infty$，物体表面和液体之间对流传热的表面传热系数 h 为常数，

设定液体的温度始终不变。确定该物体在冷却过程中平均温度随时间的变化规律。

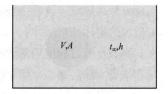

对于该问题，边界上仅有以对流传热形式传出的热量，且其热流量可由式（1-1）表示，因此式（2-73）可表示为

图 2-43　集总参数模型
分析示意

$$\rho c V \frac{\mathrm{d}t}{\mathrm{d}\tau} = -hA(t-t_\infty) \qquad (2\text{-}74)$$

为使上面的方程齐次化，引入过余温度 $\theta = t - t_\infty$，式（2-74）可改写为

$$\rho c V \frac{\mathrm{d}\theta}{\mathrm{d}\tau} = -hA\theta \qquad (2\text{-}75)$$

该一阶常微分方程的通解为

$$\theta = c_1 \exp\left(-\frac{hA}{\rho c V}\tau\right) \qquad (a)$$

利用物体初始温度为 t_0 的条件，即 $\tau = 0$，$\theta = t_0 - t_\infty = \theta_0$，可得通解中的常数为

$$c_1 = \theta_0 \qquad (b)$$

将式（b）代入式（a），可得由过余温度 θ 表示的物体平均温度随时间的变化关系为

$$\frac{\theta}{\theta_0} = \frac{t - t_\infty}{t_0 - t_\infty} = \exp\left(-\frac{hA}{\rho c V}\tau\right) \qquad (2\text{-}76)$$

对式（2-76）进行整理，可得物体在冷却过程中到达某个温度所需时间的表达式为

$$\tau = -\frac{\rho c V}{hA} \ln\frac{\theta}{\theta_0} \qquad (2\text{-}77)$$

上述各式是对物体被冷却的情况导出的，但同样适用于被加热的场合。此外，如果流体为气体，表面除了与流体进行对流传热，也会与周围的环境进行辐射，此时将辐射传热的影响折算到对流传热中，用复合表面传热系数代入即可。

2.7.4　集总参数模型的适用条件

如前所述，集总参数模型是求解非稳态导热问题的一种简化方法，可以得到物体平均温度随时间的变化规律。那么，使用此模型产生的误差与哪些因素有关？

通过定性分析可以得到：在其他条件相同的情况下，导热体的导热系数越大，其温度趋于均匀的能力就越大，导热体内的温度差异也就越小；几何尺寸越小，导热体内的温度不均匀性就越小；表面传热系数 h 越小，通过表面与流体交换的热流量就越少，物体内部的温度差异也就越小。上面三个参数的共同影响程度可用一个无量纲参数表示，即

演示5
集总参数模型的适用条件

$$Bi = \frac{hl}{\lambda} = \frac{l/\lambda}{1/h} \qquad (2\text{-}78)$$

该无量纲参数称为毕渥数 Bi，定性表示非稳态导热中内部导热热阻（l/λ）与外部

表面对流传热热阻 $(1/h)$ 的相对大小，l 是物体的特征长度，一般取对导热过程影响最大的物体几何尺寸。

非稳态导热过程中毕渥数越小，使用集总参数模型带来的误差也越小。由对一维非稳态导热问题的分析解（见第 3 章）可以得到

$$Bi \leqslant 0.1 \tag{2-79}$$

此时，导热体中最大与最小的过余温度之差小于 5%，对于一般工程计算，此时认为整个物体温度已足够均匀，因此将 $Bi < 0.1$ 作为使用集总参数法的条件。使用式（2-79）时，其中的特征长度 l 按如下方法确定：对厚度为 2δ 且双面对称加热或冷却的平板，$l = \delta$；对半径为 R 的无限长圆柱和球体，$l = R$；对其他非规则形状的物体，可用体积与表面积的比值作为特征长度 l。

2.7.5 解的无量纲形式

在非稳态导热问题中，常用一个特征数——傅里叶数（Fo）来表示非稳态导热过程的无量纲时间，其定义式为

$$Fo = \frac{a\tau}{l^2} \tag{2-80}$$

体积 V 与表面积 A 的比值具有长度的量纲，若用 $l_c = V/A$ 作为非稳态导热体的特征长度，则有

$$\frac{hA}{\rho cV}\tau = \frac{h}{\rho c l_c}\tau = \frac{h l_c}{\lambda}\frac{a\tau}{l_c^2} = Bi_c \cdot Fo_c$$

式中：Bi_c、Fo_c 分别为以 l_c 作为特征长度的毕渥数和傅里叶数。

因此可得集总参数模型无量纲形式的解为

$$\frac{\theta}{\theta_0} = \exp(-Bi_c \cdot Fo_c) \tag{2-81}$$

对厚度为 2δ 且双面对称加热或冷却的平板，$l_c = \delta$；对半径为 R 的无限长圆柱，$l_c = R/2$；对半径为 R 的球体，$l_c = R/3$。注意，对于圆柱和球，用 $l_c = V/A$ 得到的特征长度与式（2-79）规定的特征长度是不一致的。

2.7.6 时间常数

式（2-76）的结果表明，导热体与流体之间的温差按指数规律衰减，当时间趋近无限大时，其温差为零。式中 $\rho cV/(hA)$ 具有时间的量纲，因此令

$$\tau_c = \frac{\rho cV}{hA} \tag{2-82}$$

式中：τ_c 为时间常数，s。

当物体的冷却（或加热）时间等于时间常数，即 $\tau = \tau_c$ 时，由式（2-76）得 $\theta/\theta_0 = 36.8\%$，即物体的过余温度达到初始过余温度的 36.8%，如图 2-44 所示。时间常数反映物体对周围环境温度变化响应的快慢，时间常数越小，物体的温度变化就越快，也就越迅速地接近周围流体的温度。

热电偶是常用的一种温度测量元件，图 2-45 所示为用热电偶测量流体温度示

意。热电偶的时间常数是一个重要的参数，反映了热电偶对被测流体温度响应的快慢。热电偶的工作原理和形式将在第 11 章专题中详细介绍。

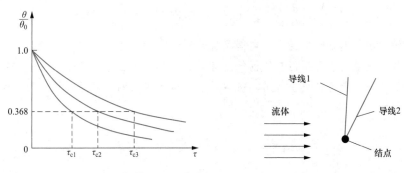

图 2-44　不同时间常数物体的温度变化　　　图 2-45　用热电偶测量流体温度示意

例题 2-17　一个刚煮熟温度为 90℃的鸡蛋，将其放入温度为 20℃的冷水中冷却。鸡蛋可简化成直径 4cm 的球体。试计算鸡蛋的平均温度降到 35℃所需的时间。假定：鸡蛋的密度 $\rho = 1000 \text{kg/m}^3$，比热容 $c = 3310 \text{J/(kg·K)}$，导热系数 $\lambda = 0.5 \text{W/(m·K)}$，冷却过程中表面传热系数 $h = 200 \text{W/(m}^2\text{·K)}$。

题解：

分析：题中鸡蛋被冷水以对流传热方式冷却，且仅需计算平均温度的变化，因此可按非稳态导热的集总参数模型进行计算。

计算：鸡蛋可简化为直径 4cm 的球体，因此其体积与表面之比为 $V/A = d/6$。利用式（2-77）可得

$$\tau = -\frac{\rho c V}{hA}\ln\frac{\theta}{\theta_0} = -\frac{1000 \times 3310}{200} \times (0.04/6)\ln\frac{35-20}{90-20} = 170(\text{s}) = 2.8(\text{min})$$

讨论：①该问题中的毕渥数 $Bi = \dfrac{hR}{\lambda} = \dfrac{200 \times 0.02}{0.5} = 8 > 0.1$，说明采用集总参数模型计算可能有较大的误差；②本例题计算的是鸡蛋平均温度达到 35℃的时间，因此 2.8min 时鸡蛋中心的温度并未达到此温度。

例题 2-18　用热电偶测量某管道内液体的温度。假如热电偶的结点是直径 2mm 的球体，相关的物性参数是：密度 $\rho = 8500 \text{kg/m}^3$，比热容 $c = 400 \text{J/(kg·K)}$，导热系数 $\lambda = 30 \text{W/(m·K)}$。热电偶与流体间的表面传热系数 $h = 350 \text{W/(m}^2\text{·K)}$。计算：(1) 该热电偶的时间常数；(2) 热电偶的过余温度降低到初始过余温度 1‰ 所用的时间。

题解：

分析：按非稳态导热的集总参数模型分析本问题中热电偶的温度响应特性。

计算：(1) 根据时间常数的定义式（2-82）得该热电偶的时间常数为

$$\tau_c = \frac{\rho c V}{hA} = \frac{\rho c}{h} \times \frac{d}{6} = \frac{8500 \times 400 \times 0.002}{350 \times 6} = 3.24(\text{s})$$

（2）热电偶的过余温度降低到初始过余温度 1% 所用的时间可由式（2-77）计算，即

$$\tau = -\frac{\rho c V}{hA}\ln\frac{\theta}{\theta_0} = -\tau_c\ln\frac{\theta}{\theta_0} = -3.24\times\ln 0.01 = 14.9(\text{s})$$

讨论：本问题分析的是用热电偶测量某管道内的液体温度，如果管道内的流体是空气，热电偶表面不但与周围气流有对流传热，也会与管道壁面存在辐射传热，前面的分析就不再完全适用。在学习有关辐射传热的计算后，读者可以重新分析该问题。

 重点归纳：导热部分思维导图

导热部分思维导图如图 2-46 所示。

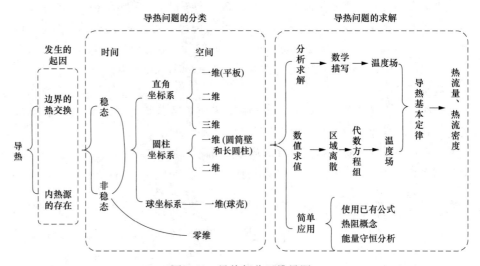

图 2-46 导热部分思维导图

 **思 考 题**

2-1 一个物体内的等温线能否相交？等温线能否在物体内中断？

2-2 传热学中的平壁是指什么样的情况？

2-3 试写出傅里叶定律的数学表达式，并说明其中各个符号的意义。

2-4 为何大多数保温材料为多孔材料？

2-5 现代宇航工程和超低温工程中应用的超级绝热材料的导热系数可以低到 $10^{-4}\,\text{W/(m·K)}$ 以下，该数值已经大大低于导热性能最低的气体介质。试分析是如何实现的。

2-6 试说明建立导热微分方程所依据的基本定律。

2-7 说明第二类、第三类边界及包含辐射传热边界条件的数学描写的共性。

2-8　某稳态的二维导热物体，常物性，部分边界有稳定的热流密度传入或传出，另一部分绝热，能否确定其温度场？

2-9　对于稳态、无内热源的平壁，若导热系数为常数，其内部的温度呈线性分布，若导热系数按照式（2-6）变化，其内部的温度分布如何？

2-10　若多层平壁（或圆筒壁）中有一层内含有内热源，是否还能采用热阻的概念进行分析？

2-11　一单层圆筒壁的内、外半径分别为 r_1、r_2，内、外壁面分别维持均匀恒定的温度 t_1、t_2，材料的导热系数 λ 为常数，壁内无其他热源存在。图 2-21 给出的是 $t_1 > t_2$ 时的温度分布示意图，若 $t_1 < t_2$，请画出其温度分布示意图。

2-12　相对于地球表面上，处于太空状态下，表面之间的接触热阻是变大还是变小？

2-13　在分析具有内热源的圆柱体导热时，为何将圆柱轴心的边界条件写为 $dt/dr = 0$？

2-14　对等截面直肋的分析中，是在什么条件下将其简化成一维稳态导热问题的？肋片中是没有内热源的，为何其导热微分方程的形式和一维稳态含内热源的问题一致？

2-15　在同等条件下，为何随着肋片高度的增加肋效率会逐渐降低？整个肋片的实际散热的热流量又如何变化？

2-16　两个几何尺寸完全相同的等截面直肋，试分析下列情况下肋片散热的热流量的大小关系：①其他条件相同，$\lambda_1 > \lambda_2$；②其他条件相同，$h_1 > h_2$。

2-17　用带测温套管的热电偶来测量低于环境温度的流体温度时，测量值比实际值偏高还是偏低？为什么？

2-18　简述集总参数模型的物理概念和应用条件。

2-19　写出时间常数的表达式。某仪表厂生产的测温元件的说明书上给出了测温元件时间常数的具体数值，此值是否可信？为什么？

习　　题

2-1　一厚度为 50mm 的平壁，其稳态温度分布为 $t = a + bx^2$（℃），坐标原点位于平壁的一侧，式中 $a = 200℃$，$b = -2000℃/m^2$。若平板导热系数为 45W/(m·K)，试求：①平壁两侧表面处的热流密度；②平壁中是否有内热源？为什么？如果有，计算内热源的强度。

＊2-2　设有如图 2-47 所示的一个无内热源的二维稳态导热物体，其上凹面、下表面分别维持在均匀温度 t_1 和 t_2，其余表面绝热。①画出等温线分布的示意图；②若材料的导热系数是常数，那么导热系数的大小是否对温度分布有影响。

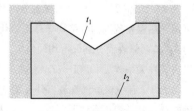

图 2-47　习题 2-2 附图

习题2-2详解

2-3　一块厚度为 δ 的平板，平板内有均匀的内热源，强度为 $\dot{\Phi}$，平板一侧绝热，平板另一侧与温度为 t_f 的流体对流传热，且表面传热系数为 h。给出该问题的数学描写，并求解其内部的温度分布。

2-4　厚度为 2δ 的无限大平壁，物性为常数，初始时内部温度均匀为 t_0，突然将其放置

于温度为 t_∞ 并保持不变的流体中，两侧表面与流体之间的表面传热系数均为 h。给出该问题的数学描写。

2-5 一个直径为 d 的金属棒悬置在室内，初始情况下，其内部温度均匀且等于周围的空气温度，从某时刻开始通电加热，通电的电流为 I，已知金属棒单位长度的电阻为 R，其他各物性参数均为已知，现在拟确定其内部温度的变化规律。①对该问题作简单的分析（问题的类型、边界情况等）；②画出示意图，并建立坐标系，写出描述该物体内部温度分布的数学描写；③如果金属材料的导热系数很大，利用集总参数模型，列出描述金属平均温度变化规律的数学模型。

2-6 在一厚度为 50mm 的大平壁内有均匀的内热源 $\dot{\Phi}$，平壁的导热系数为 5W/(m·K)。在这些条件下，平壁内的温度分布为 $t=a+bx+cx^2$，$x=0$ 处表面温度为 120℃，并且与温度为 20℃ 的流体进行对流传热，表面传热系数为 500W/(m²·K)，另一个边界绝热。①计算平壁的内热源强度；②确定系数 a、b、c，并示意性画出平壁内的温度分布。

2-7 一炉子的炉墙厚 30cm，总面积 120m²，平均导热系数 1.2W/(m·K)，内、外壁温分别为 800℃ 和 50℃。试计算通过炉墙的热损失。如果标准煤的发热量为 2.93×10^4 kJ/kg，计算每天因热损失要用掉多少千克标准煤？

2-8 某房间玻璃窗的高度为 1.5m、宽为 1.2m、厚度为 4mm，玻璃的导热系数为 0.7W/(m·K)。在某冬天夜间，室内、外的空气温度分别为 15℃ 和 −5℃，若已知玻璃窗内、外侧对流传热的表面传热系数分别为 5W/(m²·K) 和 20W/(m²·K)，忽略玻璃内、外表面的辐射影响。试计算：①通过该玻璃窗的热损失；②玻璃窗外表面的温度。

习题2-9详解

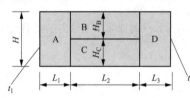

图 2-48 习题 2-9 附图

* 2-9 由 4 种材料组成的复合平壁，其断面如图 2-48 所示。复合壁的上、下表面绝热，两侧温度均匀，分别为 $t_1=40$℃ 和 $t_4=20$℃，若已知复合壁的几何尺寸如下：$H=0.1$m，$H_B=H_C=0.05$m，$L_1=L_3=0.05$m，$L_2=0.1$m；四种材料的导热系数分别为：$\lambda_A=\lambda_D=\lambda_B=20$W/(m·K)，$\lambda_C=1$W/(m·K)，垂直纸面取单位长度。①将该问题按照一维问题对待，计算通过该复合壁的热流量；②该问题是否为严格的一维问题？

习题2-10详解

* 2-10 在 2.4 节有"当材料导热系数随温度线性变化时，热流量计算式中的导热系数可用导热温差范围内的平均导热系数代替"。以平板导热为例，证明该结论。假设平板厚度为 δ，其两侧表面分别保持均匀恒定的温度 t_1、t_2，在此温度范围内平板的局部导热系数可以用线性关系式 $\lambda=\lambda_0(1+bt)$ 来表示。

2-11 有一根蒸汽管道，外径为 150mm，其外敷设导热系数为 0.12W/(m·K) 的保温材料。若已知正常情况下，保温层内、外表面温度分别为 250、40℃。为使单位长度的热损失不大于 160W/m，问保温层的厚度多少才能满足要求？

2-12 在一根外径为 100mm 的热力管道外拟包覆两层绝热材料，一种材料的导热系数为 0.06W/(m·K)，另一种为 0.12W/(m·K)，两种材料的厚度都取 50mm，试比较把导热系数小的材料紧贴管壁，或把导热系数大的材料紧贴管壁这两种方法对保温效果的影响，假设在两种做法中，绝热层内、外表面的温差保持不变。

2-13 一外径为 0.6m、壁厚为 0.05m 的球罐，其中装满了具有一定放射性的化学废料，其产热为 10^5 W/m^3。该罐被置于温度 $t_f = 25$℃ 的水流中冷却，对流传热的表面传热系数 $h = 3000$W/(m^2·K)。球罐用铬镍钢钢板制成，其导热系数为 15W/(m·K)。①确定球罐的外表面温度；②确定球罐的内表面温度。

2-14 为了估算人体的肌肉由于运动而引起的温升，可把肌肉看成半径为 2cm 的长圆柱体。肌肉运动产生的热量相当于 $\dot{\Phi} = 5650$W/m^3 的内热源，取肌肉的导热系数为 0.42W/(m·K)。假设过程处于稳态，肌肉表面维持在 37℃。试估算由于肌肉运动所造成的最大温升。

2-15 一个等截面直肋片，高度为 H，厚度为 δ，宽为 l（无限长），肋根的温度为 t_0，肋片附近的流体温度为 t_∞，表面复合传热系数为 h，若需考虑其肋片厚度和高度方向的温度变化，试列出描述其温度场的数学模型。

2-16 采用等截面直肋片组对一电子元件散热进行强化。已知肋片用铝材制作，导热系数为 160W/(m·K)，肋片高度为 50mm，厚度为 0.5mm，肋片的表面传热系数为 25W/(m^2·K)，肋片根部温度为 50℃，周围空气温度为 20℃。计算肋端温度、肋效率和单位宽度上肋片散热的热流量。

2-17 图 2-49 所示为一个用纯铝制成的圆锥台的截面。其圆形横截面的直径为 $D = ax^{1/2}$，其中 $a = 0.5$m$^{1/2}$，小端位于 $x_1 = 25$mm 处，大端位于 $x_2 = 125$mm 处。端部温度分别为 600℃ 和 400℃，侧面绝热良好。①作一维假定，推导用符号形式表示的温度表达式并画出温度分布示意图。②取纯铝的导热系数 $\lambda = 240$W/(m·K)，计算该锥台导热的热流量。

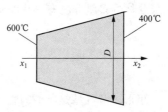

图 2-49 习题 2-17 附图

2-18 一块单侧面积为 A、厚度为 δ、初温为 t_0 的平板，一侧表面突然受到恒定热流密度 q 的加热，另一侧表面则受温度为 t_∞ 的气流冷却，表面传热系数为 h。试列出该平板平均温度随时间变化的微分方程。

2-19 一热电偶初始温度为 25℃，后被置于真实温度为 200℃ 的液体中。已知热电偶结点与流体间的表面传热系数为 350W/(m^2·K)，热电偶结点可近似看成半径为 1mm 的球，结点的物性为：$\rho = 8500$kg/m^3，$c_p = 400$J/(kg·K)，$\lambda = 20$W/(m·K)。试计算：①该热电偶的时间常数；②5s 后热电偶的读数。

2-20 对一个高温金属件的冷却过程进行计算。金属件为实心球，直径 0.3m。金属件初始温度均匀为 330℃，将其悬吊进行冷却，室内空气及墙壁温度均为 30℃，以此计算的整个冷却过程表面的平均复合传热系数为 14W/(m^2·K)，铬钢的导热系数取 22.5W/(m·K)，密度取 7710kg/m^3，比热容取 460J/(kg·K)。试用集总参数法计算 1h 时金属件的平均温度。

＊2-21 在一生产线上需将直径为 40mm 的球状黄铜工件进行冷却，已知工件的初始温度为 85℃，工件在 2min 的时间内匀速通过一温度为 30℃ 的恒温水浴池，工件表面与流体间的表面传热系数为 240W/(m^2·K)，工件的物性为：$\rho = 8500$kg/m^3，$c_p = 380$J/(kg·K)，$\lambda = 110$W/(m·K)。①试计算经过水浴后工件的温度；②若水浴中工件的冷却通道总长为 4m，工件之间没有间隙，计算为保持水浴的恒温，需要对水浴安装多大功率的冷却器？

习题2-21详解

第3章 二维稳态及非稳态导热问题分析求解

上一章讨论的导热问题仅限于简单的一维稳态和零维非稳态的情况，对应的导热微分方程为常微分方程，分析求解相对简单。对于多维的稳态导热或者需要考虑温度在空间变化的非稳态导热，其导热微分方程都是偏微分方程，因而分析求解的难度大大增加。但对部分特殊类型的问题，可以采用数学分析的方法进行求解。3.1节以矩形求解区域的二维稳态导热为例介绍分离变量法和积分解法的基本过程；3.2节主要对一维非稳态导热的分析求解结果进行分析；3.3节讨论半无限大物体的一维非稳态导热的变量置换法和积分解法；3.4节简单介绍特定几何形状体的多维非稳态导热的乘积解法。

3.1 二维稳态导热

矩形求解区域是典型的直角坐标系中的二维问题，本节首先针对区域内无内热源的情况，以求解偏微分方程中最常用的方法——分离变量法对精确分析求解过程进行介绍；然后以有内热源的情况为例，介绍对积分方程进行求解的近似分析解法。

3.1.1 二维稳态导热的精确分析求解

1. 研究对象

一个矩形截面的长柱体，如图 3-1 所示。矩形的长度和宽度分别为 a 和 b，在垂直纸面方向上无限长，柱体左、右和下面三个边界温度均为 t_1，上表面边界温度为 t_2，柱体内无内热源，导热系数为常数。现要确定截面内的温度分布。

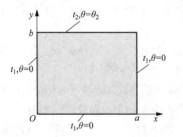

图 3-1　矩形区域中的二维稳态导热

2. 物理模型

该问题属于直角坐标系中二维、无内热源、导热系数为常数的稳态导热问题，四个边界均为第一类边界。

3. 数学模型

该问题温度场的数学描写为

$$
\begin{cases}
\dfrac{\partial^2 t}{\partial x^2} + \dfrac{\partial^2 t}{\partial y^2} = 0 & (3\text{-}1) \\[2mm]
x = 0, t = t_1 & (3\text{-}2a) \\[1mm]
x = a, t = t_1 & (3\text{-}2b) \\[1mm]
y = 0, t = t_1 & (3\text{-}2c) \\[1mm]
y = b, t = t_2 & (3\text{-}2d)
\end{cases}
$$

4. 分析求解

导热微分方程式（3-1）属于二阶偏微分方程，分离变量法是分析求解偏微分方程最常用的方法。根据使用分离变量法的条件，除要求偏微分方程齐次以外，其定解条件中最多只能有一个是非齐次的。为了使式（3-2）中边界条件的三个齐次化，引入过余温度 $\theta = t - t_1$，于是，相应的数学描写为

$$
\begin{cases}
\dfrac{\partial^2 \theta}{\partial x^2} + \dfrac{\partial^2 \theta}{\partial y^2} = 0 & (3\text{-}3) \\[2mm]
x = 0, \theta = 0 & (3\text{-}4a) \\[1mm]
x = a, \theta = 0 & (3\text{-}4b) \\[1mm]
y = 0, \theta = 0 & (3\text{-}4c) \\[1mm]
y = b, \theta = t_2 - t_1 = \theta_2 & (3\text{-}4d)
\end{cases}
$$

设偏微分方程式（3-3）解的形式为

$$
\theta(x, y) = X(x)Y(y) \tag{a}
$$

其中，$X(x)$ 仅是变量 x 的函数，$Y(y)$ 仅是变量 y 的函数，将式（a）代入式（3-3）得

$$
XY'' + YX'' = 0 \tag{b}
$$

对式（b）分离变量，得到

$$
\frac{X''}{X} = -\frac{Y''}{Y} = -\beta^2 \tag{c}
$$

式中：β 为与 x、y 无关的常数。

这样，就把偏微分方程转化为两个常微分方程，即

$$
X'' + \beta^2 X = 0 \tag{d}
$$

$$
Y'' - \beta^2 Y = 0 \tag{e}
$$

各自的通解分别为

$$
X(x) = A\cos(\beta x) + B\sin(\beta x) \tag{f}
$$

$$
Y(y) = Ce^{\beta y} + De^{-\beta y} \tag{g}
$$

将式（f）和式（g）再代入式（a）得

$$
\theta(x, y) = X(x)Y(y) = [A\cos(\beta x) + B\sin(\beta x)](Ce^{\beta y} + De^{-\beta y}) \tag{h}
$$

上式中仍有 A、B、C、D 四个待定系数，可进一步利用边界条件式（3-4）确定，具体过程见有关参考文献，最后，可得该问题的分析解为

$$
\theta(x, y) = \theta_2 \frac{2}{\pi} \sum_{n=1}^{\infty} \frac{(-1)^{n+1} + 1}{n} \sin\frac{n\pi x}{a} \frac{\sinh(n\pi y/a)}{\sinh(n\pi b/a)} \tag{3-5}
$$

式（3-5）是一个无穷级数的形式，计算过程比较烦琐。

5. 讨论和说明

（1）取 $a=b$，$t_1=0℃$，$t_2=100℃$，按式（3-5）计算的温度分布见图 3-2。图

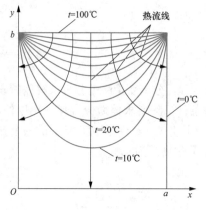

中标出了温度分别为 0、10、20…、100℃ 的等温线，也示意性地画出了部分热流线。

（2）应当指出，本问题所给的边界条件从物理上不太合理，因为在（0，b）和（a，b）两个角点上不可能同时出现两个温度。但是本例较好地说明了采用分离变量法求解的基本过程。

（3）根据线性方程的解满足叠加原理的特点，对非齐次边界条件多于一个时，可将导热问题分解为若干个只包含一个非齐次边界条件的子问题叠加。

图 3-2 二维稳态导热温度场示意

3.1.2 二维稳态导热的近似分析求解

精确分析解法虽然严格，但是通常对偏微分方程和定解条件有严格的限制。因此，使用受到了很大的约束。下面介绍另一种分析解法——积分近似解法，该方法得出的结果也是解析函数的形式，能清楚地显示各种参数对温度的影响，便于作进一步的分析计算。积分解法首先利用整个区域的能量守恒关系建立温度 t 的积分方程，然后假设 t 的函数表达式，根据定解条件求解表达式中的待定系数，得到具体温度分布表达式。下面以矩形区域中有内热源的稳态导热为例进行介绍。

1. 研究对象及其数学描写

研究如图 3-3 所示的直角坐标系内二维、稳态、有内热源的导热，两个边界绝热，两个边界为第一类边界条件，导热系数为常数。该问题的数学描写为

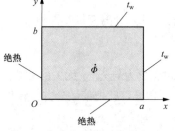

图 3-3 有内热源的二维稳态导热

$$\frac{\partial^2 t}{\partial x^2} + \frac{\partial^2 t}{\partial y^2} + \frac{\dot{\Phi}}{\lambda} = 0 \tag{3-6}$$

$$x=0, \frac{\partial t}{\partial x} = 0 \tag{3-7a}$$

$$x=a, t=t_w \tag{3-7b}$$

$$y=0, \frac{\partial t}{\partial y} = 0 \tag{3-7c}$$

$$y=b, t=t_w \tag{3-7d}$$

2. 积分方程

建立导热积分方程的方法有两种，一是在研究范围内对导热微分方程积分，二是对研究区域整体列能量守恒关系，这里采用第二种。如图 3-3 所示，引入过余温度 $\theta = t - t_w$，则根据能量守恒关系有

$$\dot{\Phi}ab = -\lambda \int_{y=0}^{y=b} \frac{\partial \theta}{\partial x}\bigg|_{x=a} \mathrm{d}y - \lambda \int_{x=0}^{x=a} \frac{\partial \theta}{\partial y}\bigg|_{y=b} \mathrm{d}x \tag{3-8}$$

式（3-8）即为该二维稳态有内热源导热问题的能量积分方程，表示内热源产生的热量（等号左边）全部通过边界导出（因为两个边界绝热，只从另外两个边界导出）。

3. 积分方程的求解

首先选用适当的温度分布表达式。假定温度分布具有变量分离形式的结构，即温度函数是各自变量单元函数的乘积。假定变量分离形式的温度分布为

$$\theta(x, y) = X(x)Y(y) \tag{i}$$

多项式比较简单、适应性强，是常被采用的一种单元函数。根据所求解问题的条件，单元函数最低是二次多项式，即可假设为

$$X(x) = A_0 + A_1 x + A_2 x^2 \tag{j}$$

$$Y(y) = B_0 + B_1 y + B_2 y^2 \tag{k}$$

利用边界条件求解待定系数，即

$$x = 0, \quad \frac{\partial \theta}{\partial x} = 0 \Rightarrow A_1 = 0 \tag{l}$$

$$y = 0, \quad \frac{\partial \theta}{\partial y} = 0 \Rightarrow B_1 = 0 \tag{m}$$

$$x = a, \quad \theta = 0 \Rightarrow A_0 = -A_2 a^2 \tag{n}$$

$$y = b, \quad \theta = 0 \Rightarrow B_0 = -B_2 b^2 \tag{o}$$

所以有

$$\theta(x, y) = A_2 B_2 (a^2 - x^2)(b^2 - y^2) \tag{p}$$

可记为

$$\theta(x, y) = C(a^2 - x^2)(b^2 - y^2) \tag{q}$$

将式（q）代入积分方程式（3-8），可解得

$$C = \frac{3\dot{\Phi}}{4\lambda(a^2 + b^2)} \tag{r}$$

则该二维稳态有内热源的导热问题的积分近似解为

$$\theta(x, y) = \frac{3\dot{\Phi}}{4\lambda(a^2 + b^2)}(a^2 - x^2)(b^2 - y^2) \tag{3-9}$$

以上求解方法中，所有单元函数的形式 $X(x)$、$Y(y)$ 全部被选定，这种方法称为里兹（Ritz）法；如果不是所有的单元函数形式均被选定，则称为康塔罗维奇（Kantorovch）法，具体方法可参考相关文献。

例题 3-1　一个正方形截面的长柱体悬置在某不导电的液体内，正方形边长 $2a=0.1\text{m}$，从某时刻起开始对其通电加热，电流 $I=20\text{A}$，柱体的电阻 $R=10\Omega/\text{m}$，加热到一定时间后，柱体各处的温度不再随时间变化。已知液体温度 $t_\infty=20℃$，表面传热系数 $h=2000\text{W}/(\text{m}^2\cdot\text{K})$，柱体导热系数 $\lambda=10\text{W}/(\text{m}\cdot\text{K})$。采用式 (3-9) 近似求解截面内的温度分布。

题解：

分析： 该问题为直角坐标系内二维、稳态、有内热源的导热，四个边界均为第三类边界条件。其数学描写见例题 2-7。

根据问题的对称性，取 1/4 的区域进行研究后，两个绝热边界，两个对流传热边界，问题与图 3-3 所示情况仍然不同。为了利用式（3-9）计算柱体内温度分布，需要先计算柱体表面的平均温度 t_w，利用能量守恒原理即柱体内产生的热量全部通过外表面对流散出，可得外表面平均温度 t_w。

计算： 通电产生的内热源强度为

$$\dot\Phi=\frac{I^2R}{(2a)^2}=\frac{20^2\times10}{0.1^2}=400\,000(\text{W/m}^3)$$

柱体内产生的热量全部通过外表面对流散出，因此有

$$(2a)^2\dot\Phi=8ah(t_\text{w}-t_\infty)$$

得柱体外表面的平均温度为

$$t_\text{w}=\frac{a\dot\Phi}{2h}+t_\infty=\frac{0.05\times400\,000}{2\times2000}+20=25(℃)$$

将数据代入式（3-9）得

$$\theta=t-t_\text{w}=\frac{3\times400\,000}{4\times10\times(0.05^2+0.05^2)}(0.05^2-x^2)(0.05^2-y^2)$$

化简得，柱体内温度的计算式为

$$t=6\times10^6\times(0.05^2-x^2)(0.05^2-y^2)+25$$

x、y 分别取 0，0.01，0.02，0.03，0.04，0.05，代入上式可得柱体内的温度分布，见表 3-1。

表 3-1　　　　　　　　　　　　　　　　例题 3-1 的计算结果

y	x					
	0	0.01	0.02	0.03	0.04	0.05
0.05	25	25	25	25	25	25
0.04	38.5	37.96	36.34	33.64	29.86	25
0.03	49	48.04	45.16	40.36	33.64	25
0.02	56.5	55.24	51.46	45.16	36.34	25
0.01	61	59.56	55.24	48.04	37.96	25
0	62.5	61	56.5	49	38.5	25

讨论： ①由于计算截面为正方形，因此温度场在正方形内沿对角线对称，见表 3-1。②该问题为了采用式（3-9）而近似认为外表面具有同样的温度 t_w，计算结果会有一定的误差。③积分近似求解相对微分求解能较简单地获得温度场计算式，假设的温度分布函数影响计算结果的精确度。

3.2 对流边界下的一维非稳态导热

在第 2 章中介绍了求解非稳态导热问题的集总参数法，该方法是忽略导热体温度在空间上的差异近似当作零维的简化处理。工程上有时候需要确定非稳态过程中导热体温度在空间上的分布规律，集总参数法不再满足要求。平壁、实心长圆柱和实心球这三个典型的一维几何体，在对流边界下的非稳态导热过程，可以通过分离变量法获得严格的分析解，由于过程过于复杂，在此不做介绍。本节重点对平壁在对流边界下的分析解结果进行讨论，并介绍适用于工程计算的图线法。

3.2.1 平壁非稳态导热分析解

如图 3-4（a）所示，一厚度为 2δ 的平壁，导热系数 λ、热扩散率 a 均为常数，初始温度为 t_0。突然将其放入温度为 t_∞ 并保持不变的流体中，假设平壁表面与流体间对流传热的表面传热系数 h 为常数。

考虑到温度场的对称性，仅需求解半个平壁的温度场，因此建立如图 3-4（b）所示的坐标系。计算区域初始温度均匀，左侧边界绝热，右侧为对流传热边界。

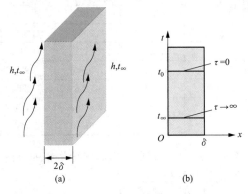

图 3-4 平壁对流边界下的非稳态导热

该问题的数学描写为

$$\frac{\partial t}{\partial \tau} = a\frac{\partial^2 t}{\partial x^2} \tag{3-10}$$

$$\tau = 0, \quad t = t_0 \tag{3-11}$$

$$x = 0, \quad \frac{\partial t}{\partial x} = 0 \tag{3-12a}$$

$$x = \delta, \quad -\lambda\frac{\partial t}{\partial x} = h(t - t_\infty) \tag{3-12b}$$

为数学求解的方便，引入过余温度 $\theta = t - t_\infty$，以上各式变为

$$\frac{\partial \theta}{\partial \tau} = a\frac{\partial^2 \theta}{\partial x^2} \tag{3-13}$$

$$\tau = 0, \quad \theta = \theta_0 \tag{3-14}$$

$$
\begin{cases}
x = 0, \ \dfrac{\partial \theta}{\partial x} = 0 & \text{(3-15a)} \\[2mm]
x = \delta, \ -\lambda \dfrac{\partial \theta}{\partial x} = h\theta & \text{(3-15b)}
\end{cases}
$$

可采用分离变量法对该问题进行求解，具体过程读者可参考相关文献，最后得分析解结果为

$$
\frac{\theta}{\theta_0} = \sum_{n=1}^{\infty} \frac{2\sin\mu_n}{\mu_n + \cos\mu_n\sin\mu_n}\cos\left(\mu_n\frac{x}{\delta}\right)\exp\left(-\mu_n^2\frac{a\tau}{\delta^2}\right) \tag{3-16}
$$

这是一个无穷级数的形式，其中的 μ_n 是下面超越方程的根，称为特征值，即

$$
\tan\mu_n = \frac{Bi}{\mu_n}, n = 1,2,\cdots \tag{3-17}
$$

式（3-17）中毕渥数的特征长度取平壁的半厚度 δ。所以，$Bi = h\delta/\lambda$。表 3-2 给出了几个典型毕渥数对应式（3-17）特征方程的前 6 个根 μ_n 的数值。

表 3-2   部分毕渥数对应特征方程的前 **6** 个根 μ_n 的数值

Bi	1	2	3	4	5	6
0.01	0.099 8	3.144 8	6.284 8	9.425 9	12.567 2	15.708 6
0.05	0.221 8	3.157 4	6.291 1	9.430 1	12.570 3	15.711 1
0.1	0.311 1	3.173 2	6.299 1	9.435 4	12.574 4	15.714 4
0.5	0.653 3	3.292 3	6.361 6	9.477 5	12.606 0	15.739 7
1	0.860 3	3.428	6.438	9.530	12.646	15.771
5	1.313 8	4.033 6	6.909 6	9.892 6	12.935 2	16.010 7
10	1.428 9	4.306	7.228 2	10.200	13.215	16.259
50	1.540 0	4.620 2	7.701 2	10.783 2	13.866 6	16.951 9
100	1.555 2	4.665 8	7.776 4	10.887 2	13.998 1	17.109 3

3.2.2 对平壁非稳态导热分析解的讨论

1. 分析解的无量纲形式

特征长度取平壁的半厚度 δ，则非稳态导热过程的无量纲时间傅里叶数 Fo 可表示为

$$
Fo = \frac{a\tau}{\delta^2} \tag{3-18}
$$

用 η 表示无量纲距离 x/δ，则式（3-16）可表示为无量纲数之间的关系，即

$$
\frac{\theta}{\theta_0} = \sum_{n=1}^{\infty} \frac{2\sin\mu_n}{\mu_n + \cos\mu_n\sin\mu_n}\cos(\mu_n\eta)\exp(-\mu_n^2 Fo) \tag{3-19a}
$$

$$
\frac{\theta}{\theta_0} = f(Fo, Bi, \eta) \tag{3-19b}
$$

2. 毕渥数对无量纲过余温度分布的影响

毕渥数反映了非稳态导热体内部导热热阻与表面对流传热热阻的相对大小，它对导热体内部的温度分布有很大影响。下面分别取 $Bi = 0.1$、$Bi = 1$ 和 $Bi = 100$

三种情况，利用式（3-19a）进行计算，将结果整理成图 3-5 所示的形式。

　　从图 3-5（a）可以看出，对于毕渥数 $Bi=0.1$ 的情况，在 $Fo=0.2$ 时，平壁表面（$x/\delta=1$）与中心处（$x/\delta=0$）无量纲过余温度相差接近 5%，但随着时间的增加（Fo 的增大），在每个时刻平壁内各点温度差异越来越小，并且几乎可以看成一个温度。也正是这个原因，在第 2 章的集总参数模型误差分析时给出，当 $Bi<0.1$ 时，物体内最大的无量纲过余温度小于 5%，也因此常将 $Bi<0.1$ 作为集总参数模型的使用条件。图 3-5（c）给出的是毕渥数 $Bi=100$ 的情况，从傅里叶数 $Fo=0.01$ 到 $Fo=1$，平壁中心处的无量纲过余温度从 1 降到小于 0.1，但每个时刻，表面处无量纲过余温度始终近似为 0，说明表面的换热热阻远小于内部的导热热阻。非稳态过程开始后，平壁表面的温度很快就等于流体温度了，所以 $Bi\rightarrow\infty$ 的情况相当于是第一类边界条件的非稳态导热问题。图 3-5（b）所示情况下平壁内的温度分布介于上述两种情况之间。

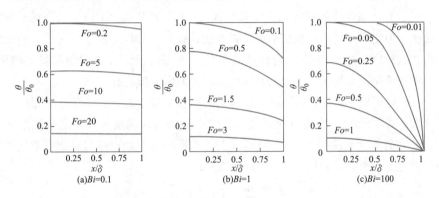

图 3-5　毕渥数对无量纲过余温度分布的影响

3. 非稳态导热的正规状况阶段

　　从表 3-2 可以看出，对于确定的毕渥数 Bi，其特征根 μ_n 的值随 n 的增加而增大，因此式（3-19a）中的指数项 $\exp(-\mu_n^2 Fo)$ 会很快的衰减。计算表明：当 $Fo>0.2$ 时，略去无穷级数中第二项及以后各项，所得计算结果的偏差小于 1%。于是式（3-19a）可简化为

$$\frac{\theta}{\theta_0} = \frac{2\sin\mu_1}{\mu_1 + \cos\mu_1 \sin\mu_1}\cos(\mu_1\eta)\exp(-\mu_1^2 Fo) \tag{3-20}$$

　　通常将 $Fo>0.2$ 的阶段称作非稳态导热的**正规状况阶段**。在这个阶段，平壁初始温度对温度场的影响逐渐消失，温度分布主要受边界对流传热的影响，规律性也更明显。而 $Fo\leqslant0.2$ 的阶段则称作非稳态导热的**非正规状况阶段**，初始温度对平壁的温度分布影响较大，温度分布曲线复杂，需要更多的级数项才能准确表示。

　　从初始时刻到导热体与周围介质处于相同的温度而达到热平衡，这一过程中

所传递的热量为

$$Q_0 = \rho c V(t_0 - t_\infty) \tag{3-21}$$

式（3-21）是整个非稳态导热过程中所能传递的最大热量，从初始时刻到某一时刻 τ 这一阶段中所传递的热量 Q 与 Q_0 之比为

$$\frac{Q}{Q_0} = \frac{\rho c \int_V (t_0 - t) \mathrm{d}V}{\rho c V(t_0 - t_\infty)} = \frac{1}{V} \int_V \frac{(t_0 - t_\infty) - (t - t_\infty)}{t_0 - t_\infty} \mathrm{d}V$$

$$= 1 - \frac{1}{V} \int_V \frac{\theta}{\theta_0} \mathrm{d}V \tag{3-22}$$

对于正规状况阶段，将式（3-20）代入式（3-22），可得

$$\frac{Q}{Q_0} = 1 - \frac{\sin\mu_1}{\mu_1} \times \frac{2\sin\mu_1}{\mu_1 + \cos\mu_1 \sin\mu_1} \exp(-\mu_1^2 Fo) \tag{3-23}$$

4. 非稳态导热正规状况阶段工程计算的图线法

对于非稳态导热的正规状况阶段，式（3-20）相比式（3-16）已得到了很大的简化，但使用中仍需要根据毕渥数查表或计算相应的特征根 μ_1。为此一些研究者将式（3-20）和式（3-23）的计算结果整理成图线的形式以方便工程上使用，广泛使用的是由海斯勒（Heisler）等提出的诺谟图，参见附录13。

利用诺谟图确定平壁内某点、某时刻的温度需以下过程：①计算毕渥数和傅里叶数，查附图13-1可得对应时刻平壁中心处的过余温度与初始过余温度之比 $\theta_\mathrm{m}/\theta_0$；②计算无量纲距离 x/δ，查附图13-2可得该点过余温度与平壁中心处的过余温度之比 θ/θ_m；③利用式（3-24）计算，即

$$\frac{\theta}{\theta_0} = \frac{\theta_\mathrm{m}}{\theta_0} \times \frac{\theta}{\theta_\mathrm{m}} \tag{3-24}$$

可得平壁内某点、某时刻的过余温度与初始过余温度的比值。

附图13-3为根据式（3-23）整理成的诺谟图。

3.2.3 无限长圆柱和球在对流边界下的非稳态导热

1. 无限长圆柱

半径为 R 的实心长圆柱，其材料的导热系数 λ、热扩散率 a 均为常数，初始温度为 t_0，突然把它放在温度为 t_∞ 并保持不变的流体中，流体与圆柱表面间的表面传热系数 h 为常数。

采用与平壁类似的方法，可得圆柱中无量纲过余温度的分析解为

$$\frac{\theta}{\theta_0} = \sum_{n=1}^{\infty} \frac{2}{\mu_n} \times \frac{J_1(\mu_n)}{J_0^2(\mu_n) + J_1^2(\mu_n)} J_0(\mu_n \eta) \exp(-\mu_n^2 Fo) \tag{3-25}$$

式中，$Fo = \dfrac{a\tau}{R^2}$，$\eta = \dfrac{r}{R}$，μ_n 为下面超越方程的根（特征值），即

$$\mu_n \frac{J_1(\mu_n)}{J_0(\mu_n)} = Bi \quad (n = 1, 2, \cdots) \tag{3-26}$$

式中：$Bi=\dfrac{hR}{\lambda}$，J_0、J_1 分别为零阶与一阶的第一类贝塞尔（Bessel）函数，部分特征根的值可从附录 16 中查到。

对于 $Fo>0.2$ 的正规状况阶段，无量纲过余温度式（3-25）可简化为

$$\frac{\theta}{\theta_0}=\frac{2}{\mu_1}\times\frac{J_1(\mu_1)}{J_0^2(\mu_1)+J_1^2(\mu_1)}J_0(\mu_1\eta)\exp(-\mu_1^2 Fo) \tag{3-27}$$

从初始时刻到某一时刻 τ，这一阶段中所传递的热量 Q 与 Q_0 之比为

$$\frac{Q}{Q_0}=1-\frac{2J_1(\mu_1)}{\mu_1}\times\frac{2}{\mu_1}\times\frac{J_1(\mu_1)}{J_0^2(\mu_1)+J_1^2(\mu_1)}\exp(-\mu_1^2 Fo) \tag{3-28}$$

根据式（3-27）和式（3-28）整理成的诺谟图见附图 14-1～附图 14-3。

2. 球

半径为 R 的实心球，其材料的导热系数 λ、热扩散率 a 为常数，初始温度为 t_0，突然把它放在温度为 t_∞ 并保持不变的流体中，流体与球表面间的表面传热系数 h 为常数。

同样可求得球内无量纲过余温度分析解为

$$\frac{\theta}{\theta_0}=\sum_{n=1}^{\infty}2\frac{\sin\mu_n-\mu_n\cos\mu_n}{\mu_n-\cos\mu_n\sin\mu_n}\times\frac{1}{\mu_n\eta}\sin(\mu_n\eta)\exp(-\mu_n^2 Fo) \tag{3-29}$$

式中，$Fo=\dfrac{a\tau}{R^2}$，$\eta=\dfrac{r}{R}$，μ_n 是下面超越方程的根（特征值），即

$$1-\mu_n\cot\mu_n=Bi \quad (n=1,2,\cdots) \tag{3-30}$$

式中，$Bi=\dfrac{hR}{\lambda}$。

对于 $Fo>0.2$ 的正规状况阶段，无量纲过余温度式（3-29）可简化为

$$\frac{\theta}{\theta_0}=2\frac{\sin\mu_1-\mu_1\cos\mu_1}{\mu_1-\cos\mu_1\sin\mu_1}\times\frac{1}{\mu_1\eta}\sin(\mu_1\eta)\exp(-\mu_1^2 Fo) \tag{3-31}$$

从初始时刻到某一时刻 τ，这一阶段中所传递的热量 Q 与 Q_0 之比为

$$\frac{Q}{Q_0}=1-\frac{3(\sin\mu_1-\mu_1\cos\mu_1)}{\mu_1^3}\times\frac{2(\sin\mu_1-\mu_1\cos\mu_1)}{\mu_1-\cos\mu_1\sin\mu_1}\exp(-\mu_1^2 Fo) \tag{3-32}$$

根据式（3-31）和式（3-32）整理成的诺谟图见附图 15-1～附图 15-3。

例题 3-2　为了对某平板状的模制塑料产品进行冷却，使其暴露于高速流动的空气中。已知塑料制品的厚度 $2\delta=60mm$，初始温度 $t_0=80℃$，冷空气温度 $t_\infty=20℃$，对流传热的表面传热系数 $h=100W/(m^2\cdot K)$，材料的物性参数如下：$\rho=1200kg/m^3$、$c=1500J/(kg\cdot K)$、$\lambda=0.3W/(m\cdot K)$。试确定 20、40、60min 时塑料制品内的温度分布。

题解：

分析： 该导热问题为对流边界下平板的一维非稳态导热，其数学描写见例题 2-6。

计算： 取平板的一半厚度为特征长度，所以 $l=0.03m$，毕渥数为

$$Bi = \frac{hl}{\lambda} = \frac{100 \times 0.03}{0.3} = 10$$

平板的热扩散率为

$$a = \frac{\lambda}{\rho c} = \frac{0.3}{1200 \times 1500} = 1.667 \times 10^{-7} (\text{m}^2/\text{s})$$

采用式（3-17）或查表 3-2，得对应毕渥数 $Bi = 10$ 的第一个特征根为 $\mu_1 = 1.4289$。

以 20min 为例，计算傅里叶数为

$$Fo = \frac{a\tau}{l^2} = \frac{1.667 \times 10^{-7} \times 20 \times 60}{0.03^2} = 0.222$$

采用式（3-20）进行计算，即

$$\frac{\theta}{\theta_0} = \frac{2\sin 1.428\,9}{1.428\,9 + \cos 1.428\,9\sin 1.428\,9}\cos(1.428\,9\eta)\exp(-1.428\,9^2 \times 0.222)$$

选取 $\eta = 0, 0.1, 0.2, \cdots, 0.8, 0.9, 1$ 代入上式，可计算得到不同位置处的 $\frac{\theta}{\theta_0}$，代入下式

$$t = \frac{\theta}{\theta_0}\theta_0 + t_\infty = 60 \times \frac{\theta}{\theta_0} + 20$$

计算可得 20min 时在平壁中心处及距中心 0.003、0.006、0.009、……、0.021、0.024、0.03m 处即平壁外表面的温度。同理可计算 40、60min 时以上各处的温度值，见表 3-3。

表 3-3　　　　　　　　　　　例题 3-2 计算结果　　　　　　　　　　　℃

时间(min)	0	0.003m	0.006m	0.009m	0.012m	0.015m	0.018m	0.021m	0.024m	0.027m	0.03m
20	68.1	67.6	66.2	63.8	60.5	56.4	51.5	46.0	40.0	33.5	26.8
40	50.6	50.3	49.3	47.8	45.7	43.1	40.0	36.5	32.7	28.6	24.3
60	39.4	39.2	38.6	37.7	36.3	34.7	32.7	30.5	28.1	25.5	22.7

例题 3-3　对一个鸡蛋的加热过程进行计算，将鸡蛋简化成直径为 4cm 的球体，鸡蛋的初始温度为 10℃，将其放入温度为 100℃ 的沸水中。取鸡蛋的密度 $\rho = 1000\text{kg/m}^3$，比热容 $c = 3310\text{J/(kg·K)}$，导热系数 $\lambda = 0.5\text{W/(m·K)}$，加热过程中表面传热系数 $h = 1200\text{W/(m}^2\text{·K)}$。现采用分析解和查诺谟图的方法计算鸡蛋中心达到 80℃ 需要的时间，此时鸡蛋的表面温度是多少？

题解：

计算：（1）利用分析解进行计算。取鸡蛋的半径为特征长度，所以 $l = R = 0.02\text{m}$，毕渥数为

$$Bi = \frac{hR}{\lambda} = \frac{1200 \times 0.02}{0.5} = 48$$

鸡蛋的热扩散率为

$$a = \frac{\lambda}{\rho c} = \frac{0.5}{1000 \times 3310} = 1.51 \times 10^{-7} \, (\text{m}^2/\text{s})$$

假设鸡蛋中心达到 80℃ 时已进入正规状况阶段。采用式（3-30）计算对应毕渥数 $Bi = 48$ 的第一个特征根为 $\mu_1 = 3.092$。

以下采用式（3-31）进行计算，即

$$\frac{\theta_m}{\theta_0} = \frac{80 - 100}{10 - 100} = 0.222$$

$$2 \frac{\sin\mu_1 - \mu_1 \cos\mu_1}{\mu_1 - \cos\mu_1 \sin\mu_1} = 2 \frac{\sin 3.092 - 3.092\cos 3.092}{3.092 - \cos 3.092 \sin 3.092} = 2.00$$

鸡蛋的中心处 $\eta = r/R = 0$，由于 $\lim\limits_{x \to 0} \dfrac{\sin x}{x} = 1$，可得

$$\frac{2.0}{3.092 \times \eta} \sin(3.092 \times \eta) \exp(-3.092^2 Fo) = 2.0 \times \exp(-3.092^2 Fo) = 0.222$$

解得 $Fo = 0.23$，说明此时非稳态导热确实已进入正规状况阶段，前面假设成立。

由 $Fo = \dfrac{a\tau}{R^2} = \dfrac{1.51 \times 10^{-7}}{0.02^2} \tau$，解得 $\tau = 609\text{s}$。

鸡蛋的表面处 $\eta = r/R = 1$，此时有

$$\frac{\theta}{\theta_0} = \frac{2.00}{3.092 \times 1} \sin(3.092 \times 1) \exp(-3.092^2 \times 0.23) = 0.003\,9$$

$$t_w = \frac{\theta}{\theta_0} \theta_0 + t_\infty = 0.003\,9 \times (10 - 100) + 100 = 99.65 \, (\text{℃})$$

（2）利用查诺谟图的方法计算。

由 $Bi = 48$、$\theta_m/\theta_0 = 0.22$，查附图 15-1 得 $Fo = 0.23$，由 $Fo = \dfrac{a\tau}{R^2} = \dfrac{1.51 \times 10^{-7}}{0.02^2} \tau$，解得 $\tau = 609\text{s}$。

由 $Bi = 48$、$r/R = 1$，查附图 15-2 得，$\theta/\theta_m = 0.02$，利用式（3-24）得

$$\frac{t_w - 100}{10 - 100} = 0.22 \times 0.02$$

解得 $t_w = 99.60℃$。

讨论： ①由两种方法计算的表面处温度相差 $0.05℃$，说明两种方法都可用来计算该问题；②采用分析解，虽然需要求特征方程的根，但若用计算机编程计算很方便，查诺谟图的方法虽然形式简单，但由于图线较密，也有不便之处，且易带来误差。

3.3 半无限大物体的非稳态导热

所谓半无限大物体，几何上是指如图 3-6 所示那样的物体，其特点是从 $x = 0$ 的界面开始可以向 x 的正方向及其他两个坐标正、负方向无限延伸，而在每一个

与 x 轴垂直的界面都为等温面。半无限大物体并不是一个纯几何概念，在某些情况下可以看作平壁的一种特殊情况。以上一节讨论的平壁为例，如果仅仅是平壁一侧的换热条件发生改变，平壁足够厚时，在有限的时间范围内物体的温度变化就不会涉及另外一侧表面，此时可以认为其厚度是无限的，即为"半无限大物体"。半无限大物体为许多实际问题提供了有用的理想化物理模型，而且能够通过数学方法得到其分析解。

3.3.1 第一类边界下半无限大物体的变量置换法求解

讨论如图 3-6 所示的半无限大物体，初始温度均匀为 t_0，$x=0$ 的界面温度突

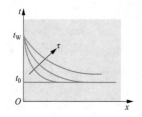

然升高到 t_w 并保持不变，材料的导热系数、密度、比热容等物性参数均为常数。

该问题为直角坐标系中一维、非稳态、无内热源的导热问题，已知一个第一类边界条件，另一个边界在热扰动还未涉及的位置，仍保持初始温度。引入过余温度 $\theta = t - t_w$，该问题的数学描写为

图 3-6　第一类边界下半无限大物体及温度分布示意

$$\begin{cases} \dfrac{\partial \theta}{\partial \tau} = a\dfrac{\partial^2 \theta}{\partial x^2} & (3\text{-}33) \\[2mm] \tau = 0, \theta = t_0 - t_w = \theta_0 & (3\text{-}34) \\[2mm] x = 0, \theta = 0 & (3\text{-}35a) \\[2mm] x \rightarrow \infty, \theta = \theta_0 & (3\text{-}35b) \end{cases}$$

该问题在数学上有多种方法可得到其分析解，在此介绍采用变量置换方法的求解过程。

定义一个新的变量 $\eta = x/\sqrt{4a\tau}$，导热微分方程式（3-33）就转换为如下常微分方程的形式，即

$$\frac{\mathrm{d}^2 \theta}{\mathrm{d}\eta^2} + 2\eta\frac{\mathrm{d}\theta}{\mathrm{d}\eta} = 0 \qquad (a)$$

它的通解为

$$\theta = c_1\int_0^\eta \mathrm{e}^{-\eta^2}\,\mathrm{d}\eta + c_2 \qquad (b)$$

利用边界条件式（3-35a）得 $c_2 = 0$。由初始条件 $\tau = 0$，$\eta \rightarrow \infty$，$\theta = \theta_0$，于是有

$$\theta_0 = c_1\int_0^\infty \mathrm{e}^{-\eta^2}\,\mathrm{d}\eta = c_1\frac{\sqrt{\pi}}{2} \qquad (c)$$

因此，可得 $c_1 = 2\theta_0/\sqrt{\pi}$，于是最终解为

$$\frac{\theta}{\theta_0} = \frac{2}{\sqrt{\pi}}\int_0^\eta \mathrm{e}^{-\eta^2}\,\mathrm{d}\eta = \mathrm{erf}(\eta) = \mathrm{erf}\left(\frac{x}{\sqrt{4a\tau}}\right) \qquad (3\text{-}36)$$

式中，$\mathrm{erf}(\eta) = \dfrac{2}{\sqrt{\pi}}\int_0^\eta \mathrm{e}^{-\eta^2}\,\mathrm{d}\eta$ 是高斯误差函数，部分误差函数的数值可从附录 18 中查取，图 3-7 是误差函数曲线。

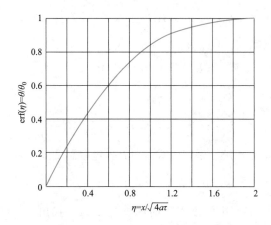

图 3-7　误差函数曲线

由图 3-7 可知，当 $\eta=2$ 时，$\theta/\theta_0\approx1$，相当于该处的温度仍保持初始温度（无量纲过余温度的变化小于 0.5%），因此，通常可利用平壁厚度 $\delta\geqslant4\sqrt{a\tau}$ 或非稳态时间 $\tau\leqslant\delta^2/(16a)$ 来作为利用半无限大物体模型的条件。

根据傅里叶定律，可以得到通过任意截面 x 处的热流密度为

$$q_x=-\lambda\frac{\partial t}{\partial x}=-\lambda\frac{t_{\mathrm{w}}-t_0}{\sqrt{\pi a\tau}}\exp\left[-x^2/(4a\tau)\right] \tag{3-37}$$

$0\sim\tau$ 时间段内通过表面的总热量为

$$Q=A\int_0^\tau q_{x=0}\mathrm{d}\tau=A\int_0^\tau\lambda\frac{t_{\mathrm{w}}-t_0}{\sqrt{\pi a\tau}}\mathrm{d}\tau=2A\sqrt{\tau/\pi}\sqrt{\rho c\lambda}(t_{\mathrm{w}}-t_0) \tag{3-38}$$

式（3-38）表明，在一段时间内的总导热量与时间的平方根成正比，与 $\sqrt{\rho c\lambda}$ 的数值也成正比。综合量 $\sqrt{\rho c\lambda}$ 被称为吸热系数，它的大小代表了物体向与其接触的高温物体吸热的能力。

3.3.2　第一类边界条件下半无限大物体的积分求解

1. 积分方程

采用热平衡法，取热扰动涉及的厚度 $\delta(\tau)$ 为研究对象，单位时间内控制体的热力学能增加全部由边界导入，因此有

$$\rho c\int_0^\delta\frac{\mathrm{d}\theta}{\mathrm{d}\tau}\mathrm{d}x=-\lambda\frac{\partial\theta}{\partial x}\bigg|_{x=0} \tag{3-39}$$

式中：θ 为过余温度，$\theta=t-t_0$。

引入热扩散率 a，整理式（3-39）可得半无限大物体能量积分方程为

$$\frac{\mathrm{d}}{\mathrm{d}\tau}\int_0^\delta\theta\mathrm{d}x=-a\frac{\partial\theta}{\partial x}\bigg|_{x=0} \tag{3-40}$$

2. 积分方程的求解

假设过余温度分布为

$$\theta = A + Bx + Cx^2 \tag{d}$$

则有

$$\frac{\partial \theta}{\partial x} = Bx + 2Cx \tag{e}$$

由边界条件 $x=0$，$\theta=\theta_w$，得 $A=\theta_w$。

由边界条件 $x=\delta$，$\theta=0$；$\frac{\partial \theta}{\partial x}=0$，得 $B=-\frac{2\theta_w}{\delta}$，$C=\frac{\theta_w}{\delta^2}$。

将以上 A、B、C 求解结果代入式（d），得过余温度分布为

$$\theta = \theta_w \left(1 - \frac{2}{\delta}x + \frac{1}{\delta^2}x^2 \right) \tag{3-41}$$

注意到，式（3-41）中厚度 δ 随时间变化，为了找出 $\delta=f(\tau)$ 的关系，将式（3-41）代入积分方程式（3-40），可得

$$\delta \frac{d\delta}{d\tau} = 6a \tag{f}$$

积分后可得

$$\delta = 2\sqrt{3a\tau} \tag{g}$$

将式（g）代入式（3-41）得半无限大物体非稳态导热的温度场为

$$\theta = \theta_w \left(1 - \frac{1}{\sqrt{3a\tau}}x + \frac{1}{12a\tau}x^2 \right) \tag{3-42}$$

式（3-42）即为积分近似解法得到的第一类边界条件下半无限大物体的温度场。改变假设的过余温度分布式（d），也可得到其他形式的求解结果。

3.3.3　第二、三类边界条件下半无限大物体的分析解

如果初始温度均匀为 t_0 的半无限大物体，突然 $x=0$ 的界面受到恒定热流密度 q_w 的加热（或冷却），其温度场分析解为

$$t - t_0 = \frac{2q_w\sqrt{a\tau/\pi}}{\lambda}\exp\left(-\frac{x^2}{4a\tau}\right) - \frac{q_w x}{\lambda}\mathrm{erfc}\left(\frac{x}{2\sqrt{a\tau}}\right) \tag{3-43}$$

式中，$\mathrm{erfc}\left(\dfrac{x}{2\sqrt{a\tau}}\right) = 1 - \mathrm{erf}\left(\dfrac{x}{2\sqrt{a\tau}}\right)$ 称为高斯余误差函数。

如果初始温度均匀，且为 t_0 的半无限大物体，突然 $x=0$ 的界面受到流体的加热（冷却），流体温度 t_∞ 和表面传热系数 h 恒定不变，则其温度场分析解为

$$\frac{t-t_0}{t_\infty - t_0} = \mathrm{erf}\left(\frac{x}{2\sqrt{a\tau}}\right) - \exp\left(\frac{hx}{\lambda} + \frac{h^2 a\tau}{\lambda^2}\right)\mathrm{erfc}\left(\frac{x}{2\sqrt{a\tau}} + \frac{h\sqrt{a\tau}}{\lambda}\right) \tag{3-44}$$

例题 3-4　某金属加工工艺中，需要对一块厚钢板快速冷却。已知钢板的初始温度为 300℃，现在其一表面上喷射冷水使之冷却，冷水的温度为 25℃，射流水与表面对流传热的表面传热系数很大，见图 3-8。已知钢板的物性参数如下：$\rho=7800\mathrm{kg/m^3}$，$\lambda=50\mathrm{W/(m \cdot K)}$，$c=480\mathrm{J/(kg \cdot K)}$。计算距离表面 25mm 的位置处温度达到 100℃ 需要的时间。

题解：

分析：①由于钢板较厚，单面冷却，假定符合半无限大物体的概念；②射流水与表面对流传热的表面传热系数很大，因此认为是第一类边界条件，表面温度等于流体温度。

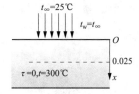

图 3-8　例题 3-4 附图

计算：钢板的热扩散率为

$$a = \frac{\lambda}{\rho c} = \frac{50}{7800 \times 480} = 1.34 \times 10^{-5} \, (\mathrm{m^2/s})$$

可利用式（3-36）求得所需时间，即

$$\frac{t - t_\mathrm{w}}{t_0 - t_\mathrm{w}} = \frac{100 - 25}{300 - 25} = 0.272\,7 = \mathrm{erf}\left(\frac{x}{\sqrt{4a\tau}}\right)$$

查附录 18 误差函数表得 $\dfrac{x}{\sqrt{4a\tau}} = 0.246\,6$，则有

$$\tau = \left(\frac{x}{0.246\,6}\right)^2 / (4a) = \left(\frac{0.025}{0.246\,6}\right)^2 / (4 \times 1.34 \times 10^{-5}) = 192\,(\mathrm{s})$$

讨论：在 192s 对应的 $4\sqrt{a\tau}$ 值为 0.2m，因此，若该钢板的实际厚度大于此值，则使用半无限大物体模型就是合理的。

3.4　特定几何形状体的多维非稳态导热

对于几何形状规则的二维和三维非稳态导热问题，如果描述问题的导热微分方程和定解条件是线性齐次的，则这种多维非稳态导热问题也能像一维问题那样采用分离变量法进行求解，只是求解过程和解的形式都更复杂。但是，对于无限长方柱体、短圆柱和长方体等特定几何形状体的多维问题，其分析解可以直接利用 3.2 中平壁、无限长圆柱一维解的组合求得，这种方法称为纽曼法或乘积解法。

3.4.1　无限长方柱体的乘积解

研究一个截面尺寸为 $2\delta_1 \times 2\delta_2$ 的无限长方柱体，如图 3-9（a）所示，初始温度为 t_0，突然将其放入温度为 t_∞ 并保持不变的流体中，假设柱体表面与流体间对流传热的表面传热系数 h 为常数。

从几何上，该无限长方柱体可以看作是厚度分别为 $2\delta_1$ 和 $2\delta_2$ 的大平壁垂直相交所构成，如图 3-9（b）所示。

根据纽曼法则可得

$$\Theta = \frac{\theta(x, y, \tau)}{\theta_0} = \Theta_X(x, \tau) \cdot \Theta_Y(y, \tau) \tag{3-45}$$

式中：Θ 为无限长方柱体中无量纲过余温度；Θ_X 和 Θ_Y 分别为两块大平壁在相同的条件下各自独立的无量纲过余温度分布。下面对此作简单证明。

对于无限长方柱体，根据截面温度场的对称性特点，可取如图 3-9（c）所示

右上角四分之一的区域作为研究对象，因此，该问题的数学描写为

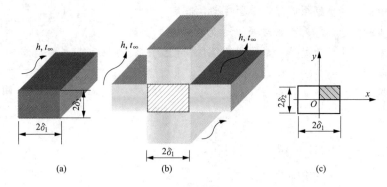

图 3-9   无限长方柱体示意

$$\begin{cases} \dfrac{\partial \Theta}{\partial \tau} = a\left(\dfrac{\partial^2 \Theta}{\partial x^2} + \dfrac{\partial^2 \Theta}{\partial y^2}\right) & (3\text{-}46) \\[2mm] \tau = 0, \Theta = 1 & (3\text{-}47) \\[2mm] x = 0, \dfrac{\partial \Theta}{\partial x} = 0 & (3\text{-}48a) \\[2mm] x = \delta_1, -\lambda \dfrac{\partial \Theta}{\partial x} = h\Theta & (3\text{-}48b) \\[2mm] y = 0, \dfrac{\partial \Theta}{\partial y} = 0 & (3\text{-}48c) \\[2mm] y = \delta_2, -\lambda \dfrac{\partial \Theta}{\partial y} = h\Theta & (3\text{-}48d) \end{cases}$$

对于厚度为 $2\delta_1$ 的大平壁，数学描写为

$$\begin{cases} \dfrac{\partial \Theta_X}{\partial \tau} = a\dfrac{\partial^2 \Theta_X}{\partial x^2} & (3\text{-}49) \\[2mm] \tau = 0, \Theta_X = 1 & (3\text{-}50) \\[2mm] x = 0, \dfrac{\partial \Theta_X}{\partial x} = 0 & (3\text{-}51a) \\[2mm] x = \delta_1, -\lambda \dfrac{\partial \Theta_X}{\partial x} = h\Theta_X & (3\text{-}51b) \end{cases}$$

对于厚度为 $2\delta_2$ 的大平壁，数学描写为

$$\begin{cases} \dfrac{\partial \Theta_Y}{\partial \tau} = a\dfrac{\partial^2 \Theta_Y}{\partial y^2} & (3\text{-}52) \\[2mm] \tau = 0, \Theta_Y = 1 & (3\text{-}53) \\[2mm] y = 0, \dfrac{\partial \Theta_Y}{\partial y} = 0 & (3\text{-}54a) \\[2mm] y = \delta_2, -\lambda \dfrac{\partial \Theta_Y}{\partial y} = h\Theta_Y & (3\text{-}54b) \end{cases}$$

若式（3-45）同时满足式（3-46）～式（3-48），就能证明乘积解成立。在此证明其满足导热微分方程式（3-46）。

将式（3-45）代入式（3-46）左端，并利用式（3-49）和式（3-52）可得

$$\frac{\partial \Theta}{\partial \tau} = \Theta_X \frac{\partial \Theta_Y}{\partial \tau} + \Theta_Y \frac{\partial \Theta_X}{\partial \tau} = \Theta_X \left(a \frac{\partial^2 \Theta_Y}{\partial y^2} \right) + \Theta_Y \left(a \frac{\partial^2 \Theta_X}{\partial x^2} \right) \tag{a}$$

将式（3-45）代入式（3-46）右端可得

$$a \left(\frac{\partial^2 \Theta}{\partial x^2} + \frac{\partial^2 \Theta}{\partial y^2} \right) = a\Theta_Y \frac{\partial^2 \Theta_X}{\partial x^2} + a\Theta_X \frac{\partial^2 \Theta_Y}{\partial y^2} \tag{b}$$

结合式（3-49）与式（3-52），并比较（a）和（b）两式，可证明式（3-45）是式（3-46）的解。

类似地，也可以证明式（3-45）是式（3-47）和式（3-48）的解。

3.4.2 长方体和短圆柱体的乘积解

对于如图 3-10（a）所示的长方体，可以看作是三块大平壁垂直相交而得到的；图 3-10（b）所示的短圆柱体则可以看作是一块大平壁与无限长圆柱垂直相交而得到的。

对于表面均为第三类边界条件的非稳态导热问题，根据纽曼法则，它们的解可分别表示为

长方体 $\qquad \Theta = \dfrac{\theta(x,y,z,\tau)}{\theta_0} = \Theta_X(x,\tau) \cdot \Theta_Y(y,\tau) \cdot \Theta_Z(z,\tau)$ （3-55）

短圆柱体 $\qquad \Theta = \dfrac{\theta(x,r,\tau)}{\theta_0} = \Theta_X(x,\tau) \cdot \Theta_R(r,\tau)$ （3-56）

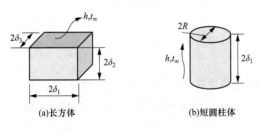

(a)长方体　　　　(b)短圆柱体

图 3-10　长方体和短圆柱体示意

因此，可以用一维非稳态导热的诺莫图求解上述二维和三维非稳态导热物体的温度分布。

例题 3-5 一块肉质食品可看作直径 30mm、长 50mm 的柱状体，刚从冰箱中取出时其温度为 5℃，现放入温度为 80℃ 的热水（加热过程中温度不变）中进行加热。已知加热过程的表面传热系数为 100W/（m²·K），食品的物性参数如下：$\rho = 1030\text{kg/m}^3$，$\lambda = 0.5\text{W/(m·K)}$，$c = 3480\text{J/(kg·K)}$，$a = 1.4 \times 10^{-7}\text{m}^2/\text{s}$。试计算 15min 后该食品中心的温度。

题解：

计算： 该问题属于短圆柱体的非稳态导热，可利用式（3-56）进行计算。

（1）对应平壁的计算，平壁的厚度为 50mm，所以，$\delta = 0.025m$，则毕渥数为

$$Bi = \frac{h\delta}{\lambda} = \frac{100 \times 0.025}{0.5} = 5$$

在 15min 时，相应的傅里叶数为

$$Fo = \frac{a\tau}{\delta^2} = \frac{1.47 \times 10^{-7} \times 900}{0.025^2} = 0.208$$

查附图 13-1 可得，此时平壁中心的无量纲过余温度为 0.85。

（2）对应长圆柱的计算，圆柱的直径为 30mm，所以，$R = 0.015m$，则毕渥数为

$$Bi = \frac{hR}{\lambda} = \frac{100 \times 0.015}{0.5} = 3$$

在 15min 时，相应的傅里叶数为

$$Fo = \frac{a\tau}{R^2} = \frac{1.47 \times 10^{-7} \times 900}{0.015^2} = 0.56$$

查附图 14-1 可得，此时圆柱中心的无量纲过余温度为 0.25。

（3）利用式（3-56）得该食品中心在 15min 时，其无量纲过余温度为

$$\Theta = \Theta_X(x,\tau) \cdot \Theta_R(r,\tau) = 0.85 \times 0.25 = 0.213$$

食品的中心温度为

$$t = t_0 + 0.213\theta_0 = 80 + 0.213 \times (5 - 80) = 64(℃)$$

 思 考 题

3-1 以第三类边界条件下的平壁非稳态导热为例，说明毕渥数对非稳态导热体内部温度场的影响。

3-2 什么是非稳态导热的正规状况阶段和非正规状况阶段？

3-3 有人认为 $Fo < 0.2$ 时不能用诺谟图求解非稳态导热问题，是因为不好查，你的看法如何？

3-4 在诺谟图（以平壁为例）中，中心处无量纲过余温度随 Fo 几乎按直线规律变化，试说明为什么。

3-5 什么叫作半无限大物体？稳态导热中是否有半无限大物体的概念？什么条件下可以把有限厚度的大平壁理想化成半无限大物体？

3-6 冬天，同样温度的铁块和木材，用手摸上去感觉不一样，为什么？

 习 题

3-1 一根长度为 l 的金属棒，初始温度均匀为 t_0，此后，使其两端分别维持在恒定的

温度 t_1 $(x=0)$ 和 t_2 $(x=l)$，并且 $t_2 > t_1 > t_0$，金属棒的四周绝热。试画出初始状态、最后稳态以及中间两个时刻金属棒内的温度分布曲线。

*3-2　作为一种估算，可以对汽轮机启动过程中汽缸壁的升温过程作近似分析：把汽缸壁看成是一维的平壁，启动前汽缸壁温度均匀且为 t_0，进入汽轮机的蒸汽温度与时间呈线性关系，即 $t_f = t_0 + \omega\tau$，其中 ω 为蒸汽升温速率，假设汽缸壁与蒸汽间的表面传热系数 h 为常数，汽缸壁外表面绝热良好。试对这一简化模型列出汽缸壁中温度的数学表达式。

习题3–2详解

*3-3　汽轮机在启动一段时间后，如果蒸汽温度保持匀速上升，则汽缸壁中的温度变化会达到或接近这样的工况：汽缸壁中各点的温度对时间的偏导数既不随时间而异，又不随地点而变（称为准稳态工况）。试对准稳态工况导出汽缸壁中最大温差的计算公式。

3-4　有两块同样材料的平板 A 和 B，A 的厚度是 B 的两倍，从同一高温炉中取出后置于冷流体中淬火，流体与各表面的表面传热系数可视为无穷大。已知板 B 中心面的过余温度下降到初始值的一半需要 20min，问板 A 中心面达到同样的过余温度需要多长时间？

习题3-3详解

3-5　某一瞬间，一无内热源的无限大平板中的温度分布可以表示成 $t_1 = c_1 x^2 + c_2$ 的形式，其中 c_1、c_2 为已知的常数，试确定：①此时刻在 $x=0$ 的表面处的热流密度；②此时刻平板平均温度随时间的变化率（物性已知且为常数）。

3-6　在太阳能集热器中采用直径为 100mm 的鹅卵石作为储存热量的媒介，其初始温度为 20℃。从太阳能集热器中引来 70℃ 的热空气通过鹅卵石，空气与鹅卵石之间的表面传热系数为 10W/(m²·K)。试问：①3h 后鹅卵石的中心温度为多少？②每千克鹅卵石的储热量是多少？已知鹅卵石的导热系数为 2.2W/(m·K)，热扩散率为 11.3×10^{-7} m²/s，比热容为 780J/(kg·K)，密度为 2500kg/m³。

3-7　一种测量导热系数的瞬态法是依据半无限大物体的导热理论设计的。有一块厚材料，初温为 30℃，然后其一侧表面突然与温度为 100℃ 的沸水相接触。在离开此表面 10mm 处由热电偶测得 2min 后该处的温度为 65℃。已知材料的密度为 2200kg/m³，比热容为 780J/(kg·K)，试计算该材料的导热系数。

3-8　医学实验表明：人体组织的温度高于 48℃ 的时间不能超过 10s，否则该组织内的细胞就会死亡。今有一劳动保护部门需要得到这样的资料，当人体表面接触到 60℃ 的热表面后，5min 时皮肤下烧伤深度（高于 48℃）为多少？人体组织物性取 37℃ 水的数值，假设一接触到热表面，人体表面温度就上升到了热表面的温度。

*3-9　对一个高温金属件的冷却过程进行分析和计算。金属件为平板，厚度为 0.3m，金属材料为铬钢 $W_{Cr}=17\%$。金属件初始温度均匀为 330℃，将其竖直放入室内进行冷却，室内空气及墙壁温度均为 30℃，以此计算的整个冷却过程表面的平均复合传热系数为 14W/(m²·K)，铬钢的导热系数取 22.5W/(m·K)，热扩散率取 6.344×10^{-6} m²/s。试用正规状况阶段的分析解表达式计算 1h 时金属件的内部温度分布（在一半平板厚度中取 11 个点计算）。

习题3-9详解

3-10　若习题 3-9 中的金属件为直径为 0.3m 的长圆柱，其他条件不变。试采用正规状况阶段的分析解表达式计算 1h 时金属件的内部温度分布。

3-11　若习题 3-9 中的金属件为直径为 0.3m 的圆球，其他条件不变。试采用正规状况阶段的分析解表达式计算 1h 时金属件的内部温度分布。

第 4 章　导热问题的数值解法

在第 2、3 章对导热问题的求解主要采用了分析解法。分析解法的优点是求解过程所依据的数学分析比较严谨、物理概念和逻辑推理比较清晰，求解结果以函数的形式表示，能清楚地显示各种因素对温度分布的影响。分析解法的缺点也很明显，只有对几何形状规则、边界条件相对简单的情况才适用。随着计算机应用的普及，数值解法已成为越来越多科学和技术领域的重要研究手段。同样，数值解法也是求解复杂传热问题的强有力工具，由此发展起来的数值传热学已成为传热学的一个分支。传热问题的数值解法可分为有限差分法、有限容积法、有限元法和边界元法等。本书主要基于物理概念明确、方法简单的有限差分法对导热问题的数值求解基本原理进行介绍，并通过实例对一维稳态、二维稳态和一维非稳态导热问题给出数值求解的具体过程。

4.1　导热问题数值解法的基本原理

微课14
导热问题数值解法的基本原理

有限差分法是最早使用的数值计算方法，也是对简单几何形状中的传热问题最容易实施的数值解法。下面主要基于有限差分法介绍导热问题数值求解的基本原理。

4.1.1　导热问题数值求解的基本思想和基本步骤

数值解法的基本思想是把原来在空间与时间域内连续的物理量场用有限个离散点（节点）上的值的集合来代替，通过求解按一定方法建立起来的关于这些点的代数方程组，来获得被求物理量的值。对导热问题进行数值求解，概括起来需要如下几个步骤：

（1）对实际问题进行分析，建立合理的物理模型和数学模型。

（2）对求解的时间（仅对非稳态问题）和空间区域进行离散。

（3）建立节点的离散方程（与相邻节点温度之间关系的代数方程式）。

（4）求解所形成的代数方程组，获得节点处的温度值。

（5）对求解结果进行分析讨论。

以上步骤中第（1）项已在第 2 章中介绍，接下来重点对计算区域的离散、节点离散方程的建立和代数方程组求解三个环节进行介绍。

4.1.2　计算区域的离散

空间区域的离散就是将求解的空间区域划分成若干个互不重叠且无遗漏的子区域，并确定子区域中节点的位置及所代表的控制体。区域离散后，形成五个几何要素：

（1）节点：需要求解物理量的几何位置。

（2）网格线：通过节点与坐标轴相垂直的曲线组。

（3）控制体（也称为元体）：节点所代表的空间区域。

（4）界面：各个控制体的边界。

（5）空间步长：沿坐标轴方向上相邻两节点间的距离。

以图 4-1 所示的厚度为 L 的平壁导热为例，取空间步长为 Δx，在平壁厚度上确定了 M 个节点，过节点垂直于 x 轴的实线为网格线。其中节点 1 和节点 M 在左、右两个边界上，为边界节点，其代表的控制容积是 $A(\Delta x/2)$，A 是平壁的面

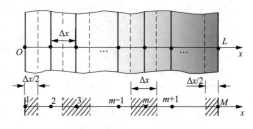

图 4-1　平壁导热的空间区域离散

积。2、3、…、m、…、M-1 节点为内部节点，其代表的控制容积是 $A\Delta x$。图中的虚线表示控制体的界面，共 M 个控制体。节点的温度通常用类似 t_m 的形式表示，m 为节点的位置。

对于其他形式的空间区域和时间区域的离散在 4.2 和 4.3 节中介绍。

4.1.3　节点离散方程的建立

节点的离散方程就是该节点与相邻节点温度之间的代数关系式。不同的数值计算方法有不同的节点离散方程的建立方法，下面主要介绍泰勒级数展开法和控制容积热平衡法。

1. 泰勒级数展开法

将描述导热体温度分布的导热微分方程式应用到区域离散后的一个节点，例如图 4-1 所示的平壁导热问题，若稳态、平壁内有强度为 $\dot{\Phi}$ 的内热源。则在任意内节点 m 处，其导热微分方程为

$$\left.\frac{\mathrm{d}^2 t}{\mathrm{d} x^2}\right|_m + \frac{\dot{\Phi}}{\lambda} = 0 \qquad (a)$$

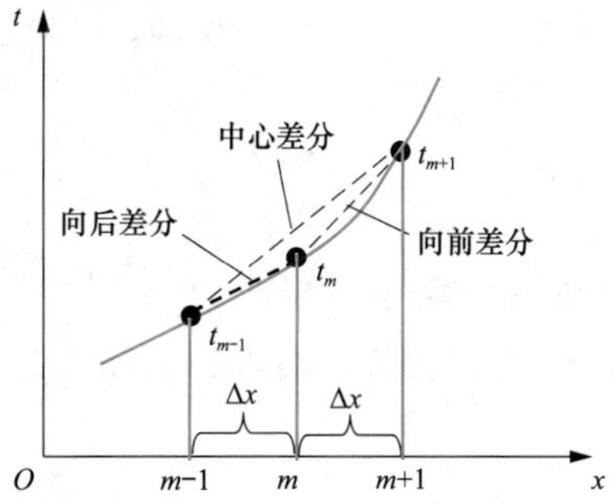

将其中的二阶导数项用差分的形式代替就可以得到该节点的离散方程。

通过泰勒级数展开法可以将导热问题中涉及的一阶、二阶导数项转化成差分形式。

图 4-2　连续函数的差分表示

仍以稳态一维问题为例，若温度 t 仅为 x 的连续函数，如图 4-2 所示，在 m 点对应的温度是 t_m，在与 m 点相距 Δx 的右侧 $m+1$ 点处对应的温度为 t_{m+1}，将 $m+1$ 点温度对 m 点温度做泰勒级数展开，得

$$t_{m+1} = t_m + \left.\frac{\mathrm{d} t}{\mathrm{d} x}\right|_m (\Delta x) + \frac{1}{2}\left.\frac{\mathrm{d}^2 t}{\mathrm{d} x^2}\right|_m (\Delta x)^2 + \frac{1}{6}\left.\frac{\mathrm{d}^3 t}{\mathrm{d} x^3}\right|_m (\Delta x)^3 + \cdots \qquad (b)$$

略去式（b）中二阶及以上的导数项并整理，得

$$\frac{\mathrm{d}t}{\mathrm{d}x}\Big|_m = \frac{t_{m+1}-t_m}{\Delta x}+O(\Delta x) \tag{4-1a}$$

式中：$O(\Delta x)$ 为截断误差，括号内的 Δx 表示其精度与 Δx 的数量级相一致，这种精度称为一阶精度。

因此得到 m 点处一阶导数的差分表达式为

$$\frac{\mathrm{d}t}{\mathrm{d}x}\Big|_m \approx \frac{t_{m+1}-t_m}{\Delta x} \tag{4-1b}$$

由于在沿坐标方向上，$m+1$ 点位于 m 点的前面，所以式（4-1b）的差分格式被称为一阶导数的向前差分格式。

将 $m-1$ 点温度对 m 点温度做泰勒级数展开，得

$$t_{m-1} = t_m - \frac{\mathrm{d}t}{\mathrm{d}x}\Big|_m(\Delta x)+\frac{1}{2}\frac{\mathrm{d}^2 t}{\mathrm{d}x^2}\Big|_m(\Delta x)^2-\frac{1}{6}\frac{\mathrm{d}^3 t}{\mathrm{d}x^3}\Big|_m(\Delta x)^3+\cdots \tag{c}$$

同样略去式（c）中二阶及以上的导数项，可得

$$\frac{\mathrm{d}t}{\mathrm{d}x}\Big|_m \approx \frac{t_m-t_{m-1}}{\Delta x} \tag{4-2}$$

式（4-2）的差分表达式也是一阶精度。在沿坐标方向上，$m-1$ 点位于 m 点的后面，所以（4-2）被称为一阶导数的向后差分格式。

略去式（b）和式（c）中三阶及以上的导数项并相减，可得

$$\frac{\mathrm{d}t}{\mathrm{d}x}\Big|_m \approx \frac{t_{m+1}-t_{m-1}}{2\Delta x} \tag{4-3}$$

式（4-3）的差分表达式具有二阶精度。m 点位于 $m-1$ 点和 $m+1$ 点的中心，故式（4-3）被称为一阶导数的中心差分格式。

以上是一阶导数的三种常见差分格式。若用式（b）和式（c）相加，并略去四阶及以上的导数项，可得 m 点处二阶导数的差分表达式为

$$\frac{\mathrm{d}^2 t}{\mathrm{d}x^2}\Big|_m \approx \frac{t_{m-1}-2t_m+t_{m+1}}{(\Delta x)^2} \tag{4-4}$$

式（4-4）的差分表达式具有二阶精度，为二阶导数的中心差分格式。

将式（a）中的二阶导数项用式（4-4）的差分形式代替，则可得到图 4-1 中节点 m 处的离散方程为

$$t_m = \frac{1}{2}\left[t_{m-1}+t_{m+1}+\frac{\dot{\Phi}}{\lambda}(\Delta x)^2\right] \tag{4-5}$$

通过泰勒级数展开法建立节点离散方程，优点是便于对其数学特性进行分析，缺点是对于变步长网格的离散方程形式比较复杂，这时可采用下面介绍的控制容积热平衡法建立离散方程。

2. 控制容积热平衡法

该方法是根据每个节点所代表的控制容积的能量守恒关系，得到该节点与相

邻节点温度间的关系式。

仍以图 4-1 所示的平壁中任意内节点 m 为例，其代表的控制体是 $A\Delta x$，控制体的两个界面分别在节点左侧和右侧 $\Delta x/2$ 处，式（1-6）为其能量守恒关系式。在稳态情况下 $dU/d\tau = 0$，左、右两个界面均为导热，左侧面导入的热流量为

$$\Phi_{\mathrm{L}} = -\lambda A \frac{dt}{dx} \tag{d}$$

把式（d）中的微分用差分表示，得

$$\Phi_{\mathrm{L}} = \lambda A \frac{t_{m-1} - t_m}{\Delta x} \tag{e}$$

类似可得右侧面导入的热流量为

$$\Phi_{\mathrm{R}} = \lambda A \frac{t_{m+1} - t_m}{\Delta x} \tag{f}$$

从而得任意内部节点 m 的离散方程为

$$\lambda A \frac{t_{m-1} - t_m}{\Delta x} + \lambda A \frac{t_{m+1} - t_m}{\Delta x} + A\Delta x \dot{\Phi} = 0 \tag{g}$$

进一步整理可得式（4-5）。

下面采用同样的方法，对图 4-1 中的左边界节点 1 进行分析。节点 1 代表的控制体是 $A\,(\Delta x/2)$，温度用 t_1 表示，若左侧面为第三类边界，壁面与温度为 t_∞ 的流体进行对流传热，表面传热系数为 h，则节点 1 的离散方程为

$$Ah(t_\infty - t_1) + \lambda A \frac{t_2 - t_1}{\Delta x} + A \frac{\Delta x}{2} \dot{\Phi} = 0 \tag{h}$$

进一步整理得

$$t_1 = \left[\frac{h\Delta x}{\lambda} t_\infty + t_2 + \frac{\dot{\Phi}}{2\lambda}(\Delta x)^2 \right] \Big/ \left(1 + \frac{h\Delta x}{\lambda}\right) \tag{4-6}$$

控制容积热平衡法的物理概念清晰，推导过程简捷。接下来本书在建立节点离散方程时将重点采用该方法。

4.1.4 代数方程组求解

以稳态导热问题为例，若空间区域离散化后产生 n 个节点，每个节点都对应一个离散方程，从而形成一个有 n 个代数方程式的方程组。代数方程组的求解可以采用直接解法或迭代解法。直接解法（如矩阵求逆、高斯消元法）可以通过有限次运算得到计算结果，一般适用于方程个数较少的情况。迭代法是首先假定一组数据作为方程组的解，将其代入方程组进行反复计算，直到各解的误差都达到要求，即认为计算结果就是所求方程组的解。迭代有不同的方法，下面介绍雅可比（Jacobi）迭代和高斯-赛德尔（Gauss-Seidel）迭代。

1. 雅可比迭代

设有一个 n 元的代数方程组，其形式为

$$a_{11}t_1 + a_{12}t_2 + \cdots + a_{1j}t_j + \cdots + a_{1n}t_n = b_1 \\ a_{21}t_1 + a_{22}t_2 + \cdots + a_{2j}t_j + \cdots + a_{2n}t_n = b_2 \\ \vdots \\ a_{n1}t_1 + a_{n2}t_2 + \cdots + a_{nj}t_j + \cdots + a_{nn}t_n = b_n$$
$$(4\text{-}7)$$

雅可比迭代是最基本的一种迭代方法，其步骤如下：

（1）将方程组改写成各节点温度值显函数的形式，即

$$t_1 = (b_1 - a_{12}t_2 - \cdots - a_{1j}t_j - \cdots - a_{1n}t_n)/a_{11} \\ t_2 = (b_2 - a_{21}t_1 - \cdots - a_{2j}t_j - \cdots - a_{2n}t_n)/a_{22} \\ \vdots \\ t_n = (b_n - a_{n1}t_1 - \cdots - a_{nj}t_j - \cdots - a_{n,n-1}t_{n-1})/a_{nn}$$
$$(4\text{-}8)$$

（2）先假定各节点的温度值（应尽可能合理），记为 $t_1^{(0)}, t_2^{(0)}, \cdots, t_n^{(0)}$。

（3）将 $t_1^{(0)}, t_2^{(0)}, \cdots, t_n^{(0)}$ 代入方程式（4-8），求得第一次迭代后的解 $t_1^{(1)}, t_2^{(1)}, \cdots, t_n^{(1)}$。并重复该迭代过程。

（4）每次迭代计算完成后，需计算各个节点前后两次计算值的偏差，若最大的偏差小于预定的允许误差则认为计算结束，即

$$\max \left| t_i^{(k)} - t_i^{(k+1)} \right| \leqslant \varepsilon \qquad (4\text{-}9\text{a})$$

或
$$\max \left| \frac{t_i^{(k)} - t_i^{(k+1)}}{t_i^{(k)}} \right| \leqslant \varepsilon \qquad (4\text{-}9\text{b})$$

或
$$\max \left| \frac{t_i^{(k)} - t_i^{(k+1)}}{t_{\max}^{(k)}} \right| \leqslant \varepsilon \qquad (4\text{-}9\text{c})$$

式中：上角标 k，$k+1$ 为迭代次数；$t_{\max}^{(k)}$ 为第 k 次计算区域中的最大值。

一般采用相对偏差小于规定值的判据比较合理，当计算区域有接近于 0℃ 的温度值时，采用式（4-9b）或式（4-9c）可能出现不收敛的情况，故建议采用绝对温度（单位 K）进行计算。一般情况下，允许的相对偏差 ε 在 $10^{-6} \sim 10^{-3}$ 之间较理想。

2. 高斯-赛德尔（G-S）迭代

高斯-赛德尔迭代是对雅可比迭代的一种改进方法，其计算过程与雅可比迭代一致，区别在于每一次迭代计算中，任何节点只要有新值时，便使用新值。例如，在进行第一次迭代过程第 3 个节点 $t_3^{(1)}$ 的计算时，要用到 t_1 和 t_2 两节点的值，此时这两点已完成第一次迭代，已有 $t_1^{(1)}$ 和 $t_2^{(1)}$，因此使用这两个新值来进行计算。

高斯-赛德尔迭代比雅可比迭代能以更快的速度得到所要求的数值解。

例题 4-1　已知某平壁的面积 A 为 1m^2，厚度 δ 为 0.3m，两侧面温度分别为 200℃ 和 20℃ 并保持不变，平壁材料的导热系数 λ 为 $0.5\text{W}/(\text{m} \cdot \text{K})$，平壁内热源 $\dot{\Phi}$ 为 $2000\text{W}/\text{m}^3$。取空间步长 $\Delta x = 0.06\text{m}$，采用数值解法求解平壁内的温度分布。

数值求解：

该问题属于直角坐标系中一维稳态、有内热源的导热问题。采用数值求解方法进行求解。

（1）进行空间区域离散。仍用图 4-1 所示的区域离散方法，空间步长 $\Delta x = 0.06\text{m}$，因此节点数为 6。

（2）建立节点的离散方程。两个边界节点 1 和节点 6 温度均为已知，内部节点均可采用式（4-5）的形式写出，得节点代数方程组为

$$
\begin{cases}
t_1 = 200 \\
t_2 = \dfrac{1}{2}\left[t_1 + t_3 + \dfrac{\dot{\Phi}}{\lambda}(\Delta x)^2\right] \\
t_3 = \dfrac{1}{2}\left[t_2 + t_4 + \dfrac{\dot{\Phi}}{\lambda}(\Delta x)^2\right] \\
t_4 = \dfrac{1}{2}\left[t_3 + t_5 + \dfrac{\dot{\Phi}}{\lambda}(\Delta x)^2\right] \\
t_5 = \dfrac{1}{2}\left[t_4 + t_6 + \dfrac{\dot{\Phi}}{\lambda}(\Delta x)^2\right] \\
t_6 = 20
\end{cases}
$$

（3）求解代数方程组。方程组中 $\dfrac{\dot{\Phi}}{\lambda}(\Delta x)^2 = \dfrac{2000}{0.5} \times 0.06^2 = 14.4\,(\text{℃})$。

采用高斯-赛德尔迭代法进行求解，利用相对误差 $\varepsilon < 0.002$ 作为计算的收敛条件，设节点 2 到 5 的初值为 100℃。该问题计算量较小，计算的格式规范，因此可采用 Excel 软件计算，表 4-1 为迭代次数 $k = 20$ 的结果。

表 4-1　　　　　　　　　　　例题 4-1 迭代结果

迭代次数	节点编号					
	1	2	3	4	5	6
0	200	100.00	100.00	100.00	100.00	20
1	200	157.20	135.80	125.10	79.75	20
2	200	175.10	157.30	125.73	80.06	20
⋮	⋮	⋮	⋮	⋮	⋮	⋮
19	200	192.79	171.19	135.19	84.80	20
20	200	192.80	171.19	135.20	84.80	20

演示7
例题4-1的
迭代求解
过程

（4）对计算结果的分析和讨论。在上面的条件下，数值计算的结果与分析解最大误差小于 0.0019，增加迭代次数，误差可以进一步降低；改变节点的初值，会影响迭代的次数，但对结果影响不大；若增加节点的数目，可以提高数值计算的精确度，但节点数目增加到一定程度后，其影响将非常小。

4.2　稳态导热数值解法的实例分析

微课15
稳态导热数
值解法的实
例分析

本节将以圆柱坐标系的径向一维稳态导热和直角坐标系中的二维稳态导热问题为例，进一步说明导热问题数值求解的基本过程。

4.2.1　圆柱坐标系的一维稳态导热

考虑一个半径为 R 的实心长圆柱，材料的导热系数为 λ，圆柱内有均匀稳定的内热源，强度为 $\dot{\Phi}$，圆柱外表面与温度为 t_∞ 的流体进行对流传热，表面传热系数为 h。

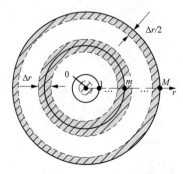

图 4-3　实心圆柱的空间区域离散

对图 4-3 所示的实心圆柱进行空间区域离散时，网格线为一组圆周线，取空间步长 Δr，在 r 方向上共有 $M+1$ 个节点。在长度方向上取单位长度，节点 0 代表半径为 $\Delta r/2$ 的圆柱体，其控制容积为 $\pi(\Delta r/2)^2$；中间节点 m 代表的控制容积可近似为 $2\pi(m\Delta r)\Delta r$；边界节点 M 代表的控制容积可近似为 $2\pi(M\Delta r)\Delta r/2$。下面采用控制容积热平衡法分别对其内部节点和边界节点建立离散方程。

对于内节点 m 代表的控制容积，从内侧界面导入的热流量为

$$\Phi_i = \lambda 2\pi\left(m-\frac{1}{2}\right)\Delta r \frac{t_{m-1}-t_m}{\Delta r} \tag{a}$$

从外侧界面导入的热流量为

$$\Phi_o = \lambda 2\pi\left(m+\frac{1}{2}\right)\Delta r \frac{t_{m+1}-t_m}{\Delta r} \tag{b}$$

利用式（1-6），得内部节点 m 的离散方程为

$$\lambda 2\pi\left(m-\frac{1}{2}\right)\Delta r \frac{t_{m-1}-t_m}{\Delta r} + \lambda 2\pi\left(m+\frac{1}{2}\right)\Delta r \frac{t_{m+1}-t_m}{\Delta r} + 2\pi m(\Delta r)^2\dot{\Phi} = 0 \tag{c}$$

进一步整理得

$$t_m = \frac{1}{2m}\left[\left(m-\frac{1}{2}\right)t_{m-1} + \left(m+\frac{1}{2}\right)t_{m+1} + \frac{\dot{\Phi}}{\lambda}m(\Delta r)^2\right] \tag{4-10}$$

对于中心节点 0，只有外侧面的导入热流，按照上面的分析可得其离散方程为

$$2\pi\lambda\frac{\Delta r}{2}\times\frac{t_1-t_0}{\Delta r} + \pi\left(\frac{\Delta r}{2}\right)^2\dot{\Phi} = 0 \tag{d}$$

进一步整理得

$$t_0 = t_1 + \left(\frac{\Delta r}{2}\right)^2\frac{\dot{\Phi}}{\lambda} \tag{4-11}$$

对于外表面节点 M，有内侧面的导入，外侧面则是通过对流传热传入，仿照上面的分析可得其离散方程为

$$2\pi\lambda\left(M-\frac{1}{2}\right)\Delta r \frac{t_{M-1}-t_M}{\Delta r} + h2\pi M\Delta r(t_\infty-t_M) + 2\pi M\Delta r\frac{\Delta r}{2}\dot{\Phi} = 0 \tag{e}$$

进一步整理得

$$t_M = \left[\left(M-\frac{1}{2}\right)t_{M-1} + \frac{h}{\lambda}M\Delta r t_\infty + M\frac{(\Delta r)^2}{2}\times\frac{\dot\Phi}{\lambda}\right]/$$

$$\left[\left(M-\frac{1}{2}\right)+\frac{h}{\lambda}M\Delta r\right] \qquad (4\text{-}12)$$

下面通过例题进一步说明圆柱坐标系导热问题数值求解的过程。

例题 4-2　某类型的核燃料是铀混合物粉末烧结成的二氧化铀陶瓷芯块，其形状可看作直径为 1cm 的长圆柱，在额定负荷时，其热功率相当于 $\dot\Phi=2.5\times10^8\,\text{W/m}^3$ 的内热源，它的导热系数为 $\lambda=5\,\text{W/(m·K)}$。外侧用 $t_f=310℃$ 的介质进行冷却，表面传热系数为 $h=20\,000\,\text{W/(m}^2\text{·K)}$。采用数值方法求解核燃料陶瓷芯块内的温度分布。

数值求解：

该问题属于圆柱坐标系中径向一维稳态、有内热源的导热问题。该问题与例题 2-14 近似，只是为了数值求解方便，去掉了燃料棒外侧的锆合金套管。

（1）进行空间区域离散。区域离散如图 4-3 所示，取空间步长 $\Delta r=0.001\text{m}$，节点编号分别为：0、1、2、3、4 和 5。

（2）建立节点的离散方程。节点 0、内部节点（1、2、3、4）和节点 5 分别由式（4-11）、式（4-10）和式（4-12）的形式写出，得如下的方程组：

$$\begin{cases} t_0 = t_1 + \left(\dfrac{\Delta r}{2}\right)^2\dfrac{\dot\Phi}{\lambda} \\[2mm] t_m = \dfrac{1}{2m}\left[\left(m-\dfrac{1}{2}\right)t_{m-1} + \left(m+\dfrac{1}{2}\right)t_{m+1} + \dfrac{\dot\Phi}{\lambda}m(\Delta r)^2\right] \quad (m=1,2,3,4) \\[2mm] t_5 = \left[\left(5-\dfrac{1}{2}\right)t_4 + 5\dfrac{h}{\lambda}\Delta r t_\infty + 5\dfrac{(\Delta r)^2}{2}\times\dfrac{\dot\Phi}{\lambda}\right]\Big/\left[\left(5-\dfrac{1}{2}\right) + 5\dfrac{h}{\lambda}\Delta r\right] \end{cases}$$

代入已知数据，化简得

$$\begin{cases} t_0 = t_1 + 12.5 \\[2mm] t_m = \dfrac{1}{2m}\left[\left(m-\dfrac{1}{2}\right)t_{m-1} + \left(m+\dfrac{1}{2}\right)t_{m+1} + 50m\right] \quad (m=1,2,3,4) \\[2mm] t_5 = (4.5t_4 + 6325)/24.5 \end{cases}$$

（3）求解代数方程组。采用高斯-赛德尔迭代法进行求解，利用相对误差 $\varepsilon<0.002$ 作为计算的收敛条件，设节点 0~5 的初值均为 500℃。仍采用 Excel 软件计算，表 4-2 给出了迭代次数 $k=50$ 的计算结果。

演示8
例题4-2的迭
代求解过程

表 4-2　　　　　　　　　　　例题 4-2 迭代结果

迭代次数	节点编号					
	0	1	2	3	4	5
0	500	500	500	500	500	500
1	512.50	528.13	535.55	539.81	542.42	357.79

续表

迭代次数	节点编号					
	0	1	2	3	4	5
2	540.63	561.82	573.06	580.19	480.09	346.34
⋮	⋮	⋮	⋮	⋮	⋮	⋮
49	654.06	641.56	604.06	541.56	454.06	341.56
50	654.06	641.56	604.06	541.56	454.06	341.56

（4）与例题 2-14 相比，中心的温度低了 145℃，说明简单略去外侧的锆合金套管影响很大，读者可加上套管重新进行数值计算，并比较计算结果。根据例题 2-14 的结果，也可将该题的外边界条件设为 487.3℃，重新进行数值计算并对比计算结果。

4.2.2　直角坐标系中二维稳态导热

讨论一个矩形截面的长柱体，如图 4-4 所示。矩形截面的两个边长分别为 a 和 b，在垂直纸面方向上无限长，柱体有均匀稳定的内热源 $\dot{\Phi}$，柱体左侧面和下侧面绝热，右侧面、上侧面与温度为 t_∞ 的流体进行对流传热，表面传热系数为 h。

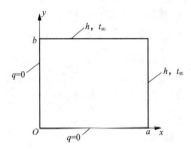

图 4-4　矩形区域中的二维稳态导热

首先对求解区域按照如图 4-5 所示的方法进行网格划分。x 方向上的空间步长为 Δx，y 方向上的空间步长为 Δy，且空间步长保持不变。每个节点的温度用 $t_{m,n}$ 的形式表示，m 为 x 轴方向上节点的位置，$m=1,2,3,\cdots,M-1,M$；n 为 y 轴方向上节点的位置，$n=1,2,3,\cdots,N-1,N$。若垂直纸面方向取单位长度，则每个内部节点所代表的控制容积是 $\Delta V=\Delta x\Delta y$，上、下边界上的节点代表的控制容积为 $\Delta x(\Delta y/2)$，左、右边界上节点的控制容积为 $(\Delta x/2)\Delta y$，4 个角点代表的控制容积为 $(\Delta x/2)(\Delta y/2)$。

按照图 4-5 所示的区域离散结果，可以得到内节点、角点、边界节点三种类型的节点，下面逐一建立其离散方程。

（1）任意内节点 (m,n)。如图 4-6 所示，其相邻的 4 个节点分别为 $(m+1,n)$、$(m-1,n)$、$(m,n+1)$ 和 $(m,n-1)$。其控制容积的 4 个界面分别用 e、w、n、s 表示，节点 $(m-1,n)$ 代表的区域通过界面 w 传向节点 (m,n) 的热流量为

$$\Phi_w=\lambda(\Delta y\cdot 1)\frac{t_{m-1,n}-t_{m,n}}{\Delta x} \tag{f}$$

类似地可以写出通过界面 e、n、s 传递给节点 (m,n) 的热流量 Φ_e、Φ_n、Φ_s。因此通过界面进入的总热流量为

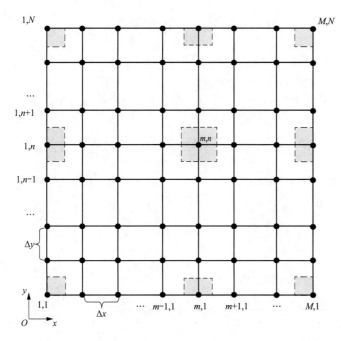

图 4-5　矩形空间区域的离散

$$\Phi_{\mathrm{in}} = \Phi_e + \Phi_w + \Phi_n + \Phi_s \tag{g}$$

利用能量守恒关系式（1-6）得节点（m, n）的离散方程为

$$\lambda \Delta y \frac{t_{m-1,n} - t_{m,n}}{\Delta x} + \lambda \Delta y \frac{t_{m+1,n} - t_{m,n}}{\Delta x} + \lambda \Delta x \frac{t_{m,n+1} - t_{m,n}}{\Delta y}$$

$$+ \lambda \Delta x \frac{t_{m,n-1} - t_{m,n}}{\Delta y} + (\Delta x \Delta y)\dot{\Phi}$$

$$= 0 \tag{4-13}$$

（2）右上角边界节点（M, N）。如图 4-7 所示，由于上边界和右侧边界为第三类边界条件，所以 $\Phi_n = h\,(\Delta x/2)(t_\infty - t_{M,N})$，$\Phi_e = h\,(\Delta y/2)(t_\infty - t_{M,N})$，得角点（$M$, N）的离散方程为

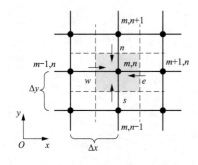

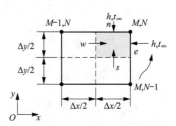

图 4-6　二维区域内节点离散方程的建立　　　图 4-7　角部节点离散方程的建立

$$\lambda \frac{\Delta y}{2} \frac{t_{M-1,N} - t_{M,N}}{\Delta x} + h\left(\frac{\Delta x}{2} + \frac{\Delta y}{2}\right)(t_\infty - t_{M,N})$$

$$+ \lambda \frac{\Delta x}{2} \frac{t_{M,N-1} - t_{M,N}}{\Delta y} + \left(\frac{\Delta x \Delta y}{4}\right)\dot{\Phi} = 0 \tag{4-14}$$

仿照以上两个节点的分析，可写出其他类型节点的离散方程。

(3) 左下角节点 (1, 1)。

$$\lambda \frac{\Delta y}{2} \times \frac{t_{2,1} - t_{1,1}}{\Delta x} + \lambda \frac{\Delta x}{2} \times \frac{t_{1,2} - t_{1,1}}{\Delta y} + \frac{\Delta x \Delta y}{4}\dot{\Phi} = 0 \tag{4-15}$$

(4) 下边界节点 (m, 1)。

$$\lambda \frac{\Delta y}{2} \times \frac{t_{m-1,1} - t_{m,1}}{\Delta x} + \lambda \frac{\Delta y}{2} \times \frac{t_{m+1,1} - t_{m,1}}{\Delta x} + \lambda \Delta x \frac{t_{m,2} - t_{m,1}}{\Delta y}$$

$$+ \frac{\Delta x \Delta y}{2}\dot{\Phi} = 0 \tag{4-16}$$

(5) 右下角节点 (M, 1)。

$$\lambda \frac{\Delta y}{2} \times \frac{t_{M-1,1} - t_{M,1}}{\Delta x} + h \frac{\Delta y}{2}(t_\infty - t_{M,1}) + \lambda \frac{\Delta x}{2} \times \frac{t_{M,2} - t_{M,1}}{\Delta y}$$

$$+ \frac{\Delta x \Delta y}{4}\dot{\Phi} = 0 \tag{4-17}$$

(6) 左边界节点 (1, n)。

$$\lambda \Delta y \frac{t_{2,n} - t_{1,n}}{\Delta x} + \lambda \frac{\Delta x}{2} \times \frac{t_{1,n-1} - t_{1,n}}{\Delta y} + \lambda \frac{\Delta x}{2} \times \frac{t_{1,n+1} - t_{1,n}}{\Delta y}$$

$$+ \frac{\Delta x \Delta y}{2}\dot{\Phi} = 0 \tag{4-18}$$

(7) 右边界节点 (M, n)。

$$\lambda \frac{\Delta x}{2} \times \frac{t_{M,n-1} - t_{M,n}}{\Delta y} + h\Delta y(t_\infty - t_{M,n}) + \lambda \frac{\Delta x}{2} \times \frac{t_{M,n+1} - t_{M,n}}{\Delta y}$$

$$+ \lambda \Delta y \frac{t_{M-1,n} - t_{M,n}}{\Delta x} + \frac{\Delta x \Delta y}{2}\dot{\Phi} = 0 \tag{4-19}$$

(8) 左上角节点 (1, N)。

$$\lambda \frac{\Delta y}{2} \times \frac{t_{2,N} - t_{1,N}}{\Delta x} + \lambda \frac{\Delta x}{2} \times \frac{t_{1,N-1} - t_{1,N}}{\Delta y} + h \frac{\Delta x}{2}(t_\infty - t_{1,N})$$

$$+ \frac{\Delta x \Delta y}{4}\dot{\Phi} = 0 \tag{4-20}$$

(9) 上边界节点 (m, N)。

$$\lambda \frac{\Delta y}{2} \times \frac{t_{m-1,N} - t_{m,N}}{\Delta x} + \lambda \frac{\Delta y}{2} \times \frac{t_{m+1,N} - t_{m,N}}{\Delta x} + \lambda \Delta x \frac{t_{m,N-1} - t_{m,N}}{\Delta y}$$

$$+ h\Delta x(t_\infty - t_{m,N}) + \frac{\Delta x \Delta y}{2}\dot{\Phi} = 0 \tag{4-21}$$

下面通过例题进一步说明直角坐标系中二维稳态问题数值求解的基本过程。

例题 4-3　一个正方形截面的长柱体悬置在某不导电的液体内，正方形边长 $2a=0.1$m，从某时刻起开始对其通电加热，电流 $I=20$A，柱体的电阻为 $R=10\Omega/$m，加热到一定时间后，柱体各处的温度不再随时间变化。已知液体温度 $t_\infty=20℃$，表面传热系数 $h=2000$W/(m² · K)，柱体导热系数 $\lambda=10$W/(m · K)。试采用数值解法求解截面内的温度分布。

分析： 该问题为直角坐标系内二维、稳态、有内热源的导热，四个边界均为第三类边界条件，其数学描写见例题 2-7，例题 3-1 利用积分法进行了求解。由于问题的对称性，现仅取 1/4 区域进行数值求解，如图 4-8 所示。此时，问题与前面正文讨论的情况一致。

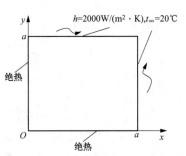

图 4-8　例题 4-3 附图

数值求解：

（1）进行区域离散。由于计算的区域为正方形，因此可采用如图 4-5 所示的形式进行离散。x 方向上有 M 个节点，空间步长为 $\Delta x=a/(M-1)$。y 方向有 N 个节点，空间步长为 $\Delta y=a/(N-1)$，为简化取 $\Delta x=\Delta y$，以下空间步长均用 Δx 表示。内热源强度为

$$\dot{\Phi}=\frac{I^2 R}{(2a)^2}=\frac{20^2\times10}{0.1^2}=400\ 000(\text{W/m}^3)$$

（2）建立节点的离散方程，并整理成对应节点温度显函数的形式。直接利用式（4-13）～式（4-21）的结果，并用系数 C_1 代替 $\dfrac{h\Delta x}{\lambda}$，系数 C_2 代替 $\dfrac{(\Delta x)^2\dot{\Phi}}{\lambda}$，得

左下角节点（1，1）

$$t_{1,1}=\frac{1}{2}(t_{2,1}+t_{1,2}+0.5C_2)$$

左边界节点（1，n）

$$t_{1,n}=\frac{1}{4}(t_{1,n-1}+t_{1,n+1}+2t_{2,n}+C_2)\quad(n=2,3,\cdots,N-1)$$

左上角节点（1，N）

$$t_{1,N}=\frac{1}{2+C_1}(t_{2,N}+t_{1,N-1}+C_1 t_\infty+0.5C_2)$$

下边界节点（m，1）

$$t_{m,1}=\frac{1}{4}(t_{m-1,1}+t_{m+1,1}+2t_{m,2}+C_2)\quad(m=2,3,\cdots,M-1)$$

任意内节点（m，n）

$$t_{m,n}=\frac{1}{4}(t_{m-1,n}+t_{m+1,n}+t_{m,n+1}+t_{m,n-1}+C_2)$$

$$(m = 2,3,\cdots,M-1; n = 2,3,\cdots,N-1)$$

上边界节点 (m, N)

$$t_{m,N} = \frac{1}{4+2C_1}(t_{m-1,N} + t_{m+1,N} + 2t_{m,N-1} + 2C_1 t_\infty + C_2) \quad (m = 2,3,\cdots,M-1)$$

右下角节点 $(M, 1)$

$$t_{M,1} = \frac{1}{2+C_1}(t_{M-1,1} + t_{M,2} + C_1 t_\infty + 0.5C_2)$$

右边界节点 (M, n)

$$t_{M,n} = \frac{1}{4+2C_1}(t_{M,n-1} + t_{M,n+1} + 2t_{M-1,n} + 2C_1 t_\infty + C_2) \quad (n = 2,3,\cdots,N-1)$$

右上角边界节点 (M, N)

$$t_{M,N} = \frac{1}{2+2C_1}(t_{M-1,N} + t_{M,N-1} + 2C_1 t_\infty + 0.5C_2)$$

（3）采用计算机编程求解。采用高斯-赛德尔迭代法进行求解，利用绝对误差 $\varepsilon < 0.001$ 作为计算的收敛条件，将所有未知温度的节点初值设为 40℃，作为示例，取 $M = N = 51$。下面给出用 Matlab 编写的程序代码，以供参考。为了与例题 3-1 比较，取与其相同的坐标位置，数值解的结果列于表 4-3 中，图 4-9 为计算结果的图示。

```
clear;
a= 0.05;    % x方向区域长度
b= 0.05;    % y方向区域长度
M= 51;      % x方向的节点数目,相当于矩阵的列数
N= 51;      % y方向的节点数目,相当于矩阵的行数
dx= a/(M-1);    % x方向的步长
dy= b/(N-1);    % y方向的步长
t(1:N,1:M)= 40;% 将温度 t 矩阵全部赋初值 40
h= 2000;% 设定表面传热系数
tf= 20;% 设定流体温度
lamd= 10;% 设定材料导热系数
fai= 400000;% 设定内热源强度
C1= h* dx/lamd;% 计算系数 C1
C2= fai* dx* dx/lamd;% 计算系数 C2
tt= ones(N,M);% 是生成一个单位矩阵,用来给变量申请内存,并用来保存上一迭代
   温度值.
% 开始迭代计算
while(max(max(abs(tt-t)))> 0.001)% 迭代的判断条件
tt= t;% 将温度场的值赋给 tt 矩阵
   % 左侧边界的计算
   t(1,1)= (t(2,1)+ t(1,2)+ 0.5* C2)/2;% 左下角节点
```

```
    for j= 2:N-1
      t(1,j)= ((t(1,j-1)+ t(1,j+ 1))+ 2* t(2,j)+ C2)/4;
    end
    t(1,N)= (t(2,N)+ t(1,N-1)+ C1* tf+ 0.5* C2)/(2+ C1);
% 中间节点的计算
    for i= 2:M-1
      t(i,1)= (t(i-1,1)+ t(i+ 1,1)+ 2* t(i,2)+ C2)/4;
        for j= 2:N-1;
        t(i,j)= (t(i-1,j)+ t(i+ 1,j)+ t(i,j-1)+ t(i,j+ 1)+ C2)/4;
        end
        t(i,N)= (t(i-1,N)+ t(i+ 1,N)+ 2* t(i,N-1)+ 2* C1* tf+ C2)/(4+ 2* C1);
      end
% 右侧边界的计算
    t(M,1)= (t(M-1,1)+ t(M,2)+ C1* tf+ 0.5* C2)/(2+ C1);
        for j= 2:N-1
        t(M,j)= (t(M,j-1)+ t(M,j+ 1)+ 2* t(M-1,j)+ 2* C1* tf+ C2)/(4+ 2* C1);
        end
    t(M,N)= (t(M-1,N)+ t(M,N-1)+ 2* C1* tf+ 0.5* C2)/(2+ 2* C1);
end
% 画三维温度分布图
figure
[X,Y]= meshgrid(0:dx:a,0:dy:b);
surf(X,Y,t)
view(- 30,30)
xlabel('X')
ylabel('Y')
zlabel('温度')
title('等温线分布')
% 画二维等温线图
contour(t,10)
```

表 4-3 　　　　　　　　　　　例题 4-3 的计算结果

y	x					
	0	0.01	0.02	0.03	0.04	0.05
0.05	26.3	26.2	25.7	24.9	23.6	21.4
0.04	37.2	36.8	35.4	33.1	29.4	23.6
0.03	44.9	44.3	42.3	38.7	33.1	24.9
0.02	50.1	49.3	46.7	42.3	35.4	25.7

续表

y	x					
	0	0.01	0.02	0.03	0.04	0.05
0.01	53.0	52.1	49.3	44.3	36.8	26.2
0	54.0	53.0	50.1	44.9	37.2	26.3

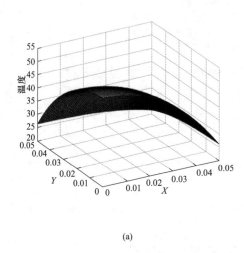

(a)

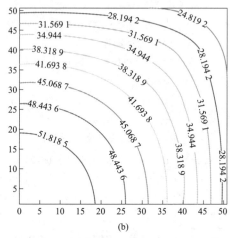

(b)

图 4-9 例题 4-3 计算结果的图示

（4）对计算结果的分析和讨论：①上面所给的程序代码示例中，计算过程的变量都是用符号表示的，因此仅需改变输入的参数，就可得到在其他条件下的温度场。②中心温度为 54℃，而例题 3-1 计算的中心温度为 62℃，读者可分析两种方法的计算哪种更准确。

微课16
非稳态导热的
数值解法及
实例分析

4.3 非稳态导热的数值解法及实例分析

对非稳态导热进行数值求解时，除了要对求解的空间区域进行离散外，还需要将时间区域离散，最后得到的是一些有限个时间层上的温度分布。本节重点以直角坐标系的一维问题为例，介绍非稳态导热数值解法的基本过程。

4.3.1 对时间离散的两种差分格式

在时间的离散上，常用 $\Delta\tau$ 表示时间步长，从非稳态的初始时刻开始，仅计算 $i\Delta\tau$ 时间层的温度场，i 表示时间坐标上第 i 个 $\Delta\tau$ 时刻。对于一维和二维非稳态导热，每个节点的温度用类似 $t_{m}^{(i)}$ 和 $t_{m,n}^{(i)}$ 的形式表示，在不引起歧义的情况下，表示时间节点 i 的括号可以省略。

在非稳态情况下，利用控制容积热平衡法建立节点离散方程时，在第 i 个 $\Delta\tau$ 时刻，对于任意的一个节点 m，其代表的控制容积为 V_m，控制体在 $\Delta\tau$ 时刻内的热力学能增加速率有如下两种表示形式，即

$$\frac{\mathrm{d}U}{\mathrm{d}\tau} = \rho V_m c \frac{t_m^{i+1} - t_m^i}{\Delta\tau} \tag{4-22}$$

$$\frac{\mathrm{d}U}{\mathrm{d}\tau} = \rho V_m c \frac{t_m^i - t_m^{i-1}}{\Delta\tau} \tag{4-23}$$

式（4-22）相当于控制体温度对时间一阶导数的向前差分格式，在此基础上建立的离散方程为显式差分格式；式（4-23）相当于控制体温度对时间一阶导数的向后差分格式，以此建立的离散方程为隐式差分格式。

下面以直角坐标系中一维非稳态导热问题为例，分析两种离散方程的形式及求解过程。

考虑一个面积为 A、厚度为 L 的平壁，材料的导热系数为 λ。初始时内部温度均匀为 t_0，之后，平壁一侧保持绝热，另外一侧与温度为 t_∞ 的流体对流传热，对流传热的表面传热系数为 h。仍采用图 4-1 对平壁的区域离散形式，空间步长为 Δx，一共有 M 个节点。

4.3.2 显式差分格式的数值求解

在建立节点离散方程时，热力学能增加速率采用式（4-22）的形式。对于任意内部节点 m，在第 i 个 $\Delta\tau$ 时刻，其离散方程为

$$\lambda A \frac{t_{m-1}^i - t_m^i}{\Delta x} + \lambda A \frac{t_{m+1}^i - t_m^i}{\Delta x} = \rho A \Delta x c \frac{t_m^{i+1} - t_m^i}{\Delta\tau} \tag{4-24a}$$

整理为

$$t_m^{i+1} = Fo_\Delta(t_{m+1}^i + t_{m-1}^i) + (1 - 2Fo_\Delta)t_m^i \quad (m = 2,3,\cdots,M-1) \tag{4-24b}$$

式中：$Fo_\Delta = \dfrac{a\Delta\tau}{(\Delta x)^2}$ 为网格傅里叶数，以 Δx 为特征长度。

假定平壁左侧绝热，对于左侧边界节点 1，在第 i 个 $\Delta\tau$ 时刻，其离散方程为

$$\lambda A \frac{t_2^i - t_1^i}{\Delta x} = \rho A \frac{\Delta x}{2} c \frac{t_1^{i+1} - t_1^i}{\Delta\tau} \tag{4-25a}$$

整理为

$$t_1^{i+1} = (1 - 2Fo_\Delta)t_1^i + 2Fo_\Delta t_2^i \tag{4-25b}$$

平壁右侧为对流传热，对于右侧边界节点 M，在第 i 个 $\Delta\tau$ 时刻，其离散方程为

$$\lambda A \frac{t_{M-1}^i - t_M^i}{\Delta x} + hA(t_\infty - t_M^i) = \rho A \frac{\Delta x}{2} c \frac{t_M^{i+1} - t_M^i}{\Delta\tau} \tag{4-26a}$$

整理为

$$t_M^{i+1} = \left(1 - 2Fo_\Delta - 2\frac{\Delta\tau}{\rho c} \times \frac{h}{\Delta x}\right)t_M^i + 2Fo_\Delta t_{M-1}^i + 2\frac{\Delta\tau}{\rho c} \times \frac{h}{\Delta x}t_\infty \tag{4-26b}$$

式（4-26b）中 $\dfrac{\Delta\tau}{\rho c}\dfrac{h}{\Delta x}$ 项可作如下变化：

$$\frac{\Delta\tau}{\rho c} \times \frac{h}{\Delta x} = \frac{\lambda}{\rho c} \times \frac{\Delta\tau}{(\Delta x)^2} \times \frac{h\Delta x}{\lambda} = Fo_\Delta Bi_\Delta$$

式中：Bi_Δ 为网格毕渥数，以 Δx 为特征长度。

式（4-26b）可改写为

$$t_M^{i+1} = (1 - 2Fo_\Delta - 2Fo_\Delta Bi_\Delta)t_M^i + 2Fo_\Delta t_{M-1}^i + 2Fo_\Delta Bi_\Delta t_\infty \qquad (4\text{-}26c)$$

式（4-24b）、式（4-25b）和式（4-26c）组成的方程组就是该一维、非稳态导热的显式格式离散方程组。可以注意到，在计算 $i+1$ 时刻节点温度时，所用到的数据均是该节点及相邻节点 i 时刻的值，因此不需要对方程组进行联立求解。

4.3.3 隐式差分格式的数值求解

在建立节点离散方程时，热力学能增加速率采用式（4-23）的形式。对于任意内部节点 m，在第 i 个 $\Delta\tau$ 时刻，其离散方程为

$$\lambda A \frac{t_{m-1}^i - t_m^i}{\Delta x} + \lambda A \frac{t_{m+1}^i - t_m^i}{\Delta x} = \rho A \Delta x c \frac{t_m^i - t_m^{i-1}}{\Delta\tau} \qquad (4\text{-}27a)$$

整理为

$$t_m^i = \left[Fo_\Delta(t_{m+1}^i + t_{m-1}^i) + t_m^{i-1} \right] / (1 + 2Fo_\Delta) \quad (m = 2,3,\cdots,M-1) \quad (4\text{-}27b)$$

对于绝热的左侧边界节点 1，在第 i 个 $\Delta\tau$ 时刻，其离散方程为

$$\lambda A \frac{t_2^i - t_1^i}{\Delta x} = \rho A \frac{\Delta x}{2} c \frac{t_1^i - t_1^{i-1}}{\Delta\tau} \qquad (4\text{-}28a)$$

整理为

$$t_1^i = (2Fo_\Delta t_2^i + t_1^{i-1}) / (1 + 2Fo_\Delta t_2^i) \qquad (4\text{-}28b)$$

对于右侧对流传热的边界节点 M，在第 i 个 $\Delta\tau$ 时刻，其离散方程为

$$\lambda A \frac{t_{M-1}^i - t_M^i}{\Delta x} + hA(t_\infty - t_M^i) = \rho A \frac{\Delta x}{2} c \frac{t_M^i - t_M^{i-1}}{\Delta\tau} \qquad (4\text{-}29a)$$

整理为

$$t_M^i = (2Fo_\Delta t_{M-1}^i + 2Fo_\Delta Bi_\Delta t_\infty + t_M^{i-1}) / (2Fo_\Delta + 2Fo_\Delta Bi_\Delta + 1) \qquad (4\text{-}29b)$$

式（4-27b）、式（4-28b）和式（4-29b）组成的方程组就是该一维、非稳态导热的隐式格式离散方程组。在这些式子中，在计算 i 时刻节点温度时，除用到本节点 $i-1$ 时刻的温度外，还会用到相邻节点 i 时刻的温度值。因此必须对方程组进行联立求解，求解代数方程组的方法仍可采用高斯-赛德尔迭代法。

4.3.4 显式格式离散方程的稳定性条件

前面介绍了显式格式和隐式格式离散方程建立和求解的区别。对于显式格式的离散方程，不需要联立求解方程组，仅进行代数运算即可，方法简单。但是在使用显式格式的离散方程时，对空间和时间步长有严格的限制。以式（4-24b）的离散方程为例，要求式中 t_m^i 前的系数应该不小于零，即 $1 - 2Fo_\Delta \geqslant 0$，也可写为

$$Fo_\Delta = \frac{a\Delta\tau}{(\Delta x)^2} \leqslant \frac{1}{2} \qquad (4\text{-}30)$$

式（4-30）称为该显式格式离散方程的**稳定性条件**。其原因可解释为：节点 m 在 i 时刻的温度越高，下一个时刻该点的温度就越高；相反，节点 m 在 i 时刻的温度越低，则下一个时刻该点的温度就越低。但是，若 t_m^i 前的系数小于零则违反上述物理过程。因此，在利用显式差分格式的离散方程进行求解时，应该保证各个

节点的离散方程都满足其稳定性条件。

式（4-30）是以内节点为例分析得出的稳定性条件，若对边界节点离散方程（4-26c）进行分析，则相应的稳定性条件为

$$1 - 2Fo_\Delta - 2Fo_\Delta Bi_\Delta \geqslant 0 \tag{4-31a}$$

$$Fo_\Delta \leqslant \frac{1}{2(1 + Bi_\Delta)} \tag{4-31b}$$

显然，这一要求比内节点的限制还要苛刻。因此，当有多个稳定性条件时，应以较小的 Fo_Δ 为依据来确定所允许采用的时间步长。

例题 4-4 为了对某平板状的模制塑料产品进行冷却，使其暴露于高速流动的空气中。已知塑料制品的厚度为 60mm，初始温度为 80℃，冷空气温度为 20℃，对流传热的表面传热系数为 100W/(m^2 · K)，材料的物性参数如下：$\rho=$ 1200kg/m^3、c=1500J/(kg · K)、λ=0.3W/(m · K)。试利用显式差分格式确定 20、40、60min 时塑料制品内的温度分布。

分析： 该问题中的平壁温度场对称，因此取一半为研究对象，则与正文中举例的导热问题一致，属于平壁的非稳态导热，一侧绝热，另一侧为第三类边界条件。

数值求解：

（1）进行区域离散。采用图 4-1 所示的空间离散形式，取空间步长 $\Delta x=$ 0.003m，一共得到 11 个节点。利用式（4-31b）的稳定性条件，时间步长 $\Delta\tau$ 应小于 13.5s，取 12s。

（2）建立节点的离散方程。式（4-24b）、式（4-25b）和式（4-26c）就是该问题三类节点显式格式的离散方程，组成下面的方程组：

$$\begin{cases} t_1^{i+1} = 2Fo_\Delta(t_2^i - t_1^i) + t_1^i \\ t_m^{i+1} = Fo_\Delta(t_{m+1}^i + t_{m-1}^i) + (1 - 2Fo_\Delta)t_m^i \quad (m = 2,3,\cdots,10) \\ t_{11}^{i+1} = (1 - 2Fo_\Delta - 2Fo_\Delta Bi_\Delta)t_{11}^i + 2Fo_\Delta t_{10}^i + 2Fo_\Delta Bi_\Delta t_\infty \end{cases}$$

（3）求解离散方程组。

$$Fo_\Delta = \frac{a\Delta\tau}{(\Delta x)^2} = \frac{\dfrac{0.3}{1200 \times 1500} \times 12}{(0.003)^2} = 0.222, Bi_\Delta = \frac{h\Delta x}{\lambda} = \frac{100 \times 0.003}{0.3} = 1$$

已知 $t_0^0 = t_1^0 = \cdots = t_{10}^0 = 80℃$，$t_\infty = 20℃$。采用 Excel 软件计算。表 4-4 列出了部分计算结果，20、40、60min 对应的分别是 i=100、200、300。图 4-10 所示为 2、20、40、60min 时刻塑料制品内部的温度分布。

表 4-4 例题 4-4 的部分计算结果

时间 i	节点编号 m										
	1	2	3	4	5	6	7	8	9	10	11
0	80	80	80	80	80	80	80	80	80	80	80
1	80.0	80.0	80.0	80.0	80.0	80.0	80.0	80.0	80.0	80.0	53.3

演示9
例题4-4的
求解过程

续表

时间 i	节点编号 m										
	1	2	3	4	5	6	7	8	9	10	11
2	80.0	80.0	80.0	80.0	80.0	80.0	80.0	80.0	80.0	74.1	50.4
3	80.0	80.0	80.0	80.0	80.0	80.0	80.0	80.0	78.7	70.1	47.4
4	80.0	80.0	80.0	80.0	80.0	80.0	80.0	79.7	77.1	67.0	45.3
5	80.0	80.0	80.0	80.0	80.0	80.0	79.9	79.2	75.4	64.4	43.7
⋮	⋮	⋮	⋮	⋮	⋮	⋮	⋮	⋮	⋮	⋮	⋮
100	67.7	67.2	65.8	63.6	60.4	56.5	51.7	46.3	40.3	33.7	26.9
⋮	⋮	⋮	⋮	⋮	⋮	⋮	⋮	⋮	⋮	⋮	⋮
200	50.5	50.2	49.3	47.7	45.6	43.0	40.0	36.5	32.6	28.6	24.3
⋮	⋮	⋮	⋮	⋮	⋮	⋮	⋮	⋮	⋮	⋮	⋮
300	39.4	39.2	38.6	37.6	36.3	34.6	32.7	30.5	28.0	25.4	22.7

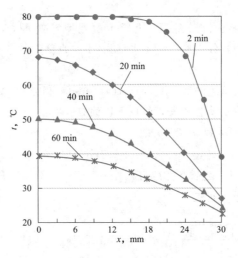

图 4-10　例题 4-4 附图

（4）对计算结果的分析和讨论。在非稳态导热的数值计算中，若采用显式差分格式进行计算，应协调空间步长和时间步长的取值，使之满足计算的稳定性条件。在实际工程问题的计算中，通常还需要检查空间步长和时间步长取值对计算精确度的影响，对比时间步长 $\Delta\tau$ 取 12s 和 6s，在 20min 时相对误差小于 0.06%。

重点归纳：数值解法与分析解法的区别

数值解法与分析解法的区别列于表 4-5 中。

表 4-5　　　　　　　　　　**数值解法与分析解法的区别**

方法	分析的对象	得到的描述	得到的解	特点
分析解法	微元上的能量守恒关系	微分方程 $\dfrac{\mathrm{d}^2 t}{\mathrm{d}x^2} + \dfrac{\dot{\Phi}}{\lambda} = 0$	解析函数 $t = \dfrac{\dot{\Phi}}{2\lambda}(\delta x - x^2)$ $+ (t_2 - t_1)\dfrac{x}{\delta} + t_1$	优点：严谨、精确 缺点：只适于简单和边界规则的情况
数值解法	有限容积上的能量守恒关系	代数方程组 $t_2 = [t_1 + t_3 + \dot{\Phi}(\Delta x)^2/\lambda]/2$ $t_3 = [t_2 + t_4 + \dot{\Phi}(\Delta x)^2/\lambda]/2$ $t_4 = [t_3 + t_5 + \dot{\Phi}(\Delta x)^2/\lambda]/2$ $t_5 = [t_4 + t_6 + \dot{\Phi}(\Delta x)^2/\lambda]/2$	有限个点上的值 t_1、t_2、t_3、t_4、t_5、t_6	优点：使用范围广 缺点：近似方法，无法获得连续的温度场

 思 考 题

4-1　试简要说明对导热问题进行有限差分数值计算的基本思想与步骤。

4-2　数值解结果的准确性与哪些因素有关？

4-3　对于一个实际的导热问题，工程师 A 将其进行适当的简化，建立数学模型，并用分析方法进行求解；工程师 B 则不对问题进行简化，而是采用功能强大的数值软件进行求解。你认为谁的结果有可能更准确？

4-4　非稳态导热问题的数值求解中，显式格式和隐式格式的离散方程各有何优缺点？

4-5　计算非稳态导热时，采用显式格式建立节点方程，求解过程可能出现不稳定性问题，如何防止这种不稳定性？

 习　　题

4-1　图 4-11 所示为一个二维导热问题空间区域的离散。已知区域内有均匀的内热源 $\dot{\Phi}$，其上表面绝热，与右侧表面接触的环境（空气和墙壁）温度为 t_∞，表面传热系数为 h，（包含了对流传热和辐射传热）。若导热属于稳态情况，试分别列出 2、3、5、6 四个节点的离散方程。

4-2　若习题 4-1 所述的问题为非稳态导热过程，试分别列出节点 2、3、5、6 显式和隐式格式的离散方程，并给出各显式格式离散方程的稳定性条件。

4-3　试对附图 4-12 所示的常物性、无内热源的二维稳态导热问题，用高斯-赛德尔迭代法计算 t_1、t_2、t_3、t_4 之值，空间步长 $\Delta x = \Delta y$。

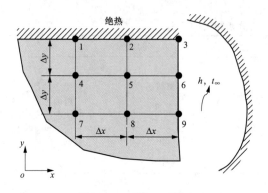

图 4-11　习题 4-1 附图　　　　　　　　图 4-12　习题 4-3 附图

4-4　某类型的核燃料棒由核燃料陶瓷芯块和锆合金套管组成。若二氧化铀陶瓷芯块的形状可看作直径为 1cm 的长圆柱，在额定负荷时，其热功率相当于 $\dot{\Phi} = 2.5 \times 10^8 \, \text{W/m}^3$ 的内热源，它的导热系数为 $\lambda_1 = 5 \text{W/(m·K)}$。外侧锆合金套管的厚度为 0.5mm，导热系数为 $\lambda_2 = 2 \text{W/(m·K)}$。套管外侧用 $t_f = 310 ℃$ 的介质进行冷却，表面传热系数为 $h = 20\,000 \text{W/(m}^2 \text{·K)}$。试用数值解法计算核燃料棒中陶瓷芯块和锆合金套管的温度分布。

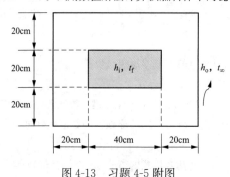

图 4-13　习题 4-5 附图

4-5　烟气流过一个截面为矩形区域的烟道，如图 4-13 所示。已知烟道的截面尺寸为 20cm × 40cm，烟道墙壁的厚度为 20cm，墙壁的导热系数为 1.5W/(m·K)，烟气的温度为 160℃，烟道内壁的复合传热系数为 50W/(m²·K)，烟道墙壁外侧的环境温度为 20℃，复合传热系数为 10W/(m²·K)。试采用数值解法计算烟道墙壁内的温度分布。

4-6　一个长木棒，其直径为 5cm，初始温度均匀为 20℃。现突然放入温度为 500℃ 的热空气中。若已知木棒的导热系数为 0.15W/(m·K)，热扩散率为 $1.3 \times 10^{-7} \text{m}^2/\text{s}$，木棒与环境的复合传热系数为 24W/(m²·K) 且保持不变，木材的着火温度为 240℃，试用数值解法确定将该木棒点燃所需的时间，要求节点方程采用显式格式。

4-7　若习题 4-6 中的长木棒改为厚度为 5cm 的大平板，其他条件不变，试用数值解法确定将该木板点燃所需的时间，要求节点方程采用显式格式。

4-8　若习题 4-6 中的长木棒改为边长为 5cm 的方木块，其他条件不变，试用数值解法确定将该木块点燃所需的时间，要求节点方程采用显式格式。

4-9　对一个高温金属件的冷却过程进行分析和计算。金属件为平板，厚度为 0.3m，金属材料为铬钢 $W_{Cr}=17\%$。金属件初始温度均匀为 330℃，将其竖直放入室内进行冷却，室内空气及墙壁温度均为 30℃，以此计算的整个冷却过程表面的平均复合传热系数为 14W/(m² · K)，铬钢的导热系数取 22.5W/(m · K)，热扩散率取 6.344×10^{-6} m²/s。试用显式格式的数值解法计算 1h 时金属件的内部温度分布（在一半平板厚度中取 11 个点计算），并与习题 3-9 的结果进行对比。

4-10　若习题 4-9 中的金属件为直径 0.3m 的长圆柱，其他条件不变。试用显式格式的数值解法计算 1h 时金属件内部的温度分布，并与习题 3-10 的结果进行对比。

4-11　若习题 4-9 中的金属件为直径 0.3m 的圆球，其他条件不变。试用显式格式的数值解法计算 1h 时金属件内部的温度分布，并与习题 3-11 的结果进行对比。

演示10
习题4-9、
4-10、4-11
计算演示和
分析

4-12　采用等截面直肋片组对一个电子元件散热进行强化。已知肋片采用铝材制作，其导热系数为 160W/(m · K)，肋片厚度为 0.5mm，肋片高度为 40mm，肋片表面的复合传热系数为 25W/(m² · K)，肋片根部温度为 50℃，周围空气温度为 20℃。采用数值方法计算沿肋片高度温度的变化情况。

4-13　对于习题 4-12 的等截面直肋片，若肋片厚度为 4mm，其他参数不变，采用数值方法计算肋片的二维温度场。

第5章 对流传热基础

对流传热是指流体与固体壁面之间有相对运动，且两者之间存在温差时发生的热量传递现象。第1章中给出了计算对流传热的牛顿冷却公式 $\Phi = hA\Delta t$，表面传热系数 h 的获得是对流传热研究的核心内容。对流传热的理论分析解需要利用描述其流场和温度场的微分方程组进行求解，求解难度较大，且只有个别简单问题才可以获得分析解，将在本书第6章进行介绍。目前，工程上常见的对流传热现象，前人已通过实验的方法得到了计算表面传热系数的公式，这些公式被称为对流传热的实验关联式。本章对影响对流传热表面传热系数的因素进行定性分析，给出工程上对流传热现象的分类；通过对流传热现象的机理分析，得到对流传热数学描写所需要的微分方程组；通过引入边界层概念，使得微分方程组得以简化；对指导实验的理论——相似原理在对流传热实验中的应用进行介绍；最后，按照管槽内强制对流传热、外部流动强制对流传热、自然对流传热的顺序，对对流传热的特点进行分析，并给出计算相应表面传热系数的实验关联式。

5.1 影响对流传热的因素及分类

5.1.1 影响对流传热的因素

根据1.2节中对流传热的机理分析可知，在对流传热过程中，热量的传递包含了紧贴固体壁面处流体的热对流导和流体当中的热对流及热传导。因此，凡是影响流体热传导和热对流的因素都将对对流传热产生影响，归纳起来，主要有以下几个方面。

1. 流体的种类及其物理性质

流体的种类不同，其物理性质的差异必将对对流传热造成影响。影响对流传热的物性参数有导热系数、密度、比热容、黏度、体胀系数和汽化潜热等，下面逐一介绍。

（1）导热系数 λ。它直接影响流体以导热形式传递热量的能力，在紧贴固体壁面处，导热系数则起关键作用。例如，常温常压下水的导热系数是空气的20多倍，因此在相同的流动状态下水的对流传热能力远远大于空气。

（2）密度 ρ 和比热容 c。通常将密度和比热容的乘积称作体积热容，它的大小是单位体积物质温度升高1K所需吸收的热量。在对流传热中，流体的体积热容越大，单位体积流体携带热量的能力就越强。仍以常温常压下的水和空气为例，水的体积热容约为 $4186\mathrm{kJ/(m^3 \cdot K)}$，而空气仅约为 $1.21\mathrm{kJ/(m^3 \cdot K)}$，两者相差数千倍。

（3）黏度。动力黏度 η（$\mathrm{Pa \cdot s}$）和运动黏度 ν（$\mathrm{m^2/s}$）均是表征流体黏性的

参数。η 与 ν 的关系为 $\eta = \nu\rho$。流体的黏度越大，流体流动的阻滞就越大，热对流的效果也就越差。

（4）体胀系数 α_v（K^{-1}）。其定义是在压力不变的条件下，单位温度变化时流体体积的相对变化。体胀系数影响体积力场中的流体因密度差而产生的浮升力的大小，因此对自然对流产生影响。

（5）汽化潜热 r（J/kg）。当流体在对流传热过程中发生相变时，如液体在对流传热过程中被加热而沸腾，由液态变为气态；或蒸气在对流传热过程中被冷却而凝结，由气态变为液态，这样的对流传热称为相变对流传热。在相变对流传热中，流体会有汽化潜热的释放或吸收，凝结和沸腾传热的表面传热系数要比无相变对流传热高出几倍甚至几十倍。

2. 流动的起因

对流传热中驱使流体在某一壁面上流动的原因不外乎两种，一种是通过外界施加强迫力；另一种是由于流体中存在温度差，产生密度差，在体积力的作用下产生浮升力而促使流体流动。流动起因不同，流体内的速度分布、温度分布就不同，对流传热的规律也必然不同。

3. 换热表面的几何因素

换热表面的几何形状、尺寸、表面与流体的相对位置以及表面粗糙度等几何因素将影响流体的流动状态、速度分布和温度分布，对对流传热产生显著的影响。例如流体在圆管内的流动和流体横掠圆管的外部流动、平板热面朝上和热面朝下形成的自然对流，这些情况下它们的流动和换热规律都相差很大。

4. 流动的状态

实际流体的流动有层流和湍流（紊流）两种流态。如图 5-1 所示，层流时流体微团的轨迹没有明显的不规则脉动，流线互相平行，因此垂直于流动方向上的热量传递主要靠分子扩散（即热传导）。湍流时流体内存在强烈的脉动和旋涡，使各部分流体之间迅速混合。流体湍流时的热量传递除了分

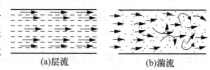

(a)层流　　　　　　(b)湍流

图 5-1　流动状态示意

子扩散之外主要靠流体宏观的湍流脉动，因此湍流对流传热比层流对流传热强烈。

流体的流动状态不是影响对流传热的独立因素，而是受前面三个方面因素综合影响的宏观表现。

5.1.2　对流传热的分类

影响对流传热的因素很多，为了理论研究和工程计算的方便，需要将对流传热进行分类。在 1.2 节已根据流体流动的起因将对流传热分为强制对流传热和自然对流传热；根据流体是否有相变将对流传热分为无相变对流传热和有相变对流传热，有相变的对流传热主要是凝结和沸腾。下面对强制对流传热和自然对流传热中的典型情况作进一步介绍。

1. 强制对流传热的主要类型

根据流体与壁面的相对位置，强制对流传热又分为内部流动和外部流动的对流传热。最典型的内部流动当属圆管内的流动，非圆形截面管道又包括矩形、椭圆形、三角形截面管道等，如图 5-2 所示。

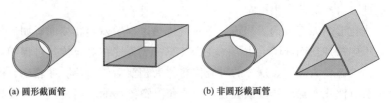

(a) 圆形截面管   (b) 非圆形截面管

图 5-2 典型的内部流动管道截面形状

外部流动是指流体的流动不受周围其他壁面的限制，典型的情况有外掠平板、横向外掠单管、横向外掠管束等，如图 5-3 所示。

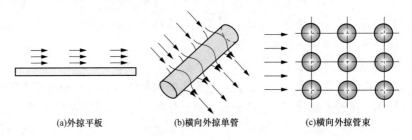

(a)外掠平板   (b)横向外掠单管   (c)横向外掠管束

图 5-3 典型的外部流动情况

2. 自然对流传热的主要类型

自然对流传热中，流体与壁面的相对位置对换热有着极为重要的影响。根据流体流动是否受到周围其他壁面的限制，将自然对流传热分为大空间自然对流传热与有限空间自然对流传热。大空间自然对流是指流体的流动不受周围其他壁面干扰的情况，否则称为有限空间自然对流传热。图 5-4 所示为大空间自然对流传热的主要类型，图 5-5 所示为有限空间自然对流传热的主要类型。

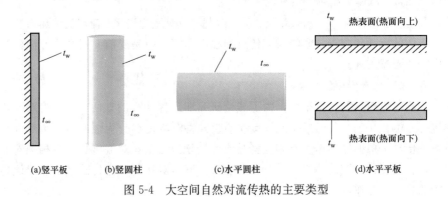

(a)竖平板   (b)竖圆柱   (c)水平圆柱   (d)水平平板

图 5-4 大空间自然对流传热的主要类型

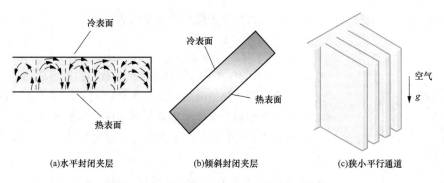

(a)水平封闭夹层　　　　　(b)倾斜封闭夹层　　　　　(c)狭小平行通道

图 5-5　有限空间自然对流传热的主要类型

5.2　对流传热理论分析基础

5.2.1　局部表面传热系数与温度场的关系

牛顿冷却公式只是对流传热表面传热系数 h 的一个定义式，它没有揭示出表面传热系数与影响它的有关物理量之间的内在联系。下面先给出局部表面传热系数的概念，再通过对流传热的机理分析得到局部表面传热系数与流体内部温度场的关系。

由于流体的速度分布和温度分布沿流动方向可能是变化的，因此，表面上不同位置的换热状况并不一定一致。以图 5-6 所示的对流传热为例，在流动方向任意 x 处，对流传热的热流密度可表示为

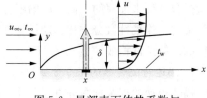

图 5-6　局部表面传热系数与
流动边界层的示意

$$q_x = h_x(t_w - t_\infty) \qquad (5\text{-}1)$$

式中：q_x 为该局部处的对流传热热流密度；h_x 为该局部处的表面传热系数。

整个对流传热面积 A 上的平均表面传热系数 h 与局部表面传热系数 h_x 之间的关系为

$$h = \frac{1}{A} \int_A h_x \mathrm{d}A \qquad (5\text{-}2)$$

根据对流传热的机理，当流体流过固体表面时，由于黏性力的作用，紧贴壁面处的流体是静止的，因此紧贴壁面处流体内的热量传递只能靠热传导。仍以图 5-6 所示的二维稳态对流传热问题为例，根据傅里叶定律，在 x 处通过贴壁流体层导热的热流密度为

$$q_x = -\lambda \frac{\partial t}{\partial y}\bigg|_{y=0,\,x} \qquad (5\text{-}3)$$

式中：λ 为流体的导热系数；$\dfrac{\partial t}{\partial y}\bigg|_{y=0,\,x}$ 为壁面 x 处 y 方向的流体温度梯度。

联立式（5-1）和式（5-3），可得局部表面传热系数的表达式为

$$h_x = -\frac{\lambda}{t_w - t_\infty}\frac{\partial t}{\partial y}\bigg|_{y=0,x} \tag{5-4}$$

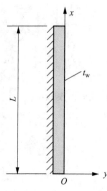

式（5-4）给出了局部表面传热系数与温度场之间的关系，称为对流传热微分方程式。由该式可以看出，流体在紧贴壁面处的温度梯度决定着局部表面传热系数的大小。

例题 5-1 沿竖壁（恒壁温）自然对流传热层流换热时，局部表面传热系数 h_x 与壁面高度 x 之间的关系为 $h_x = cx^{-1/4}$，式中 c 为常数。试推导整个竖壁（高度为 L）上的平均表面传热系数 h。

题解：

计算： 取单位宽度的竖壁作为分析对象，利用式（5-2）可得

图 5-7 例题 5-1 附图

$$h = \frac{1}{A}\int_A h_x \mathrm{d}A = \frac{1}{L}\int_0^L cx^{-1/4}\mathrm{d}x = \frac{4}{3}\frac{1}{L}cL^{3/4} = \frac{4c}{3}L^{-1/4}$$

5.2.2 对流传热的数学描写

由式（5-2）和式（5-4）可知，要想求得表面传热系数，必须求出流体的温度场，而流体的温度场和速度场密切相关。流体的速度场是由连续性微分方程和动量微分方程来描写的，而温度场则将由能量微分方程描写。因此，对流传热的数学描写由连续性微分方程、动量微分方程、能量微分方程组成的微分方程组及相应的定解条件构成。

1. 描述对流传热的微分方程组

描述流动的连续性微分方程和动量微分方程，读者已在工程流体力学的课程中学习过。关于描述流体内温度场的能量微分方程的推导详见 6.1 节。在此，仅以常物性、不可压缩牛顿流体、外掠平板的对流传热问题为例，直接给出微分方程组。

连续性微分方程为

$$\frac{\partial u}{\partial x} + \frac{\partial v}{\partial y} = 0 \tag{5-5}$$

动量微分方程为

$$\frac{\partial u}{\partial \tau} + u\frac{\partial u}{\partial x} + v\frac{\partial u}{\partial y} = f_x - \frac{1}{\rho}\frac{\partial p}{\partial x} + \nu\left(\frac{\partial^2 u}{\partial x^2} + \frac{\partial^2 u}{\partial y^2}\right) \tag{5-6a}$$

$$\frac{\partial v}{\partial \tau} + u\frac{\partial v}{\partial x} + v\frac{\partial v}{\partial y} = f_y - \frac{1}{\rho}\frac{\partial p}{\partial y} + \nu\left(\frac{\partial^2 v}{\partial x^2} + \frac{\partial^2 v}{\partial y^2}\right) \tag{5-6b}$$

能量微分方程为

$$\frac{\partial t}{\partial \tau} + u\frac{\partial t}{\partial x} + v\frac{\partial t}{\partial y} = a\left(\frac{\partial^2 t}{\partial x^2} + \frac{\partial^2 t}{\partial y^2}\right) \tag{5-7}$$

2. 定解条件

作为对流传热问题的完整数学描写还应该给出问题的定解条件，包括初始时刻和各边界上速度、压力及温度等相关的条件。以能量微分方程为例，若规定边界上流体的温度分布，则为第一类边界条件；若给定边界上加热或冷却流体的热流密度，则为第二类边界条件。一般来说，求解对流传热问题时没有第三类边界条件，因为获得表面传热系数是求解对流换热的根本目的。

式（5-5）～式（5-7）共 4 个方程，包含了 4 个未知数（u，v，p，t），方程组封闭，理论上可以求解。

5.2.3　边界层概念

从上面的分析可知，要想通过理论方法求得对流传热的表面传热系数，必须获得流体的速度分布。19 世纪初期，法国物理学家纳维（Navier）和英国力学家斯托克斯（Stokes）提出了著名的黏性流体的基本运动方程——N-S 方程，但因其数学的复杂性无法直接求解。1904 年，德国物理学家普朗特（Prandtl）借助于理论研究和几个简单的实验，证明了流体绕固体流动中，流场可以分成两个区域：一是固体表面很薄一层的边界层区域，在其内部黏性起着主要的作用；二是该层以外的主流区域，这里黏性摩擦可以忽略不计。基于这个假设，普朗特成功地解释了经典流体动力学（忽略了流体的摩擦）的结果与实验结果有明显矛盾的原因。普朗特学派还利用边界层的特点对 N-S 方程做了最大程度的简化，最终完全用数学分析方法求得了一些问题的流场。因此，边界层理论在流体力学的研究上具有划时代的作用。普朗特创立的边界层理论以及此后波尔豪森（Pohlhausen）提出的热边界层的概念，是理论求解和定性分析对流传热问题的重要理论基础。

1. 流动边界层

下面仍以流体外掠平板的强制对流传热为例说明流动边界层的定义、特征及其形成和发展过程。当黏性流体在固体壁面上流动时，由于黏性的作用，在靠近壁面的地方流速逐渐减小，如图 5-8所示，这一速度发生明显变化的流体薄层称为流动边界层（或速度边界层）。通常规定速度达到 $0.99u_\infty$ 处到壁面的距离为流动边界层的厚度，用 δ 表示。

边界层内是黏性流体的流动，其流动状态分为层流和湍流。如图 5-8 所示，在平板的前沿 $x=0$ 处，流动边界层的厚度 $\delta=0$。随着流体向前流动，由于动量的传递，壁面处黏性力的影响逐渐向流

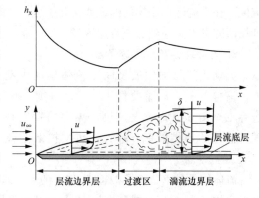

图 5-8　流体外掠平板时流动边界层的形成
与发展及局部表面传热系数变化示意

体内部发展，流动边界层越来越厚。在距平板前沿的一段距离之内，边界层内的流动处于层流状态，这段边界层称为层流边界层。随着边界层的增厚，边界层内部黏性力的影响逐渐减弱，惯性力的影响相对加大。当边界层达到一定厚度之后，层内流体开始出现扰动，并且随着向前流动，扰动的范围越来越大，逐渐形成旺盛的湍流区（或称为湍流核心），边界层过渡为湍流边界层。在层流边界层和湍流边界层之间为过渡区。即使在湍流边界层内，在紧贴壁面处，仍然有一薄层流体保持层流，称之为层流底层。层流底层内具有很大的速度梯度，而湍流核心内由于强烈的扰动混合使速度趋于均匀，速度梯度较小。

以上对流动边界层的介绍是以流体外掠平板的强制对流为例来说明的，对于其他情况可能有所区别，如圆管内的流动，流体进入圆管后形成边界层，并且随着管长的增加，其边界层边缘将在圆管的中心线处汇合；又如对于外掠圆柱或球状的固体表面流动，其表面的边界层有可能出现脱体（也称分离）现象，具体情况请参见第本章第 4、5 节的内容。

2. 热边界层

当流体流过与其温度不同的固体表面时，流体温度的变化，理论上可以延伸到无穷远处，但通常其变化主要发生在壁面附近的薄层中。在流动边界层概念的启发下，1921 年波尔豪森引入了热边界层的概念。在固体壁面附近，流体温度发生明显变化的薄层称为热边界层（或温度边界层）。通常规定流体过余温度 $t-t_w=0.99(t_\infty-t_w)$ 处到壁面的距离为热边界层的厚度，用 δ_t 表示。图 5-9 所示为流体外掠等温平板时的热边界层。

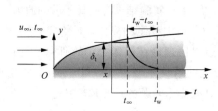

图 5-9   流体外掠等温平板时的热边界层

运用热边界层的概念，流体的温度场也可以分成两个区域：热边界层区与主流区。在主流区，流体的温度变化几乎可以忽略（小于 1%），因此，对流体的温度场研究可以集中到热边界层区域。

3. 流动边界层与热边界层的关系

流动边界层的发展反映了流体运动中动量扩散的程度，除了流速的影响外，流体的黏性起重要作用。运动黏度 ν 越大，动量扩散的范围就越广，流动边界层厚度 δ 也就越大。热边界层的发展则反映了运动流体中热量扩散的程度，流体的热扩散率 a 越大，热量扩散的范围就越广，热边界层厚度 δ_t 也就越大。

流体的无量纲物性参数普朗特数 $Pr=\nu/a$，反映了流体中动量扩散与热量扩散能力的对比（即反映了流动边界层与热边界层的相对厚薄）。对于外掠等温平板的强制对流传热，图 5-10 示意性地表示了不同普朗特数下流动边界层与热边界层的相对大小。除了液态金属和高黏度的油，多数流体的普朗特数在 1 附近，其流动边界层与热边界层比较接近。

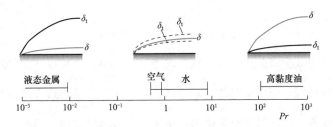

图 5-10 不同普朗特数下流动边界层与热边界层的相对大小

4. 利用边界层概念定性分析表面传热系数的大小

流体在固体壁面附近的温度分布与对流传热的强弱有关。同样条件下，热边界层越薄，壁面附近流体的温度梯度就越大，对流传热也就越强。在热边界层内流动若是层流，垂直于流动方向上的热量传递主要靠分子扩散（即热传导），热对流作用相对较弱；若是湍流，湍流核心内由于强烈的扰动混合使速度和温度都趋于均匀，速度梯度和温度梯度都较小，热量传递主要靠热对流，但是在层流底层中具有很大的速度梯度和温度梯度，热量传递主要靠热传导。

在工程上，常常需要对对流传热过程进行强化，提高其表面传热系数。从前面的分析可以得出，对于无相变的对流传热问题：可以采取措施增加壁面附近流体的扰动和混合以强化换热，也可以采取减薄或破坏边界层发展的措施以强化换热。例如对于管内单相对流传热的强化，可以采用如图 5-11 所示的螺旋槽管、内插纽带、内螺纹管等形式。

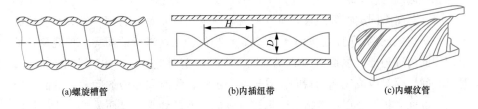

(a)螺旋槽管 (b)内插纽带 (c)内螺纹管

图 5-11 几种管内单相对流传热的强化方法

5.2.4 边界层型对流传热微分方程组

根据前面的分析，紧贴固体壁面边界层内的流场和温度场对表面传热系数起着关键作用。将描述对流传热的微分方程应用到边界层范围内，并利用边界层的特点和数量级分析的方法对其进行简化，所得到的就是边界层型对流传热微分方程组。仍以常物性、不可压缩牛顿流体、外掠平板的对流传热问题为例，在稳态情况下，其边界层型对流传热微分方程组为

$$\frac{\partial u}{\partial x} + \frac{\partial v}{\partial y} = 0 \tag{5-8}$$

$$u\,\frac{\partial u}{\partial x} + v\,\frac{\partial u}{\partial y} = -\,\frac{1}{\rho}\,\frac{\mathrm{d}p}{\mathrm{d}x} + \nu\,\frac{\partial^2 u}{\partial y^2} \tag{5-9}$$

$$u\,\frac{\partial t}{\partial x} + v\,\frac{\partial t}{\partial y} = a\,\frac{\partial^2 t}{\partial y^2} \tag{5-10}$$

读者可运用数量级分析的方法推导式（5-9）和式（5-10），也可参看本书 6.2 节的详细推导过程。需要说明的是，式（5-9）中的 $\dfrac{\mathrm{d}p}{\mathrm{d}x}$ 可由边界层外理想流体的伯努利方程获得。相比对整个流场的数学描写，边界层型对流传热的数学描写中微分方程的数目减少了 1 个，另两个方程中的项数也有了简化。3 个方程包含 3 个未知数（u，v，t），方程组封闭，求解得以简化。

微课19
相似原理及
其在传热学
中的应用

5.3　相似原理及其在传热学中的应用

上一节简单分析了对流传热现象数学描写所需的微分方程及定解条件，由于数学上求解困难，只有极个别简单问题能够获得分析解。目前，采用实验的方法仍是研究对流传热的主要途径。为了克服在物理问题原型进行实验的困难、合理选择实验参数、减少实验的次数、使得实验的结果更有推广价值，在长期的生产和科学实验中，人们逐渐总结了一种探索自然规律行之有效的方法——以相似原理为基础的模型实验研究方法。一般工程流体力学中都会对相似原理的内容做详细介绍，本节重点是介绍相似原理在指导对流传热实验方面的应用。

5.3.1　相似原理简介

相似原理的核心思想体现在以下几个方面：

（1）若两个同类物理现象，所有同名物理量在所有对应时刻、对应地点的数值一一对应成比例，则称这两个物理现象是相似的。这里所谓同类物理现象，是指用相同内容与形式的微分方程描述的现象。所谓对应时刻，也称为相似时间，是指时间坐标对应成比例的瞬间，对于稳态过程，无时间相似的问题。所谓对应地点，也称为相似地点，是指空间坐标对应成比例的地点，显而易见，几何条件相似是物理现象相似的前提。

（2）对于相似的物理现象，其物理量场一定可以用一个统一的无量纲场来表示。例如，两个圆管内的层流充分发展的流动是两个相似的流动现象，其截面上的速度分布可以用一个统一的无量纲场 $u/u_{\max} = f\,(r/r_0)$ 来表示，如图 5-12 所示。

（3）对于相似的物理现象，其包含的同名特征数（也称为准则数）必相等。特征数是一个无量纲数，它通常反映了一个物理现象中物理量之间的相互限制关系。例如流动现象中的雷诺数 Re、欧拉数 Eu 等。

（4）对于相似的物理现象，相似特征数之间的关系都相同。因此，对某个具体的物理过程所获得的准则数之间的关系也适用于其他与之相似的物理现象。

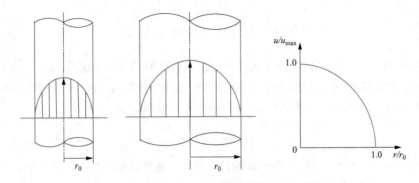

图 5-12　管内层流充分发展区域的无量纲化速度分布

5.3.2　对流传热中所涉及的主要相似特征数

一个物理现象中包含哪些特征数，可以通过对描述物理现象的控制方程和定解条件进行相似分析或者利用量纲分析法得到，下面分别介绍。

1. 对描述问题的控制方程进行相似分析

如果知道描写某物理现象的所有微分方程及定解条件，就可以采用相似分析法得到该物理现象的特征数。对于一组相似的物理现象，其中可能含有若干个物理量在对应地点的数值——成比例，虽然各物理量的比例系数（也称为相似倍数）可以彼此不等，但是，各物理量的相似倍数并不是相互独立的，它们之间存在一定的关联。下面以两个相似的对流传热现象为例进行分析，假设对流传热现象 A 与对流传热现象 B 相似，则其局部表面传热系数的表达式均可用式（5-4）表示，为此可得

对于现象 A
$$h_{xA} = -\frac{\lambda_A}{t_{wA} - t_{\infty A}} \times \frac{\partial t_A}{\partial y_A}\bigg|_{y_A = 0, x_A} \tag{a}$$

对于现象 B
$$h_{xB} = -\frac{\lambda_B}{t_{wB} - t_{\infty B}} \times \frac{\partial t_B}{\partial y_B}\bigg|_{y_B = 0, x_B} \tag{b}$$

由物理量场相似的定义，有

$$\frac{x_A}{x_B} = \frac{y_A}{y_B} = \frac{l_A}{l_B} = C_l, \frac{h_{xA}}{h_{xB}} = \frac{h_A}{h_B} = C_h, \frac{\lambda_A}{\lambda_B} = C_\lambda, \frac{t_{wA}}{t_{wB}} = \frac{t_{\infty A}}{t_{\infty B}} = \frac{t_A}{t_B} = C_t \tag{c}$$

式中：C_l、C_h、C_λ、C_t 分别为几何尺寸、表面传热系数、导热系数和温度场的相似倍数。

将上述相似倍数代入式（a），经整理可得

$$\frac{C_h C_l}{C_\lambda} h_{xB} = -\frac{\lambda_B}{t_{wB} - t_{\infty B}} \times \frac{\partial t_B}{\partial y_B}\bigg|_{y_B = 0, x_B} \tag{d}$$

比较式（b）与式（d），可得

$$\frac{C_h C_l}{C_\lambda} = 1 \tag{e}$$

可见，3 个相似倍数之间不是独立的，存在着上式所示的制约关系，因此可得

$$\frac{h_{xA}x_A}{\lambda_A} = \frac{h_{xB}x_B}{\lambda_B}, \quad \frac{h_A l_A}{\lambda_A} = \frac{h_B l_B}{\lambda_B} \tag{f}$$

上式中，$h_x x/\lambda$ 和 hl/λ 均为无量纲的量，这样的无量纲量被称为相似特征数（简称为特征数），也被称为准则数。该相似特征数用德国物理学家努塞尔（Nusselt）的名字命名，称为努塞尔数，用 Nu 表示，其定义式为

$$Nu = \frac{hl}{\lambda} \tag{5-11}$$

式中：h 为表面传热系数；l 为表面的特征长度，通常选择对对流传热有显著影响的几何尺寸作为特征长度；λ 为流体的导热系数。

下面对 Nu 数代表的物理意义进行分析，以 $(t_w - t_\infty)$ 作为温度标尺，以换热面的某一特征尺寸 l 作为特征长度，对局部表面传热系数的式（5-4）进行无量纲化，则有

$$\frac{h_x l}{\lambda} = \frac{\partial\left[(t_w - t)/(t_w - t_\infty)\right]}{\partial(y/l)}\bigg|_{y=0,x} \tag{5-12}$$

由式（5-12）看出，努塞尔数代表了无量纲温度场在壁面上的温度梯度，因此对于两个相似的对流传热现象，其温度场相似，对应的努塞尔数也必然相等，$Nu_A = Nu_B$。

对于一个物理现象，可能涉及多个特征数，若能给出物理现象的完整数学描述，采用获得努塞尔数的相似分析法（也称为相似常数法），对每一个方程进行分析，便可得到所有的特征数。以流体外掠平板的二维、稳态边界层型微分方程组为例，从动量微分方程式（5-9）可导出

$$\frac{u_A l_A}{\nu_A} = \frac{u_B l_B}{\nu_B} \tag{g}$$

即

$$Re_A = Re_B$$

这表明，黏性力作用下的两个流场相似，其雷诺数相等。

从能量微分方程式（5-10）可导出

$$\frac{u_A l_A}{a_A} = \frac{u_B l_B}{a_B} \tag{h}$$

即

$$\frac{u_A l_A}{\nu_A} \times \frac{\nu_A}{a_A} = \frac{u_B l_B}{\nu_B} \times \frac{\nu_B}{a_B} \tag{i}$$

则

$$Re_A Pr_A = Re_B Pr_B$$

定义贝克莱数 $Pe = RePr$，这说明两热量传递现象相似，其贝克莱数相等。

由此可得，流体外掠平板的稳态对流传热问题包含 Nu、Re 和 Pr 三个特征数。实际上所有的无相变强制对流传热也都是包含这三个特征数。

对于自然对流传热问题，浮升力是流体流动的驱动力，利用相似分析法可得

其中的一个重要特征数是格拉晓夫数，其定义式为

$$Gr = \frac{g\alpha_v \Delta t l^3}{v^2} \tag{5-13}$$

式中：g 为重力加速度；α_v 为流体的体胀系数（理想气体的体胀系数可用 $\alpha_v = 1/T$ 计算）；Δt 为壁面温度与环境温度（即未受壁面温度影响的流体温度）之差；l 为表面的特征长度；v 为流体的运动黏度。

格拉晓夫数表征了流体浮升力与黏性力之比，在自然对流传热中反映流体的流动状态。在自然对流传热中格拉晓夫数的作用与雷诺数在强制对流传热中的作用是相同的。本书在 6.6 节还将采用对自然对流现象中能量微分方程无量纲化的方法推导格拉晓夫数。

2. 量纲分析法

量纲分析法也是寻找特征数的重要方法，尤其适用于只知道影响因素还列不出控制方程的问题。量纲分析理论中有一个重要的 π 定理，其内容为：一个表示 n 个物理量间关系的量纲一致的方程式，一定可以转换成包含 $n-r$ 个独立的无量纲特征数间的关系式，r 是 n 个物理量中所涉及的基本量纲的数目。

下面以稳定的单相介质管内对流传热问题为例，介绍应用量纲分析法导出特征数的过程。根据对影响对流传热的因素分析，可得

$$h = f(u, d, \lambda, \eta, \rho, c_p) \tag{5-14}$$

本问题中有 7 个基本的物理量，其中包含 4 个基本量纲——时间的量纲 T、长度的量纲 L、质量的量纲 M 及温度的量纲 Θ，即 $n=7$，$r=4$，故可以组成 3 个无量纲量。

现选定其中 4 个物理量作为基本物理量，这些基本物理量的量纲必须包括 4 个基本量纲，且它们的量纲一定是独立的。本问题中取 u、d、λ 和 η 为基本物理量。将基本物理量逐一与其余各量一起组成无量纲量，用字母 π 表示无量纲量，则有

$$\pi_1 = u^{a_1} d^{b_1} \lambda^{c_1} \eta^{d_1} h \tag{j}$$

$$\pi_2 = u^{a_2} d^{b_2} \lambda^{c_2} \eta^{d_2} \rho \tag{k}$$

$$\pi_3 = u^{a_3} d^{b_3} \lambda^{c_3} \eta^{d_3} c_p \tag{l}$$

应用量纲和谐原理来确定上述所有待定指数。先以 π_1 为例，可列出其中各物理量的量纲如下：

$$\dim u = LT^{-1}, \dim d = L, \dim \lambda = ML\Theta^{-1}T^{-3}$$

$$\dim \eta = ML^{-1}T^{-1}, \dim h = M\Theta^{-1}T^{-3}$$

其中，dim 表示量纲，将上述物理量的量纲代入式（g），并将量纲相同的项合并得

$$\dim \pi_1 = L^{a_1+b_1+c_1-d_1} M^{c_1+d_1+1} \Theta^{-c_1-1} T^{-a_1-3c_1-d_1-3}$$

为使上式等号左边的 π_1 为无量纲量，上式等号右边各量纲的指数必为零，故

得

$$
\left.
\begin{array}{l}
a_1 + b_1 + c_1 - d_1 = 0 \\
c_1 + d_1 + 1 = 0 \\
- c_1 - 1 = 0 \\
- a_1 - 3c_1 - d_1 - 3 = 0
\end{array}
\right\}
$$

由此解得 $a_1 = 0$，$b_1 = 1$，$c_1 = -1$，$d_1 = 0$，所以有

$$
\pi_1 = u^{a_1} d^{b_1} \lambda^{c_1} \eta^{d_1} h = \frac{hd}{\lambda} = Nu
$$

同理，以 π_2 和 π_3 为例进行分析可得

$$
\pi_2 = u^{a_2} d^{b_2} \lambda^{c_2} \eta^{d_2} \rho = \frac{\rho u d}{\eta} = \frac{ud}{\nu} = Re
$$

$$
\pi_3 = \frac{\eta c_p}{\lambda} = \frac{\nu}{a} = Pr
$$

π_1 和 π_2 分别为以管子内径为特征长度的 Nu 数和 Re 数。由此同样可得到单相介质管内对流传热问题包含 Nu、Re 和 Pr 三个特征数。

通常特征数中都包含与温度有关的流体物性，用以确定特征数中流体物性的温度称为定性温度，对于不同的对流传热类型，定性温度的取法不同。计算 Nu 数和 Re 数时用到表面的特征长度 l，通常选择对对流传热有显著影响的几何尺寸作为特征长度。计算 Re 数时用到的速度称为特征速度，对于不同的对流传热类型，特征速度的取法也不同。

5.3.3　特征数关联式的确定

通过前面的分析已得到单相强制对流传热和自然对流传热现象中所包含的特征数，因此，在相似原理指导下的对流传热实验可以得到特征数之间的具体关系式。

对于强制对流传热为

$$
Nu = f(Re, Pr) \tag{5-15}
$$

对于自然对流传热为

$$
Nu = f(Gr, Pr) \tag{5-16}
$$

特征数之间的具体函数形式往往带有经验的性质。大量的经验证明，对于单相流体的强制对流传热和自然对流传热，式（5-15）和式（5-16）可分别用简单的幂函数形式表示为

$$
Nu = cRe^n Pr^m \tag{5-17}
$$

$$
Nu = c(GrPr)^n \tag{5-18}
$$

式中，系数 c 和指数 n、m 都需要由实验数据确定。

下面以单相流体在管内强制对流传热实验为例，说明用实验的方法研究对流传热问题的主要步骤，实验原理如图 5-13 所示。

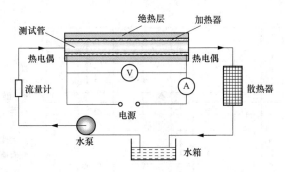

图 5-13 管内强制对流传热的实验原理

（1）确定对流传热现象的类型，采用相似分析法或量纲分析法得到其中所包含的特征数。该问题属于管内的强制对流传热，该类问题的特征数为 Nu、Re 和 Pr。

（2）根据每个特征数的定义式，分析实验中要测量的物理量，并确定哪些可以直接测量，哪些需要间接测量，哪些是可以确定的物性参数。该问题中，Nu、Re 中的流体导热系数 λ 和运动黏度 ν 及 Pr 数均为定性温度下的物性参数，对于管内强制对流传热，规定采用流体进、出口温度的平均值作为定性温度，因此需要测定流体进、出口温度。特征长度为管子内径 d，为已知或直接测量的物理量。对于管内强制对流传热，计算 Re 数时的特征速度 u，取定性温度下管截面的平均速度，采用测量流量的间接方法获得。Nu 中的 h 也需要间接测量加热功率，再由牛顿冷却公式计算而得。

（3）设计实验系统，并确定各待测物理量的变化范围，一般来讲，物理量变化范围越宽，实验点就越多，关联式的准确性就越高。本实验中，可以改变流量或改变管径获得不同的 Re 数，为了获得较宽范围的 Pr 数则可采用不同的流体。

（4）整理实验数据，将所测量的实验数据首先整理成相关的特征数，但确定这些特征数之间的具体函数形式往往带有经验的性质。对于单相流体的强制对流，式（5-17）中系数 c 和指数 n、m 都需要由实验数据确定，具体可按下面所示的两步进行。对于管内的湍流对流传热，对式（5-17）两边取对数，可得

$$\lg Nu = \lg c + n\lg Re + m\lg Pr \tag{5-19}$$

舍伍德（Sherwood）首先固定 Re 数，将同一 Re 数下不同种类流体的实验数据按式（5-19）整理成图 5-14 的形式，从而可以确定指数 m 的值，即

$$m = \frac{\lg 200 - \lg 40}{\lg 62 - \lg 1.15} \approx 0.4$$

然后将 $\lg(Nu/Pr^{0.4})$ 和不同 $\lg Re$ 的数据整理成图 5-15 所示的形式，从这样的对数坐标图上可得 $c = 0.023$，$n = 0.8$。于是其实验结果可整理成如下的特征数关联式：

$$Nu = 0.023Re^{0.8}Pr^{0.4} \tag{5-20}$$

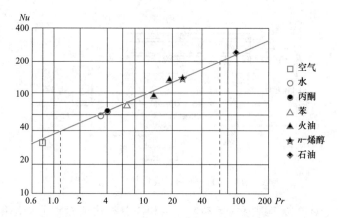

图 5-14　Pr 数对管内湍流强制对流传热的影响

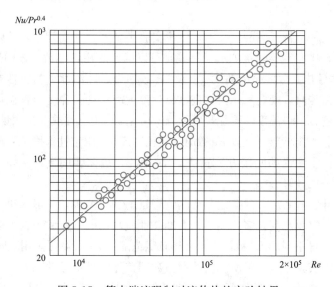

图 5-15　管内湍流强制对流传热的实验结果

　　当实验点的数据很多时，常采用逐步线性回归方法确定关联式中的常数和各指数。

　　相似原理作为指导实验的一个理论，回答了如何安排实验、如何整理实验数据、实验结果适用范围的几个问题。实验测量物理量是无量纲特征数所包含的物理量，实验结果整理成无量纲特征数间的函数关系，实验结果可以推广应用到同名已定特征数相等的相似现象中。

5.3.4　特征数关联式的选择和使用

　　对于单相流体的对流传热，各具体情况下的特征数关联式将在接下来的几节给出。下面给出利用特征数关联式计算对流传热表面传热系数的一般顺序：

　　（1）判断对流传热的类型。首先确定是有相变还是无相变的问题。若是无相变的问题，进一步根据流动的起因判断是强制对流传热还是自然对流传热问题。然后根据壁面的几何形状及流体与壁面的相对位置关系，将问题对应到 5.1 节所给出的对流传热类型。

（2）判断流体的流动状态。强制对流传热利用 Re，自然对流传热用 Gr 来判断。流体的流动状态有层流、湍流或层流到湍流的过渡区。

（3）选择合适的特征数关联式。根据（1）、（2）项的判断，选择合适的特征数关联式。

（4）计算努塞尔数。计算选定特征数关联式中的已定的特征数，计算时注意对定性温度、特征长度和特征流速的要求，进一步由特征数关联式计算出努塞尔数。

（5）计算对流传热表面传热系数。利用努塞尔数的定义式得 $h = \dfrac{\lambda}{l} Nu$。

例题 5-2　图 1-2 曾给出一个平板式太阳能集热器的示意图。若在某次对集热器性能的实验测定中得到如下数据：透明玻璃盖板（图中的压板）表面温度为 35℃，沿集热器表面宽度方向有微风，风速为 4m/s，空气的温度为 25℃。已知，盖板表面的长度为 1.5m，宽度 1m。（1）试计算盖板表面对流传热的平均表面传热系数；（2）计算整个盖板表面对流传热的热流量。

　　附：对于外掠等温平板的对流传热，若计算整个平板上的平均表面传热系数，推荐使用下面的特征数关联式：若平板末端仍处于层流：$Nu = 0.664 Re^{1/2} Pr^{1/3}$；若平板末端已处于湍流：$Nu = (0.037 Re^{4/5} - 871) Pr^{1/3}$。判断层流与湍流的临界雷诺数为 $Re_c = 5 \times 10^5$，此关联式使用中，定性温度为边界层中的平均温度，即 $t_m = (t_w + t_\infty)/2$，特征长度为沿流动方向的平板长度，特征速度为来流速度。

题解：

分析： 太阳能集热器透明盖板上表面与周围空气的对流传热属于外掠等温平板的强制对流传热；首先利用推荐的特征数关联式计算出表面传热系数，然后可利用牛顿冷却公式计算对流传热的热流量。

计算：（1）边界层的平均温度为

$$t_m = (t_w + t_\infty)/2 = (35 + 25)/2 = 30(℃)$$

对于空气，30℃的物性参数分别为 $\nu = 1.608 \times 10^{-5}\,\mathrm{m^2/s}$，$\lambda = 2.588 \times 10^{-2}\,\mathrm{W/(m \cdot K)}$，$Pr = 0.7282$。在流动方向末端处的雷诺数为

$$Re = \frac{ul}{\nu} = \frac{4 \times 1}{1.608 \times 10^{-5}} = 2.5 \times 10^5$$

整个平板上的流动均属于层流，因此整个平板上的平均表面传热系数可由下式计算：

$$Nu = 0.664Re^{1/2}Pr^{1/3} = 0.664 \times (2.5 \times 10^5)^{1/2} \times 0.728\,2^{1/3} = 298.7$$

$$h = \frac{\lambda}{l}Nu = \frac{2.588 \times 10^{-2}}{1} \times 298.7 = 7.73[\mathrm{W/(m^2 \cdot K)}]$$

（2）整个集热器盖板表面对流传热的热流量为

$$\Phi = Ah(t_w - t_\infty) = (1 \times 1.5) \times 7.73 \times (35 - 25) = 115.9(\mathrm{W})$$

微课20
管、槽内强
制对流传热

5.4　管、槽内强制对流传热

本节主要以圆形截面的管道为例说明内部流动强制对流传热的特点，并给出不同流动状态下常用的特征数关联式，最后对于非圆形截面的管道内强制对流问题进行说明。

5.4.1　管内对流传热的流动和传热特点

1. 流动状态

流体在管内的流动状态根据雷诺数判断。对于工业和日常生活中常用的普通圆管，雷诺数（$Re = ud/\nu$）$Re \leqslant 2300$ 时，流态为层流；$2300 < Re < 10^4$ 时，为由层流到湍流的过渡区；$Re \geqslant 10^4$ 时，流态为旺盛湍流。在计算雷诺数时，用管子的内径作为特征长度，管子截面的平均流速作为特征速度，采用管子进、出口截面上流体温度的平均值作为定性温度。

2. 流动的入口段与充分发展段

内部流动与外部流动的最大区别在于，内部流动的边界层形成会受到其他壁面的限制。以图 5-16 所示的管内层流流动为例，对于流体从大空间流进圆管的稳态流动，从管子进口处开始，流动边界层厚度随流动方向 x 的增加而增加，最后边界层的边缘在圆管的中心汇合。流动边界层在圆管中心线汇聚之前的阶段称为流动入口段，之后称为流动充分发展段。在流动的入口段，管子横截面上的速度分布沿 x 不断变化；而流动的充分发展段，圆管横截面上的速度分布将不再随 x 而变化，即有 $\partial u/\partial x = 0$。

若在充分发展段流动状态为湍流，则入口段内边界层的流动状态会出现从层流到过渡区再到湍流的转变。充分发展段截面的速度分布不再是二次曲线，而是近壁处梯度更大，中间更趋平缓，如图 5-17 所示。

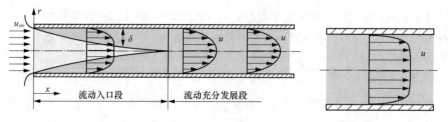

图 5-16　管内层流流动的边界层的发展　　　　图 5-17　管内湍流时的速度分布

若管内流动为层流，入口段的长度主要取决于流动的 Re 及管道内径 d，其关系可表示为

$$l_f/d \approx 0.05Re \tag{5-21}$$

若管内流动为湍流，入口段的长度与雷诺数没有太大的关系，而且比层流时短得多，一般可按式（5-22）估计，即

$$10 \leqslant l_f/d \leqslant 60 \tag{5-22}$$

3. 换热的入口段与充分发展段

如果流体和管壁之间有温差，也会形成热边界层，热边界层从管子进口处开始发展，并沿流动方向逐渐加厚，与流动边界层相类似，热边界层在圆管中心汇聚之前的阶段称为**换热入口段**，之后称为**换热充分发展段**。图 5-18 所示为管内流体被壁面冷却过程的热边界层的发展示意，即使在换热的充分发展段，流体的温度仍沿 x 和 r 方向不断变化。但在换热充分发展段，各个截面上的无量纲过余温度却不随 x 变化，即

$$\frac{\partial}{\partial x}\frac{t-t_w}{t_f-t_w}=0 \tag{5-23}$$

式中：t_w、t_f 分别为任意截面上管壁温度与管截面流体平均温度，t_f 随流体流动是变化的，t_w 是否变化取决于热边界条件。

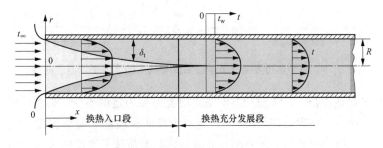

图 5-18　管内热边界层的发展示意

下面来分析在换热充分发展段局部表面传热系数的变化。根据式（5-23），各个截面上的无量纲过余温度仅仅是径向坐标 r 的函数，因此在壁面处有

$$\frac{\partial}{\partial r}\left(\frac{t-t_w}{t_f-t_w}\right)_{r=R}=-\frac{1}{t_w-t_f}\left(\frac{\partial t}{\partial r}\right)_{r=R}=常数 \tag{5-24}$$

将局部表面传热系数的表达式（5-4）应用于壁面处得

$$h_x=-\frac{\lambda}{t_w-t_f}\frac{\partial t}{\partial r}\bigg|_{r=R,x} \tag{5-25}$$

若考虑导热系数为常数的情况，则在换热充分发展段局部表面传热系数 h_x 是一个常数，它与 x 无关。无论流动状态是层流还是湍流，此结论都适用。

若管内流动为层流，换热入口段的长度可表示为

$$l_t/d \approx 0.05RePr \tag{5-26}$$

若管内流动为湍流，换热入口段的长度几乎与普朗特数无关，l_t 可用式 (5-22) 近似计算。

5.4.2 两种热边界条件

管内强制对流传热热边界条件有均匀热流与均匀壁温两种典型情况，牛顿冷却公式中 Δt 的计算方法在两种热边界条件下是不同的。所谓均匀热流条件指管壁上任何位置处壁面与流体间对流传热热流密度（局部热流密度）是相同的，如在管外采用电加热的方法。图 5-19（a）所示为壁面温度高于流体温度时均匀热流条件下流体与壁面温度分布示意图，在换热充分发展段 h_x 为定值，由于 $q_x = h_x \Delta t_x$，q_x 也不随 x 变化，所以壁面与截面流体的平均温度差值不变。若流体的质量流量和比热容不变，还可推导得到流体的平均温度如图中所示那样随管长线性变化的关系式。

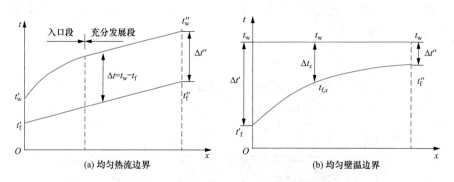

图 5-19　两种热边界条件下壁面温度与截面的流体平均温度曲线

均匀壁温条件指沿流体流动方向壁面温度保持为定值不变，典型的情况是管外侧是相变换热的情况。图 5-19（b）所示为壁面温度高于流体温度时均匀壁温条件下流体与壁面温度分布示意图。此时，管截面流体平均温度 t_f 沿 x 方向按指数规律变化，截面流体平均温度与壁面温度的差值随管长不断变化，在整个长度上的平均差值可由式（5-27）计算，即

$$\Delta t = \frac{\Delta t' - \Delta t''}{\ln \dfrac{\Delta t'}{\Delta t''}} \tag{5-27}$$

如果进口温差与出口温差相差不大（$\Delta t'/\Delta t'' < 2$），也可用进、出口温差的算术平均值进行计算，其计算的偏差小于 4%。式（5-27）的推导可见第 10 章换热器平均温差的推导方法。

5.4.3 圆管内层流流动的特征数关联式

1. 流动和换热的充分发展段

对于管内流动状态为层流，且处于流动和换热的充分发展段的情况，其表面传热系数可以通过理论分析求解而得到（详见 6.5 节内容）。

在均匀热流条件下

$$Nu = 4.36 \tag{5-28}$$

在均匀壁温条件下

$$Nu = 3.66 \tag{5-29}$$

以上两式表明，在管内流动状态为层流的充分发展段 Nu 与 Re 无关，且是个常数。

2. 流动和换热的入口段

管内为层流情况下，其入口段较长，很多工程问题会处于流动和换热的入口段，或者入口段的长度在整个管长中占很大的比例。对此，推荐采用席德-塔特（Sider-Tate）关联式计算长度为 l 的管道的平均 Nu 数，即

$$Nu = 1.86(RePrd/l)^{1/3}(\eta_f/\eta_w)^{0.14} \tag{5-30}$$

式（5-30）适用于均匀壁温的条件，且 $0.48 < Pr < 16\,700$；$0.004\,4 < \eta_f/\eta_w < 9.75$，$\eta_f$、$\eta_w$ 分别是流体在定性温度 t_f 和壁温 t_w 下的动力黏度；$(RePrd/l)^{1/3}(\eta_f/\eta_w)^{0.14} \geqslant 2$。

5.4.4 圆管内湍流及过渡区的特征数关联式

1. 迪图斯-贝尔特关联式（适用于湍流）

对于管内湍流流动充分发展段，1930 年迪图斯（Dittus）和贝尔特（Boelter）提出如下实验关联式：

$$Nu = 0.023Re^{0.8}Pr^n, n = \begin{cases} 0.4, & t_w > t_f \\ 0.3, & t_w < t_f \end{cases} \tag{5-31}$$

该式适用条件为：$0.7 \leqslant Pr \leqslant 160$，$Re \geqslant 10^4$，管长与内径的比值 $l/d \geqslant 60$；流体与管壁温差，气体不超过 50℃，水不超过 30℃，油不超过 10℃；均匀热流或均匀壁温的直管道。

迪图斯-贝尔特公式仍是目前工程上应用广泛的一个关联式，对于管长、温差超过了限定范围或者弯管的情况，可以对式（5-31）进行修正后使用，即

$$Nu = c_t c_l c_r 0.023Re^{0.8}Pr^n \tag{5-32}$$

式中：c_t、c_l、c_r 分别为温差修正系数、管长修正系数和弯管修正系数。

（1）温差修正。引入温差修正的原因是：当温差过大，超过原来的范围后，流体物性参数（特别是黏性）的不均匀性将对表面传热产生较大影响，从而造成原关联式的使用误差。具体修正方法如下：

气体被加热 $\qquad c_t = (T_f/T_w)^{0.5} \qquad\qquad$ (5-33a)

气体被冷却 $\qquad c_t = 1 \qquad\qquad$ (5-33b)

液体被加热 $\qquad c_t = (\eta_f/\eta_w)^{0.11} \qquad\qquad$ (5-33c)

液体被冷却 $\qquad c_t = (\eta_f/\eta_w)^{0.25} \qquad\qquad$ (5-33d)

（2）管长修正。由对管内热边界层的发展分析知道，在入口段边界层较薄，其局部的表面传热系数大于充分发展段的值。迪图斯-贝尔特公式的适用条件

$l/d \geqslant 60$ 表明：当管子较长时，流动和换热都处于充分发展段，入口段的影响可以忽略。而当管长较短时，需要考虑入口段的影响，管长修正系数 c_l 可用下式计算：

$$c_l = 1 + (d/l)^{0.7} \tag{5-34}$$

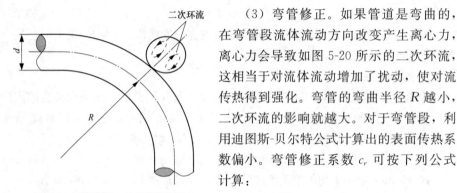

（3）弯管修正。如果管道是弯曲的，在弯管段流体流动方向改变产生离心力，离心力会导致如图 5-20 所示的二次环流，这相当于对流体流动增加了扰动，使对流传热得到强化。弯管的弯曲半径 R 越小，二次环流的影响就越大。对于弯管段，利用迪图斯-贝尔特公式计算出的表面传热系数偏小。弯管修正系数 c_r 可按下列公式计算：

图 5-20　弯管段二次环流示意

对于气体

$$c_r = 1 + 1.77(d/R) \tag{5-35}$$

对于液体

$$c_r = 1 + 10.3(d/R)^3 \tag{5-36}$$

2. 席德-塔特关联式（适用于湍流）

对于流体与管壁温度相差较大的情况，建议采用席德-塔特（Sider-Tate）关联式，即

$$Nu = 0.027 Re^{0.8} Pr^{1/3} (\eta_f/\eta_w)^{0.14} \tag{5-37}$$

式（5-37）的适用条件为：$0.7 \leqslant Pr \leqslant 16\,700$，$Re \geqslant 10^4$，$l/d \geqslant 60$，均匀热流或均匀壁温边界条件的直管道。

需要说明的是，迪图斯-贝尔特和席德-塔特关联式形式简单，主要用于管内流动处于旺盛的湍流区，计算与实验数据误差在 25% 以内。

3. 佩图霍夫关联式（适用于湍流）

对于湍流充分发展段，佩图霍夫（Petukhov）关联式具有较高的计算精确度，即

$$Nu = \frac{(f/8)RePr}{1.07 + 12.7 \times (f/8)^{1/2}(Pr^{2/3} - 1)} \tag{5-38}$$

式中：f 为管道阻力系数。

对于光滑管，f 可利用式（5-39）计算，即

$$f = (1.82 \lg Re - 1.64)^{-2} \tag{5-39}$$

该关联式的适用条件为：$0.5 < Pr < 2000$，$10^4 < Re < 5 \times 10^6$，均匀热流或均匀壁温条件的直管道。在 $0.5 < Pr < 200$ 范围计算偏差为 6%，在 $200 < Pr < 2000$ 范围计算偏差为 10%。

4. 格尼林斯基关联式（适用于湍流及过渡区）

格尼林斯基（Gnielinski）对佩图霍夫关联式进行了适当修改，改变后的关联式也可适用于管内过渡区的情况。格尼林斯基关联式为

$$Nu = \frac{(f/8)(Re-1000)Pr}{1+12.7\times(f/8)^{1/2}(Pr^{2/3}-1)}\left[1+\left(\frac{d}{l}\right)^{2/3}\right] \tag{5-40}$$

式中的阻力系数采用式（5-39）计算，该关联式的适用条件为：$0.5 \leqslant Pr \leqslant 2000$，$2300 < Re \leqslant 5 \times 10^6$。

5.4.5　非圆形截面的管道

工程上也会遇到一些非圆形截面管道的情况，图 5-21 所示为几种典型的非圆形截面管道。若采用当量直径代替圆管的内径作为特征长度，前面很多针对圆管的特征数关联式也可以近似用于非圆形截面管道，当量直径的定义式为

$$d_e = \frac{4A_e}{P} \tag{5-41}$$

式中：A_e 为管道横截面过流面积；P 为管道横截面被流体润湿的周长。

例如，对于图 5-21（d）所示的环形截面通道，其当量直径为 $d_e = d_1 - d_2$，d_1、d_2 分别为外管的内径和内管的外径。

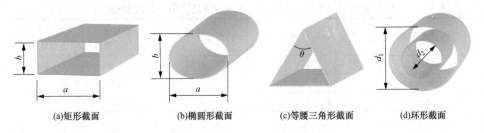

(a)矩形截面　　(b)椭圆形截面　　(c)等腰三角形截面　　(d)环形截面

图 5-21　几种典型的非圆形截面管道

对于如矩形截面或等腰三角形这样的非圆形截面，表面传热系数是沿周界变化的，在角落处它接近于零，所以用圆管的关联式计算的结果代表的是周界上的平均值。

对于湍流流动（仍采用 $Re \geqslant 10^4$）的非圆形截面通道，用圆管的关联式计算的准确度还是较高的。对于处于充分发展段的层流流动（$Re \leqslant 2300$），像圆管一样也有理论分析的结果，表 5-1～表 5-3 所示为一些代表性的结果。

表 5-1　　　　　　　　　　不同截面形状管道内层流充分发展段 *Nu*

截面形状	a/b 或 θ	Nu	
		均匀热流边界	均匀壁温边界
矩形截面	1	3.61	2.98
	2	4.12	3.39
	3	4.79	3.96
	4	5.33	4.44
	6	6.05	5.14
	8	6.49	5.60
	∞	8.24	7.54

续表

截面形状	a/b 或 θ	Nu	
		均匀热流边界	均匀壁温边界
椭圆形截面	1	4.36	3.66
	2	4.56	3.74
	4	4.88	3.79
	8	5.09	3.72
	16	5.18	3.65
等腰三角形截面	10°	2.45	1.61
	30°	2.91	2.26
	60°	3.11	2.47
	90°	2.98	2.34
	120°	2.68	2.00

表 5-2　　环形空间层流充分发展段 Nu（一侧绝热，另一侧均匀壁温）

内外径之比 d_2/d_1	内壁 Nu	外壁 Nu	内外径之比 d_2/d_1	内壁 Nu（外壁绝热）	外壁 Nu（内壁绝热）
0	—	3.66	0.25	7.37	4.23
0.05	17.46	4.06	0.50	5.74	4.43
0.10	11.56	4.11	1.00	4.86	4.86

表 5-3　　环形空间层流充分发展段 Nu（两侧维持均匀热流）

内外径之比 d_2/d_1	内壁 Nu	外壁 Nu	内外径之比 d_2/d_1	内壁 Nu	外壁 Nu
0	—	4.36	0.40	6.58	4.98
0.05	17.81	4.79	0.60	5.91	5.10
0.10	11.91	4.83	0.80	5.58	5.24
0.20	8.50	4.83	1.00	5.38	5.38

例题 5-3　14 号润滑油在内径 3cm、长 4m 的圆管内冷却，管壁温度为 20℃，润滑油的平均温度为 50℃，质量流量为 0.1kg/s。计算润滑油与管壁间的平均表面传热系数。

题解：

分析：本问题要计算润滑油与管壁间的平均表面传热系数，需要先判断润滑油的流动状态，再判断换热是否进入充分发展段，最后选取合适的关联式计算 Nu，进而求出平均表面传热系数。

计算：流体定性温度为 50℃，查得定性温度下 14 号润滑油的物性参数为：$\rho=874.8\text{kg/m}^3$，$\lambda=0.145\,4\text{W/(m·K)}$，$Pr=956$，$\nu=7.65\times10^{-5}\text{m}^2/\text{s}$，$\eta_f=6.7\times10^{-2}\text{Pa·s}$。壁温 20℃ 时，14 号润滑油的动力黏度为 $\eta_w=0.367\text{Pa·s}$。

特征速度为

$$u = \frac{q_m}{\rho A_c} = \frac{0.1}{874.8 \times 3.14 \times 0.015^2} = 0.162(\text{m/s})$$

雷诺数为

$$Re = \frac{ud}{\nu} = \frac{0.162 \times 0.03}{7.65 \times 10^{-5}} = 63.5$$

流动状态为层流，计算换热的入口段长度为

$$l_t \approx 0.05 RePrd = 0.05 \times 63.5 \times 956 \times 0.03 = 91.1(\text{m})$$

圆管长为 4m，所以管内的换热处于换热入口段。

可利用式（5-30）计算努塞尔数，即

$$Nu = 1.86(RePrd/l)^{1/3}(\eta_f/\eta_w)^{0.14}$$

$$= 1.86 \times (63.5 \times 956 \times 0.03/4)^{1/3} \times (6.7/36.7)^{0.14} = 11$$

平均表面传热系数为

$$h = Nu\lambda/d = 11 \times 0.1454/0.03 = 53.3[\text{W/(m}^2 \cdot \text{K)}]$$

讨论：本问题中流体为润滑油，其黏度很大，因此其流动状态为层流，且换热的入口段很长。

例题 5-4 采用管外均匀缠绕电加热丝的方式对冷水进行加热。已知圆管内径为 $d = 2\text{cm}$，单位管长的加热功率为 2.45kW/m，冷水的流量为 0.22kg/s，入口温度为 $18℃$。不考虑散热损失，试计算：（1）需要多长的加热管才能将冷水加热到 $22℃$？（2）管子出口处的壁温。

题解：

分析：将冷水加热到指定温度所需的热流量可以用 $\Phi = q_m c(t_f'' - t_f')$ 计算，单位管长加热功率已知，因此可计算所需管长；计算出管内表面传热系数后，可由 $\Phi = hA\Delta t$ 计算出温差，从而可得管子出口处的壁温。

计算：流体定性温度为 $t_f = \dfrac{18+22}{2} = 20$（℃）；查得定性温度下水的物性参数为：$\rho = 998.2\text{kg/m}^3$，$c_p = 4183\text{J/(kg} \cdot \text{K)}$，$\lambda = 0.599\text{W/(m} \cdot \text{K)}$，$Pr = 7.02$，$\nu = 1.006 \times 10^{-6}\text{m}^2/\text{s}$，$\eta_f = 1.004 \times 10^{-3}\text{Pa} \cdot \text{s}$。

（1）加热水所需的热流量为

$$\Phi = q_m c(t_f'' - t_f') = 0.22 \times 4183 \times (22 - 18) = 3681(\text{W})$$

所需管长为

$$l = \frac{\Phi}{P} = \frac{3681}{2450} = 1.5(\text{m})$$

（2）管内的特征速度为

$$u = \frac{q_m}{\rho A_c} = \frac{0.22}{998.2 \times 3.14 \times 0.01^2} = 0.7(\text{m/s})$$

雷诺数为

$$Re = \frac{ud}{\nu} = \frac{0.7 \times 0.02}{1.006 \times 10^{-6}} = 13\ 917$$

流动为湍流，选用迪图斯-贝尔特关联式进行计算，即

$$Nu = 0.023 Re^{0.8} Pr^{0.4} = 0.023 \times 13\ 917^{0.8} \times 7.02^{0.4} = 103.5$$

$$h = Nu\lambda/d = 103.5 \times 0.599/0.02 = 3099.8[\text{W}/(\text{m}^2 \cdot \text{K})]$$

利用牛顿冷却公式可得流体与壁面的温差为

$$\Delta t = \frac{\Phi}{hA} = \frac{3681}{3099.8 \times 3.14 \times 0.02 \times 1.5} = 12.6(\text{℃})$$

管长 $l/d = 1.5/0.02 = 75 > 60$，温差 $\Delta t = 12.6 < 30\ \text{℃}$，所以不需要进行管长和温差的修正。

出口处壁面温度为

$$t_\text{w} = t_\text{f}'' + \Delta t = 22 + 12.6 = 34.6(\text{℃})$$

讨论： 在计算努塞尔数时也可采用格尼林斯基关联式，即

$$f = (1.82 \lg Re - 1.64)^{-2} = (1.82 \times \lg 13\ 917 - 1.64)^{-2} = 0.028\ 7$$

$$Nu = \frac{(f/8)(Re - 1000)Pr}{1 + 12.7 \times (f/8)^{1/2}(Pr^{2/3} - 1)}\left[1 + \left(\frac{d}{l}\right)^{2/3}\right]$$

$$= \frac{(0.028\ 7/8) \times (13\ 917 - 1000) \times 7.02}{1 + 12.7 \times (0.028\ 7/8)^{0.5} \times (7.02^{2/3} - 1)}\left[1 + \left(\frac{0.02}{1.5}\right)^{2/3}\right] = 113.4$$

$$h = Nu\lambda/d = 113.4 \times 0.599/0.02 = 3397.5[\text{W}/(\text{m}^2 \cdot \text{K})]$$

两关联式计算的偏差为 $\frac{3397.5 - 3099.8}{3397.5} \times 100\% = 8.8\%$，说明对于本问题，用两关联式计算的结果相差不大。

例题 5-5 1 个大气压下，热空气在长 40m 的矩形截面风道内流动。已知风道截面尺寸为 $0.5\text{m} \times 0.5\text{m}$，空气的体积流量为 $0.2\text{m}^3/\text{s}$，风道内壁面温度恒定为 40℃，热空气入口温度为 70℃，计算经过风道后空气的出口温度是多少？

题解：

分析： 单位时间内热空气经过该风道释放的热量都是通过管壁的对流传热进行的，因此有 $\Phi = q_m c(t_\text{f}' - t_\text{f}'') = hA\Delta t$，本问题要计算的是空气的出口温度 t_f''，但是在计算温差和表面传热系数中都需要已知出口温度，因此必须先假定一个 t_f''。最后再判断假定值是否合适，若不合适，调整后重新进行计算，直到满足计算精确度。

计算： 假定空气的出口温度为 50℃

流体定性温度：$t_\text{f} = \dfrac{70 + 50}{2} = 60\ (\text{℃})$；查得定性温度下空气的物性参数为：$\rho = 1.059\text{kg/m}^3$，$c_p = 1007\text{J}/(\text{kg} \cdot \text{K})$，$\lambda = 0.028\ 08\text{W}/(\text{m} \cdot \text{K})$，$Pr = 0.720\ 2$，$\nu = 1.896 \times 10^{-5}\text{m}^2/\text{s}$。

特征长度为

$$d_e = \frac{4A_e}{P} = \frac{4 \times 0.5 \times 0.5}{4 \times 0.5} = 0.5(\text{m})$$

特征速度为

$$u = \frac{q_V}{A_e} = \frac{0.2}{0.5 \times 0.5} = 0.8(\text{m/s})$$

雷诺数为

$$Re = \frac{ud_e}{\nu} = \frac{0.8 \times 0.5}{1.896 \times 10^{-5}} = 21\,097$$

流动为湍流，$\dfrac{L}{d_e} = \dfrac{40}{0.5} = 80 > 60$，选用迪图斯-贝尔特关联式进行计算，即

$$Nu = 0.023Re^{0.8}Pr^{0.3} = 0.023 \times 21\,097^{0.8} \times 0.720\,2^{0.3} = 60$$

$$h = Nu\lambda/d_e = 60 \times 0.028\,08/0.5 = 3.37[\text{W/(m}^2 \cdot \text{K})]$$

在风道入口处温差 $\Delta t' = 70 - 40 = 30(\text{℃})$，出口处温差 $\Delta t'' = 50 - 40 = 10(\text{℃})$，$\Delta t'/\Delta t'' > 2$，因此采用对数平均温差，即

$$\Delta t = \frac{\Delta t' - \Delta t''}{\ln \dfrac{\Delta t'}{\Delta t''}} = \frac{30 - 10}{\ln \dfrac{30}{10}} = 18.2(\text{℃})$$

由牛顿冷却公式计算的热流量为

$$\Phi = hA\Delta t = hPL\Delta t = 3.37 \times 0.5 \times 4 \times 40 \times 18.2 = 4906.7(\text{W})$$

由能量守恒计算空气的出口温度

$$\Phi = q_m c_p(t_f' - t_f'') = \rho q_V c_p(t_f' - t_f'') = 1.062 \times 0.2 \times 1007 \times (70 - t_f'')$$

$$t_f'' = 47(\text{℃})$$

计算得到的温度小于假定的出口温度50℃，更准确的出口温度应介于两者之间。再次假定出口温度为48.5℃，忽略物性参数的改变对表面传热系数的影响，重新计算对流传热的温差、对流热流量，得到出口温度为48.45℃。可以认为该值就是实际的空气出口温度。

讨论： 这种需要先假定未知量的计算方法是工程计算中常遇到的问题，为避免假定值偏差太大，可先根据一些典型数据作近似计算，来预估未知量大概的区间。

5.5　外部流动强制对流传热

本节主要介绍流体外掠平板、横掠单管（含非圆形截面）、管束、球等物体表面的强制对流传热问题，重点是给出各自的流动和传热特点及工程上常用的特征数关联式。

5.5.1　流体外掠平板

1. 边界层内的流动状态

在本章边界层的概念介绍中都是以流体外掠平板为例进行的，因此有关其流

微课21
外部流动强
制对流传热

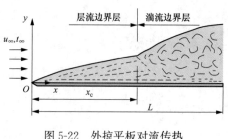

图 5-22　外掠平板对流传热

动和换热的特点在此不再重复。

由于沿流动方向，边界层不断增厚，边界层内流体流量不断增加，在不同截面处边界层内流体流动的雷诺数是不同的，任意截面 x 处（见图 5-22）边界层的局部雷诺数 Re_x 按下式计算：

$$Re_x = \frac{u_\infty x}{\nu} \tag{5-42}$$

式中：u_∞ 为来流流速。

流动状态由层流向湍流转变的临界雷诺数为

$$Re_c = \frac{u_\infty x_c}{\nu} = 5 \times 10^5 \tag{5-43}$$

式中：x_c 为局部雷诺数达临界值处的 x 值，称为临界距离。

判断平板上边界层是层流边界层还是混合边界层有两种方法：①利用平板末端雷诺数判断，若平板末端局部雷诺数已大于临界雷诺数，边界层属于混合边界层，否则为层流边界层；②对比 x_c 与平板总长度，若 x_c 小于平板总长度，边界层属于混合边界层，否则为层流边界层。此处，忽略了过渡区，认为在临界距离处直接从层流转变到湍流。

2. 特征数关联式

流体外掠平板对流传热的边界条件也有均匀壁温与均匀热流两种，两种条件下的特征数关联式不同，下面分别介绍。在计算中用来流速度作为特征速度；定性温度为边界层中流体的平均温度，即壁面温度与来流温度的平均值 $t_m = (t_w + t_\infty)/2$；计算局部表面传热系数，特征长度取流动方向的距离 x，计算整个平板的平均表面传热系数，特征长度则取平板的长度 L。

（1）均匀壁温条件。层流段局部努塞尔数计算式为

$$Nu_x = 0.332 Re_x^{1/2} Pr^{1/3} \tag{5-44}$$

适用条件为 $0.6 \leqslant Pr \leqslant 60$，$Re < 5 \times 10^5$。

湍流段局部努塞尔数计算式为

$$Nu_x = 0.0296 Re_x^{4/5} Pr^{1/3} \tag{5-45}$$

适用条件为 $0.6 \leqslant Pr \leqslant 60$，$5 \times 10^5 \leqslant Re \leqslant 10^7$。

工程计算更多用到平板上的平均表面传热系数，可按照式（5-2）计算平均表面传热系数，注意，对于混合边界层需将局部表面传热系数在层流段和湍流段进行分段积分。

层流边界层时的整个平板的平均努塞尔数为

$$Nu = 0.664Re^{1/2}Pr^{1/3} \tag{5-46}$$

混合边界层时的整个平板的平均努塞尔数为

$$Nu = (0.037Re^{4/5} - 871)Pr^{1/3} \tag{5-47}$$

对于液态金属（普朗特数远小于1）在等温平板上的层流流动，式（5-44）不再适用，此时可用式（5-48）计算，即

$$Nu_x = 0.565(Re_xPr)^{1/2} \quad (Pr < 0.05) \tag{5-48}$$

丘吉尔（Churchill）和欧之（Ozoe）推荐了一个可适用于全 Pr 数范围的外掠等温平板层流流动对流传热的关联式，且计算精确度为±1%，计算式为

$$Nu_x = \frac{0.3387Re_x^{1/2}Pr^{1/3}}{[1 + (0.0468/Pr)^{2/3}]^{1/4}} \tag{5-49}$$

（2）均匀热流条件。局部表面传热系数计算式为

层流 $\qquad\qquad Nu_x = 0.453Re_x^{1/2}Pr^{1/3} \tag{5-50}$

湍流 $\qquad\qquad Nu_x = 0.0308Re_x^{4/5}Pr^{1/3} \tag{5-51}$

以上两式适用于 $0.5 \leqslant Pr \leqslant 1000$ 的流体。

式（5-52）则适用于均匀热流条件全 Pr 范围内的层流情况，即

$$Nu_x = \frac{0.4637Re_x^{1/2}Pr^{1/3}}{[1 + (0.0207/Pr)^{2/3}]^{1/4}} \tag{5-52}$$

利用式（5-50）还可得到层流边界层时整个平板的平均努塞尔数为

$$Nu = 0.68Re^{1/2}Pr^{1/3} \tag{5-53}$$

5.5.2　流体横掠单管和球体

1. 边界层与局部传热特性

流体横掠单管是指流体沿着垂直于圆管轴线方向流过圆管表面。与流体外掠平板形成的边界层不同，流体横掠单管形成的边界层可能发生边界层分离（也就是绕流脱体）。流动状态不同，边界层分离点位置也不同，本节用图 5-23 所示角度 φ 作为管壁不同点的坐标。

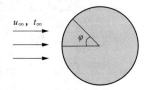

表 5-4 为不同雷诺数下流体横掠圆管边界层发展与分离特性。若 $Re \leqslant 5$，流体平滑、无分离地流过圆管表面，不发生边界层的分离，边界层内的流动为层流状态；如果 $Re > 5$，会发生边界层分离，并在分离

图 5-23　绕流圆管
对流传热

点后形成旋涡。在 $5 < Re < 1.5 \times 10^5$ 范围内，边界层分离前流动状态为层流，分离点在 $\varphi \approx 80° \sim 85°$ 位置，在 $Re \geqslant 1.5 \times 10^5$ 范围，边界层从层流过渡到湍流后才发生分离，分离点在 $\varphi \approx 140°$ 位置。

表 5-4   不同雷诺数下流体横掠圆管边界层发展与分离特性

$Re=\dfrac{u_\infty d}{\nu}$	边界层流形	脱体特性
$Re\leqslant 5$		不脱体
$5<Re\leqslant 40$		开始脱体，尾流出现涡
$40<Re\leqslant 150$		脱体，尾流形成 层流涡街
$150<Re\leqslant 3\times 10^5$		脱体前边界层保 持层流，湍流涡街
$3\times 10^5<Re\leqslant 3.5\times 10^6$		边界层从层流过渡到湍流 再脱体，尾流紊乱、变窄
$Re>3.5\times 10^6$		又出现湍流涡街， 但比第 4 种情况狭窄

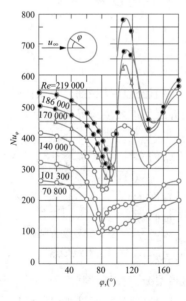

图 5-24　圆管表面不同位置局部
努塞尔数变化曲线

图 5-24 所示为圆管表面不同位置局部努塞尔数变化曲线，该曲线反映出边界层发展与分离对局部传热特性的影响。可以看出，图中有 V 形和 W 形两类曲线，最下面两条曲线为 V 形曲线，为边界层在层流条件下发生边界层分离的局部努塞尔数变化曲线。在边界层分离点前，随边界层发展增厚，局部努塞尔数不断下降，在分离点后，形成的涡强化了对流传热，局部努塞尔数增大，且越往后，局部努塞尔数就越大。上面四条线为 W 形曲线，为边界层在湍流条件下发生分离的局部努塞尔数曲线，在分离点前层流边界层区，随着边界层发展增厚，局部努塞尔数不断下降，当边界层流动由层流转化为湍流时，局部努塞尔数显著增大，边界层流动完全转化为湍流后，随边界层进一步增厚局部努塞

尔数表现为下降趋势，在边界层分离点后，在分离区涡的作用下，局部努塞尔数又表现为上升趋势。

2. 流体横掠圆管特征数关联式

对于流体横掠圆管的平均表面传热系数，可用下面的关联式计算：

$$Nu = CRe^n Pr^{1/3} \tag{5-54}$$

式（5-54）中 C 与 n 的值见表5-5；定性温度为边界层中流体的平均温度 $t_m = (t_w + t_\infty)/2$；特征长度为圆管外径 d；特征速度为来流速度 u_∞。该式适用于 $Pr > 0.7$ 的情况。该式对空气的实验验证范围为 $t_\infty = 15.5 \sim 980℃$，$t_w = 21 \sim 1046℃$。

表 5-5 式（5-54）中 C、n 值

Re	C	n
$0.4 \sim 4$	0.989	0.330
$4 \sim 40$	0.911	0.385
$40 \sim 4000$	0.683	0.466
$4000 \sim 40\,000$	0.193	0.618
$40\,000 \sim 400\,000$	0.0266	0.805

丘吉尔（Churchill）与朋斯登（Bernstein）提出了如下适用范围更宽泛的特征数关联式：

$$Nu = 0.3 + \frac{0.62Re^{1/2}Pr^{1/3}}{[1 + (0.4/Pr)^{2/3}]^{1/4}} \left[1 + \left(\frac{Re}{282\,000} \right)^{5/8} \right]^{4/5} \tag{5-55}$$

式（5-55）中的定性温度、特征长度、特征速度与式（5-54）相同，适用范围为 $10^2 < Re < 10^7$，$RePr > 0.2$。

3. 流体横掠非圆截面管道特征数关联式

对于气体横掠非圆截面管道情况，也可采用式（5-54）进行计算，式中的 C、n 值见表5-6。定性温度为 $t_m = (t_w + t_\infty)/2$，特征长度 l 见表5-6，特征速度为来流速度。

表 5-6 非圆截面管 C、n 值及特征长度

特征长度示意	Re 适用范围	C	n
	$5 \times 10^3 \sim 10^5$	0.102	0.675
	$5 \times 10^3 \sim 10^5$	0.246	0.588

续表

特征长度示意	Re 适用范围	C	n
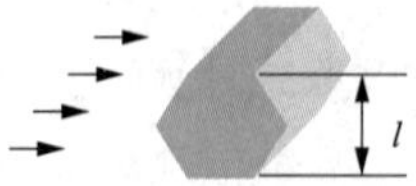	$5\times10^3\sim10^5$	0.153	0.638
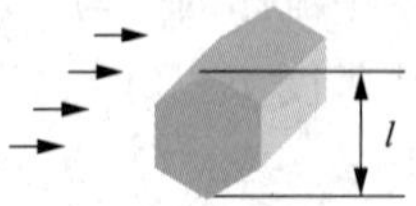	$5\times10^3\sim1.95\times10^4$	0.160	0.638
	$1.95\times10^4\sim10^5$	0.0385	0.782
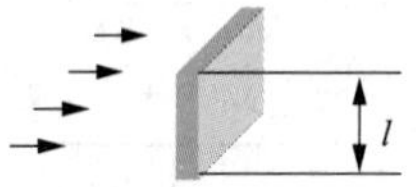	$4\times10^3\sim1.5\times10^4$	0.228	0.731
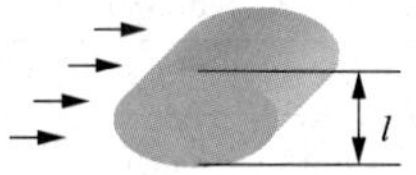	$2.5\times10^3\sim1.5\times10^4$	0.248	0.612

4. 流体横掠圆球的特征数关联式

流体横掠圆球的平均表面传热系数可用下面的关联式计算，即

$$Nu = 2 + (0.4Re^{1/2} + 0.06Re^{2/3})Pr^{0.4}\left(\frac{\eta_\infty}{\eta_w}\right)^{1/4} \tag{5-56}$$

式（5-56）中的定性温度为来流温度 t_∞，特征长度为圆球外径 d，特征速度为来流速度 u_∞；适用范围为 $3.5 \leqslant Re \leqslant 8.0\times10^4$，$0.7 \leqslant Pr \leqslant 380$；式中 η_∞ 与 η_w 的定性温度分别为 t_∞ 与 t_w。

5.5.3 流体横掠管束

工程上很多传热设备的传热面都是由多根圆管组成的管束，设备运行过程中，一种流体在管内流过，与管内表面进行对流传热；另一种流体在管外横向掠过管束，与管外表面进行对流传热。

1. 横掠管束流动与换热的特点

（1）两种不同的排列方式。管束的排列方式通常有顺排（也称为顺列）与叉排（也称为错列）两种，如图 5-25 所示。垂直流动方向上相邻两管的间距称为横向节距 S_1，沿流动方向上相邻两管的间距称为纵向节距 S_2。这两种排列方式各有优缺点：叉排管束对流体的扰动比顺排剧烈，因此对流传热效果好于顺排管束；但顺排管束的流动阻力比叉排小，而且管外表面的污垢比较容易清除。

（2）管排数对换热的影响。流体冲刷管束的第 1 排管子时，其换热情况和横掠单管的情况相似，但是从第 2 排管子开始，每一排管子都要受到前排管尾流的影响，相当于来流的扰动加强，相应其表面传热系数也逐渐增加，一般当管排数达到一定数目（16 排左右）后，这种影响就基本稳定。在横掠管束的实验中，一

般先确定整个管束的平均表面传热系数与管排数无关时的实验关联式，对于较少的管排数引入修正系数进行修正。

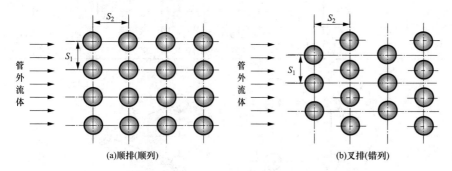

(a)顺排(顺列)　　　　　　　(b)叉排(错列)

图 5-25　横掠管束的对流传热

2. 横掠管束的特征数关联式

对于流体外掠管束的对流传热，茹卡乌思卡斯（Zhukauskas）汇集了大量实验数据，总结出计算管束平均表面传热系数的关联式为

$$Nu = CRe^m Pr_f^{0.36} \left(\frac{Pr_f}{Pr_w} \right)^{0.25} \varepsilon_n \tag{5-57}$$

式（5-57）中，常数 C 和 m 的值列于表 5-7 中。ε_n 为管排修正系数，其数值列于表 5-8 中。该关联式适用范围为 $1 < Re < 2 \times 10^6$、$0.6 < Pr_f < 500$；式中除 Pr_w 采用管束平均壁面温度 t_w 为定性温度外，其他物性参数的定性温度均为管束进、出口流体的平均温度 t_f；特征长度为单管外径；特征速度为管束中最大流速。如图 5-26 所示，在顺列管束中，在横向节距方向，相邻两管间流速即为最大流速；对于错列管束，管束中若截面 1 与截面 2 的截面积分别为 A_1 与 A_2，截面 1 处流量为截面 2 处的 2 倍，若 $A_1 < 2A_2$，则 u_1 为最大流速，反之，u_2 为最大流速。

表 5-7　　　　　　　　式（5-57）中的常数 C 和 m 的数值

排列方式	Re	C	m
顺排	$1 \sim 10^2$	0.9	0.4
	$10^2 \sim 10^3$	0.52	0.5
	$10^3 \sim 2 \times 10^5$	0.27	0.63
	$2 \times 10^5 \sim 2 \times 10^6$	0.033	0.8
叉排	$1 \sim 5 \times 10^2$	1.04	0.4
	$5 \times 10^2 \sim 10^3$	0.7	0.5
	$10^3 \sim 2 \times 10^5$，$S_1/S_2 \leqslant 2$	$0.35 (S_1/S_2)^{0.2}$	0.6
	$10^3 \sim 2 \times 10^5$，$S_1/S_2 \geqslant 2$	0.4	0.6
	$2 \times 10^5 \sim 2 \times 10^6$	$0.31 (S_1/S_2)^{0.2}$	0.8

表 5-8 式（5-57）中的管排修正系数 ε_n

不同排列方式的 Re		管排数 n										
		1	2	3	4	5	7	9	10	13	15	≥16
顺排	$Re > 10^3$	0.700	0.800	0.865	0.910	0.928	0.954	0.972	0.978	0.990	0.994	1.0
叉排	$10^2 < Re < 10^3$	0.832	0.874	0.914	0.939	0.955	0.970	0.980	0.984	0.993	0.996	1.0
	$Re \geq 10^3$	0.619	0.758	0.840	0.897	0.923	0.954	0.971	0.977	0.990	0.997	1.0

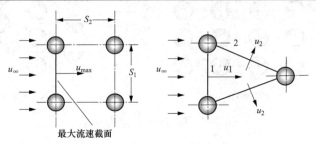

图 5-26 管束中最大流速示意

式（5-57）仅适用于流体流动方向与管束垂直，即冲击角 $\phi = 90°$ 的情况。如果 $\phi < 90°$，对流传热将减弱，可在式（5-57）的右边乘以一个修正系数 ε_ϕ 来计算管束的平均表面传热系数。修正系数随冲击角的变化曲线如图 5-27 所示。如果冲击角 $\phi = 0$，即流体纵向流过管束，可按内部强制对流传热计算，特征长度取管束间流通截面的当量直径 d_e。

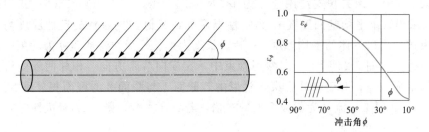

图 5-27 修正系数随冲击角的变化曲线

例题 5-6 一根输送蒸汽的架空管道，外径为 10cm，管道外保温层破损脱落，使管道外表面直接暴露在空气中。若管道外表面温度为 110℃，速度为 6m/s 的冷风横向吹过管道，冷风温度为 10℃，冷风压力为 1 个标准大气压。求每米管道的对流散热损失。

题解：

分析： 管道表面通过两种方式散热，一是表面与冷空气的对流散热，二是表面向环境的辐射散热，本题只要求计算对流散热。管道的对流散热属于流体横掠单管对流传热，表面传热系数的计算公式可采用式（5-54）或式（5-55）。

计算： 定性温度为 $t_m = \dfrac{110 + 10}{2} = 60$（℃），定性温度下空气物性参数为：$\lambda = 0.028\,08\,\text{W/(m·K)}$，$\nu = 1.896 \times 10^{-5}\,\text{m}^2/\text{s}$，$Pr = 0.720\,2$。

计算雷诺数为

$$Re = \frac{ud}{\nu} = \frac{6 \times 0.1}{1.896 \times 10^{-5}} = 31\,646$$

选用关联式（5-54）进行计算，查得 $C = 0.193$，$n = 0.618$，则有

$$Nu = 0.193 \times 31\,646^{0.618} \times 0.720\,2^{1/3} = 104.5$$

表面传热系数为

$$h = Nu\lambda/d = 104.5 \times 0.028\,08/0.1 = 29.3\,[\text{W/(m}^2 \cdot \text{K)}]$$

每米管道的对流散热损失为

$$\Phi_l = hA\Delta t = 29.3 \times 3.14 \times 0.1 \times (110 - 10) = 920\,(\text{W/m})$$

讨论：若选用式（5-55）进行计算，则有

$$Nu = 0.3 + \frac{0.62Re^{1/2}Pr^{1/3}}{[1 + (0.4/Pr)^{2/3}]^{1/4}} \left[1 + \left(\frac{Re}{282\,000}\right)^{5/8}\right]^{4/5}$$

$$= 0.3 + \frac{0.62 \times 31\,646^{1/2} \times 0.720\,2^{1/3}}{[1 + (0.4/0.720\,2)^{2/3}]^{1/4}} \left[1 + \left(\frac{31\,646}{282\,000}\right)^{5/8}\right]^{4/5} = 104.5$$

对于该问题两特征数关联式计算结果非常接近。

例题 5-7　管式空气预热器是常见的工程传热设备，用于加热空气。图 5-28 所示为管式空气预热器示意图，在该空气预热器中，初始温度为 20℃的空气横掠温度为 120℃的顺列管束，空气进入管束前平均流速为 4.5m/s。管束沿空气流动方向有 6 排，在垂直于空气流动方向有 10 列，单根管外径为 $d = 1.5$cm。管束横向节距 S_1 与纵向节距 S_2 均为 5cm。管

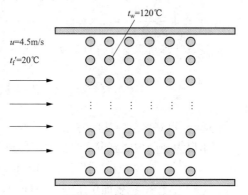

图 5-28　例题 5-7 附图

束中空气的压力可看作 1 个标准大气压，求每米长管束的对流传热的热流量。

题解：

分析：求对流传热的热流量的关键是计算表面传热系数 h，由于管束出口空气温度未知，无法确定定性温度，需先假设出口空气温度，然后进行迭代试算。

计算：假设管束出口空气温度为 $t_f'' = 30℃$；定性温度为 $t_f = \frac{20 + 30}{2} = 25$（℃），查得定性温度下空气物性参数为：$\rho_f = 1.184$kg/m³，$c_p = 1.007$kJ/(kg · K)，$\lambda_f = 0.025\,51$W/(m · K)，$\nu_f = 1.562 \times 10^{-5}$ m²/s，$Pr_f = 0.729\,6$，入口处空气物性参数为 $\rho' = 1.204$kg/m³，壁温下空气物性参数为：$Pr_w = 0.707\,3$。

管束间最大空气流速为

$$u_{max} = \frac{u\rho'S_1}{\rho_f(S_1 - d)} = \frac{4.5 \times 1.204 \times 0.05}{1.184 \times (0.05 - 0.015)} = 6.537\,(\text{m/s})$$

计算雷诺数为

$$Re = \frac{ud}{\nu} = \frac{6.537 \times 0.015}{1.562 \times 10^{-5}} = 6277.5$$

查表 5-8 管排修正系数为 $\varepsilon_n = 0.941$

$$Nu = 0.27 Re^{0.63} Pr_f^{0.36} \left(\frac{Pr_f}{Pr_w} \right)^{0.25} \varepsilon_n$$

$$= 0.27 \times 6277.5^{0.63} \times 0.7296^{0.36} \times \left(\frac{0.7296}{0.7073} \right)^{0.25} \times 0.941 = 56.45$$

$$h = Nu\lambda/d = 56.45 \times 0.02551/0.015 = 96[\text{W}/(\text{m}^2 \cdot \text{K})]$$

空气与壁面的对数平均温差为

$$\Delta t_m = \frac{(120-20)-(120-30)}{\ln \dfrac{120-20}{120-30}} = 94.9(^\circ\text{C})$$

对流传热的热流量为

$$\Phi = hA\Delta t_m = 96 \times 3.14 \times 0.015 \times 10 \times 6 \times 94.9 = 25\,746(\text{W})$$

空气出口温度为

$$t_f'' = t_f' + \frac{\Phi}{\rho' u A_c c_p} = 20 + \frac{25\,746}{1.204 \times 4.5 \times 10 \times 0.05 \times 1007} = 29.44(^\circ\text{C})$$

假设与计算所得空气出口温度很接近，可不再重新计算。

5.6　自 然 对 流 传 热

5.6.1　自然对流传热的特点

这里以大空间内竖直壁面自然对流传热为例介绍自然对流传热过程边界层的形成与发展。如图 5-29 所示，一个具有均匀温度 t_w 的竖直壁面位于一大空间内，远离壁面的流体处于静止状态。假定静止流体的温度 t_∞ 低于壁面温度 t_w，靠近壁面的流体受热升温，密度下降，在重力场作用下向上流动。

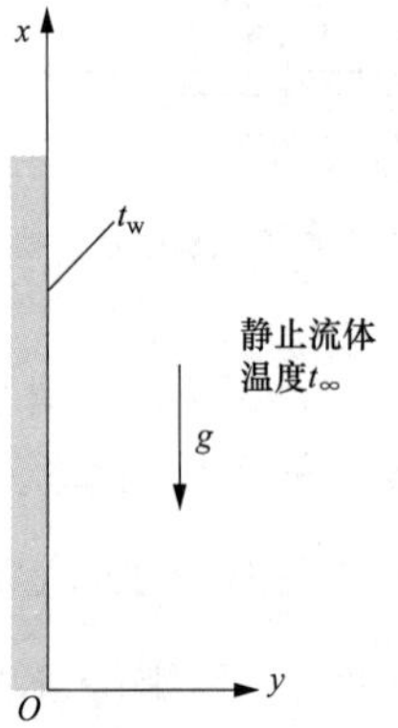

在壁面下端，流体的流动状态处于层流，随着高度的增加，壁面附近流体的密度与静止流体密度的差异越来越大，所产生的浮升力变大，流动越趋强烈，流动状态有可能转变到湍流。图 5-30 给出了这两种典型的流动状态。图 5-31 定性给出了边界层内的温度、速度分布及局部表面传热系数变化。可以看出，垂直于流动方向，边界层内流体温度由贴壁处的 t_w 逐渐降低，直至环境流体温度 t_∞。边界层内的速度分布则是两头为零而中间大，贴壁处，由于黏性作用流体速度为零，在边界层边界处，流体速度基本为主流区速度也等于零，在边界层的中部某处速度有一个峰值。

微课22
自然对流
传热

图 5-29　热竖壁表面的
自然对流传热

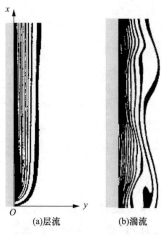

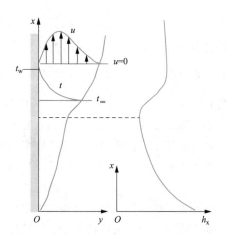

图 5-30　热竖壁表面自然对　　　图 5-31　热竖壁表面边界层内
流的两种流动状态　　　　　温度、速度分布及局部表面传热系数变化

图 5-31 同时还示意性给出了沿竖壁高度局部表面传热系数的变化情况，在竖壁的下端，边界层内的流动为层流，随边界层厚度增加，局部表面传热系数逐渐减小，当边界层内流动由层流向湍流转变时，局部表面传热系数迅速增大。旺盛湍流时的局部表面传热系数几乎是常数。

5.6.2　竖壁表面自然对流边界层动量微分方程

对于如图 5-29 所示竖壁表面的自然对流传热，在边界层内的流动处于层流状况下，描述边界层内流场与温度场的微分方程仍如 5.2.4 介绍的形式。这里需注意，在图 5-29 中，竖直向上方向为 x 方向，水平指向流体方向为 y 方向。此外，与外掠平板不同的是，在 x 方向动量微分方程中体积力 $F_x = -\rho g$，且不能忽略。因此，该问题的边界层动量微分方程为

$$u \frac{\partial u}{\partial x} + v \frac{\partial u}{\partial y} = -g - \frac{1}{\rho} \frac{\mathrm{d}p}{\mathrm{d}x} + \nu \frac{\partial^2 u}{\partial y^2} \tag{5-58}$$

由于边界层外 $u = v = 0$，有

$$-\frac{\mathrm{d}p}{\mathrm{d}x} = g\rho_\infty \tag{5-59}$$

式（5-58）变为

$$u \frac{\partial u}{\partial x} + v \frac{\partial u}{\partial y} = \frac{g}{\rho}(\rho_\infty - \rho) + \nu \frac{\partial^2 u}{\partial y^2} \tag{5-60}$$

式中，g $(\rho_\infty - \rho)$ /ρ 为流体内由于温差引发密度差导致的浮升力。根据体胀系数 α_v 的定义，有

$$\alpha_v = -\frac{1}{\rho}\left(\frac{\partial \rho}{\partial T}\right)_p \approx -\frac{1}{\rho} \frac{\rho_\infty - \rho}{t_\infty - t} \tag{5-61}$$

将 $\rho_\infty - \rho \approx \alpha_v \rho(t - t_\infty)$ 代入式（5-60），得

$$u \frac{\partial u}{\partial x} + v \frac{\partial u}{\partial y} = g\alpha_v(t - t_\infty) + \nu \frac{\partial^2 u}{\partial y^2} \tag{5-62}$$

通过对式（5-62）无量纲化可推导出自然对流传热中重要的相似特征数——格拉晓夫数（Gr），具体过程详见第 6.6 节内容。$Gr = \dfrac{g\alpha_v \Delta t l^3}{\nu^2}$，式中，$g$ 为重力加速度；$\Delta t = t_w - t_\infty$，为壁面温度与环境温度之差；$l$ 为表面的特征长度；ν 为流体的运动黏度；α_v 为流体的体胀系数，对于理想气体，体胀系数可用 $\alpha_v = 1/T$ 计算。在自然对流中格拉晓夫数与雷诺数在强制对流所起的作用是相同的，格拉晓夫数反映了作用于流体微元上的浮升力与黏性力之比。

5.6.3 大空间自然对流传热特征数关联式

与外部流动的强制对流相类似，大空间自然对流传热时其边界层的发展不受其他壁面的限制。自然对流传热壁面的换热条件也有均匀壁温和均匀热流两种典型的情况，下面分别介绍它们的特征数关联式。

1. 均匀壁温条件

对于壁面温度均匀为 t_w，附近静止流体的温度为 t_∞ 的大空间自然对流传热，牛顿冷却公式和格拉晓夫数的温差均用 $t_w - t_\infty$ 或 $t_\infty - t_w$。特征数关联式大多可表示为下面的形式：

$$Nu = C(GrPr)^n = CRa^n \tag{5-63}$$

式（5-63）中，Ra（$=GrPr$）称为瑞利数。式中定性温度为边界层内流体的平均温度 $t_m = (t_w + t_\infty)/2$，常数 C 和 n 与表面的形状、放置方式及边界层内的流动状态有关，下面具体介绍。

（1）竖平板、竖圆柱及横圆柱。表 5-9 所示为对于竖平板、竖圆柱和横圆柱表面，自然对流传热关联式（5-63）中的系数 C、指数 n 和特征长度。应当指出，竖圆柱按照等同于竖平板进行处理的条件限于以下情况：

$$\frac{d}{H} \geqslant \frac{35}{Gr_H^{1/4}} \tag{5-64}$$

表 5-9 竖平板、竖圆柱及横圆柱在均匀壁温条件下式（5-63）中的 C 和 n 值

壁面形状与位置	特征长度	流态及 Gr 适用范围	系数 C，指数 n	
			C	n
竖平板或圆柱	H	层流（$1.43 \times 10^4 \sim 3 \times 10^9$）	0.59	1/4
		过渡区（$3 \times 10^9 \sim 2 \times 10^{10}$）	0.029 2	0.39
		湍流（$> 2 \times 10^{10}$）	0.11	1/3

续表

壁面形状与位置	特征长度	流态及 Gr 适用范围	系数 C、指数 n	
			C	n
水平圆柱 d	d	层流 $(1.43 \times 10^4 \sim 5.76 \times 10^8)$	0.48	1/4
		过渡区 $(5.76 \times 10^8 \sim 4.65 \times 10^9)$	0.016 5	0.42
		湍流 $(>4.65 \times 10^9)$	0.11	1/3

对于直径小而高的圆柱，其横向的曲率将会影响边界层的发展，并且在 Gr 很低时，这种竖圆柱的自然对流传热进入以导热为主的范围。

表 5-9 给出的结果是根据边界层内的流动状态进行分段表示的关联式。丘吉尔（Churchill）和邱（Chu）推荐了能够适用于整个 Ra 数范围内的关联式，对等温竖平板、竖圆柱，其形式为

$$Nu = \left\{ 0.825 + \frac{0.387 Ra^{1/6}}{[1 + (0.492/Pr)^{9/16}]^{8/27}} \right\}^2 \qquad (5-65)$$

对等温横圆柱，其形式为

$$Nu = \left\{ 0.6 + \frac{0.387 Ra^{1/6}}{[1 + (0.559/Pr)^{9/16}]^{8/27}} \right\}^2 \qquad (5-66)$$

（2）水平平板。对于等温水平平板表面的自然对流传热，若平板的温度 t_w 高于环境流体温度 t_∞，则称为热表面（$t_w > t_\infty$），若 $t_w < t_\infty$，则是冷表面。对于热面向下和冷面向上的情况，见图 5-32（a）和图 5-32（b），流体相应的上升或下降会受到平板的阻挡，流动必须在水平方向上进行，直到可以从板的边缘下降或上升，因此换热效果较差。相反，对于热面向上和冷面向下的情况，见图 5-32（c）和图 5-32（d），其流动分别受到上升和下降流体团的驱动，换热效果更好。推荐采用下面的关联式计算平均的努塞尔数。

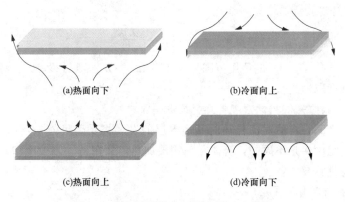

(a)热面向下　　　　　　　　(b)冷面向上

(c)热面向上　　　　　　　　(d)冷面向下

图 5-32　水平平板表面的自然对流传热

对于热面向下和冷面向上的情况，有

$$Nu = 0.27(GrPr)^{1/4} \quad (10^5 \leqslant GrPr \leqslant 10^{10}) \tag{5-67}$$

对于热面向上和冷面向下的情况，有

$$Nu = 0.54(GrPr)^{1/4} \quad (10^4 \leqslant GrPr < 10^7) \tag{5-68a}$$

$$Nu = 0.15(GrPr)^{1/3} \quad (10^7 \leqslant GrPr \leqslant 10^{11}) \tag{5-68b}$$

以上三个关联式中特征长度为

$$L = A_p/P \tag{5-69}$$

式中：A_p、P 分别为平板的传热面积及其周界边长。

（3）球表面。对于等温球体表面的自然对流传热，其特征数关联式可用下式计算：

$$Nu = 2 + \frac{0.589(GrPr)^{1/4}}{[1 + (0.469/Pr)^{9/16}]^{4/9}} \tag{5-70}$$

式（5-70）中定性温度亦为边界层平均温度 $t_m = (t_w + t_\infty)/2$，特征长度为球体的直径，使用范围为 $Pr \geqslant 0.7$，$Ra \leqslant 10^{11}$。

2. 均匀热流条件

电子元件表面散热多属于均匀热流边界条件。此时壁面热流密度 q 是固定的，壁面温度分布不均且未知，计算的目的往往是确定局部壁面温度 t_w。下面针对水平热平板，给出两种近似的计算方法。

（1）采用均匀壁温下的关联式。先假设水平平板表面的温度，再利用特征数关联式（5-67）或式（5-68）获得平均的表面传热系数，然后利用牛顿冷却公式求解出热流密度，与已知的热流密度进行比较，再调整壁温，直到满足要求。

（2）采用专门的关联式。对于热面向上的情况，推荐采用下面的特征数关联式：

$$Nu = 1.076(Gr^* Pr)^{1/6} \tag{5-71}$$

热面向下时有

$$Nu = 0.747(Gr^* Pr)^{1/6} \tag{5-72}$$

式中：Gr^* 为修正的格拉晓夫数。

Gr^* 的计算式为

$$Gr^* = GrNu = \frac{g\alpha_v q l^4}{\nu^2 \lambda} \tag{5-73}$$

式（5-71）与式（5-72）的适用范围为 $6.37 \times 10^5 \leqslant Gr^* \leqslant 1.12 \times 10^8$。对于矩形平板，特征长度取短边长。

5.6.4 有限空间自然对流传热特征数关联式

在有限空间，自然对流传热时其边界层的发展将受到另外一侧壁面的限制。两侧壁面的温度多是不同的，流体在一侧被加热，又在另一侧被冷却。下面对一些典型问题进行介绍。

1. 竖直矩形封闭夹层

对于如图 5-33 所示的竖直矩形封闭夹层（垂直纸面方向远大于厚度方向），

一侧壁面温度为 t_{w1}，另一侧壁面温度为 t_{w2}，中间为流体，上、下两个表面绝热。

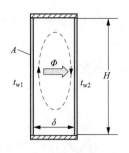

图 5-33 竖直矩形封闭
夹层自然对流

此时，利用牛顿冷却公式来计算两表面之间的热流量，其公式表示为

$$\Phi = hA(t_{w1} - t_{w2}) \tag{5-74}$$

同样，在计算格拉晓夫数 Gr 时的温差也用两壁面的温差 $t_{w1} - t_{w2}$，流体的定性温度用 $(t_{w1} + t_{w2})/2$，而特征长度则取冷、热两个表面之间的距离 δ。因此，格拉晓夫数表示为

$$Gr_\delta = \frac{g\alpha_v(t_{w1} - t_{w2})\delta^3}{\nu^2} \tag{5-75}$$

实验表明，当 $Gr_\delta \leqslant 2860$ 时，两表面之间的热量传递主要依靠流体的导热。只有超过此数值后，才开始形成自然对流。对于流体为液体的情况，推荐采用下面的关联式：

$$Nu = 0.42Ra^{1/4}Pr^{0.012}\left(\frac{H}{\delta}\right)^{-0.3} \tag{5-76a}$$

上式的适用条件为 $10 < H/\delta < 40$，$1 < Pr < 2 \times 10^4$，$10^4 < Ra < 10^7$。

$$Nu = 0.46Ra^{1/3} \tag{5-76b}$$

上式的适用条件为 $1 < H/\delta < 40$，$1 < Pr < 20$，$10^6 < Ra < 10^9$。

式（5-76a）和式（5-76b）中，瑞利数 $Ra = Gr_\delta Pr$。

对于流体为空气的情况，则推荐下面的关联式，即

$$Nu = 0.197Ra^{1/4}\left(\frac{H}{\delta}\right)^{-1/9} \tag{5-77a}$$

上式的适用条件为 $8.6 \times 10^3 \leqslant Gr_\delta \leqslant 2.9 \times 10^5$，$11 \leqslant H/\delta \leqslant 42$。

$$Nu = 0.073Ra^{1/3}\left(\frac{H}{\delta}\right)^{-1/9} \tag{5-77b}$$

上式的适用条件为 $2.9 \times 10^5 < Gr_\delta \leqslant 1.6 \times 10^7$，$11 \leqslant H/\delta \leqslant 42$。

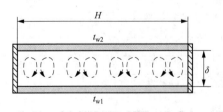

图 5-34 水平矩形封闭夹层自然对流

2. 水平矩形封闭夹层

对于图 5-34 所示的水平矩形封闭夹层，由高温壁面通过夹层流体传给低温壁面的热流量仍按式（5-74）计算。$t_{w1} < t_{w2}$ 时夹层流体以纯导热方式传递热量，此时相当于 $h = \lambda/\delta$，λ 为流体的导热系数。若 $t_{w1} > t_{w2}$，夹层流体有可能产生流动，但实验表明，当 $Gr_\delta \leqslant 2430$ 时，产生的浮升力克服不了黏性阻力，仍不会产生对流现象，只有当 $Gr_\delta > 2430$ 时，才开始形成自然对流，并推荐采用下面的关联式：

若夹层流体为 $Pr=0.5\sim2$ 的气体，则有

$$Nu = 0.195Ra^{1/4} \tag{5-78a}$$

上式的适用条件为 $10^4<Ra\leqslant4\times10^5$，$0.5<Pr<2$。

$$Nu = 0.068Ra^{1/3} \tag{5-78b}$$

上式的适用条件为 $4\times10^5<Ra<10^7$，$0.5<Pr<2$。

若夹层内流体为水、硅油或水银，则有

$$Nu = 0.069Ra^{1/3}Pr^{0.074} \tag{5-79}$$

上式的适用条件为 $3\times10^5<Ra<7\times10^9$。

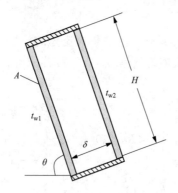

图 5-35　倾斜矩形封闭夹
层自然对流

3. 倾斜矩形封闭夹层

对于如图 5-35 所示的倾斜矩形封闭夹层，在 $t_{w1}>t_{w2}$ 条件下，霍兰斯（Hollands）等人提出的关联式在其适用范围内与现有数据符合较好，即

$$Nu = 1 + 1.44\left[1 - \frac{1708}{Ra\cos\theta}\right]^+$$
$$\left\{1 - \frac{1708[\sin(1.8\theta)]^{1.6}}{Ra\cos\theta}\right\}$$
$$+ \left[\frac{(Ra\cos\theta)^{1/3}}{18} - 1\right]^+ \tag{5-80}$$

式（5-80）的适用条件为 $Ra<10^5$，$0°<\theta<70°$，$H/\delta\geqslant12$。$[\ ]^+$ 表示如果括号中的值为负，必须取零。

对于 $H/\delta<12$ 的情况，可用式（5-81）计算，即

$$Nu = Nu_{\theta=0°}\left(\frac{Nu_{\theta=90°}}{Nu_{\theta=0°}}\right)^{\theta/\theta_{cr}}(\sin\theta_{cr})^{\theta/(4\theta_{cr})} \quad (0°<\theta<\theta_{cr}) \tag{5-81}$$

式中：θ_{cr} 为临界倾角，具体数值见表 5-10。

表 5-10　　　　　　　　　　　　θ_{cr} 值

H/δ	θ_{cr}
1	25°
3	53°
6	60°
12	67°
>12	70°

例题 5-8　一尺寸为 0.5m×0.5m 的平板，放置于温度为 20℃ 的大房间中，平板一侧温度为 100℃，另一侧绝热，求图 5-36 所示三种情况下平板自然对流传热的热流量。

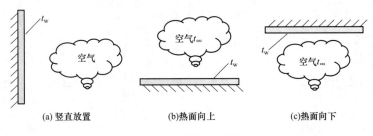

(a) 竖直放置   (b) 热面向上   (c) 热面向下

图 5-36 例题 5-8 附图

题解：

分析： 三种情况下，平板的放置方式不同，表面对流传热的类型不同，应分别计算。

计算： 定性温度为 $t_m = \dfrac{100+20}{2} = 60(℃)$，查得空气物性参数为 $\lambda = 0.028\,08$ W/(m·K)，$\nu = 1.896 \times 10^{-5}\,\text{m}^2/\text{s}$，$Pr = 0.720\,2$，$\alpha_v = 1/T_m = 1/(273+60) = 0.003\text{K}^{-1}$。

(1) 图 5-36（a）所示的情况，有

$$Gr = \frac{g\alpha_v(t_w - t_\infty)L^3}{\nu^2}$$

$$= \frac{9.8 \times 0.003 \times (100-20) \times 0.5^3}{(1.896 \times 10^{-5})^2} = 8.18 \times 10^8$$

$Ra = GrPr = 8.18 \times 10^8 \times 0.720\,2 = 5.89 \times 10^8$，选用关联式（5-65）计算，即

$$Nu = \left\{ 0.825 + \frac{0.387Ra^{1/6}}{[1+(0.492/Pr)^{9/16}]^{8/27}} \right\}^2$$

$$= \left\{ 0.825 + \frac{0.387 \times (5.89 \times 10^8)^{1/6}}{[1+(0.492/0.720\,2)^{9/16}]^{8/27}} \right\}^2 = 104.6$$

$$h = Nu\lambda/l = 104.6 \times 0.028\,08/0.5 = 5.87[\text{W}/(\text{m}^2 \cdot \text{K})]$$

$$\Phi = hA\Delta t = 5.87 \times 0.5 \times 0.5 \times (100-20) = 117.4(\text{W})$$

(2) 图 5-36（b）所示的情况，特征长度为

$$L = \frac{A_p}{P} = \frac{0.5 \times 0.5}{4 \times 0.5} = 0.125(\text{m})$$

$$Ra = \frac{g\alpha_v(t_w - t_\infty)L^3}{\nu^2}Pr$$

$$= \frac{9.8 \times 0.003 \times (100-20) \times 0.125^3}{(1.896 \times 10^{-5})^2} \times 0.720\,2 = 9.2 \times 10^6$$

选用关联式（5-68a）计算，即

$$Nu = 0.54Ra^{1/4} = 0.54 \times (9.2 \times 10^6)^{1/4} = 29.74$$

$$h = Nu\lambda/l = 29.74 \times 0.028\,08/0.125 = 6.68[\text{W}/(\text{m}^2 \cdot \text{K})]$$

$$\Phi = hA\Delta t = 6.68 \times 0.5 \times 0.5 \times (100-20) = 133.6(\text{W})$$

（3）图 5-36（c）所示的情况，特征长度为

$$L = \frac{A}{P} = \frac{0.5 \times 0.5}{4 \times 0.5} = 0.125(\text{m})$$

$$Ra = \frac{g\alpha_v(t_w - t_\infty)L^3}{\nu^2}Pr = \frac{9.8 \times 0.003 \times (100 - 20) \times 0.125^3}{(1.896 \times 10^{-5})^2} \times 0.7202$$

$$= 9.2 \times 10^6$$

选用关联式（5-67）计算，即

$$Nu = 0.27Ra^{1/4} = 0.27 \times (9.2 \times 10^6)^{1/4} = 14.87$$

$$h = Nu\lambda/l = 14.87 \times 0.02808/0.125 = 3.34[\text{W}/(\text{m}^2 \cdot \text{K})]$$

$$\Phi = hA\Delta t = 3.34 \times 0.5 \times 0.5 \times (100 - 20) = 66.8(\text{W})$$

讨论： 同样几何形状和表面温度的平板，由于放置方式不同，表面的自然对流传热热流量有很大的差别，说明了流体与固体表面相对位置对自然对流传热影响的重要性。

例题 5-9 一竖直放置的双层玻璃高 1.2m，夹层宽 8mm。夹层内为 1 个大气压的空气。夹层一侧玻璃温度为 14.2℃，另一侧玻璃温度为 −4.2℃，双层玻璃面积为 1.5m²，求通过夹层空气的对流传热热流量。

题解：

计算： 定性温度为 $t_m = \frac{14.2 - 4.2}{2} = 5(℃)$，查得空气物性参数为：$\lambda = 0.02401\text{W}/(\text{m} \cdot \text{K})$，$\nu = 1.382 \times 10^{-5} \text{ m}^2/\text{s}$，$Pr = 0.735$，$\alpha_v = 1/T_m = 1/(273 + 5) = 0.0036\text{K}^{-1}$，则有

$$Gr_\delta = \frac{g\alpha_v(t_1 - t_2)\delta^3}{\nu^2}$$

$$= \frac{9.8 \times 0.0036 \times (14.2 + 4.2) \times 0.008^3}{(1.382 \times 10^{-5})^2} = 1740.2$$

由于 $Gr_\delta \leqslant 2860$ 时，可以认为两表面之间的热量传递主要为流体的导热。此时，也可看作表面传热系数 $h = \lambda/\delta$ 的情况，即

$$h = \lambda/\delta = 0.02401/0.008 = 3[\text{W}/(\text{m}^2 \cdot \text{K})]$$

$$\Phi = hA(t_{w1} - t_{w2}) = 3 \times 1.5 \times (14.2 + 4.2) = 82.8(\text{W})$$

例题 5-10 一平板式太阳能集热器其断面形式如图 5-35 所示，是倾斜矩形封闭空间。已知其高度 $H = 1.5\text{m}$，玻璃盖板与吸热板间的距离为 4cm，其放置的倾角为 60°，下侧吸热板的表面温度为 80℃，上侧玻璃盖板的内表面温度为 40℃，计算单位面积上吸热板与玻璃盖板间的自然对流传热的热流量。

题解：

计算： 定性温度为 $t_m = \frac{80 + 40}{2} = 60(℃)$，查得空气物性参数为：$\lambda = 0.02808\text{W}/$

$(m \cdot K)$，$\nu = 1.896 \times 10^{-5}\ m^2/s$，$Pr = 0.720\ 2$，$\alpha_v = 1/T_m = 1/(273 + 60) = 0.003 K^{-1}$。则有

$$Ra = \frac{g\alpha_v(t_1 - t_2)L^3}{\nu^2}Pr = \frac{9.8 \times 0.003 \times (80 - 40) \times 0.04^3}{(1.896 \times 10^{-5})^2} \times 0.720\ 2$$

$$= 150\ 786$$

$H/L = 37.5$，选用式（5-80），即

$$Nu = 1 + 1.44\left[1 - \frac{1708}{Ra\cos\theta}\right]^+ \left\{1 - \frac{1708[\sin(1.8\theta)]^{1.6}}{Ra\cos\theta}\right\} + \left[\frac{(Ra\cos\theta)^{1/3}}{18} - 1\right]^+$$

$$= 1 + 1.44\left[1 - \frac{1708}{150\ 786 \times \cos60°}\right]^+ \left\{1 - \frac{1708 \times [\sin(1.8 \times 60°)]^{1.6}}{150\ 786 \times \cos60°}\right\}$$

$$+ \left[\frac{(150\ 786 \times \cos60°)^{1/3}}{18} - 1\right]^+ = 3.72$$

$$h = Nu\lambda/\delta = 3.72 \times 0.028\ 08/0.04 = 2.61[W/(m^2 \cdot K)]$$

$$\Phi = hA(t_{w1} - t_{w2}) = 2.61 \times 1 \times (80 - 40) = 104.4(W)$$

 重点归纳：对流传热相关的思维导图及重点知识

图 5-37～图 5-39 为对流传热相关的思维导图及重点知识。

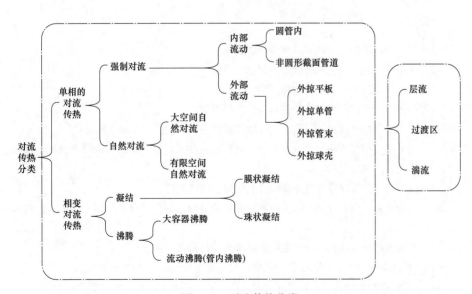

演示11
对流传热的
思维导图
讲解

图 5-37 对流传热分类

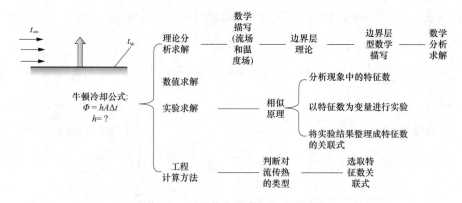

图 5-38 对流传热的求解和工程计算

(1) 判断对流传热的类型

(2) 确定流体的定性温度，查取主要的物性参数

(3) 计算雷诺数(Re)或格拉晓夫数(Gr)，确定流动状态

(4) 选取合适的特征数关联式

(5) 计算努塞尔数(Nu)，得到表面传热系数(h)

图 5-39 利用关联式计算表面传热系数的基本步骤

 思 考 题

5-1 解释流体的物性参数对对流传热的影响。

5-2 简单分析流体的流动速度是如何影响对流传热的。

5-3 简述流动边界层和温度边界层的定义。

5-4 如何用边界层概念定性分析对流传热的强弱？

5-5 无相变强制对流传热问题，特征数关联式是否一定要采用幂函数形式？为什么？

5-6 为了得到空气在横管外自然对流传热实验关联式，请你根据相似原理设计实验系统并确定实验方法。

5-7 流动的充分发展段和换热的充分发展段有何特点？

5-8 对于管内流动，在均匀热流边界的充分发展段，为何截面上流体平均温度随管长线性变化？

5-9 圆管内层流流动充分发展段的表面传热系数是否为常数？

5-10 解释为何短管、小管径管、螺旋管可以强化管内的对流传热。

5-11 外掠平板对流传热时，局部的表面传热系数随流动距离 x 如何变化？

5-12 横掠圆管对流传热时，局部的表面传热系数随夹角 φ 如何变化？

5-13 在横掠管束的对流传热过程中，管排数对平均的表面传热系数是如何影响的？

5-14 影响自然对流传热的因素有哪些？大空间和有限空间的自然对流传热是如何划分的？

5-15 夏天从冰箱里拿出的一个长圆柱形冰块竖直悬吊在室内，过一段时间后，其上部和下部相比，哪个地方溶化的更快？并解释原因。

习 题

5-1 在一次测定空气横向流过单管的对流传热实验中，得到下列的数据：管壁平均温度为69℃，空气温度为20℃，管子外径14mm，加热段长80mm，提供给加热段的功率为8.5W。如果全部热量通过对流传热传给空气，试问此时的对流传热表面传热系数是多少？

5-2 水流过一个55℃的恒温水平壁面，已经测出某处壁面法线方向的水流温度分布为 $t=55-50\left(\dfrac{y}{0.001}-\dfrac{y^3}{2.7\times10^{-8}}\right)$，$y$ 为离开壁面法向距离，单位为 m。如果水的主流温度为25℃，水的导热系数取 0.643W/(m·K)，计算此处壁面的表面传热系数。

5-3 在一台缩小成为实物 1/10 的模型中，用20℃的空气来模拟实物中平均温度为200℃空气的加热过程。①实物中空气的平均流速为10m/s，问模型中的流速应为多少？②若模型中的平均表面传热系数为200W/(m²·K)，求相应实物中的值。③在这一实验中，模型与实物中流体的 Pr 数并不严格相等，你认为这样的模化实验有无实用价值？

5-4 已知：有人曾经给出了流体外掠正方形柱体（其一面与来流方向垂直）的传热数据见表 5-11。采用 $Nu=cRe^nPr^m$ 的关系式来整理数据并取 $m=1/3$，试确定其中的常数 c 与指数 n。在上述 Re 及 Pr 的范围内，当正方形柱体的截面对角线与来流方向平行时，可否用此式进行计算？为什么？

表 5-11 习题 5-4 附表

Nu	Re	Pr
41	5000	2.2
125	20 000	3.9
117	41 000	0.7
202	90 000	0.7

5-5 一个管式冷凝器，冷凝器的管束采用外径为22mm，壁厚为1.5mm 的黄铜管，单根管子的长度为4.9m，管外侧是温度为33℃的饱和水蒸气凝结，管内侧是经过处理的循环水。若管内循环水的进口温度为17℃，设计的管内流速为1.6m/s，测得管内壁温为26.4℃。计算管内的表面传热系数及循环水的出口温度。

5-6 一个套管式换热器，中间管是冷却水，外侧环形空间是需要被冷却的14号润滑油，套管外有保温材料。已知中心管的外径是21mm，外管的内径是27mm，润滑油的流量是0.2kg/s，进口温度是70℃。为使润滑油的温度降到30℃，计算润滑油与内管外表面的表面传热系数。（假定管长处于流动的充分发展阶段）

5-7 以习题 5-6 中的数据为基础，若已知中心管的内径是19mm，冷却水的入口温度为15℃。若冷却水的流量分别为 0.4、0.5kg/s 和 0.6kg/s，假定管长处于流动的充分发展阶段，计算对应情况下的内管内表面的表面传热系数。（忽略润滑油向外的散热）

5-8　1.013×10^5Pa 下的空气在内径为 76mm 的直管内流动，空气的入口温度为 20℃，入口体积流量为 0.02m³/s，管外有电加热片加热，电加热片外侧保温很好，忽略向外的散热。已知管内壁平均温度为 94℃，为把空气加热到 60℃，计算所需的管长。

＊5-9　将一块长度为 0.4m 的薄平板水平放入风洞中进行实验。已知，气流的温度为20℃，通过电加热维持平板的温度为 120℃。①若空气流速均匀为 10m/s，计算距平板前沿 0.1、0.2、0.3m 和平板末端的局部表面传热系数；②计算空气流速 10、20、30、40、50m/s 时平均的表面传热系数。

习题5-9
详解

5-10　厂房外有一外径为 300mm 的蒸汽管道，其外侧敷设有厚度为 30mm 的保温材料。若在某段时间，测得保温层外侧壁温为 40℃，室外空气温度为 10℃，风速为 6m/s（横向吹过该管道）。①计算管道外侧对流传热的表面传热系数；②计算单位管长上的对流传热的热流量。

5-11　某热线风速仪的探头直径为 0.5mm，长度为 20mm。实验风速范围为 2~20m/s，空气温度为 20℃，假设风速仪探头表面温度稳定后为 70℃，忽略辐射的影响。①计算实验范围内的表面传热系数 h。②你能否根据实验结果得到风速与表面传热系数之间的关系式？

5-12　用一个直径为 1mm 的球形结点热电偶测量管道内的热空气温度。若已知管道内空气的实际温度为 180℃，空气速度为 10m/s，计算其表面传热系数。

5-13　某燃煤锅炉的管式空气预热器设计参数为：管子外径为 40mm，管束采用叉排布置，沿流动方向的总排数为 44，管束横向节距 $S_1 = 76$mm，纵向节距 $S_2 = 44$mm，空气横向冲刷管束，空气的入口温度为 150℃，出口温度为 170℃，管壁外表面的平均温度为 180℃，管束中空气的最大流速为 6m/s。试确定管束与空气的表面传热系数。

5-14　一室内的蒸汽管道，其保温层的外径 $d = 360$mm，正常情况下，保温层表面的温度为 45℃，室内的空气温度为 20℃，管道水平段长 5m，垂直段高 2m。计算该管道表面自然对流传热的热流量。

5-15　假设把人体简化为直径等于 25cm、高 1.75m 的等温圆柱，并忽略两端的散热，人体衣着与皮肤的表面温度取 30℃，室内空气的温度为 25℃，计算人体表面对流传热的表面传热系数和热流量。

5-16　一房间内安装有一方形暖气片，其结构尺寸为：高 600mm，外表面面积为 0.3m²。如果在冬天维持室内温度 20℃，测得暖气片表面壁温为 45℃。计算：①暖气片与空气的表面传热系数；②该暖气片的对流传热热流量。

5-17　一平板式太阳能集热器在盖板和吸热板之间形成倾斜矩形封闭空间。已知其高度 $H = 1.5$m，其放置的倾角为 60°，下侧吸热板的表面温度为 80℃，上侧玻璃盖板的内表面温度为 40℃，计算玻璃盖板与吸热板间的距离为 10cm 时，单位面积上吸热板与玻璃盖板间的自然对流传热的热流量。

＊5-18　已知一高温金属件的初始温度均匀为 330℃，现将其放入空气恒为 30℃ 的环境中冷却，试分析和计算金属件自然冷却到 90℃ 的过程中，其表面与空气自然对流表面传热系数随表面温度的变化情况。①假设金属件为直径为 0.3m 的圆球；②假设金属件为直径为 0.3m、高 2m 的竖圆柱，忽略圆柱上、下两端的散热；③假设金属件为高 2m、宽 2m、厚度为 0.3m 的竖平板。

习题5-18
详解

第6章　单相流体对流传热理论分析解

在第5章中给出了常见对流传热问题的特征数关联式，这些关联式虽多数是由实验得到的，但也有部分可以通过理论分析求解而获得。分析解能更深刻地揭示各个物理量对表面传热系数的影响规律，而且也是评价其他方法的依据。本章首先以二维稳态的对流传热为例，介绍描写对流传热的微分方程组和边界层微分方程组，然后依次给出外掠平板层流流动传热的分析解、外掠平板湍流流动传热的比拟解、管内充分发展段层流流动传热及竖壁表面自然对流层流流动传热的理论分析解。

6.1　对流传热的数学描写

第5章给出了对流传热局部表面传热系数的表达式

$$h_x = -\frac{\lambda}{(t_\mathrm{w} - t_\infty)_x} \frac{\partial t}{\partial y}\bigg|_{y=0,x} \tag{6-1}$$

该式称为对流传热微分方程式。可以看出，求解局部表面传热系数需要确定：流体的导热系数 λ、主流温度 t_∞ 与壁面的温度 t_w、壁面处 y 方向的流体温度变化率 $\dfrac{\partial t}{\partial y}\bigg|_{y=0,x}$。流体的导热系数及主流与壁面的温度是容易确定的，求 $\dfrac{\partial t}{\partial y}\bigg|_{y=0,x}$ 成为计算 h_x 的关键。这要求先求出流体内的温度分布（温度场），而流体的温度场则是由能量微分方程描述的。

微课23
对流传热的
数学描写

流动流体能量微分方程的推导与导热微分方程推导过程相似，也是根据能量守恒定律进行的，思路是：在流场内取微元体，分析微元体所涉及的各种形式的能量传递与能量转化，建立这些能量的守恒关系，整理方程式即可得到能量微分方程。为便于推导，做以下简化假设：流体为不可压缩牛顿流体，流体物性为常数，忽略黏性耗散热。除高速气流及部分化工流体流动外，工程上大多数对流传热过程均满足这些假设。

图6-1所示为直角坐标系下在二维流场中任取的一个微元体，取微元体在垂直纸面方向尺寸为单位1，微元体在两个坐标方向的尺寸分别为 $\mathrm{d}x$、$\mathrm{d}y$，流速分别为 u、v，微元体物性参数为 ρ、c_p。显然，在4个边界上微元体可通过导热的方式与周围流体进行热量交换。此外，由

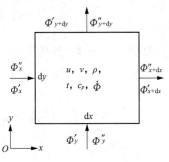

图6-1　微元体示意

于流体是流动的，4 个边界处流入或流出流体会携带入或携带出热能（焓）。图中 Φ' 表示导热热流量，Φ'' 表示流入或流出流体携带的热能。$\dot{\Phi}$ 为流场的体积热源。

忽略流体流过微元体时动能和位能的变化，且流体不做功，则各能量间的平衡关系为

$$\underbrace{\frac{\partial H}{\partial \tau}}_{\substack{\text{微元体焓} \\ \text{的变化率}}} = \underbrace{\Phi'_{\text{in}} - \Phi'_{\text{out}}}_{\text{净导入热}} + \underbrace{\Phi''_{\text{in}} - \Phi''_{\text{out}}}_{\text{净对流传入热}} + \underbrace{\dot{\Phi} \mathrm{d}x \mathrm{d}y}_{\text{内热源发热}} \tag{a}$$

式（a）中，微元体焓的变化率为

$$\frac{\partial H}{\partial \tau} = \frac{\partial(\rho \mathrm{d}x \mathrm{d}y c_p t)}{\partial \tau} = \rho c_p \mathrm{d}x \mathrm{d}y \frac{\partial t}{\partial \tau} \tag{b}$$

净导入热按照第 2.3 节的分析可表示为

$$\Phi'_{\text{in}} - \Phi'_{\text{out}} = (\Phi'_x - \Phi'_{x+\mathrm{d}x}) + (\Phi'_y - \Phi'_{y+\mathrm{d}y}) = \lambda \left(\frac{\partial^2 t}{\partial x^2} + \frac{\partial^2 t}{\partial y^2} \right) \mathrm{d}x \mathrm{d}y \tag{c}$$

图 6-1 中左边界与下边界流入流体携带的热能为

$$\Phi''_{\text{in}} = \Phi''_x + \Phi''_y = \rho u c_p t \mathrm{d}y + \rho v c_p t \mathrm{d}x \tag{d}$$

图 6-1 中右边界与上边界流出流体携带的热能为

$$\Phi''_{\text{out}} = \Phi''_{x+\mathrm{d}x} + \Phi''_{y+\mathrm{d}y} = \Phi''_x + \frac{\partial \Phi''_x}{\partial x} \mathrm{d}x + \Phi''_y + \frac{\partial \Phi''_y}{\partial y} \mathrm{d}y \tag{e}$$

因此净对流传入热为

$$\Phi''_{\text{in}} - \Phi''_{\text{out}} = -\frac{\partial}{\partial x}(\rho u c_p t) \mathrm{d}x \mathrm{d}y - \frac{\partial}{\partial y}(\rho v c_p t) \mathrm{d}x \mathrm{d}y$$

$$= -\rho c_p \left(u \frac{\partial t}{\partial x} + t \frac{\partial u}{\partial x} + v \frac{\partial t}{\partial y} + t \frac{\partial v}{\partial y} \right) \mathrm{d}x \mathrm{d}y \tag{f}$$

利用连续性方程 $\frac{\partial u}{\partial x} + \frac{\partial v}{\partial y} = 0$，有

$$\Phi''_{\text{in}} - \Phi''_{\text{out}} = -\rho c_p \left(u \frac{\partial t}{\partial x} + v \frac{\partial t}{\partial y} \right) \mathrm{d}x \mathrm{d}y \tag{g}$$

将式（b）、式（c）和式（g）带入式（a）即可得能量微分方程

$$\underbrace{\frac{\partial t}{\partial \tau}}_{\text{非稳态项}} + \underbrace{u \frac{\partial t}{\partial x} + v \frac{\partial t}{\partial y}}_{\text{对流项}} = \underbrace{a \left(\frac{\partial^2 t}{\partial x^2} + \frac{\partial^2 t}{\partial y^2} \right)}_{\text{扩散项}} + \underbrace{\dot{\Phi}/\rho c}_{\text{源项}} \tag{6-2}$$

显然，当流体流速为零时，流体内热量仅以导热方式传递，式（6-2）退化为导热微分方程。能量微分方程中 $\frac{\partial t}{\partial \tau}$ 反映了温度随时间的变化，称为非稳态项；$u \frac{\partial t}{\partial x} + v \frac{\partial t}{\partial y}$ 反映了流体流动也就是热对流效应对温度场的影响，称为对流项；$a \left(\frac{\partial^2 t}{\partial x^2} + \frac{\partial^2 t}{\partial y^2} \right)$ 反映了导热作用对温度场的影响，称为扩散项；$\dot{\Phi}/(\rho c_p)$ 反映了内热源对温度场的影响，称为源项。

由于能量微分方程中含有 u、v，确定流场的速度分布成为求解能量微分方程的前提。速度场可通过联立求解连续性方程与动量微分方程（常称为 Naiver-Stokes 方程）得到，对于不可压缩牛顿流体，直角坐标下，二维流动的连续性方程为

$$\frac{\partial u}{\partial x} + \frac{\partial v}{\partial y} = 0 \tag{6-3}$$

动量微分方程为

$$\left.\begin{aligned}
\frac{\partial u}{\partial \tau} + u\frac{\partial u}{\partial x} + v\frac{\partial u}{\partial y} &= f_x - \frac{1}{\rho}\frac{\partial p}{\partial x} + \nu\left(\frac{\partial^2 u}{\partial x^2} + \frac{\partial^2 u}{\partial y^2}\right) \\
\frac{\partial v}{\partial \tau} + u\frac{\partial v}{\partial x} + v\frac{\partial v}{\partial y} &= f_y - \frac{1}{\rho}\frac{\partial p}{\partial y} + \nu\left(\frac{\partial^2 v}{\partial x^2} + \frac{\partial^2 v}{\partial y^2}\right)
\end{aligned}\right\} \tag{6-4}$$

对流传热微分方程式（6-1）、能量微分方程式（6-2）、连续性方程式（6-3）与动量微分方程式（6-4），组成了不可压缩、常物性、牛顿流体在忽略黏性耗散热情况下二维流动的对流传热微分方程组。作为对流传热问题的完整数学描写还应该给出问题的定解条件，包括初始时刻和各边界上速度、压力及温度等相关的条件。虽然上面的方程组是封闭的，原则上可以求解，但由于偏微分方程的复杂性，对于多数实际的对流传热问题，在整个流场内直接求解这一方程组显然是非常困难的，直到德国科学家普朗特提出了著名的边界层理论后，一些简单对流传热问题的理论解的获得才成为可能。

例题 6-1　如图 6-2 所示，两水平间距为 b 的无限大平板，下板静止，上板以速度 U 向右匀速运动，两板间的流体由于有黏性在上板的带动下产生向右的层流流动，这种流动也称为库埃特流。若下板温度为 t_{w1}、上板温度为 t_{w2}，求板间流体的速度分布、温度分布。

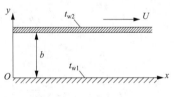

图 6-2　例题 6-1 附图

题解：

分析： 求解该题的思路是首先建立坐标，写出对流传热微分方程组，然后根据该问题涉及的流动与传热的特点，将方程组中的各方程进行简化求解即可。库埃特流是稳态层流，因此其微分方程组中各非稳态项均为零；在图中所建立坐标情况下，流体只在 x 方向有流速 u，在 y 方向流速 v 为 0；由于 $\partial u/\partial x + \partial v/\partial y = 0$，可得 $\partial u/\partial x = 0$；由于上下平板为无限大平板，因此 $\partial t/\partial x = 0$；由于流动是由上板带动形成的，$\partial p/\partial x = 0$；此外，在 x 方向流体不受体积力。

求解： 根据以上分析可以写出库埃特流的动量微分方程与能量微分方程为

$$\frac{\partial^2 u}{\partial y^2} = 0, \quad \frac{\partial^2 t}{\partial y^2} = 0$$

边界条件为

$$y = 0, \quad u = 0; \quad t = t_{w1}$$

$$y=b, \quad u=U; \quad t=t_{w2}$$

将动量微分方程与能量微分方程积分，带入边界条件可得速度与温度分布为

$$u=\frac{y}{b}U, \quad t=t_{w1}-\frac{y}{b}(t_{w1}-t_{w2})$$

6.2　边界层对流传热微分方程组

微课24
边界层对流
传热的数学
描写

对于流体外掠平板对流传热，由于边界层内的流动与传热决定了表面传热系数，因此不需要在整个流场内求解微分方程组，可根据边界层的几何与流动特点对微分方程组进行简化，建立边界层微分方程组，求解边界层内的流场与温度场

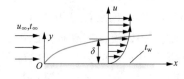

图 6-3　外掠平板稳态对流传热

即可。因此，本节建立流体外掠平板的二维、稳态对流传热边界层微分方程组。对于图 6-3 所示的流体外掠平板稳态对流传热，定义水平方向为 x 方向，该方向上流体所受体积力为 0，y 方向为垂直于水平面指向流体的方向，该方向上流体所受体积力为 $-\rho g$，对于强制对流，

重力加速度可忽略，流场无内热源，此时，描写该对流传热的微分方程组为

$$h_x=-\frac{\lambda}{(t_w-t_\infty)_x}\frac{\partial t}{\partial y}\bigg|_{y=0,x} \tag{6-5a}$$

$$u\frac{\partial t}{\partial x}+v\frac{\partial t}{\partial y}=a\left(\frac{\partial^2 t}{\partial x^2}+\frac{\partial^2 t}{\partial y^2}\right) \tag{6-5b}$$

$$\frac{\partial u}{\partial x}+\frac{\partial v}{\partial y}=0 \tag{6-5c}$$

$$u\frac{\partial u}{\partial x}+v\frac{\partial u}{\partial y}=-\frac{1}{\rho}\frac{\partial p}{\partial x}+\nu\left(\frac{\partial^2 u}{\partial x^2}+\frac{\partial^2 u}{\partial y^2}\right) \tag{6-5d}$$

$$u\frac{\partial v}{\partial x}+v\frac{\partial v}{\partial y}=-\frac{1}{\rho}\frac{\partial p}{\partial y}+\nu\left(\frac{\partial^2 v}{\partial x^2}+\frac{\partial^2 v}{\partial y^2}\right) \tag{6-5e}$$

下面运用数量级分析的方法简化上面的方程组。所谓数量级分析，是指通过比较方程式中各项的数量级大小，将较小数量级的项舍掉，以便实现方程式的简化。

边界层内的流动有这样的特点：除距离平板前缘很近的区域，在边界层内任取一点 (x, y)，该点处流体的速度为 u、v，由于边界层很薄，有 $y \ll x$，也就是说，如果认为 x 的量级为 1，y 的量级用 δ 表示，则 $\delta \ll 1$；同理，由于 $v \ll u$，认为 u 的量级为 1，v 的量级则是 δ；t 的量级必然为 1。微分方程中各偏微分项的量级则是通过将相关物理量的量级代入得到的，如 $\frac{\partial t}{\partial x}$ 的量级为 $\frac{1}{1}=1$；$\frac{\partial^2 t}{\partial x^2}=\frac{\partial(\partial t/\partial x)}{\partial x}$ 的量级为 $\frac{(1/1)}{1}=1$。

这里以能量微分方程式（6-5b）为例，其中各项的量级为

$$u\frac{\partial t}{\partial x} \quad + \quad v\frac{\partial t}{\partial y} \quad = a\left(\frac{\partial^2 t}{\partial x^2} \quad + \quad \frac{\partial^2 t}{\partial y^2}\right)$$

$$1\frac{1}{1} = 1 \quad \delta\frac{1}{\delta} = 1 \quad a\left(\frac{1/1}{1} = 1 \quad \frac{1/\delta}{\delta} = \frac{1}{\delta^2}\right)$$

显然，等号右边括号内 $\frac{\partial^2 t}{\partial x^2}$ 的量级远小于 $\frac{\partial^2 t}{\partial y^2}$ 的量级，可以略去不计，由于等号左右两边的量级应该是相等的，因此 a 应该是 δ^2 量级的，查书后附录中的物性参数表可以看出，除液态金属外，大多数流体的 a 在 $10^{-7} \sim 10^{-4}$ 数量级之间。因此，通过数量级分析得到描述边界层内的能量微分方程式为

$$u\frac{\partial t}{\partial x} + v\frac{\partial t}{\partial y} = a\frac{\partial^2 t}{\partial y^2}$$

按照类似的方法可以对（6-5）的其他各式进行分析，式（6-5a）和式（6-5c）保持不变，y 方向的动量微分方程（6-5e）可整体忽略，x 方向的动量微分方程（6-5d）可简化为

$$u\frac{\partial u}{\partial x} + v\frac{\partial u}{\partial y} = -\frac{1}{\rho}\frac{\mathrm{d}p}{\mathrm{d}x} + \nu\frac{\partial^2 u}{\partial y^2}$$

上式中的 $\frac{\mathrm{d}p}{\mathrm{d}x}$ 可由边界层外理想流体的伯努利方程确定。

至此可得不可压缩牛顿流体、流体物性为常数、忽略黏性耗散热时、二维、稳态、无内热源的边界层对流传热微分方程组为

$$h_x = -\frac{\lambda}{(t_\mathrm{w} - t_\infty)_x}\frac{\partial t}{\partial y}\bigg|_{y=0,x} \tag{6-6a}$$

$$\frac{\partial u}{\partial x} + \frac{\partial v}{\partial y} = 0 \tag{6-6b}$$

$$u\frac{\partial u}{\partial x} + v\frac{\partial u}{\partial y} = -\frac{1}{\rho}\frac{\mathrm{d}p}{\mathrm{d}x} + \nu\frac{\partial^2 u}{\partial y^2} \tag{6-6c}$$

$$u\frac{\partial t}{\partial x} + v\frac{\partial t}{\partial y} = a\frac{\partial^2 t}{\partial y^2} \tag{6-6d}$$

6.3 外掠平板层流的流动与换热分析解

对于流体外掠平板对流传热，如图 6-3 所示，假设来流为不可压缩、常物性流体，来流的流速为 u_∞、温度为 t_∞、平板的温度均匀为 t_w，整个边界层内的流动状态均处于层流。本节将完全采用理论分析的方法求解其表面传热系数的计算式。描述该对流传热问题的微分方程组可由式（6-6）各分式组成。由于流体常物性的假设，因此可以先求解速度场，再求解温度场。

6.3.1 外掠平板层流边界层流动的分析解

这一问题中主流区的流速为来流的流速 u_∞，且保持不变，因此 x 方向动量微

分方程式中的压力梯度项为

$$-\frac{\mathrm{d}p}{\mathrm{d}x} = \rho u_\infty \frac{\mathrm{d}u_\infty}{\mathrm{d}x} = 0$$

该问题边界层内流场的数学描述可最终表示为

$$\frac{\partial u}{\partial x} + \frac{\partial v}{\partial y} = 0 \tag{6-7a}$$

$$u\frac{\partial u}{\partial x} + v\frac{\partial u}{\partial y} = \nu\frac{\partial^2 u}{\partial y^2} \tag{6-7b}$$

$$\left.\begin{array}{l} y = 0, u = 0, v = 0 \\ y \to \infty, u = u_\infty \end{array}\right\} \tag{6-7c}$$

1908 年，布拉修斯（Blasius）首先对这一问题进行了理论分析求解，其求解的方法有两个关键步骤：一是利用流函数使两个偏微分方程组变为一个偏微分方程，二是引入了一个相似参数使偏微分方程变为常微分方程。具体过程如下。

1. 引入新的变量——流函数 Ψ

引入流函数 $\Psi (x, y)$，并且使之满足

$$u = \frac{\partial \Psi}{\partial y}, \quad v = -\frac{\partial \Psi}{\partial x} \tag{6-8}$$

式（6-8）所示的流函数自动满足连续性方程（6-7a），此时，动量微分方程（6-7b）可变为

$$\frac{\partial \Psi}{\partial y} \times \frac{\partial^2 \Psi}{\partial x \partial y} - \frac{\partial \Psi}{\partial x} \times \frac{\partial^2 \Psi}{\partial y^2} = \nu\frac{\partial^3 \Psi}{\partial y^3} \tag{6-9}$$

通过流函数的引入，使原来对偏微分方程组的求解变为对一个偏微分方程的求解，原来的两个因变量 u、v 变为一个因变量 Ψ。

2. 引入相似参数 ξ

沿流体流动的 x 方向上，虽然在不同截面上，其速度分布不一样，但其无量纲速度 u/u_∞ 则均是由壁面处的 0 变到边界层处的近似 1。同样边界层厚度 δ 也是随 x 变化，但是无量纲的距离量 y/δ 也是由 0 变到 1。因此，可将不同截面上的速度分布看作是相似的，只是随边界层厚度 δ 的大或小被拉伸或压缩，各截面上的速度分布可统一写为

$$\frac{u}{u_\infty} = \Phi\left(\frac{y}{\delta}\right) \tag{6-10}$$

这种速度分布相同的函数关系称为相似解。

在边界层里，黏性力的作用不能被忽略，式（6-7b）中的第 1 项和第 3 项应有相同的数量级，因此得

$$\frac{u_\infty^2}{x} \approx \nu\frac{u_\infty}{\delta^2} \Rightarrow \delta \propto \frac{1}{\sqrt{u_\infty/(x\nu)}} \Rightarrow \delta \propto \frac{x}{\sqrt{Re_x}} \tag{a}$$

于是有

$$\frac{y}{\delta} \propto \frac{y}{x}\sqrt{Re_x} \tag{b}$$

令

$$\xi = \frac{y}{x}\sqrt{Re_x} = y\sqrt{u_\infty/(x\nu)} \tag{c}$$

式中：ξ 表示了任意截面上无量纲距离 y/δ 的量度，称为相似参数。

利用式（c）和式（6-8）中流函数与速度 u 的关系，可得

$$\frac{u}{u_\infty} = \frac{1}{u_\infty} \times \frac{\partial \Psi}{\partial y} = \frac{1}{u_\infty} \times \frac{\partial \Psi}{\partial \xi}\sqrt{u_\infty/(x\nu)} = \frac{\partial}{\partial \xi}\frac{\Psi}{\sqrt{u_\infty x\nu}} \tag{d}$$

式（d）中的 u/u_∞ 和 ξ 均为无量纲参数，同样 $\dfrac{\Psi}{\sqrt{u_\infty x\nu}}$ 也是个无量纲参数，令

$$f = \frac{\Psi}{\sqrt{u_\infty x\nu}} \tag{e}$$

f 被称为无量纲流函数。速度 u 和 v 均可用无量纲流函数 f 表示。这样，相似解式（6-10）就可表示为

$$\frac{u}{u_\infty} = \frac{\partial f}{\partial \xi} = \Phi(\xi) \tag{f}$$

利用式（6-8），以及式（c）和式（e）的关系式，可得

$$\left.\begin{array}{l} u = u_\infty f'(\xi), \quad v = \dfrac{1}{2}\sqrt{\dfrac{u_\infty \nu}{x}}\big[\xi f'(\xi) - f(\xi)\big] \\[3mm] \dfrac{\partial u}{\partial x} = -\dfrac{1}{2}\dfrac{u_\infty}{x}\xi f''(\xi), \quad \dfrac{\partial u}{\partial y} = u_\infty\sqrt{\dfrac{u_\infty}{\nu x}}f''(\xi), \quad \dfrac{\partial^2 u}{\partial y^2} = \dfrac{u_\infty^2}{\nu x}f'''(\xi) \end{array}\right\} \tag{g}$$

将以上关系代入式（6-9）可得

$$2f'''(\xi) + f(\xi)f''(\xi) = 0 \tag{6-11}$$

偏微分方程式（6-9）变成了无量纲流函数 f 对相似参数 ξ 的全微分方程形式。相应的边界条件为

$$\left.\begin{array}{l} y = 0, \xi = 0: f'(\xi) = 0, f(\xi) = 0 \\[2mm] y \to \infty, \xi = \infty: f'(\xi) = 1 \end{array}\right\} \tag{6-12}$$

用分离变量法求解式（6-11）后可得

$$f(\xi) = \frac{\displaystyle\int_0^\xi \Big[\int_0^\xi \exp\Big(-\frac{1}{2}\int_0^\xi f \mathrm{d}\xi\Big)\mathrm{d}\xi\Big]\mathrm{d}\xi}{\displaystyle\int_0^\infty \exp\Big(-\frac{1}{2}\int_0^\xi f \mathrm{d}\xi\Big)\mathrm{d}\xi} \tag{h}$$

$$f'(\xi) = \frac{u}{u_\infty} = \frac{\displaystyle\int_0^\xi \exp\Big(-\frac{1}{2}\int_0^\xi f \mathrm{d}\xi\Big)\mathrm{d}\xi}{\displaystyle\int_0^\infty \exp\Big(-\frac{1}{2}\int_0^\xi f \mathrm{d}\xi\Big)\mathrm{d}\xi} \tag{i}$$

式（h）和式（i）右边的积分项中都包含了未知函数 $f(\xi)$，可以采用逐次逼

近法迭代求解。表 6-1 给出了豪沃思（Howarth）用数值积分得到的结果。求得 $f(\xi)$ 和 $f'(\xi)$ 后进一步可求得 u 和 v，即速度分布。

表 6-1 流体外掠平板层流边界层流动的部分求解结果

ξ	$f(\xi)$	$f'(\xi)$	$f''(\xi)$	ξ	$f(\xi)$	$f'(\xi)$	$f''(\xi)$
0	0	0	0.332 06	2.0	0.650 03	0.629 77	0.266 75
0.4	0.026 56	0.132 77	0.331 47	3.0	1.396 82	0.846 05	0.161 36
0.8	0.106 11	0.264 71	0.327 39	4.0	2.305 76	0.955 52	0.064 24
1.2	0.237 95	0.393 78	0.316 59	5.0	3.283 29	0.991 55	0.015 91
1.6	0.420 32	0.516 76	0.296 67	6.0	4.279 64	0.998 98	0.002 40

从表 6-1 的数值可以看出，当 $\xi=5.0$ 时 $f'=\dfrac{u}{u_\infty}=0.991\,55$，此处正好是速度边界层的边界，因此可得

$$\frac{\delta}{x} = 5.0 Re_x^{-1/2} \tag{6-13}$$

从式（6-13）可以看出，外掠平板的层流边界层厚度随 $x^{1/2}$ 而增长。

已知速度分布后，可进一步求得壁面上的黏性切应力和局部摩擦阻力系数。因为 $f'=\dfrac{u}{u_\infty}$，$\xi=y\sqrt{\dfrac{u_\infty}{\nu x}}$，所以有

$$\tau_{\mathrm{w},x} = \eta \frac{\partial u}{\partial y}\bigg|_{y=0,x} = \eta \frac{u_\infty^{3/2}}{\sqrt{\nu x}} f''(\xi)\big|_{\eta=0} \tag{j}$$

由表 6-1 查得 $f''(\xi)\big|_{\eta=0} = 0.332$，于是有

$$\tau_{\mathrm{w},x} = 0.332\mu \frac{u_\infty^{3/2}}{\sqrt{\nu x}} \tag{k}$$

局部摩擦阻力系数为

$$C_{\mathrm{f},x} = \frac{\tau_{\mathrm{w},x}}{\rho u_\infty^2/2} = 0.664 Re_x^{-1/2} \tag{6-14}$$

6.3.2 外掠平板层流边界层换热的分析解

该问题边界层内温度场的数学描述可表示为

$$u \frac{\partial t}{\partial x} + v \frac{\partial t}{\partial y} = a \frac{\partial^2 t}{\partial y^2} \tag{6-15a}$$

$$\left.\begin{array}{l} y=0, t=t_{\mathrm{w}} \\ y \to \infty, t=t_\infty \end{array}\right\} \tag{6-15b}$$

在已知速度场的基础上，波尔豪森对该问题进行了求解，首先定义无量纲过余温度为

$$\Theta = \frac{t-t_{\mathrm{w}}}{t_\infty - t_{\mathrm{w}}} = \frac{\theta}{\theta_\infty} \tag{l}$$

并引入式（c）的相似参数 ξ 和式（e）中的无量纲流函数 f，则式（6-15）的数学

描述转变为

$$\frac{d^2\Theta}{d\xi^2} + \frac{Pr}{2} f \frac{d\Theta}{d\xi} = 0 \tag{6-16a}$$

$$\left.\begin{array}{l} \xi = 0, \Theta = 0 \\ \xi = \infty, \Theta = 1 \end{array}\right\} \tag{6-16b}$$

采用与布拉修斯求解相类似的方法，求解得

$$\Theta = \frac{\theta}{\theta_\infty} = \frac{\int_0^\xi \exp\left(-\frac{Pr}{2}\int_0^\xi f d\xi\right) d\xi}{\int_0^\infty \exp\left(-\frac{Pr}{2}\int_0^\xi f d\xi\right) d\xi} \tag{m}$$

由式（m）可以看出，当 $Pr=1$ 时，层流边界层内无量纲速度和无量纲过余温度的分布完全相同。

将对流传热微分方程式 $h_x = -\dfrac{\lambda}{t_{w,x} - t_\infty} \dfrac{\partial t}{\partial y}\Big|_{y=0,x}$ 改写为

$$h_x/\lambda = -\frac{1}{t_{w,x} - t_\infty} \frac{\partial t}{\partial y}\Big|_{y=0,x} = \frac{\partial \Theta}{\partial y}\Big|_{y=0,x} = \frac{\partial \Theta}{\partial \xi}\Big|_{\xi=0} \sqrt{\frac{u_\infty}{\nu x}} \tag{n}$$

由于

$$\frac{d\Theta}{d\xi}\Big|_{\xi=0} = \frac{1}{\int_0^\infty \exp\left(-\frac{Pr}{2}\int_0^\xi f d\xi\right) d\xi} \tag{o}$$

经过计算可知，在 $Pr=0.6\sim10$ 的范围之内，式（o）可近似用 $0.332Pr^{1/3}$ 表示，因此可得

$$Nu_x = \frac{h_x x}{\lambda} = 0.332 Re_x^{1/2} Pr^{1/3} \tag{6-17}$$

对于长度为 L 的平壁，其平均表面传热系数为 $h = \dfrac{1}{L}\int_0^L h_x dx$，相应的 Nu 计算式为

$$Nu = \frac{hL}{\lambda} = 0.664 Re_L^{1/2} Pr^{1/3} \tag{6-18}$$

6.4　湍流流动换热与比拟理论

6.4.1　湍流流动换热的基本特征

在实际的工程领域，流动处于湍流情况下的对流传热问题远多于层流的情况，而且湍流情况下的换热强度也远高于层流的情况。但由于湍流运动规律的复杂性，至今对于湍流流动的研究尚未达到完全成熟的阶段。

当流动处于湍流情况下时，流体的瞬时速度是随机函数，除了整体向某个方向运动以外，流体微团同时还作三维的随机脉动。用激光风速仪测量到的湍流流场中的瞬时速度呈图 6-4 所示的形式。图中 $\bar{u}$ 为速度的时均值，它是指在足够长

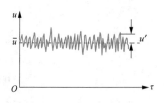

图 6-4 湍流时的瞬时值、
平均值和脉动值

的时间内瞬时速度的积分平均值，u' 表示脉动值，是指某时刻瞬时速度与时均值的偏差。因此瞬时速度可表示为

$$u = \bar{u} + u' \tag{6-19}$$

严格意义上讲，湍流总是非稳态的，所谓的稳态实际上是指各点的速度时均值不随时间变化。在 y 方向上的速度分量、压力和温度同样存在时均值和脉动值，可表示为

$$v = \bar{v} + v', p = \bar{p} + p', t = \bar{t} + t' \tag{6-20}$$

湍流物理量的脉动量是随机的，但是它们在足够长的时间内的时均值等于零，这是湍流流动的特点。

对于湍流边界层流动，本章前面得到的边界层微分方程组仍然适用，只是各物理量都应该用瞬时值代替。若将式（6-19）和式（6-20）代入，便可整理成由时均值表示的湍流边界层方程组。

仍以上节所讨论的外掠平板的对流传热问题为例，其属于稳态、二维、不可压缩、常物性问题，若边界层内的流动为湍流，其用时均值表示的边界层微分方程组可整理为

$$\frac{\partial \bar{u}}{\partial x} + \frac{\partial \bar{v}}{\partial y} = 0 \tag{6-21a}$$

$$\rho\left(\bar{u}\frac{\partial \bar{u}}{\partial x} + \bar{v}\frac{\partial \bar{u}}{\partial y}\right) = \frac{\partial}{\partial y}\left(\eta\frac{\partial \bar{u}}{\partial y} - \rho\overline{u'v'}\right) \tag{6-21b}$$

$$\rho c_p\left(\bar{u}\frac{\partial \bar{t}}{\partial x} + \bar{v}\frac{\partial \bar{t}}{\partial y}\right) = \frac{\partial}{\partial y}\left(\lambda\frac{\partial \bar{t}}{\partial y} - \rho c_p\overline{v't'}\right) \tag{6-21c}$$

相比层流时的方程，动量微分方程（6-21b）增加了 $-\rho\overline{u'v'}$，能量微分方程（6-21c）中增加了 $-\rho c_p\overline{v't'}$，它们可以被看作湍流中流体涡团脉动所产生的作用。湍流增加了不同流速层之间的动量交换，$-\rho\overline{u'v'}$ 相当于流体涡团脉动所造成的附加切应力，也叫雷诺应力。同样，湍流增加了不同温度流层之间的热量交换，$-\rho c_p\overline{v't'}$ 相当于流体涡团脉动所造成的附加热流密度。

若把湍流附加切应力也表示成层流分子黏性扩散引起的切应力，即具有与黏性应力完全相同的形式，则

$$\tau_t = -\rho\overline{u'v'} = \rho\nu_t\frac{\partial \bar{u}}{\partial y} \tag{6-22}$$

同样，把湍流附加热流密度也表示成层流分子热扩散引起的热流密度形式，则

$$q_t = -\rho c_p\overline{v't'} = \rho c_p a_t\frac{\partial \bar{t}}{\partial y} \tag{6-23}$$

式中：ν_t 为湍流动量扩散率，又称湍流黏性；a_t 为湍流热扩散率。

需要注意的是，它们不是流体的物性参数，只是反映了湍流的性质，并与雷

诺数、湍流强度等因素有关。湍流动量扩散率与湍流热扩散率的比值也称为湍流普朗特数，即

$$Pr_t = \frac{\nu_t}{a_t} \tag{6-24}$$

在引入两个湍流扩散率后，湍流边界层的动量和能量微分方程可以分别写作

$$u\frac{\partial u}{\partial x} + v\frac{\partial u}{\partial y} = (\nu + \nu_t)\frac{\partial^2 u}{\partial y^2} \tag{6-25a}$$

$$u\frac{\partial t}{\partial x} + v\frac{\partial t}{\partial y} = (a + a_t)\frac{\partial^2 t}{\partial y^2} \tag{6-25b}$$

需要说明的是，以上两式的速度和温度值仍为时均值，仅仅出于书写简便的考虑，把符号上方的"—"省略了。

6.4.2　动量传递与热量传递的比拟

从数学的角度，若微分方程及定解条件一致，则其解的结果必定相同。比拟理论就是利用这一结论，通过两种物理现象的类比关系来进行研究的一种方法。在对流传热的研究历史上，雷诺就是通过动量传递与热量传递过程的类比，从而由比较容易测量的湍流阻力来推得湍流对流传热的关联式。

继续以外掠平板的对流传热问题为例，首先分析层流边界层的情况，其动量微分方程式（6-7b）与能量微分方程式（6-15a）具有相同的形式，但其对应的定解条件方程式（6-7c）与方程式（6-15b）并不一致。若将各物理量以下面的形式无量纲化，即

$$x^* = \frac{x}{l}, y^* = \frac{y}{l}, u^* = \frac{u}{u_\infty}, v^* = \frac{v}{u_\infty}, \Theta = \frac{t - t_w}{t_\infty - t_w} \tag{a}$$

则动量微分方程式（6-7b）与边界条件方程式（6-7c）变为

$$u^*\frac{\partial u^*}{\partial x^*} + v^*\frac{\partial u^*}{\partial y^*} = \frac{\nu}{u_\infty l}\frac{\partial^2 u^*}{\partial y^{*2}} \tag{b}$$

$$\left.\begin{array}{l} y^* = 0, u^* = 0; v^* = 0 \\ y^* = \delta/l, u^* = 1; v^* = v_\delta/u_\infty \end{array}\right\} \tag{c}$$

则能量微分方程式（6-15a）与边界条件方程式（6-15b）变为

$$u^*\frac{\partial \Theta}{\partial x^*} + v^*\frac{\partial \Theta}{\partial y^*} = \frac{a}{u_\infty l}\frac{\partial^2 \Theta}{\partial y^{*2}} \tag{d}$$

$$\left.\begin{array}{l} y^* = 0, \Theta = 0 \\ y^* = \delta/l, \Theta = 1 \end{array}\right\} \tag{e}$$

此时，两组方程的唯一区别就是动量微分方程中的运动黏度 ν 和能量微分方程中的热扩散率 a，若两者相等，也就是在普朗特数 $Pr = \nu/a = 1$ 的情况下，两个方程的解完全一致，必有

$$\left.\frac{\partial \Theta}{\partial y^*}\right|_{y^*=0} = \left.\frac{\partial u^*}{\partial y^*}\right|_{y^*=0} \tag{f}$$

因为

$$\frac{\partial u^*}{\partial y^*}\bigg|_{y^*=0} = \frac{\partial (u/u_\infty)}{\partial (y/l)}\bigg|_{y=0} = \mu \frac{\partial u}{\partial y}\bigg|_{y=0} \frac{l}{\eta u_\infty} = \tau_{\mathrm{w}} \frac{1}{\frac{1}{2}\rho u_\infty^2} \frac{\rho u_\infty l}{2\mu} = c_{\mathrm{f}} \frac{Re}{2} \qquad (g)$$

且

$$\frac{\partial \Theta}{\partial y^*}\bigg|_{y^*=0} = \frac{\partial \left(\frac{t-t_{\mathrm{w}}}{t_\infty - t_{\mathrm{w}}}\right)}{\partial (y/l)}\bigg|_{y=0} = -\frac{\lambda}{(t_{\mathrm{w}}-t_\infty)} \frac{\partial t}{\partial y}\bigg|_{y=0} \frac{l}{\lambda} = \frac{hl}{\lambda} = Nu \qquad (h)$$

由此可得

$$Nu = c_{\mathrm{f}} \frac{Re}{2} \qquad (6\text{-}26)$$

式 (6-26) 给出了表面阻力系数与努塞尔数的关系，该关系也称为雷诺比拟。因此，在工程上就可以通过阻力系数的测定得到表面传热系数。在上述的分析中，并没有对特征长度 l 作任何限制，因此上式也可用于局部位置 x 处局部表面阻力系数 $c_{\mathrm{f},x}$ 与局部努塞尔数 Nu_x 的关系。

式 (6-26) 的关系是在层流边界层的情况下推导的，但是对比式 (6-25a) 和式 (6-25b)，若有普朗特数 $Pr = \nu/a = 1$ 和湍流普朗特数 $Pr_{\mathrm{t}} = \nu_{\mathrm{t}}/a_{\mathrm{t}} = 1$，则式 (6-26) 的关系应同样适用于湍流边界层的情况。

对于外掠平板的流动，在湍流情况下测定的局部表面阻力系数计算式为

$$c_{\mathrm{f},x} = 0.059\,2 Re_x^{-1/5} \qquad (6\text{-}27)$$

因此，可得局部的努塞尔数计算式为

$$Nu_x = c_{\mathrm{f},x} \frac{Re_x}{2} = 0.029\,6 Re_x^{4/5} \qquad (6\text{-}28)$$

在 $Pr \neq 1$ 时，契尔顿（Chihon）与柯尔本（Colburn）提出如下修正关系：

$$St Pr^{2/3} = \frac{c_{\mathrm{f}}}{2} = j \qquad (6\text{-}29)$$

令

$$St = \frac{Nu}{RePr}$$

式中：j 称为 j 因子；St 为斯坦顿数。

式 (6-29) 也称为契尔顿-柯尔本比拟。利用此关系，可得外掠平板湍流流动下局部努塞尔数的计算式为

$$Nu_x = 0.029\,6 Re_x^{4/5} Pr^{1/3} \qquad (6\text{-}30)$$

6.5 管内层流充分发展段对流传热分析解

6.5.1 流动与换热充分发展的速度分布

圆管内层流充分发展段传热也可以得到理论分析解。如图 6-5 所示，以管内流动方向为 x 方向，圆管轴心线处 $r=0$，若圆管半径为 r_0，则管壁处 $r=r_0$。定义 x 方向流速为 u，r 方向流速为 v_r，不可压缩流体对称二维稳态层流流动的连

续性方程和动量微分方程式为

$$\frac{\partial u}{\partial x} + \frac{1}{r}\frac{\partial}{\partial r}(rv_r) = 0 \qquad (6\text{-}31)$$

$$\rho\left(u\frac{\partial u}{\partial x} + v_r\frac{\partial u}{\partial r}\right) = -\frac{\partial p}{\partial x} + \eta\left[\frac{1}{r}\frac{\partial}{\partial r}\left(r\frac{\partial u}{\partial r}\right) + \frac{\partial^2 u}{\partial x^2}\right]$$

$$(6\text{-}32\text{a})$$

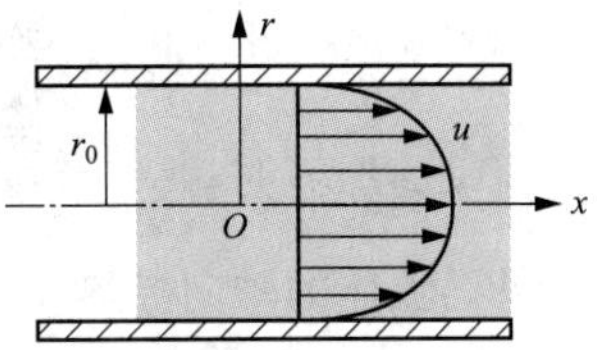

图 6-5　管内层流充分发展流动

$$\rho\left(u\frac{\partial v_r}{\partial x} + v_r\frac{\partial v_r}{\partial r}\right) = -\frac{\partial p}{\partial r} + \eta\left\{\frac{\partial}{\partial r}\left[\frac{1}{r}\frac{\partial}{\partial r}(rv_r)\right] + \frac{\partial^2 v_r}{\partial x^2}\right\} \qquad (6\text{-}32\text{b})$$

由于流动是层流 $v_r = 0$，根据式（6-31）可得 $\frac{\partial u}{\partial x} = 0$，可见 u 仅是 r 的函数；

式（6-32b）可简化为 $\frac{\partial p}{\partial r} = 0$，可见 p 仅是 x 的函数。式（6-32a）则简化为

$$\frac{\mathrm{d}p}{\mathrm{d}x} = \eta\frac{1}{r}\times\frac{\mathrm{d}}{\mathrm{d}r}\left(r\frac{\mathrm{d}u}{\mathrm{d}r}\right) \qquad (6\text{-}33)$$

由于压力 p 只是 x 的函数，$\frac{\mathrm{d}p}{\mathrm{d}x}$ 也必然只是 x 的函数，因此式（6-33）中等号

左边项仅是 x 的函数。同理，u 只是 r 的函数，式（6-33）中等号右边项也仅是 r 的函数。由于关于 x 的函数与关于 r 的函数只能在两个函数均为常数的情况下才能相等，所以式（6-33）可改写为

$$\frac{\mathrm{d}p}{\mathrm{d}x} = \text{const} \qquad (\text{a})$$

$$\eta\frac{1}{r}\times\frac{\mathrm{d}}{\mathrm{d}r}\left(r\frac{\mathrm{d}u}{\mathrm{d}r}\right) = \text{const} \qquad (\text{b})$$

所对应的边界条件是

$$\left.\begin{array}{ll} r = 0, & \dfrac{\mathrm{d}u}{\mathrm{d}r} = 0 \\[2mm] r = r_0, & u = 0 \end{array}\right\} \qquad (\text{c})$$

对式（b）进行积分并利用边界条件可得充分发展段管截面速度分布为

$$u = \frac{r_0^2}{4\eta}\left(-\frac{\mathrm{d}p}{\mathrm{d}x}\right)\left[1 - \left(\frac{r}{r_0}\right)^2\right] \qquad (6\text{-}34)$$

可以看出，在圆管内层流充分发展段流体速度分布是抛物线型的，且压力梯

度 $\frac{\mathrm{d}p}{\mathrm{d}x}$ 总是负值。根据式（6-34）可计算得到管截面平均流速为

$$u_{\mathrm{m}} = \frac{1}{\pi r_0^2}\int_0^{r_0} 2\pi r u\,\mathrm{d}r = -\frac{r_0^2}{8\eta}\frac{\mathrm{d}p}{\mathrm{d}x} \qquad (6\text{-}35)$$

6.5.2　流动与换热充分发展的温度分布

由速度分布可以应用能量微分方程求解温度分布。在圆柱坐标系中，描述不可压缩流体轴对称二维稳态层流流动的能量微分方程为

$$\rho c_p \left(u \frac{\partial t}{\partial x} + v_r \frac{\partial t}{\partial r} \right) = \lambda \left[\frac{1}{r} \frac{\partial}{\partial r} \left(r \frac{\partial t}{\partial r} \right) + \frac{\partial^2 t}{\partial x^2} \right] \tag{6-36}$$

流动为层流时 $v_r = 0$。在强制对流传热条件下，除 $Pr \ll 1$ 的流体（例如液态金属）外，流体的轴向导热项 $\lambda \frac{\partial^2 t}{\partial x^2}$ 可以忽略。式（6-36）可以写为

$$\frac{u}{a} \times \frac{\partial t}{\partial x} = \frac{1}{r} \times \frac{\partial}{\partial r} \left(r \frac{\partial t}{\partial r} \right) \tag{6-37}$$

求解能量微分方程式（6-37）的定解条件有两类：常壁温边界条件和常热流边界条件。

对于常热流边界条件，有 $\frac{\partial t}{\partial x} = \frac{dt_m}{dx} =$ 常数，其中 t_m 为管截面平均温度。将此条件带入式（6-37），并利用速度分布式（6-34）可得

$$\frac{2u_m}{a} \left(\frac{dt_m}{dx} \right) \left[1 - \left(\frac{r}{r_0} \right)^2 \right] = \frac{1}{r} \times \frac{\partial}{\partial r} \left(r \frac{\partial t}{\partial r} \right) \tag{d}$$

相应的边界条件可写为

$$r = 0, \frac{\partial t}{\partial r} = 0 \tag{e}$$

$$r = r_0, \frac{\partial t}{\partial r} = -\frac{q}{\lambda} \tag{f}$$

式中：q 为管壁处的热流密度。

经过进一步的推导和求解，可得管截面温度分布为

$$t - t_w = \frac{q}{\lambda r_0} \left(\frac{3}{4} r_0^2 - r^2 + \frac{1}{4} \times \frac{r^4}{r_0^2} \right) \tag{6-38}$$

式中：t_w 为管壁温度。

结合局部表面传热系数的定义式，可以得到在常热流边界条件下的 Nu 数，即

$$Nu = \frac{2hr_0}{\lambda} = 4.364 \tag{6-39}$$

相应地，对于常壁温边界条件，在换热充分发展段有 $\frac{\partial t}{\partial x} = \frac{t - t_w}{t_m - t_w} \times \frac{dt_m}{dx}$，采用类似的推导，可以得到

$$\frac{2u_m}{a} \times \frac{t - t_w}{t_m - t_w} \times \frac{dt_m}{dx} \left[1 - \left(\frac{r}{r_0} \right)^2 \right] = \frac{1}{r} \times \frac{\partial}{\partial r} \left(r \frac{\partial t}{\partial r} \right) \tag{g}$$

相应的边界条件为

$$r = 0, \quad \frac{\partial t}{\partial r} = 0 \tag{h}$$

$$r = r_0, \quad t = t_w \tag{i}$$

最后求解可以得到

$$Nu = \frac{2hr_0}{\lambda} = 3.658 \tag{6-40}$$

6.6　竖壁自然对流层流流动与换热分析解

6.6.1　竖壁表面自然对流边界层微分方程组

对于图 6-6 所示的竖壁表面的自然对流传热，仍存在边界层的形成和发展。在边界层内的流动处于层流状况下，描述边界层内流场与温度场的微分方程仍如 6.2 节介绍的形式。这里需注意，在图 6-6 中，竖直向上方向为 x 方向，水平指向流体方向为 y 方向。此外，与外掠平板不同的是，在 x 方向动量微分方程中体积力 $F_x = -\rho g$，且不能忽略，方程组中其他方程则不变。因此，该问题的边界层微分方程组为

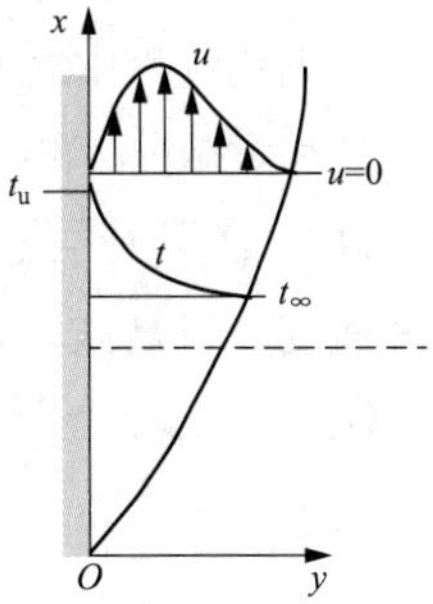

$$\frac{\partial u}{\partial x} + \frac{\partial v}{\partial y} = 0 \tag{6-41a}$$

$$u\frac{\partial u}{\partial x} + v\frac{\partial u}{\partial y} = -g - \frac{1}{\rho} \times \frac{\mathrm{d}p}{\mathrm{d}x} + \nu\frac{\partial^2 u}{\partial y^2} \tag{6-41b}$$

图 6-6　热竖壁表面自然对流传热示意

$$u\frac{\partial t}{\partial x} + v\frac{\partial t}{\partial y} = a\frac{\partial^2 t}{\partial y^2} \tag{6-41c}$$

下面对 x 方向的动量微分方程（6-41b）作进一步分析，由于边界层外 $u=v=0$，有

$$-\frac{\mathrm{d}p}{\mathrm{d}x} = g\rho_\infty \tag{6-42}$$

式（6-41b）变为

$$u\frac{\partial u}{\partial x} + v\frac{\partial u}{\partial y} = \frac{g}{\rho}(\rho_\infty - \rho) + \nu\frac{\partial^2 u}{\partial y^2} \tag{6-43}$$

式（6-43）中，$g(\rho_\infty - \rho)/\rho$ 为流体内由于温差引发密度差导致的浮升力。根据体胀系数 α_v 的定义，有

$$\alpha_v = -\frac{1}{\rho}\left(\frac{\partial \rho}{\partial T}\right)_p \approx -\frac{1}{\rho}\frac{\rho_\infty - \rho}{t_\infty - t} \tag{6-44}$$

显然，$\rho_\infty - \rho \approx \alpha_v\rho(t - t_\infty) = \alpha_v\theta$，代入式（6-43），得该问题最终的动量微分方程式为

$$u\frac{\partial u}{\partial x} + v\frac{\partial u}{\partial y} = g\alpha_v\theta + \nu\frac{\partial^2 u}{\partial y^2} \tag{6-45}$$

6.6.2　自然对流的相似特征数 *Gr*

在 5.3 节曾介绍过利用相似分析和量纲分析获取特征数的方法，实际上也可以通过对控制方程无量纲化来得到特征数，下面对式（6-45）无量纲化来推导自然对流传热中重要的相似特征数——格拉晓夫数 *Gr*。

若将各物理量以下面的形式无量纲化，则有

$$x^* = \frac{x}{l}; y^* = \frac{y}{l}; u^* = \frac{u}{u_0}; v^* = \frac{v}{u_0}; \Theta = \frac{t - t_\infty}{t_w - t_\infty} = \frac{\theta}{\theta_w} \tag{a}$$

式中：l 是特征长度；u_0 是一个任意的参考速度。

式（6-45）可变为

$$u^* \frac{\partial u^*}{\partial x^*} + v^* \frac{\partial u^*}{\partial y^*} = \frac{g\alpha_v(t_w - t_\infty)l}{u_0^2}\Theta + \frac{1}{Re_l} \times \frac{\partial^2 u^*}{\partial y^{*2}} \tag{b}$$

在无量纲化过程中之所以取 u_0 作为参考速度，是因为自然对流过程中主流速度为零。从动量微分方程（6-45）可以看出，浮升力与惯性力具有相同的数量级，所以速度与 $\sqrt{g\alpha_v(t - t_\infty)x}$ 具有相同的量纲，因此，可定义 $u_0 = \sqrt{g\alpha_v(t_w - t_\infty)l}$ 为参考速度。于是式（b）中右边第一项就变成 Θ，第二项中的雷诺数 Re_l 变为 $[g\alpha_v(t_w - t_\infty)l^3/v^2]^{1/2}$，习惯上将其平方定义为格拉晓夫数，即

$$Gr = \frac{g\alpha_v(t_w - t_\infty)l^3}{v^2} \tag{6-46}$$

这样，格拉晓夫数（确切地说是 $Gr^{1/2}$）代替了原来动量微分方程式中的雷诺数，在自然对流中格拉晓夫数与雷诺数在强制对流所起的作用是相同的。我们知道，雷诺数反映了作用在流体微元上惯性力与黏性力之比，而格拉晓夫数则反映了作用于流体微元上的浮升力与黏性力之比。

6.6.3　常壁温条件下的换热相似解

对于常壁温的稳态自然对流，相应的边界条件为

$$\left.\begin{array}{l} y = 0, u = 0; v = 0; t = t_w \\ y \to \infty, u = 0; t = t_\infty \end{array}\right\} \tag{6-47}$$

由于动量微分方程中的浮升力是由于温度差引起的密度差形成的，因此动量微分方程必须与能量微分方程耦合求解。

为了使偏微分方程化为常微分方程，同样可引入如 6.3 节的无量纲相似参数 ξ 和无量纲流函数 f。只是取 $\sqrt{g\alpha_v(t_w - t_\infty)x}$ 为参考速度。于是，无量纲相似参数 ξ 可表示为

$$\xi = \frac{y}{x}\sqrt{Re_x} = \frac{y}{x}Gr_x^{1/4} \tag{c}$$

式中：Gr_x 为局部格拉晓夫数。

无量纲流函数 f 可表示为

$$f = \frac{\Psi}{\sqrt{u_\infty v x}} = \frac{\Psi}{4v(Gr_x/4)^{1/4}} \tag{d}$$

将动量微分方程和能量微分方程进行相似变换，并定义无量纲温度为 $\Theta = (t - t_\infty)/(t_w - t_\infty)$，可得

$$f''' + 3ff'' - 2f'^2 + \Theta = 0 \tag{6-48a}$$

$$\Theta'' + 3Prf\Theta' = 0 \tag{6-48b}$$

边界条件为

$$\xi = 0, f = 0; f' = 0; \Theta = 1$$
$$\xi \to \infty, f'(\infty) = 0; \Theta = 0$$

(6-48c)

式（6-48）是非线性常微分方程，可用数值积分方法求解，结合对流传热微分方程式 $h_x = -\dfrac{\lambda}{(t_w - t_\infty)} \dfrac{\partial t}{\partial y}\bigg|_{y=0,x}$ ，可得

$$Nu_x = \frac{h_x x}{\lambda} = -\frac{\partial \Theta}{\partial \xi}\bigg|_{\xi=0} \left(\frac{Gr_x}{4}\right)^{1/4} = -\left(\frac{Gr_x}{4}\right)^{1/4} \Theta'\big|_{\xi=0}$$

(e)

或

$$Nu_x Gr_x^{-1/4} = -\frac{1}{\sqrt{2}} \Theta'\big|_{\xi=0}$$

(6-49)

$\Theta'\big|_{\xi=0}$ 是流体在壁面处的无量纲温度梯度，是 Pr 数的函数。从上式分析还可得出，在自然对流传热层流流态下，局部表面传热系数 h_x 与 $x^{-1/4}$ 成正比，而在外掠平板强制对流传热的层流流态下，局部表面传热系数 h_x 与 $x^{-1/2}$ 成正比。

伊德（Ede）给出了式（6-49）中 $Nu_x Gr_x^{-1/4}$ 的近似函数表达式，即

$$Nu_x Gr_x^{-1/4} = \frac{3}{4}\left[\frac{2Pr^2}{5(1 + 2Pr^{1/2} + 2Pr)}\right]^{1/4}$$

(6-50)

思 考 题

6-1 对流传热问题的数学描写需要哪些方程？

6-2 边界层微分方程组是否在边界层内处处成立？为什么？

6-3 什么是数量级分析？

6-4 外掠平板层流边界层流动分析解的基本思路是什么？

6-5 湍流黏度和湍流热扩散率是不是流体的物性参数？

6-6 比拟理论与相似理论有何区别？

6-7 雷诺比拟是在什么条件下得到的？

6-8 自然对流传热中 Gr 的物理意义是什么？

习 题

6-1 对于流体外掠平板的流动，试利用数量级分析的方法，从动量微分方程推导出边界层厚度的如下关系式：$\delta/x \sim 1/\sqrt{Re_x}$ 。

6-2 对于外掠平板的对流传热，若边界层内流动为层流。已知温度边界层内的无量纲温度分布近似为 $\dfrac{t - t_\infty}{t_w - t_\infty} = \dfrac{3}{2}\dfrac{y}{\delta_t} - \dfrac{1}{2}\left(\dfrac{y}{\delta_t}\right)^3$ ，速度边界层厚度为 $\dfrac{\delta}{x} = 4.64 Re_x^{-1/2}$ ，且温度边界层厚度与速度边界层厚度为 $\delta_t/\delta \approx 1.026 Pr^{-1/3}$ 的关系。试由此推导表面对流传热的关联式。

6-3　20℃的水以 1m/s 的流速平行流过一块平板。试：①计算离开平板前缘 20cm 和 40cm 处的流动边界层厚度；②若假定边界层内的速度分布为：$\dfrac{u}{u_\infty} = \dfrac{3}{2}\dfrac{y}{\delta} - \dfrac{1}{2}\left(\dfrac{y}{\delta}\right)^3$，计算两截面处边界层内的流体质量流量（以垂直于流动方向的单位宽度计算）。

6-4　半径为 $R=10\text{mm}$ 的管内层流某截面处的速度分布为

$$u(r) = 0.2[1-(r/R)^2](\text{m/s})$$

温度分布为

$$t(r) = 55 + 15.0(r/R)^2(℃)$$

① 试确定该截面处的平均温度；②流体为水，计算该处的表面传热系数。

6-5　对自然对流传热的动量微分方程式（6-45），利用相似分析法推导出格拉晓夫数 Gr。

6-6　将一块尺寸为 0.2m×0.2m 的薄平板水平放入风洞中进行实验。已知，风洞内的空气流速度均匀为 40m/s，气流的温度为 20℃，通过电加热维持平板两侧的温度为 120℃，实验中，为维持平板的稳定需对它施加与风速反方向 0.075N 的作用力。试：①确定平板表面的传热系数；②所需的电加热功率。

第7章 相变对流传热

当蒸汽的温度降到所处压力对应的饱和温度时，若释放潜热就会凝结，从气态转变为液态。工程上遇到的多为蒸汽在固体表面上的凝结，如空调系统中工质在冷凝器中的凝结、火力发电厂水蒸气在凝汽器中的凝结。相反，物质从液态变为气态称为汽化，汽化有蒸发和沸腾两种形式。在液体表面发生的汽化现象为蒸发，任何温度下都可能发生蒸发；在液体内部发生的汽化现象则称为沸腾，此时加热表面温度高于液体的饱和温度。家庭中用锅烧水、火力发电厂水在锅炉的水冷壁中加热变为水蒸气的过程都属于沸腾。

壁面处发生的蒸汽凝结和液体沸腾是伴随相变过程的对流传热，称为相变对流传热，热流量仍可按牛顿冷却公式计算，即

$$\varPhi = hA\Delta t \tag{7-1}$$

不同的是，在凝结传热时，温差 Δt 为蒸汽所处压力下的饱和温度 t_s 与壁面温度 t_w 的差值；在沸腾传热时，温差 Δt 为加热面温度 t_w 与液体所处压力下的饱和温度 t_s 的差值。

在相变对流传热过程中，由于存在潜热的吸收或释放，因此表面传热系数通常比单相流体的对流传热大得多。此外，相变对流传热也易实现小温差下的高热流密度传热，近年来在高技术领域的应用越来越多。本章分别对凝结传热和沸腾传热的分类、传热特点及相关计算式进行介绍。

7.1 凝 结 传 热

微课25
凝结传热

7.1.1 凝结现象的分类

当蒸汽在壁面上发生凝结时，根据凝结后液体在壁面上的存在形式，可将凝结现象分为膜状凝结和珠状凝结两类。

如图 7-1 所示，如果凝结液对壁面有较强的润湿能力，也就是凝结液分子间吸引力小于它与壁面分子间的吸引力，凝结液就会在壁面上形成一层液膜，这种凝结称为膜状凝结；如果凝结液对壁面的润湿能力差，凝结液分子间吸引力大于它与壁面分子间吸引力，则凝结液在壁面上形成相互孤立、不同大小的液珠，这种凝结称为珠状凝结。

若形成膜状凝结，由于壁面上的凝结液膜阻碍了蒸汽与壁面的直接接触，蒸汽只能在液膜表面凝结，向液膜表面放出汽化潜热，放出的热量再通过液膜传到壁面，液膜构成了蒸汽与壁面传热的主要热阻。此时，尽可能排除凝结液、减小

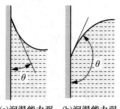

(a)润湿能力强 (b)润湿能力弱

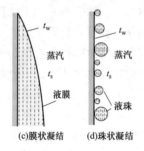

(c)膜状凝结 (d)珠状凝结

图 7-1　膜状凝结与
珠状凝结

液膜厚度成为强化凝结传热的一个主要途径。

若形成珠状凝结，蒸汽仍可以与壁面有效接触放热。随凝结过程的进行，个别液珠在变大到一定程度后会沿壁面滚落下来，在其下落过程中会清扫沿途遇到的小液珠，使壁面重复液珠的形成和成长过程。大量的实验结果表明，珠状凝结的表面传热系数比相同条件下膜状凝结大 10～15 倍。但由于在常规金属表面难以形成或长久维持珠状凝结，当前绝大多数工业凝结设备的凝结过程都属于膜状凝结。

7.1.2　竖壁表面膜状凝结流动特点

图 7-2 所示为饱和蒸汽在竖壁表面上进行膜状凝结的流动示意。凝结后的液体在重力作用下沿壁面向下流动，蒸汽在液膜表面上不断凝结，当因流动造成的液体流失速度与蒸汽凝结速度相同时，液膜厚度将不随时间变化，形成稳定的膜状凝结。

在竖壁的上部，凝结液较少、液膜薄、流速低，液膜内的流动处于层流状态。但随凝结量的不断增加，液膜逐渐变厚，在竖壁的下部，液膜内的流动状态会由层流向湍流转变。液膜内某截面上液体的流动状态仍可用雷诺数来判断。下面以图 7-3 进行说明，一宽为 b 的冷表面竖直放置，将竖壁的最上缘作为坐标原点，沿液体流动方向也就是垂直向下的方向设为 x 方向，垂直于壁面指向流体的方向为 y 方向，则某 x 截面处液体流动的雷诺数为

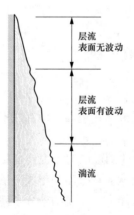

图 7-2　竖壁表面膜状凝结的流动示意

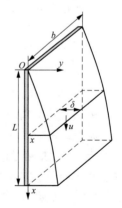

图 7-3　膜状凝结液膜发展示意

$$Re_x = \frac{ud_e}{\nu_l} \tag{7-2}$$

式中：u 为该截面上流体的平均流速；d_e 为截面的当量直径；ν_l 为液体的运动黏度。

若截面上流体的质量流量为 q_m，密度为 ρ_l，液膜厚度为 δ，则有

$$u = \frac{q_m}{\rho_l b \delta} \tag{7-3}$$

$$d_e = \frac{4b\delta}{b} = 4\delta \tag{7-4}$$

$$Re_x = \frac{4q_m}{\rho_l b \nu_l} = \frac{4q_m}{\eta_l b} \tag{7-5}$$

在稳态下，x 截面处的液体流量等于 $0 \sim x$ 范围内蒸汽的凝结量，忽略放热中显热部分，假设蒸汽放出的热量仅为潜热，用 r 代表液体的汽化潜热，有

$$\Phi = hbx(t_s - t_w) = q_m r \tag{7-6}$$

可得

$$Re_x = \frac{4hx(t_s - t_w)}{\eta_l r} \tag{7-7}$$

式中：h 为竖壁上 $0 \sim x$ 范围的平均表面传热系数。

实验表明，液膜流动由层流转化为湍流的临界雷诺数 Re_c 可定为 1800，也有部分文献将其定为 1600。

7.1.3　竖壁表面层流膜状凝结的分析解

早在 1916 年，努塞尔（Nusselt）就对纯净饱和蒸汽在竖壁表面层流膜状凝结传热进行了理论分析求解，这也被认为是理论求解对流传热问题的经典之作。努塞尔首先根据问题的实际特点，做了如下 8 点简化假设：

（1）蒸汽和凝结液的物性参数均为常数；

（2）蒸汽是静止的，汽-液界面上无对液膜的黏滞应力；

（3）液膜很薄，流速很低，忽略流动的惯性力；

（4）蒸汽为纯净的饱和蒸汽，温度为 t_s，相变发生在汽-液界面上，液膜表面温度 $t_\delta = t_s$；

（5）认为液膜内部的热量传递主要是垂直于液膜流动方向的导热，液膜内的温度分布为线性的；

（6）忽略凝结液过冷（从 t_s 冷却到 t_w）所释放的显热，即传给壁面的热量只是蒸汽在液膜表面凝结时放出的汽化潜热；

（7）蒸汽密度 ρ_v 远小于液体的密度 ρ_l，ρ_v 相对于 ρ_l 可忽略；

（8）液膜表面平整无波动。

图 7-4 所示为努塞尔所做的理论分析示意。在任意的 x 截面处，取一微元段 $\mathrm{d}x$ 作为研究对象，此处液膜的厚度为 δ_x，在垂直纸面方向上取单位宽度。在以上 8 点简化假设中，第（5）点认为热量传递主要是垂直于液

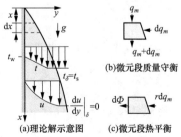

（a）理论解示意图　（b）微元段质量守恒　（c）微元段热平衡

图 7-4　竖壁表面层流膜状
凝结理论分析示意

膜流动方向的导热最为关键，由此可得，此处通过液膜导热的热流量等于由牛顿冷却公式计算的热流量，即

$$h_x \mathrm{d}x(t_s - t_w) = \lambda_1 \mathrm{d}x \frac{t_s - t_w}{\delta_x} \tag{a}$$

因此，沿竖壁的局部表面传热系数为

$$h_x = \frac{\lambda}{\delta_x} \tag{7-8}$$

由式（7-8）可看出，局部表面传热系数与液膜的厚度成反比。可见，求得 h_x 的关键是获得液膜厚度 δ_x 随 x 的变化。

根据第（6）点假设，液膜的导热量等于凝结释放的潜热，则有

$$r\mathrm{d}q_m = \lambda_1 \frac{t_s - t_w}{\delta_x} \mathrm{d}x \tag{b}$$

式中：$\mathrm{d}q_m$ 是 $\mathrm{d}x$ 微元段上新增的凝结液质量流量，可以通过求解 x 截面上的速度分布来确定凝结液的质量流量 q_m。

下面研究微元段的质量守恒关系，x 截面上液体的质量流量为

$$q_m = \int_0^{\delta_x} \rho_1 u \mathrm{d}y \tag{c}$$

式中：u 为 x 截面上的速度分布。

利用单相流体对流传热边界层微分方程组的推导结果，描述液膜流动的 x 方向动量微分方程式为

$$u \frac{\partial u}{\partial x} + v \frac{\partial u}{\partial y} = -\frac{1}{\rho_1} \frac{\mathrm{d}p}{\mathrm{d}x} + g + \nu_1 \frac{\partial^2 u}{\partial y^2} \tag{d}$$

考虑假设（3），可舍去式（d）等号左边部分，考虑假定（2），有 $\mathrm{d}p/\mathrm{d}x = \rho_v g$，再考虑假定（7），动量微分方程可简化为

$$\nu_1 \frac{\mathrm{d}^2 u}{\mathrm{d}y^2} + g = 0 \tag{7-9a}$$

边界条件为

$$\left. \begin{array}{l} y = 0, u = 0 \\ y = \delta_x, \dfrac{\mathrm{d}u}{\mathrm{d}y} = 0 \end{array} \right\} \tag{7-9b}$$

对式（7-9）进行积分求解可得

$$u = \frac{g}{\nu_1}\left(\delta_x y - \frac{1}{2}y^2\right) = \frac{\rho_1 g}{\eta_l}\left(\delta_x y - \frac{1}{2}y^2\right) \tag{e}$$

将式（e）代入式（c）得

$$q_m = \int_0^{\delta} \rho_1 u \mathrm{d}y = \int_0^{\delta} \rho_1 \frac{\rho_1 g}{\eta_l}\left(\delta_x y - \frac{1}{2}y^2\right)\mathrm{d}y = \frac{g\rho_1^2 \delta_x^3}{3\eta_l} \tag{f}$$

在 $\mathrm{d}x$ 微元段上质量流量的增量为

$$dq_m = \frac{g\rho_1^2 \delta_x^2 d\delta_x}{\eta_1} \tag{g}$$

将式（g）代入式（b）得

$$r \frac{g\rho_1^2 \delta_x^2 d\delta_x}{\eta_1} = \lambda_1 \frac{t_s - t_w}{\delta_x} dx \tag{h}$$

对式（h）进行积分得

$$\delta_x = \left[\frac{4\eta_1 \lambda_1 (t_s - t_w) x}{gr\rho_1^2}\right]^{\frac{1}{4}} \tag{i}$$

将式（i）代入式（7-8），得局部表面传热系数为

$$h_x = \frac{\lambda_1}{\delta_x} = \left[\frac{gr\lambda_1^3 \rho_1^2}{4\eta_1 (t_s - t_w) x}\right]^{\frac{1}{4}} \tag{7-10}$$

对于长度为 l 的整个竖壁，平均表面传热系数为

$$h = \frac{1}{l}\int_0^l h_x dx = 0.943\left[\frac{gr\lambda_1^3 \rho_1^2}{\eta_1 (t_s - t_w) l}\right]^{\frac{1}{4}} \tag{7-11}$$

式（7-11）就是努塞尔所推导的竖壁表面层流膜状凝结的分析解结果。

7.1.4　工程中的凝结传热表面传热系数计算式

1. 层流液膜换热计算公式

实验证实，当 $Re<30$ 时，实验结果与式（7-11）的理论解相吻合；当 $30\leqslant Re<1800$ 时，由于液膜表面的波动增强了液膜的传热，实际平均表面传热系数的数值要比式（7-11）的计算结果大 20% 左右，所以在工程计算时将该式的系数加大 20%，改为

$$h = 1.13\left[\frac{gr\lambda_1^3 \rho_1^2}{\eta_1 (t_s - t_w) l}\right]^{\frac{1}{4}} \tag{7-12}$$

式（7-11）和式（7-12）中，下标 l 表示该参数为液膜的参数，下标 s 表示该参数为饱和温度对应参数；定性温度为 $t_m = (t_s + t_w)/2$；若壁面倾斜，且壁面与水平面夹角为 φ，将式中的 g 改为 $g\sin\varphi$ 计算即可。此外，只要管子的曲率半径远大于液膜厚度，则式（7-12）同样适用于竖直放置圆管外表面的凝结情况。

努塞尔的理论分析解还可以推广到单根水平圆管及圆球表面的层流膜状凝结，若管外径或球外径为 d，则平均表面传热系数计算公式为

$$h = C\left[\frac{gr\lambda_1^3 \rho_1^2}{\eta_1 (t_s - t_w) d}\right]^{\frac{1}{4}} \tag{7-13}$$

式（7-13）中的系数 C，对于单根水平圆管为 0.729，对于圆球为 0.826。判断其流动状态的雷诺数仍用式（7-7）进行计算，只需用圆管或球的周长 πd 代替式中的 x 即可，实际工程上的水平圆管外凝结，一般处于层流范围。

比较式（7-12）与式（7-13）可知，当圆管的长度远大于外径时，水平管的平均表面传热系数要高于垂直管的情况。

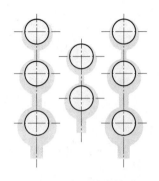

图 7-5　水平管束外层流膜状凝结

工业上大多数冷凝器内是由多排水平圆管组成的管束。当垂直方向的管间距比较小时，上下管壁上的液膜连在一起，从上向下液膜逐渐增厚，如图 7-5 所示。如果液膜保持层流状态，则仍可以用式(7-13)计算平均表面传热系数，但需要将式中的特征长度 d 改为 Nd，N 为垂直方向液膜流经的管排数。当管间距较大时，上一排管子的凝结液会滴到下一排管子上并飞溅，扰动下一排管子上的液膜，使凝结传热增强，采用式（7-13）计算的结果就会偏低，更准确的计算可参见其他手册。

2. 湍流液膜换热计算公式

对于竖直壁面上的凝结传热，若 $Re > 1800$，则液膜既有层流段也有湍流段，整个壁面的平均表面传热系数计算式为

$$h = \frac{Re\lambda}{8750 + 58 Pr^{-1/2}(Re^{3/4} - 253)} \left(\frac{g}{\nu^2} \right)^{1/3} \tag{7-14}$$

式中各物性参数都是凝结液的，定性温度为 $(t_s + t_w)/2$。该式适用于凝结液密度 ρ_l 远大于蒸汽密度 ρ_v 的情况。

7.1.5　膜状凝结的影响因素及其换热强化

1. 影响膜状凝结的因素

前面的分析和所给的计算公式主要是针对纯净、饱和蒸汽在静止情况下的凝结过程。但在实际工程中遇到的情况往往会较复杂：蒸汽中可能含有不凝结气体，蒸汽存在一定的过热度（蒸汽温度高于饱和温度），液膜存在较大的过冷度，或蒸汽是流动的。这些因素都会对壁面上的凝结过程产生影响，下面做简要分析。

（1）不凝结气体的影响。当蒸汽中含有不凝结气体（如空气）时，即使是微量，也会对凝结换热产生十分有害的影响。一方面，随着蒸汽的凝结，不凝结气体会越来越多地汇集在液膜表面附近，阻碍蒸汽靠近；另一方面，液膜表面附近的蒸汽分压力会逐渐下降，饱和温度 t_s 降低，凝结换热温差 $(t_s - t_w)$ 减小。这两方面的原因使凝结换热大大削弱。工程实际证实，如果水蒸气中空气的质量分数为 1%，凝结表面传热系数降低 60% 左右。因此，排除冷凝器中的不凝结气体是保证冷凝器高效工作的重要措施。

（2）蒸汽流速。当蒸汽具有较高的流速时，会对凝结换热产生明显的影响。由于蒸汽与液膜表面之间的黏性切应力作用，当蒸汽与液膜的流动方向相同时，液膜会被拉薄，使热阻减小；当蒸汽与液膜的流动方向相反时，液膜会被带厚，使热阻增加。当然，如果蒸汽的流速特别高时，会使凝结液膜产生波动，甚至会吹落液膜，使凝结换热大大强化。

（3）蒸汽的过热度。如果蒸汽是过热的，则在凝结换热的过程中会首先放出

显热，冷却到饱和温度，然后凝结，放出汽化潜热。过热蒸汽的膜状凝结换热仍然可以用上述公式计算，但须将公式中的汽化潜热 r 改为过热蒸汽与饱和液的焓差。

（4）液膜的过冷度。凝结液从气液界面上的饱和温度继续冷却到接近壁面温度，释放出显热，如果液膜的过冷度较小，此部分热量可近似忽略。但是若壁面的温度远低于蒸汽的饱和温度，液膜的过冷所放出的显热就有明显的影响，此时，可采用式（7-15）计算的 r' 来代替 r，即

$$r' = r + 0.68c_p(t_s - t_w) \tag{7-15}$$

2. 膜状凝结换热的强化

前面的分析已提到，对于膜状凝结，液膜构成了凝结传热的主要热阻，因此，强化膜状凝结换热的关键措施就是设法将凝结液从换热面排走、尽可能减小液膜厚度。例如，目前工业上由水平管束构成的冷凝器都采用低肋管或锯齿形肋片管，利用凝结液的表面张力将凝结液拉入肋间槽内，使液膜变薄，从而达到强化凝结换热的目的。

例题 7-1　1个标准大气压下的饱和水蒸气在温度为80℃的竖直壁面上凝结放热，竖壁高2m，宽2m，求蒸汽凝结放热的热流量以及竖壁下端凝结液的质量流量。

计算：

液膜定性温度为 $t_m = \dfrac{100 + 80}{2} = 90$（℃），查得凝结液物性参数为 $\rho_l = 965.3\text{kg/m}^3$，$\lambda_l = 0.68\text{W/(m·K)}$，$\nu_l = 0.326 \times 10^{-6}\text{m}^2/\text{s}$，$\eta_l = 0.315 \times 10^{-3}\text{Pa·s}$，$c_{pl} = 4208\text{J/kg}$，$r = 2257\text{kJ/kg}$。

修正的汽化潜热为

$$r' = r + 0.68c_{pl}(t_s - t_w) = 2257 \times 10^3 + 0.68 \times 4208 \times (100 - 80)$$
$$= 2314(\text{kJ/kg})$$

假设液膜流动为层流，则有

$$h = 1.13\left[\frac{gr'\lambda_l^3\rho_l^2}{\eta_l(t_s - t_w)L}\right]^{\frac{1}{4}} = 1.13 \times \left[\frac{9.8 \times 2314 \times 10^3 \times 0.68^3 \times 965.3^2}{0.315 \times 10^{-3} \times (100 - 80) \times 2}\right]^{\frac{1}{4}}$$
$$= 5415[\text{W/(m}^2\text{·K)}]$$

$$Re = \frac{4hl(t_s - t_w)}{\eta_l r'} = \frac{4 \times 5415 \times 2 \times (100 - 80)}{0.315 \times 10^{-3} \times 2314 \times 10^3} = 1188.6 < 1800$$

流动为层流，与假设一致。

$$\Phi = hA(t_s - t_w) = 5415 \times 2 \times 2 \times (100 - 80) = 433.2(\text{kW})$$

凝结液流量为

$$q_m = \frac{\Phi}{r'} = \frac{433.2 \times 10^3}{2314 \times 10^3} = 0.187(\text{kg/s})$$

7.2　沸　腾　传　热

7.2.1　沸腾传热的分类

根据沸腾时液体的平均温度可将沸腾传热分为过冷沸腾与饱和沸腾。过冷沸腾是指液体主体温度低于当前压力对应饱和温度的沸腾；饱和沸腾是指液体主体温度略高于饱和温度的沸腾。

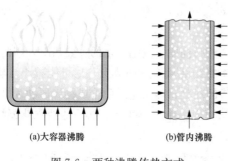

(a)大容器沸腾　　　**(b)管内沸腾**

图 7-6　两种沸腾传热方式

根据流体运动的动力不同又可将沸腾分为大容器沸腾与管内沸腾，如图 7-6 所示。大容器沸腾也称为池内沸腾，其主要特征是加热壁面沉浸在具有自由表面的液体当中，沸腾所产生的气泡能自由浮升并离开自由表面，液体的运动是由自然对流或者气泡扰动所引起的。管内沸腾的特征是容器内不存在自由表面，沸腾产生的气泡无法溢出，从而形成气液两相流，通常管内液体的流动处于强制对流状态，因此管内沸腾也称为强制对流沸腾。本节主要介绍大容器的饱和沸腾。

7.2.2　气泡动力学简介

1. 气泡的生成

不断产生气泡是沸腾的典型特点，这涉及气泡的生成、跃离、传热与受力。在沸腾传热过程中气泡一般在加热面上生成。但并不是在加热面任何位置均会有气泡生成，生成气泡的位置称为汽化核心。由于液体汽化产生气泡时会吸收大量的汽化潜热，汽化核心数量越多，气泡产生就越快，固体表面与液体间的传热量也就越大。

汽化核心的产生首先取决于壁面的过热度，其次受壁面条件影响。壁面的过热度为壁面温度与液体饱和温度之差（$t_w - t_s$），只有在有足够过热度时才可能形成汽化核心，而且过热度越高，汽化核心数量也越多。壁面上的凹坑、裂隙最容易成为汽化核心，原因是凹坑、裂隙处液体的受热强度大，而且这些地方容易残留气体，如图 7-7 所示。因此，增加壁面上的凹坑、裂隙是当前强化沸腾传热的主要手段。近年来的研究还表明，采用疏水表面有利于降低沸腾初始核化所需过热度，易于形成稳定的汽化核心。

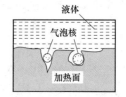

图 7-7　汽化核心示意

2. 气泡的跃离

观察沸腾传热过程可以发现气泡在汽化核心处生成后会跃离壁面，一方面使该汽化核心处形成新的气泡，使液体继续吸收汽化潜热；另一方面跃离的气泡对液体形成剧烈扰动，增强了液体对壁面的冲刷及液体内部的热对流，这些都有利于强化壁面与流体间的传热。当气泡的浮升力大于附着力时，气泡脱离加热面，其难易主要取决于液体对固体壁面的润湿能力。若液体对壁面润湿能力强，气泡在壁面上附着面积小，则易跃离；若液体对壁面润湿能力差，则形成的气泡不易跃离。因此，液体与固体壁面的组合也是影响沸腾传热的一个因素。

3. 跃离后气泡的传热与受力

气泡跃离后是缩小甚至湮灭，还是维持体积甚至长大，取决于气泡的受力条件与传热条件。首先来分析气泡在液体内的传热状态，如果气泡温度 t_v 大于液体温度 t_l，气泡将向液体放热，气泡内蒸汽将液化，气泡缩小，为保证气泡不缩小，应有 $t_v \leqslant t_l$，至少有 $t_v = t_l$，这就是气泡存在的热平衡条件。

对于气泡的受力，如图 7-8 所示，气泡在液体内受到三种力，即内部蒸汽的压力 p_v、液体对气泡的压力 p_l 与气液表面的表面张力 σ，显然 p_l 与 σ 是压缩气泡使气泡变小的力，p_v 是使气泡变大的力。根据受力平衡，应有

$$\pi R^2 (p_v - p_l) = 2\pi R\sigma \tag{7-16}$$

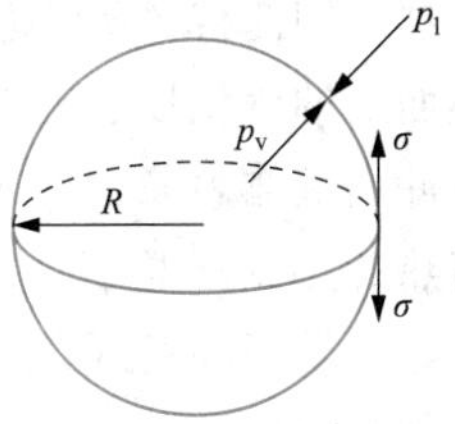

显然有 $p_v > p_l$，若认为 p_l 基本等于环境压力，对应的液体饱和温度为 t_s，由于气泡内流体已经是气态，一定有

图 7-8　气泡受力分析

$t_v > t_s$。根据前述的气泡存在的热平衡条件：$t_v = t_l$，因此可得 $t_l > t_s$，可见在饱和沸腾条件下容器内的液体是过热的。根据式（7-16）还可得出饱和沸腾时满足气泡生成的条件，即

$$R \geqslant \frac{2\sigma}{p_v - p_l} \tag{7-17}$$

7.2.3　大容器饱和沸腾曲线

图 7-9 所示为水（1.013×10^5 Pa 下）在大容器中饱和沸腾时的沸腾曲线，图中横坐标温差和纵坐标热流密度均为对数坐标。对其他液体进行不同压力下的实验也可以得出类似的曲线，只是参数的具体数值不同。

1. 沸腾曲线的四个区域

由图 7-9 可知，沸腾曲线可分为 4 个区域：自然对流区、核态沸腾区、过渡沸腾区和膜态沸腾区。下面对各个区域的传热机理作简单介绍。

（1）自然对流区。当温差 $\Delta t < 5^\circ\!\text{C}$，即图中 A 点以前，加热面上还很难发生汽化，产生气泡。加热面与流体仍以自然对流传热的形式交换热量，因此，将这一区间称为自然对流区。

（2）核态沸腾区。当温差 $\Delta t \geqslant 5^\circ\!\text{C}$ 时，加热面的部分地点开始产生气泡，标志着沸腾的发生。一些气泡还会逐渐长大，直到在浮升力的作用下脱离加热面，

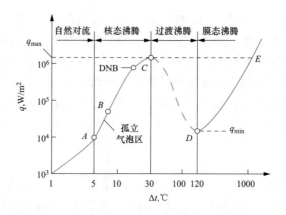

图 7-9　$p=1.013\times10^5\,Pa$ 时水的沸腾曲线

进入液体。但在 B 点以前，加热面上产生的气泡相互影响较少，各个气泡能独立发展，因此将 AB 段称为孤立气泡区。但在 B 点之后，随温差的进一步增加，加热面上的汽化核心迅速增加，产生的气泡开始融合，并形成大的气块或气柱，直至冲出液体表面，进入气相空间，BC 段称为气块区。在以上两个区域中，沸腾传热的热流密度 q 主要取决于汽化核心的数量，因此将 AC 段（$5℃\leqslant\Delta t\leqslant30℃$）统称为核态沸腾区。这一区域具有传热温差小，热流密度大的特点，因此在工业上被广泛应用。

（3）过渡沸腾区。如果从 C 点继续提高温差 Δt，热流密度 q 不仅不增加，反而迅速降低，最终降低至 D 点。这是由于加热面过热度 Δt 过高，导致产生的气泡过多，以至于在加热面上形成连在一起的汽块（或汽膜），阻碍了液体与壁面的接触传热，使传热恶化。从 C 到 D 这一阶段（$30℃\leqslant\Delta t\leqslant120℃$）的换热状态是不稳定的，称为过渡沸腾区。

（4）膜态沸腾区。在 D 点之后（$\Delta t>120℃$），随着加热面过热度 Δt 的继续提高，加热面上开始形成一层稳定的汽膜，汽化在汽液界面上进行。从加热面向液体的传热除了以对流传热的方式从加热面通过汽膜传到汽液界面外，还依靠穿过蒸汽的辐射传热模式进行。Δt 越大加热面的辐射热越多，热流密度也随之越大。D 点以后的区段称为膜态沸腾区。

2. 临界热流密度

在工程上经常采用电加热的方法实现大容器饱和沸腾，这种方法中，通过调整加热电功率来控制加热面的热流密度。仍以图 7-9 为例，在 C 点对应的热流密度之前，随热流密度的增加，加热面的温度逐渐升高。但当热流密度达到并超过此值，工况将非常迅速地由 C 点沿虚线跳到膜态沸腾区的 E 点，壁面温度会急剧升高到 $1\,000℃$ 以上，从而有可能导致加热面因温度过高而烧毁。因此常将 C 点对应的热流密度值称为临界热流密度 q_{max}。工程上为了保证安全的核态沸腾传热，必须控制热流密度低于 q_{max}。在图 7-9 中的热流密度达峰值 q_{max}（图中 C 点）前，曲线出现一拐点 DNB（Departure from Nucleate Boiling），可以用其作为监视接近 q_{max} 的警戒。

7.2.4　沸腾传热计算

由于沸腾传热的复杂性，目前还没有一个得到公认能够适用各种沸腾传热现象的计算式。下面仅介绍大容器饱和沸腾中核态沸腾和膜态沸腾区域代表性的计算方法，同时也给出一个大容器饱和沸腾临界热流密度的计算式。

1. 大容器饱和核态沸腾的计算式

（1）罗森诺计算式。描述大容器饱和沸腾中核态沸腾区域热流密度与温差的关系式之一，是由罗森诺（Rohsenow）在 1952 年提出的，可表示为如下形式：

$$q = \eta_l r \left[\frac{g(\rho_l - \rho_v)}{\sigma} \right]^{1/2} \left(\frac{c_{pl}\Delta t}{C_{wl} r Pr_l^s} \right)^3 \tag{7-18}$$

式中：q 为热流密度；η_l 为饱和液体的动力黏度；r 为汽化潜热；g 为重力加速度；ρ_l、ρ_v 分别为饱和液、饱和蒸汽的密度；σ 为液体与蒸汽界面的表面张力；c_{pl} 为饱和液体的比定压热容；Δt 为壁面过热度；C_{wl} 为取决于液体与加热表面组合的经验常数；Pr_l 为饱和液的普朗特数；s 为经验系数，对于水 $s=1$，其他液体 $s=1.7$。

表 7-1 为不同液体与固体壁面组合的 C_{wl}；表 7-2 为不同温度下水的表面张力 σ；表 7-3 所示为其他常见液体的表面张力 σ。

表 7-1　　　　　　　　　**不同液体与固体壁面组合下 C_{wl} 值**

液体与固体表面组合	C_{wl}	液体与固体表面组合	C_{wl}
水-抛光的铜	0.013 0	水-镍	0.006 0
水-烧焦的铜	0.006 8	水-铂	0.013 0
水-机械抛光不锈钢	0.013 0	苯-铬	0.101 0
水-磨光并抛光的不锈钢	0.006 0	乙醇-铬	0.002 7
水-化学腐蚀的不锈钢	0.013 0	四氯化碳-铜	0.013 0
水-黄铜	0.006 0		

表 7-2　　　　　　　　　**不同温度下水的表面张力**

$t/℃$	$\sigma/(N/m)$	$t/℃$	$\sigma/(N/m)$	$t/℃$	$\sigma/(N/m)$
0	0.075 7	140	0.050 9	280	0.019 0
20	0.072 7	160	0.046 6	300	0.014 4
40	0.069 6	180	0.042 2	320	0.009 9
60	0.066 2	200	0.037 7	340	0.005 6
80	0.062 7	220	0.033 1	360	0.001 9
100	0.058 9	240	0.028 4		
120	0.055 0	260	0.023 7		

表 7-3   其他常见液体的表面张力

液体	温度范围/℃	$\sigma/(\text{N/m})$（t 单位为℃）
氨	$-75\sim40$	$0.026\,4+0.000\,223t$
苯	$10\sim80$	$0.031\,5-0.000\,129t$
丁烷	$-70\sim-20$	$0.014\,9-0.000\,121t$
二氧化碳	$-30\sim-20$	$0.004\,3-0.000\,160t$
乙醇	$10\sim70$	$0.024\,1-0.000\,083t$
汞	$5\sim200$	$0.490\,10-0.000\,205t$
甲醇	$10\sim60$	$0.024\,0-0.000\,077t$
戊烷	$10\sim30$	$0.018\,3-0.000\,110t$
丙烷	$-90\sim-10$	$0.009\,2-0.000\,087t$

（2）米海耶夫计算式。对于水，在 $10^5\sim4\times10^6\,\text{Pa}$ 的压力范围内，米海耶夫（Muxeeb）推荐式（7-19）计算大容器饱和核态沸腾的表面传热系数，即

$$h = 0.122\,4\Delta t^{2.33}\,p^{0.5} \tag{7-19}$$

式中：Δt 为加热面的过热度；p 为液体的绝对压力。

2. 临界热流密度的计算式

临界热流密度是沸腾传热设计中的一个重要参数，库塔杰拉泽（Kutateladze）和朱伯（Zuber）分别通过量纲分析和流体动力稳定性理论导出了该值与相关参数的关系式，后又根据实验结果进行了修正，得到如下的计算式：

$$q_{\max} = 0.149r\rho_v^{1/2}\left[\sigma g\left(\rho_1-\rho_v\right)\right]^{1/4} \tag{7-20}$$

式（7-20）的适用条件是加热表面的特征长度远大于气泡平均直径。式中下标 v 表示该量为蒸汽的参数，l 表示该量为液体的参数，各物性参数均按照饱和温度查取。

3. 大容器饱和膜态沸腾计算式

膜态沸腾较常见于超低温介质（如液氮等）的工作过程，汽膜的流动传热在很多方面类似于膜状凝结中液膜的流动与传热。对于横管外膜态沸腾，对流传热系数计算式为

$$h = 0.62\left[\frac{gr\rho_v(\rho_1-\rho_v)\lambda_v^3}{\eta_v d(t_w-t_s)}\right]^{1/4} \tag{7-21}$$

式中：ρ_1、r 为饱和温度下的液体的密度与汽化潜热。

其他物性以平均温度 $t_m=(t_w+t_s)/2$ 为定性温度；特征长度为管外径 d。

由于在膜态沸腾条件下，壁面对液体的辐射传热作用显著，且辐射传热会增加汽膜的厚度，所以此时加热面的总传热不是对流传热与辐射传热的简单叠加。勃洛姆来（Bromley）建议采用如下超越方程计算复合传热系数：

$$h^{4/3} = h_c^{4/3} + h_r^{4/3} \tag{7-22}$$

式中：h_c、h_r 分别为按照对流传热与辐射传热得到的表面传热系数。

h_r 按式（7-23）计算，即

$$h_r = \frac{\varepsilon\sigma(T_w^4 - T_s^4)}{T_w - T_s} \tag{7-23}$$

例题 7-2 1个标准大气压下，水在抛光不锈钢容器内沸腾，若加热面温度为 110℃，求：①加热面的热流密度；②单位加热面积上的水蒸发速率；③当前压力下，水在该容器内沸腾的临界热流密度。

题解：

计算： 1个标准大气压下水的饱和温度为 100℃，饱和水与饱和蒸汽的物性参数为：$\rho_l = 958.4 \text{kg/m}^3$，$\rho_v = 0.6 \text{kg/m}^3$，$Pr_l = 1.75$，$r = 2257 \text{kJ/kg}$，$\eta_l = 0.282\,5 \times 10^{-3} \text{Pa} \cdot \text{s}$，$c_{pl} = 4220 \text{J/(kg} \cdot \text{K)}$，$C_{wl} = 0.013$，$\sigma = 0.058\,9 \text{N/m}$，$s = 1$。

由式（7-18）得加热面的热流密度为

$$q = \eta_l r \left[\frac{g(\rho_l - \rho_v)}{\sigma}\right]^{1/2} \left(\frac{c_{pl}\Delta t}{C_{wl} r Pr_l^s}\right)^3$$

$$= 0.282\,5 \times 10^{-3} \times 2257 \times 10^3 \times \left[\frac{9.8 \times (958.4 - 0.6)}{0.058\,9}\right]^{0.5}$$

$$\times \left(\frac{4220 \times 10}{0.013 \times 2257 \times 10^3 \times 1.75}\right)^3 = 141(\text{kW/m}^2)$$

单位加热面水的蒸发速率为

$$q_m = \frac{q}{r} = \frac{141 \times 10^3}{2257 \times 10^3} = 0.062(\text{kg/s})$$

由式（7-20）可得临界热流密度为

$$q_{max} = 0.149 r \rho_v^{1/2} [\sigma g(\rho_l - \rho_v)]^{1/4}$$

$$= 0.149 \times 2257 \times 10^3 \times 0.6^{0.5} \times [0.058\,9 \times 9.8 \times (958.4 - 0.6)]^{0.25}$$

$$= 1.26 \times 10^6 (\text{W/m}^2)$$

 思 考 题

7-1 为何珠状凝结比膜状凝结的传热效果好？

7-2 为何不凝结气体的存在对膜状凝结有显著的影响？

7-3 为什么新装空调时，需要将连接铜管的空气抽出？

7-4 试说明在大容器饱和沸腾曲线中各阶段的传热机理。

7-5 沸腾传热过程的临界热流密度是如何定义的？对电加热沸腾设备，控制临界热流密度有何意义？

7-6 将水撒到炽热的铁板上，会发现许多小水滴在铁板上跳动，并维持相当长的一段时间而不被汽化，该现象也被称为莱登佛罗斯特现象，请解释。

7-7 试对比管外膜状凝结及水平管外膜态沸腾传热过程的异同。

7-8 从传热表面的结构出发，强化凝结传热的基本思想是什么？强化沸腾传热的基本

思想是什么？

习　题

7-1　试将努塞尔膜状凝结分析解式（7-11）整理成特征数间的函数关系式，引入伽利略数 $Ga = \dfrac{gl^3}{v^2}$ 和雅各布数 $Ja = \dfrac{r}{c_p(t_s - t_w)}$。

7-2　一块竖直平板，温度为 80℃，宽为 30cm，高为 1.2m，暴露在 1 个标准大气压下的饱和水蒸气中。计算平板表面的凝结热流量以及每小时水蒸气的凝结量。

7-3　绝对压力为 690kPa 的饱和水蒸气在一水平管道外表面凝结，管道直径为 2.54cm，管壁温度为 138℃。求凝结传热系数及单位管长凝结液流量。

7-4　一电站凝汽器由 288 根铜管构成（高度方向为 6 排），每根管子的外直径为 22mm，长度为 4.9m。若某工况下管子的外壁温为 28.6℃，管外为 5.03kPa（饱和温度为 33℃）的饱和水蒸气。①计算该工况下凝结传热的表面传热系数；②计算该工况下的蒸汽凝结量。

7-5　利用一个底面为 30cm×30cm 的正方形铜锅在 1atm 压力下烧水，锅底的温度为 115℃。试采用米海耶夫计算式计算锅底沸腾传热的热流量。

7-6　一直径为 5mm 的加热铜管浸入在 1 个标准大气压下的饱和水中。铜管的过热度为 11℃。估算单位长度铜管的散热的热流量。

7-7　在 $p = 1.98 \times 10^5 \text{Pa}$ 的压力下，水在黄铜板表面的大空间内发生沸腾。试计算沸腾传热的临界热流密度。

7-8　在沸腾现象的实验中，水在 1 个大气压下被一根长 10cm、直径 1mm 的康铜丝加热。当康铜丝表面温度达到 554℃时出现稳定膜态沸腾现象。试计算此时膜态沸腾的表面传热系数。

第 8 章 辐 射 传 热 基 础

热辐射是指由于物体微观粒子的热运动向外发射辐射能的过程。辐射传热则是物体之间通过发射与吸收热辐射进行热量传递的现象。本章主要讨论固体、液体表面之间的辐射传热。进行辐射传热计算，首先要了解表面发射辐射和对投入辐射吸收的规律，还需考虑表面之间的空间位置关系。本章将首先介绍一些有关辐射和吸收的基本概念及理想辐射表面——黑体，进而介绍黑体辐射的基本定律；在此基础上讨论实际物体表面的辐射和吸收特性，以及反映辐射和吸收关系的基尔霍夫定律；接下来介绍反映表面之间空间位置关系的几何因子——角系数，解决实际表面多次吸收、反射问题的概念——有效辐射，并引出辐射热网络的分析方法；最后给出两漫灰表面组成封闭系统的辐射传热计算方法。

8.1 热辐射的基本概念

8.1.1 物体发射辐射能量的表示

物体（固体或液体）表面在某一温度下，会朝表面上方半球空间的各个方向，发射各种波长的辐射能。研究物体表面发射的热辐射，需确定表面发出的总辐射能、特定波长和特定空间方向上辐射能及其变化规律。一般用辐射力、光谱辐射力、定向辐射力和定向辐射强度来表征这些特性。

1. 辐射力

辐射力是指单位时间内物体单位表面积向半球空间所有方向发射的 $0 \sim \infty$ 波长范围辐射能的总和，用 E 表示，单位为 $\mathrm{W/m^2}$。辐射力表征物体自身发射辐射能量本领的大小，辐射力是工程计算中使用最多的辐射参数之一。

2. 光谱辐射力

光谱辐射力是指单位时间内物体单位表面积向半球空间所有方向发射的包含波长 λ 在内的单位波长的辐射能，用 E_λ 表示，单位为 $\mathrm{W/m^3}$，由于米这个单位相对于热射线的波长而言太大，因此常采用 $\mathrm{W/(m^2 \cdot \mu m)}$ 作为光谱辐射力的单位。

辐射力与光谱辐射力之间的关系为

$$E = \int_0^\infty E_\lambda \mathrm{d}\lambda \qquad (8\text{-}1)$$

3. 定向辐射力

为了说明物体表面向空间指定方向发出辐射能的多少，首先介绍立体角的概念。在半径为 r 的球面上取一块面积 A，将所取球面的边界所有点与球心相连，连线所围成的空间角度称为**立体角**，用 Ω 表示，单位为 sr（球面度）。立体角的大小用式（8-2）计算，即

$$\Omega = \frac{A}{r^2} \tag{8-2}$$

可见，整个半球面对球心张开的立体角为 2πsr。

在球坐标系中，如图 8-1 所示，相对坐标原点，空间某方向可用方位角 φ 和天顶角 θ 来表示，若在 (φ, θ) 方向上取一微元球面 $\mathrm{d}A_c$，则其对应的立体角称为微元立体角，大小为

$$\mathrm{d}\Omega = \frac{\mathrm{d}A_c}{r^2} = \frac{r\sin\theta\mathrm{d}\varphi \cdot r\mathrm{d}\theta}{r^2} = \sin\theta\mathrm{d}\varphi\mathrm{d}\theta \tag{8-3}$$

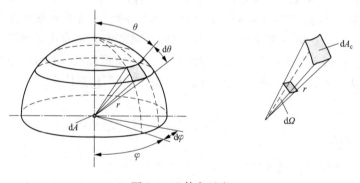

图 8-1 立体角示意

定向辐射力是指单位时间内物体单位表面积向空间指定方向单位立体角内所发射的 $0 \sim \infty$ 波长范围的辐射能，用 E_θ 表示，单位为 W/(m$^2 \cdot$ sr)。通常物体表面发出的辐射能不随方位角 φ 方向变化，因此，定向辐射力符号中只用天顶角 θ 作为下标来表示其空间方向。

辐射力与定向辐射力之间的关系为

$$E = \int_{\Omega=2\pi} E_\theta \mathrm{d}\Omega = \int_{\varphi=0}^{\varphi=2\pi} \mathrm{d}\varphi \int_{\theta=0}^{\theta=\pi/2} \sin\theta\, E_\theta \mathrm{d}\theta \tag{8-4}$$

4. 定向辐射强度

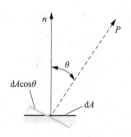

图 8-2 可见面积的示意

定向辐射强度是另一个常用的表征物体表面向空间指定方向发出辐射能多少的参数。定向辐射强度是指单位时间内物体单位可见面积向空间指定方向单位立体角内所发射的 $0 \sim \infty$ 波长范围的辐射能，用 I_θ 表示，单位为 W/(m$^2 \cdot$ sr)。可见面积为从指定方向看到的发射表面面积，如图 8-2 所示，如实际的发射表面面积为 $\mathrm{d}A$，则从与发射面法线成 θ 角度的 P 方向看到的可见面积为 $\mathrm{d}A\cos\theta$。

定向辐射强度与定向辐射力有如下的关系：

$$E_\theta = I_\theta \cos\theta \qquad (8-5)$$

8.1.2 表面对辐射的吸收、反射与透射

辐射能落到固体或液体表面上后，部分辐射能会被吸收、部分被反射或透射，下面这些概念表示了各部分所占的比值。

1. 吸收比、反射比与透射比

通常将单位时间内投射到物体单位表面积上的 $0 \sim \infty$ 波长范围的辐射能称为投入辐射，用 G 表示，单位为 W/m^2。如图 8-3 所示，对于投入辐射 G，若表面吸收、反射和透射的部分分别为 G_a、G_ρ 和 G_τ，则 G_a、G_ρ、G_τ 所占的份额分别为

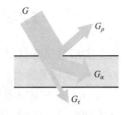

图 8-3 物体对辐射能的吸收、反射与透射示意

$$\alpha = \frac{G_a}{G}, \rho = \frac{G_\rho}{G}, \tau = \frac{G_\tau}{G} \qquad (8-6)$$

式中：α、ρ、τ 分别为物体对投入辐射的吸收比、反射比与透射比，于是有

$$\alpha + \rho + \tau = 1 \qquad (8-7)$$

需要注意的是，投入辐射是单位时间从空间各方向落到该表面上的辐射能，该辐射能可以是其他表面自身发射的，也可以是其他表面反射的。

除了玻璃、石英之类的固体和多数液体对可见光具有一定的透射性外，通常可认为固体或液体对投入的热辐射不存在穿透现象，即透射比为 0，因此对大部分固、液表面，式（8-7）可简化为

$$\alpha + \rho = 1 \qquad (8-8)$$

2. 光谱吸收比、光谱反射比与光谱透射比

若单位时间内投射到物体单位表面积上的某一特定波长 λ 的辐射能为 G_λ，被物体表面吸收、反射和透射的部分为 $G_{\lambda a}$、$G_{\lambda\rho}$ 和 $G_{\lambda\tau}$，所占的份额分别为

$$\alpha_\lambda = \frac{G_{\lambda a}}{G_\lambda}, \rho_\lambda = \frac{G_{\lambda\rho}}{G_\lambda}, \tau_\lambda = \frac{G_{\lambda\tau}}{G_\lambda} \qquad (8-9)$$

式中：α_λ、ρ_λ、τ_λ 分别为物体对该波长辐射的光谱吸收比、光谱反射比和光谱透射比。

类似式（8-7）同样有

$$\alpha_\lambda + \rho_\lambda + \tau_\lambda = 1 \qquad (8-10)$$

且对于大多数固体和液体有

$$\alpha_\lambda + \rho_\lambda = 1 \qquad (8-11)$$

3. 镜反射与漫反射

物体表面对热辐射的反射有两种情况：镜反射与漫反射。如图 8-4 所示，若反射角等于入射角，为镜反射；若反射的辐射沿空间各个方向离开表面则为漫反射。物体表面对热辐射的反射情况取决于物体表面的粗糙程度和投入辐射能的波

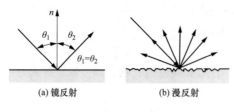

图 8-4　镜反射与漫反射示意

长。当物体表面粗糙尺度小于投射辐射能的波长时，就会产生镜反射，例如高度抛光的金属表面就容易产生镜反射；当物体表面粗糙尺度大于投入辐射能的波长时，就会产生漫反射。对全波长范围的热辐射能完全镜反射或完全漫反射的实际物体是不存在的，但绝大多数工程材料对热辐射的反射近似为漫反射。

8.1.3　黑体及黑体模型

任何物体都不断地向外发出辐射（自身辐射），同时也对投入到该表面的辐射进行吸收和反射。因此，利用仪器测量到的离开一个表面的辐射通常包括自身辐射和反射辐射两部分。如前所述，实际物体表面的自身辐射一定会与其表面状况和温度有直接关系。为了便于研究热辐射规律，德国物理学家基尔霍夫（Kirchhoff）于 1859 年提出了一种理想模型——黑体（black body），以此作为热辐射研究的基准物体。

黑体是吸收比为 1 的物体，即对任何波长的投入辐射完全吸收而无任何反射的物体。黑体是一个理想化的辐射物体，类似地人们将反射比 $\rho=1$ 的物体称为白体（若形成镜反射也称为镜体），透射比 $\tau=1$ 的物体称为透明体（透热介质）。

黑体可以对来自各方向和各种波长的辐射全部吸收，所以离开黑体表面的辐射就全部是自身辐射，而不受外部环境的影响。与所有实际物体相比，在同温度下，黑体具有最大的辐射力。

尽管在自然界并不存在黑体，但是根据黑体的定义，可以用人工的方法制造出接近黑体的模型，图 8-5 所示为一个人工黑体模型的示意。在一个空腔的壁面上开一个小孔，若小孔的面积与空腔壁面积相比足够小，则通过小孔进入空腔的辐射能经过空腔壁面多次吸收和反射后，几乎全部被吸收，相当于小孔的吸收比为 1，小孔即为人工黑体模型。需要说明的是：图 8-5 示意的是镜反射，但实际上更多的是漫反射的形式；不管腔体表面的自身辐射特性如何，通过小孔出来的辐射就是空腔内壁温度下的黑体辐射。

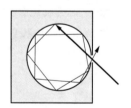

图 8-5　人工黑体模型示意

8.2　黑体辐射的基本定律

19 世纪，伴随工业上对热辐射测量准确性的要求，许多物理学家对黑体辐射的规律开展理论和实验的研究。最终形成的斯忒藩-玻尔兹曼定律、普朗克定律和兰贝特定律，分别从黑体辐射力、光谱辐射力和定向辐射力方面揭示了黑体辐射的规律。

微课29
黑体辐射的
基本定律

8.2.1　斯忒藩-玻尔兹曼定律

斯忒藩（Stefan）-玻尔兹曼（Boltzmann）定律给出了黑体的辐射力与热力学温度之间的关系，它首先由斯忒藩在 1879 年从实验中得出，后来玻尔兹曼于 1884 年运用热力学理论进行了证明，其表达式为

$$E_{\mathrm{b}} = \sigma T^4 = C_0 \left(\frac{T}{100}\right)^4 \tag{8-12}$$

式中：$\sigma = 5.67 \times 10^{-8} \mathrm{W/(m^2 \cdot K^4)}$，为斯忒藩-玻尔兹曼常数，也称为黑体辐射常数；$C_0$ 为黑体辐射系数，其值为 $5.67 \mathrm{W/(m^2 \cdot K^4)}$；下角标 b 表示黑体。

斯忒藩-玻尔兹曼定律表明黑体的辐射力与热力学温度的四次方成正比，又称为四次方定律，该定律是辐射传热计算的重要基础。

8.2.2　普朗克定律

对黑体光谱辐射力分布规律的研究，有过一段艰难和曲折的历程。直到 1900 年，普朗克（Planck）才从理论上确定了黑体辐射的光谱辐射力 $E_{\mathrm{b}\lambda}$ 与热力学温度 T、波长 λ 之间的函数关系，称为普朗克定律，表示为

$$E_{\mathrm{b}\lambda} = \frac{c_1 \lambda^{-5}}{e^{c_2/(\lambda T)} - 1} \tag{8-13}$$

式中：c_1 为普朗克第一常数；c_2 为普朗克第二常数。

若 $E_{\mathrm{b}\lambda}$ 单位采用 $\mathrm{W/(m^2 \cdot \mu m)}$，波长 λ 单位采用 μm，则 $c_1 = 3.742 \times 10^8 \mathrm{W \cdot \mu m^4/m^2}$，$c_2 = 1.439 \times 10^4 \mu m \cdot K$。

普朗克认为辐射能量具有粒子性，能量只能以不可分的能量元素（即量子）的形式向外辐射。这种物体辐射或吸收能量只能一份一份地按不连续的方式进行的新观点彻底颠覆了经典物理中的能量必须连续变化的固有思维，不仅成功地解决了热辐射中的难题，而且开创了物理学研究的新局面，为量子力学的诞生奠定了基础。

图 8-6 所示为依据普朗克定律计算的一些典型温度下黑体的光谱辐射力随波长变化的曲线，图中采用了双对数坐标。从中可以看出：①在一定的温度下，黑体的光谱辐射力随波长连续变化，并在某一波长下具有最大值；②温度越高，同一波长下的光谱辐射力就越大；

演示12
黑体光谱辐射规律

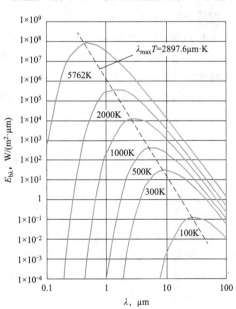

图 8-6　黑体的光谱辐射力随波长变化的曲线

③随着温度的升高，曲线的峰值向左移动，即温度升高，辐射能量集中的波段向短波方向移动。

从图 8-6 还可以看出，连接各温度下光谱辐射力的峰值点会形成一条直线，这表明光谱辐射力峰值点处的波长 $\lambda_{\max}$ 与温度存在对应关系，这一关系为

$$\lambda_{\max} T = 2897.6(\mu m \cdot K) \tag{8-14}$$

式（8-14）可由普朗克定律求极值得到，但实际上维恩（Wein）早在 1893 年已通过对实验数据的总结得出了该关系式，所以式（8-14）称为维恩位移定律。

例题 8-1 一炉膛内火焰的平均温度为 1500K，炉墙上有一看火孔。试计算：（1）看火孔单位面积向外辐射的功率；（2）该辐射能中波长为 $2\mu m$ 的光谱辐射力是多少？

题解：

分析： 由于看火孔只占炉墙面积的很小比例，因此将看火孔向外的辐射看作是黑体辐射。

计算：（1）根据斯忒藩-玻尔兹曼定律，可得看火孔单位面积的辐射功率即辐射力为

$$E_{\mathrm{b}} = C_0 \left(\frac{T}{100}\right)^4 = 5.67 \times \left(\frac{1500}{100}\right)^4 = 287(\mathrm{kW/m^2})$$

（2）根据普朗克定律，可得波长为 $2\mu m$ 的光谱辐射力为

$$E_{\mathrm{b}\lambda} = \frac{c_1 \lambda^{-5}}{\mathrm{e}^{c_2/(\lambda T)} - 1} = \frac{3.742 \times 10^8 \times 2^{-5}}{\mathrm{e}^{1.439 \times 10^4/(2 \times 1500)} - 1} = 9.74 \times 10^4 \left[\mathrm{W/(m^2 \cdot \mu m)}\right]$$

例题 8-2 （1）测得太阳辐射的峰值波长 $\lambda_{\max}$ 约为 $0.503\mu m$，将太阳的辐射近似作为黑体辐射，计算太阳表面的温度；（2）地球表面物体的平均温度约为 300K，计算在此温度下黑体辐射的最大光谱辐射力对应的波长。

题解：

计算：（1）根据式（8-14）得太阳表面的温度为

$$T = \frac{2897.6}{\lambda_{\max}} = \frac{2897.6}{0.503} = 5760.6(\mathrm{K})$$

（2）根据式（8-14）得 300K 黑体辐射最大光谱辐射力对应的波长 $\lambda_{\max}$ 为

$$\lambda_{\max} = \frac{2897.6}{T} = \frac{2897.6}{300} = 9.66(\mu m)$$

讨论： ①由该题计算的太阳表面的温度为 5760.6K，多数资料认为更准确的太阳表面温度为 5762K，工程上为了简化，也常将太阳表面温度近似为 5800K。②由第二问看出，在 300K 时，黑体的最大光谱辐射力对应的波长为 $9.66\mu m$，处于近红外的范围，该温度下实际物体表面的情况也类似。

8.2.3 兰贝特定律

黑体的辐射能在空间上的分布遵循兰贝特（Lambert）定律，若用定向辐射力表示，表达式为

$$E_{b\theta} = E_{bn}\cos\theta \tag{8-15}$$

式中：E_{bn} 为黑体表面法线方向的定向辐射力，θ 为空间方向与表面法线方向的夹角。

该式是由兰贝特在 1860 年提出来的，后人称为兰贝特定律，或兰贝特余弦定律。它表明黑体的定向辐射力在表面的法线方向上最强，偏离法线方向时，辐射能量按偏离角度的余弦规律递减，显然，当 $\theta = 90°$ 时定向辐射力为零。

兰贝特定律也可用定向辐射强度的形式表示，根据式（8-5）给出的定向辐射强度与定向辐射力的关系，得

$$I_{\theta 1} = I_{\theta 2} = \cdots = I_n = I_b \tag{8-16}$$

式（8-16）表明黑体的定向辐射强度在不同方向上是个常量，在整个半球空间保持不变。

图 8-7 所示为黑体表面定向辐射力和定向辐射强度随天顶角 θ 变化的情况。利用辐射力与定向辐射力的关系式（8-4）及式（8-5）和式（8-16），还可以推导出黑体辐射力与表面法线方向的定向辐射力及定向辐射强度有如下关系：

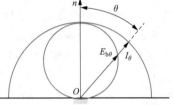

图 8-7　黑体 $E_{b\theta}$、I_θ 随天顶角 θ 的变化

$$E_b = \pi E_{bn} = \pi I_b \tag{8-17}$$

即黑体表面的辐射力等于 π 倍的表面法线方向的定向辐射力，也等于 π 倍的定向辐射强度。

以上三个定律分别从三个方面揭示了黑体辐射的规律。黑体的辐射力正比于热力学温度的四次方；黑体的光谱辐射力随波长连续变化，在波长趋于 0 和 ∞ 时光谱辐射力亦趋于 0，并在某一波长下具有最大值；黑体的定向辐射力随偏离法线方向的夹角余弦递减。

例题 8-3　（1）太阳的直径约为 1.393×10^9 m，把太阳辐射作为 5762K 黑体辐射，计算太阳表面单位时间向宇宙空间辐射的总能量；（2）若已知地球的直径约为 1.28×10^7 m，太阳与地球之间的平均距离为 1.5×10^{11} m，计算大气层外缘与太阳射线相垂直的单位表面积所接收到的太阳辐射能。

题解：

计算：（1）太阳表面的辐射力为

$$E_b = C_0 \left(\frac{T}{100}\right)^4 = 5.67 \times \left(\frac{5762}{100}\right)^4 = 6.25 \times 10^7 (\text{W/m}^2)$$

太阳表面单位时间向宇宙空间辐射的总能量为

$$\Phi = A_s E_b = \pi d_s^2 E_b = 3.14 \times (1.393 \times 10^9)^2 \times 6.25 \times 10^7 = 3.808 \times 10^{26} (\text{W})$$

总能量分布于空间的 4π 立体角内。

（2）地球投影面对太阳球心的立体角为

$$\Omega = \frac{\pi/4 \times (d_e)^2}{R^2} = \frac{3.14 \times (1.28 \times 10^7)^2}{4 \times (1.5 \times 10^{11})^2} = 5.716 \times 10^{-9} (\text{sr})$$

地球所接收到的太阳辐射能为

$$G_c = \frac{\Omega}{4\pi} \times \Phi = \frac{5.716 \times 10^{-9}}{4 \times 3.14} \times 3.808 \times 10^{26} = 1.733 \times 10^{17}(\text{W})$$

所以得大气层外缘与太阳射线相垂直的单位表面积所接收到的太阳辐射能为

$$S_c = \frac{G_c}{\pi(d_e/2)^2} = \frac{1.733 \times 10^{17}}{3.14 \times (1.28 \times 10^7/2)^2} = 1347.5(\text{W/m}^2)$$

讨论：①太阳发出辐射能中到达地球的部分仅占太阳总辐射能的约 22 亿分之一，有效利用太阳能是解决世界能源问题的有效途径之一；②在日地平均距离处，大气层外缘与太阳射线相垂直的单位表面积、单位时间所接收到的太阳辐射能称为太阳常数 S_c，例题中计算的数值为 1347.5W/m²，多数资料推荐的数值为（1 370±6）W/m²。太阳辐射在穿过大气层时，还会被大气层吸收并散射一部分，因此地球表面接收到的太阳辐射还要低于这个数值。

8.2.4 黑体辐射能按波段的分布

在工程上的一些辐射问题中，常常需要计算某一波长范围（或称波段）

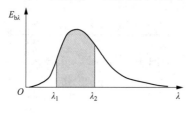

图 8-8　黑体在 λ_1-λ_2 内的
波段辐射力示意

$\lambda_1 \sim \lambda_2$ 内的辐射能 $E_{\lambda_1 \sim \lambda_2}$（也称为波段辐射力）。下面讨论黑体波段辐射力 $E_{b(\lambda_1 \sim \lambda_2)}$ 的计算方法。如图 8-8 所示，将光谱辐射力在波长 $\lambda_1 \sim \lambda_2$ 范围内作定积分，即

$$E_{b(\lambda_1 \sim \lambda_2)} = \int_{\lambda_1}^{\lambda_2} E_{b\lambda} \mathrm{d}\lambda \tag{8-18}$$
$$= \int_0^{\lambda_2} E_{b\lambda} \mathrm{d}\lambda - \int_0^{\lambda_1} E_{b\lambda} \mathrm{d}\lambda$$

为方便计算，常用 $F_{b(0-\lambda)}$ 表示黑体在 $0 \sim \lambda$ 波段辐射能占辐射力 E_b 的百分数，即

$$F_{b(0-\lambda)} = \frac{\int_0^\lambda E_{b\lambda}\mathrm{d}\lambda}{E_b} = \frac{\int_0^\lambda \dfrac{c_1}{\lambda^5[\exp(c_2/\lambda T)-1]}\mathrm{d}\lambda}{\sigma T^4} \tag{8-19}$$

$$= \int_0^{\lambda T} \frac{c_1}{\sigma(\lambda T)^5[\exp(c_2/\lambda T)-1]}\mathrm{d}(\lambda T) = f(\lambda T)$$

式（8-19）表明：任意温度下，在 $0 \sim \lambda$ 波段，辐射能份额 $F_{b(0\sim\lambda)}$ 仅是 λT 乘积的函数。$F_{b(0\sim\lambda)}$ 称为**黑体辐射函数**。黑体辐射函数的具体数值见表 8-1。

利用黑体辐射函数表，可以很容易地用式（8-20）计算黑体在某一温度下发射的任意波段的辐射能量，即

$$E_{b(\lambda_1-\lambda_2)} = [F_{b(0-\lambda_2)} - F_{b(0-\lambda_1)}]E_b \tag{8-20}$$

表 8-1 　　　　　　　　　　　　　**黑体辐射函数的具体数值**

$\lambda T/(\mu m \cdot K)$	$F_{b(0-\lambda)}/\%$	$\lambda T/(\mu m \cdot K)$	$F_{b(0-\lambda)}/\%$	$\lambda T/(\mu m \cdot K)$	$F_{b(0-\lambda)}/\%$
1000	0.0323	3800	44.38	16 000	97.38
1100	0.091 6	4000	48.13	18 000	98.08

续表

$\lambda T/(\mu m \cdot K)$	$F_{b(0-\lambda)}/\%$	$\lambda T/(\mu m \cdot K)$	$F_{b(0-\lambda)}/\%$	$\lambda T/(\mu m \cdot K)$	$F_{b(0-\lambda)}/\%$
1200	0.214	4200	51.64	20 000	98.56
1300	0.434	4400	54.92	22 000	98.89
1400	0.782	4600	57.96	24 000	99.12
1500	1.290	4800	60.79	26 000	99.30
1600	1.979	5000	63.41	28 000	99.43
1700	2.862	5500	69.12	30 000	99.53
1800	3.946	6000	73.81	35 000	99.70
1900	5.225	6500	77.66	40 000	99.79
2000	6.690	7000	80.83	45 000	99.85
2200	10.11	7500	83.46	50 000	99.89
2400	14.05	8000	85.64	55 000	99.92
2600	18.34	8500	87.47	60 000	99.94
2800	22.82	9000	89.07	70 000	99.96
3000	27.36	9500	90.32	80 000	99.97
3200	31.85	10 000	91.43	90 000	99.98
3400	36.21	12 000	94.51	100 000	99.99
3 600	40.40	14 000	96.29		

例题 8-4 将太阳辐射作为 5 762K 黑体辐射。试计算：（1）太阳辐射中 0～3.0μm 波段辐射所占的比例；（2）可见光所占太阳辐射的比例。

题解：

计算： （1）对于 0～3.0μm 波段的辐射有 $\lambda = 3\mu m$，$\lambda T = 3 \times 5762 = 17\,286$（$\mu m \cdot K$），利用黑体辐射函数表并插值计算可得

$$F_{b(0-\lambda)} = 97.83\%$$

（2）可见光的波长范围是 0.38～0.76μm，因此 $\lambda_1 = 0.38\mu m$，$\lambda_2 = 0.76\mu m$，于是有

$$\lambda_1 T = 0.38 \times 5\,762 = 2\,190(\mu m \cdot K), \quad \lambda_2 T = 0.76 \times 5\,762 = 4380(\mu m \cdot K)$$

查黑体辐射函数表并插值计算可得

$$F_{b(0-\lambda_1)} = 9.94\%, \quad F_{b(0-\lambda_2)} = 54.59\%$$

可见光所占的比例为

$$F_{b(\lambda_1-\lambda_2)} = F_{b(0-\lambda_2)} - F_{b(0-\lambda_2)} = 54.59\% - 9.94\% = 44.65\%$$

讨论： 计算结果表明，太阳辐射主要集中在 0～3.0μm 的波长范围，且可见光约占 45%。

8.3　实际物体的辐射特性

实际物体向外界发射的辐射除了与表面的温度有关，也与材料的性质、表面状况等有关。目前研究实际物体辐射特性的方法是将实际物体的辐射与同温度黑体辐射相比较。通常引入发射率、光谱发射率和定向发射率三个概念分别表示实际物体表面辐射力、光谱辐射力和定向辐射力与同温度下黑体的接近程度。

1. 发射率

实际物体的辐射力 E 与同温度下黑体辐射力 E_b 之比称为该物体的发射率（也称为黑度），用 ε 表示，即

$$\varepsilon = \frac{E}{E_b} \tag{8-21}$$

因此，实际物体的辐射力 E 可以根据发射率的定义式计算，即

$$E = \varepsilon E_b = \varepsilon \sigma T^4 \tag{8-22}$$

应该指出，实际物体的辐射力并不严格与热力学温度的四次方成正比，所存在的偏差包含在由实验确定的发射率 ε 数值之中。

2. 光谱发射率

实际物体的光谱辐射力 E_λ 与同温度下的黑体同一波长下的光谱辐射力 $E_{b\lambda}$ 之比称为实际物体的光谱发射率（也称为光谱黑度），用 ε_λ 表示，即

$$\varepsilon_\lambda = \frac{E_\lambda}{E_{b\lambda}} \tag{8-23}$$

实际物体的发射率与其光谱发射率具有如下的关系：

$$\varepsilon = \frac{E}{E_b} = \frac{\int_0^\infty \varepsilon_\lambda E_{b\lambda} \, d\lambda}{E_b} \tag{8-24}$$

图 8-9（a）所示为实际物体表面与黑体、灰体光谱辐射力和光谱发射率的比较。可以看出，在任意波长处 E_λ 都比同温度下黑体的光谱辐射力 $E_{b\lambda}$ 小。而且，虽然实际物体表面的光谱辐射力整体上与普朗克定律表示的黑体光谱辐射力相类似，但是其随波长的变化是不规则的。图 8-9（b）所示为实际表面光谱发射率随波长变化的示意。

图 8-9 中还给出了灰体光谱辐射力 E_λ 和灰体光谱发射率 ε_λ 随波长的变化情况。关于灰体的定义将在下一节给出，灰体也是一种理想的辐射表面。对于灰体，光谱发射率小于 1，可以是（0, 1）之间的任意值，但是光谱发射率不随波长变化，也就是在各个波长下灰体与黑体的辐射能力接近程度是一致的。

3. 定向发射率

在与发射面法线成 θ 角的方向上，实际表面的定向辐射力 E_θ 与同温度下黑体在该方向的定向辐射力 $E_{b\theta}$ 之比称为该物体在 θ 方向的定向发射率（也称为定向黑

度），用 ε_θ 表示，即

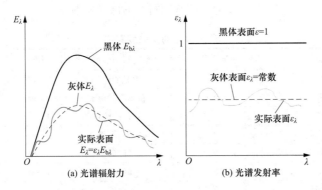

图 8-9 实际物体表面与黑体、灰体光谱辐射力和光谱发射率的比较

$$\varepsilon_\theta = \frac{E_\theta}{E_{\mathrm{b}\theta}} = \frac{I_\theta}{I_\mathrm{b}} \tag{8-25}$$

根据辐射力与定向辐射力的定义，可得发射率与定向发射率之间的关系为

$$\varepsilon = \frac{E}{E_\mathrm{b}} = \frac{\int_{\Omega=2\pi} \varepsilon_\theta E_{\mathrm{b}\theta} \mathrm{d}\Omega}{E_\mathrm{b}} = \frac{\int_{\Omega=2\pi} \varepsilon_\theta \cos\theta \mathrm{d}\Omega}{\pi} \tag{8-26}$$

图 8-10 所示为金属与非金属表面的定向发射率随 θ 角的变化示意。由图可知，对于多数非金属表面，在 $\theta<45°$ 的范围内，其值变化不大，但之后随 θ 角增加而逐渐变小；对于多数金属表面，在 $\theta<45°$ 的范围内定向发射率变化也不大，但之后随 θ 角增加先增加，然后再变小。

图 8-10 还给出了漫射表面定向发射率随 θ 角的变化示意图。漫射表面也是一种理想表面，漫射表面的定向发射率小于 1，可以是（0，1）之间的任意值，但是定向发射率不随 θ 角变化。将定向辐射强度在整个半球空间上保持不变的表面定义为漫射表面。因此，漫射表面在各个空间方向上的辐射能力与黑体的接近程度是一致的。漫射表面实际上包含两层含义——漫发射和漫反射，即自身发射与对外来投入辐射的反射都符合"漫射"的规律。工程上，除了经过特殊处理的金属表面以外，绝大多数工程材料均可以看作漫射的。

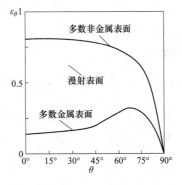

图 8-10 金属与非金属表面的定向发射率随 θ 角的变化示意

尽管实际表面的定向发射率 ε_θ 都随 θ 角变化，但是它们的半球平均发射率（即发射率）与法向发射率的比值变化却很小，对于金属，该比值为 $1.0\sim1.3$；对于非金属，该比值为 $0.93\sim1.0$。因此，工程上遇到的绝大多数材料，常用法

向发射率近似作为其发射率。发射率数值大小取决于材料的种类、温度和表面状况，通常由实验测定。表 8-2 为一些常用材料的法向发射率。

表 8-2 　　　　　　　　　　　　　　**常用材料的法向发射率**

材料类别与表面状况	温度/℃	法向发射率 ε_n	材料类别与表面状况	温度/℃	法向发射率 ε_n
高度抛光的铝	50～500	0.04～0.06	抛光的铸铁	200	0.21
工业用铝板	100	0.09	新车削的铸铁	40	0.44
严重氧化的铝	100～150	0.2～0.31	氧化的铸铁	40～260	0.57～0.68
高度抛光的黄铜	260	0.03	抛光的不锈钢	40	0.07～0.17
无光泽黄铜	40～260	0.22	红砖	20	0.88～0.93
氧化的黄铜	40～260	0.46～0.56	耐火砖	500～1 000	0.80～0.90
高度抛光的铜	100	0.02	玻璃	40	0.94
轻微抛光的铜	40	0.12	各种颜色的油漆	40	0.92～0.96
氧化变黑的铜	40	0.76	雪	−12～0	0.82
抛光的钢	40～260	0.07～0.1	水（大于 0.1mm 厚）	0～100	0.96
轧制的钢板	40	0.65	人体皮肤	32	0.98
严重氧化的钢板	40	0.8	木材	20	0.8～0.82

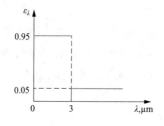

图 8-11　例题 8-5 附图

例题 8-5　若某平板式太阳能集热器的吸收表面涂有选择性涂层，其光谱发射率随波长的变化如图 8-11 所示，试计算该涂层表面温度为 60℃ 的表面发射率。

题解：

分析： 图 8-11 中给出了在 $0～3\mu m$ 范围内，$\varepsilon_1 = 0.95$，$\lambda > 3\mu m$，$\varepsilon_2 = 0.05$。可根据式（8-24）计算表面的发射率。

计算： 表面温度为 60℃，对应 $\lambda = 3\mathrm{m}$，则

$$\lambda T = 3 \times (273 + 60) = 999 (\mu m \cdot K)$$

利用黑体辐射函数表查得 $F_{b(0,3)} = 0.032\%$

因此

$$F_{b(3-\infty)} = 1 - 0.032\% = 99.968\%$$

$$\varepsilon = \frac{E}{E_b} = \frac{\int_0^3 \varepsilon_1 E_{b\lambda} d\lambda + \int_3^\infty \varepsilon_2 E_{b\lambda} d\lambda}{E_b} = \varepsilon_1 F_{b(0-3)} + \varepsilon_2 F_{b(3-\infty)}$$

$$= 0.95 \times 0.032\% + 0.05 \times 99.968\% = 0.050\ 3$$

讨论： ①该选择性涂层发射的辐射能主要在大于 $3\mu m$ 的红外区域，占 99.97%，因此发射率可直接取 0.05；②光谱发射率随波长变化，在不同的温度下，表面发射辐射的波长分布出现变化，因此其发射率会改变。

8.4 实际物体的吸收特性与基尔霍夫定律

实际物体表面的吸收比和对某一特定波长辐射的光谱吸收比一定小于1，但光谱吸收比并非一个定值，而是随波长变化。本节首先介绍实际物体表面的光谱吸收比随波长的变化情况；接下来介绍光谱吸收比不随波长变化的理想模型——灰体；最后介绍反映物体发射率与吸收比关系的基尔霍夫定律。

8.4.1 实际物体的光谱吸收比 α_λ

实际物体的光谱吸收比 α_λ、光谱反射比 ρ_λ 和光谱透射比 τ_λ 一般都随波长变化。图 8-12 所示为普通浮法玻璃的光谱特性。图中显示，玻璃对 $0.3\sim3\mu m$ 范围内的辐射具有很高的光谱透射比，而对波长大于 $4\mu m$ 的辐射，光谱透射比几乎为零。因此，建筑物的玻璃窗可以让太阳辐射直接透射进入房间，但室内物体产生的红外辐射则被玻璃吸收或反射到房间内，玻璃窗起到了透光、隔热的作用。

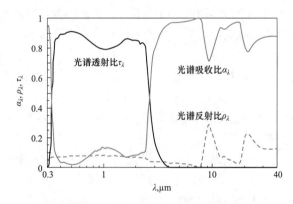

图 8-12 普通浮法玻璃的光谱特性

图 8-13、图 8-14 所示为几种金属和非金属材料在室温下的光谱吸收比随波长的变化。可以看出，有些材料，如磨光的铜和铝，光谱吸收比随波长变化不大，但有些材料，如阳极氧化的铝、粉墙面、白瓷砖等，光谱吸收比随波长变化很大。

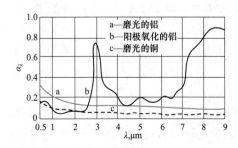

图 8-13 几种金属材料的光谱吸收比随波长的变化

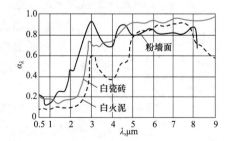

图 8-14 几种非金属材料的光谱吸收比随波长的变化

我们日常生活中看到的物体颜色就是物体表面对可见光选择性吸收和反射造成的，如我们看到一件上衣是红颜色的，是因为该衣服面料对可见光中波长在 $0.62\sim0.76\mu m$ 区间的红光光谱反射比很大，而对可见光其他波段辐射的光谱吸收比很大，光谱反射比很小。若物体表面将可见光全部吸收，物体就显现为黑颜色；若物体表面在可见光范围的光谱吸收比不随波长变化且小于1，则物体显现为灰色。

8.4.2　灰体

物体的吸收比与光谱吸收比存在如下的关系：

$$\alpha = \frac{\int_0^\infty \alpha_\lambda G_\lambda \, d\lambda}{\int_0^\infty G_\lambda \, d\lambda} \tag{8-27}$$

由式（8-27）可以看出，实际物体的吸收比 α 不仅取决于物体本身材料的种类及表面性质，还和投入辐射的波长分布有关。实际物体的吸收比与投入辐射有关的这一特性给工程辐射传热的计算带来很大的不便。假若物体表面的光谱吸收比不随波长变化，则其吸收比就不再与投入辐射的波长分布有关，仅仅和物体表面性质有关。

在热辐射的分析中，把光谱吸收比与波长无关的物体称为灰体，即

$$\alpha_{\lambda_1} = \alpha_{\lambda_2} = \cdots = 常数 \tag{8-28}$$

像黑体一样，灰体也是一种理想表面。灰体对于 $0\sim\infty$ 波长范围内的辐射按照统一的比例均匀吸收。

前面介绍的实际物体表面光谱吸收比随波长变化主要是在整个波长范围内的情况，但是在一般工业上所涉及的温度范围（$\leqslant2000K$），其辐射的波长主要位于红外区域，大多数物体表面在红外范围内的光谱吸收比随波长变化不明显，因而在辐射传热计算中，把工程材料作为灰体处理不会引起太大的误差。

8.4.3　基尔霍夫定律

黑体表面的发射率和吸收比相等且为1。那么实际物体表面的发射率和吸收比又有何关系？

研究图 8-15 所示的辐射传热系统，表面 1 和表面 2 为两个相距很近的平行表面，其表面积都很大，每个表面发出的辐射都全部落到对方的表面上。现假定表面 1 为黑体，温度为 T，表面 2 为实际物体表面，其辐射力为 E、发射率为 ε、吸收比为 α，温度也为 T。

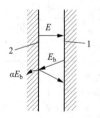

图 8-15　说明基尔霍夫定律的图示

以表面 2 单位面积作为研究对象，由于 1、2 表面的温度相等，且仅有这两个表面进行辐射传热，因此两者之间的辐射传热处于热平衡的状态，即表面 2 辐射出去的能量等于其吸收的辐射能量，于是有如下的关系：

$$E = \alpha E_{\text{b}} \tag{8-29}$$

上式也可改写为

$$\alpha = \frac{E}{E_{\text{b}}} = \varepsilon \tag{8-30}$$

式（8-30）就是基尔霍夫定律的一种表达式。它表明：物体的吸收比等于其发射率，但条件是物体仅与黑体进行辐射传热，且处于热平衡。如果必须有这样的附加条件，这个结论显然对工程计算没有任何意义。

若对某一表面在确定的温度下，只研究在某特定空间方向上对某特定波长发射辐射和吸收辐射的关系，会得到更一般形式的基尔霍夫定律表达式，即

$$\alpha_{\lambda,\theta,\varphi} = \varepsilon_{\lambda,\theta,\varphi} \tag{8-31}$$

式中：$\alpha_{\lambda,\theta,\varphi}$ 和 $\varepsilon_{\lambda,\theta,\varphi}$ 称为表面的光谱定向吸收比和光谱定向发射率，它们都仅仅是表面的固有性质（只取决于材料的种类、表面状况和温度），与辐射传热中对方是否为黑体、是否处于热平衡没有任何关系。

因此式（8-31）是无条件成立的。

假若表面是漫射表面，其定向发射率不随空间角度发生改变，因此必然有

$$\alpha_{\lambda} = \varepsilon_{\lambda} \tag{8-32}$$

式（8-32）表明，对于漫射表面，其光谱吸收比等于光谱发射率。

假若表面是灰体，则其光谱发射率和光谱吸收比都不随波长变化，因此必然有

$$\alpha_{\theta,\varphi} = \varepsilon_{\theta,\varphi} \tag{8-33}$$

式（8-33）表明，对于灰体表面，其定向吸收比等于其相同空间方向上的定向发射率。

若表面既是漫射表面，又是灰体表面，简称为漫灰表面。根据上面的分析，则有

$$\alpha = \varepsilon \tag{8-34}$$

式（8-34）表明，对于漫灰表面，物体的吸收比等于其发射率。此时，不再需要仅与黑体进行辐射传热，且处于热平衡的苛刻条件。

工程上，除了极度抛光的金属表面，工程材料可以近似视为漫射表面；工程材料的光谱辐射特性在红外波长范围内变化不大。因此，多数工程材料表面均可当作漫灰表面处理，计算精确度能够满足工程计算的要求。

但需注意的是，当物体表面涉及吸收太阳辐射时，通常不能将其当作灰体处理。这是因为近 45% 的太阳辐射位于可见光的波长范围内，而物体在一般的工业温度范围（≤2 000K），自身热辐射位于红外波长范围内，在这两个波段内，光谱吸收比会有较大的变化。

表 8-3 列出了部分材料在 300K 时的发射率和对太阳辐射的吸收比。白色油漆对太阳辐射的吸收比与发射率比值为 0.15，说明其能较少地吸收太阳辐射，且能

较大地向外辐射散热；表 8-3 中给出的太阳能涂层材料则具有最大的 a_s/ε 比值，这样有利于集热器对太阳能的吸收又减少自身的辐射散热损失。

表 8-3　　　部分材料在 300K 时的发射率和对太阳辐射的吸收比

材料类别与表面状况	吸收比 α_s	发射率 ε	α_s/ε
抛光的铝板	0.09	0.03	3
表面阳极氧化处理的铝板	0.14	0.84	0.17
抛光的黄铜	0.18	0.03	6
氧化变黑的铜	0.65	0.75	0.87
无光泽的不锈钢	0.5	0.21	2.38
黑色油漆	0.97	0.97	1
白色油漆	0.14	0.93	0.15
红砖	0.63	0.93	0.68
人的皮肤	0.62	0.97	0.64
某太阳能集热板涂层	0.95	0.05	19

例题 8-6　对于例题 8-5 中的太阳能集热器表面涂层，将其看作漫射表面，计算该涂层对太阳辐射的吸收比。

题解：

分析： 图 8-11 中已给出了表面光谱发射率 ε_λ 随波长的变化关系，对于漫射表面，光谱发射率等于光谱吸收比，所以，在 $0\sim3\mu m$ 范围内，$\alpha_1 = 0.95$，在 $\lambda > 3\mu m$，$\alpha_2 = 0.05$，且在例题 8-4 中已得到了太阳辐射在 $0\sim3.0\mu m$ 波长范围内所占的比例。

计算： 对于太阳辐射的吸收比，有

$$\alpha = \frac{\int_0^\infty \alpha_\lambda G_\lambda \mathrm{d}\lambda}{G} = \alpha_1 F_{b(0-3)} + \alpha_2 F_{b(3-\infty)}$$

$$= 0.95 \times 97.83\% + 0.05 \times (1 - 97.83\%) = 0.93$$

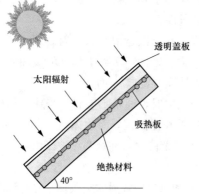

讨论： 对于该太阳能选择性涂层吸热表面，直接利用其在 $0\sim3\mu m$ 范围内的吸收比与精确值相差 2%。

例题 8-7　某平板式太阳能集热器的结构如图 8-16 所示。集热器主要由吸热板、透明盖板、隔热层和外壳等几部分组成。在一次性能实验中得到如下数据：太阳的直接投入辐射 G 为 $600\mathrm{W/m^2}$，盖板表面温度 t_s 为 35℃，在沿集热器表面宽度方向有微风，盖板表面与流过表面的空气对流传热的热流量为 116W，天空的温度（大气层的等效辐

图 8-16　平板式太阳能集热器的结构

射温度）t_{sky}为15℃。若已知盖板对太阳辐射的透射比为0.87，自身辐射的发射率为0.94，盖板的面积为1.5m²。盖板与大气层的辐射传热热流量可以按$\Phi_r = \varepsilon A\sigma(T_s^4 - T_{sky}^4)$式计算。计算该集热器的集热效率（实际吸热的热流量与投入到表面的辐射热流量比值）。

题解：

分析： ①将整个集热器作为研究对象；②集热器的下面和侧面可以看作绝热，没有热量的传递，其上表面（盖板）的换热形式有吸收太阳的投入辐射、向天空的辐射传热、向周围空气的对流传热。

计算： 通过盖板表面进入集热器的热流量为

$$\Phi_{in} = \tau_s GA = 0.87 \times 600 \times 1.5 = 783(\text{W})$$

盖板表面与大气层的辐射传热热流量

$$\Phi_r = \varepsilon A\sigma(T_s^4 - T_{sky}^4)$$
$$= 0.94 \times 1.5 \times 5.67 \times 10^{-8} \times [(35+273)^4 - (15+273)^4] = 169.5(\text{W})$$

因此，该集热器实际吸收的热流量为

$$\Phi_{gain} = \Phi_{in} - \Phi_c - \Phi_r = 783 - 116 - 169.5 = 497.5(\text{W})$$

集热器效率为

$$\eta = \Phi_{gain}/(A \times G) = 497.5/(1.5 \times 600) = 55.3\%$$

讨论： ①题中对流传热的热流量数据是从第五章例题5-2得到的，盖板与大气层的辐射传热计算公式将在8.7节介绍；②地球表面被大气层所包围，其中有各种灰尘和水蒸气、二氧化碳等辐射性气体，因此地球表面的物体也会接收大气层的辐射，与之形成辐射传热，大气层的等效辐射温度在230～285K之间，其值与天气条件有关，寒冷晴朗的天空此值较低，而暖和有雾时则较高。

8.5 角 系 数

由于表面向外发出的辐射能是分布到其相对的整个半球空间上的，且辐射到不同方向的能量是不同的。因此，表面的形状及其之间的空间位置关系对辐射传热有重要的影响。图8-17所示为两个特例：图8-17（a）中两平面相距很近，离开一个表面的辐射能将全部落到另一表面上；图8-17（b）的情况则正好相反，离开一个表面的辐射能不可能直接落到另一表面上。为了考虑表面的几何形状及表面之间几何位置对辐射传热的影响，传热学中引入角系数这一概念。本节主要介绍角系数的定义和特性，关于角系数的确定方法将在9.1节介绍。

微课31
角系数

8.5.1 角系数的定义及应用假设

在辐射传热系统中，将离开表面1的辐射能中落到表面2上的份额（百分数）定义为表面1对表面2的**角系数**，用$X_{1,2}$表示。同样，表面2对表面1的角系数

用 $X_{2,1}$ 表示。定义中"离开表面 1 的辐射能"既包括其自身的辐射，也包括表面 1 反射的辐射。

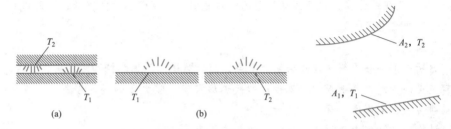

图 8-17　表面相对位置对辐射传热的影响　　图 8-18　角系数的相对性示意

通常在讨论角系数时做以下假定：①所研究的表面是漫射的；②表面上的温度和辐射特性都是均匀的。在这两个假设条件下，物体表面的温度、发射率和吸收比的大小就只影响物体向外发射和反射辐射能的多少，而不影响辐射能在空间的分布，因而不影响辐射能落到其他表面上的百分数，于是角系数是一个纯几何因子。

8.5.2　角系数的性质

1. 相对性

图 8-18 所示为任意放置的两个表面，表面 1 的面积、温度分别为 A_1 和 T_1，表面 2 的面积、温度分别为 A_2 和 T_2，两表面之间的角系数分别为 $X_{1,2}$ 和 $X_{2,1}$。

假定两表面的发射率均为 1，即表面均为黑体。按照角系数的定义，离开表面 1 并直接投射到表面 2 上的辐射能为

$$\Phi_{1 \to 2} = A_1 X_{1,2} E_{b1} \qquad\qquad (a)$$

同时离开表面 2 并直接投射到表面 1 上的辐射能为

$$\Phi_{2 \to 1} = A_2 X_{2,1} E_{b2} \qquad\qquad (b)$$

由于两个表面都是黑体表面，而落在黑体表面的辐射能会被全部吸收，所以两表面间的辐射热流量 $\Phi_{1,2}$ 为

$$\Phi_{1,2} = \Phi_{1 \to 2} - \Phi_{2 \to 1} = A_1 X_{1,2} E_{b1} - A_2 X_{2,1} E_{b2} \qquad (8\text{-}35)$$

现进一步假定两表面的温度相等：$T_1 = T_2$，则 $E_{b1} = E_{b2}$，$\Phi_{1,2} = 0$，因此必然有

$$A_1 X_{1,2} = A_2 X_{2,1} \qquad\qquad (8\text{-}36)$$

虽然，上式是在两表面的温度相等且均为黑体表面假设条件下得到的，但角系数是一个纯几何因子，和表面的温度及发射率的大小没有关系，因此式（8-36）对任意两表面无条件成立。式（8-36）即为角系数的相对性，表示两个辐射传热表面角系数之间的关系。显然，对于相互辐射传热的两个表面，只要知道其中一个角系数，就可以根据相对性求出另一个角系数。

2. 完整性

如图 8-19 所示为多个表面组成的封闭辐射系统。根据能量守恒原理，离开任

何一个表面的辐射能必然全部落到组成封闭系统的
各个表面上。以其中的表面1为例，表面1对组成
封闭系统的各个表面的角系数之和必为1，即

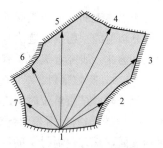

$$\sum_{i=1}^{n} X_{1,i} = X_{1,1} + X_{1,2} + \cdots + X_{1,n} = 1$$

$$(8\text{-}37)$$

图8-19　多个表面组成的
封闭辐射系统

式（8-37）称为角系数的完整性。对于非凹表
面 $X_{1,1}=0$。

从辐射传热的角度看，任何物体都处于其他物
体（实际物体或假想物体，如太空背景）的包围之中。换句话说，任何物体都与
其他所有参与辐射传热的物体构成一个封闭系统，封闭系统的概念也是辐射传热
计算的重要基础。

3. 可加性

对于图8-20所示的两黑体表面，表面2由2a和2b组成，因此，表面1辐射
给表面2的能量有下面的关系式成立：

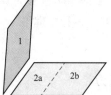

$$A_1 E_{b1} X_{1,2} = A_1 E_{b1} X_{1,2a} + A_1 E_{b1} X_{1,2b} \qquad (c)$$

整理后可得

$$X_{1,2} = X_{1,2a} + X_{1,2b} \qquad (8\text{-}38)$$

式（8-38）称为角系数的可加性。利用角系数的可加性时
应注意，只有对角系数符号中的第二个角码是可加的，对
角系数符号中第一个角码则不存在类似于式（8-38）的关
系，也就是

图8-20　角系数的可
加性示意

$$X_{2,1} \neq X_{2a,1} + X_{2b,1} \qquad (8\text{-}39)$$

例题8-8　图8-21所示为两个半球表面，确定表面1对表面2的角系数 $X_{1,2}$。

题解：

分析： 做图8-21所示的辅助表面3，离开表面1的辐射能落
到2上的部分必然全部通过表面3，且落到表面3上的部分也必
然全部落到表面2上，因此 $X_{1,2}=X_{1,3}$。

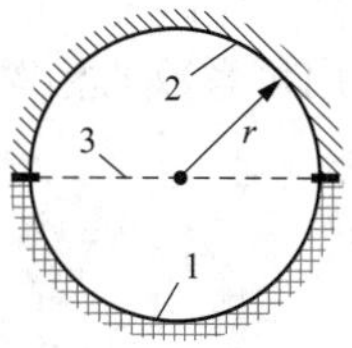

计算： 做辅助面3，$X_{3,1}=1$。

利用角系数的相对性：$A_1 X_{1,3}=A_3 X_{3,1}$，可得

$$X_{1,2} = X_{1,3} = \frac{A_3}{A_1} X_{3,1} = \frac{\pi r^2}{2\pi r^2} \times 1 = 0.5$$

图8-21　例题8-8
附图

8.6　有效辐射及辐射热网络图

微课32
有效辐射
与辐射热
网络图

在上一节讨论角系数的相对性时，得到了两黑体表面间辐射热流量 $\Phi_{1,2}$ 的计
算式。在本章接下来的内容，若不做特殊说明，均将实际物体表面作为漫灰表面。

相对于黑体表面，漫灰表面的辐射传热存在着多次吸收和反射的过程，如果跟踪一部分辐射能（射线踪迹法），累计它每次被吸收和反射的数量，计算就显得非常烦琐。为此，研究者提出了有效辐射的概念以简化计算。

8.6.1 有效辐射

有效辐射是指单位时间内离开物体单位表面积的辐射能，用 J 表示，单位为 W/m^2。有效辐射包括表面自身辐射和对投入辐射的反射两部分，对于图 8-22 所示的表面，其有效辐射 J 的计算式为

$$J = \varepsilon E_b + \rho G \tag{8-40}$$

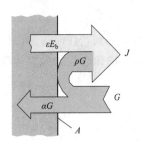

图 8-22　有效辐射
与投入辐射

在工程中，用辐射热流计所检测到的表面辐射热流密度就是物体表面的有效辐射。

通过研究一个表面的自身辐射、投入辐射与有效辐射间的关系，可以得到这个表面的净辐射放热热流量为

$$\Phi = A(J - G) \tag{a}$$

对于固体表面，有 $\alpha + \rho = 1$，根据基尔霍夫定律，对于漫灰表面，有 $\alpha = \varepsilon$，对式（8-40）进行整理得

$$G = \frac{J - \varepsilon E_b}{1 - \varepsilon} \tag{b}$$

将式（b）代入式（a），得任意漫灰表面的净辐射放热热流量为

$$\Phi = \frac{E_b - J}{\dfrac{1 - \varepsilon}{A\varepsilon}} \tag{8-41}$$

有效辐射概念的引入，大大简化了漫灰表面之间的辐射传热。对于一个辐射系统的任意两个表面 i 和 j，若已知两表面之间的角系数 $X_{i,j}$，借用两黑体表面之间辐射传热的分析方法可得两漫灰表面之间的辐射热流量为

$$\Phi_{i,j} = A_i X_{i,j} J_i - A_j X_{j,i} J_j \tag{8-42}$$

利用角系数的相对性，得

$$\Phi_{i,j} = \frac{J_i - J_j}{1/A_i X_{i,j}} \tag{8-43a}$$

$$\Phi_{i,j} = \frac{J_i - J_j}{1/A_j X_{j,i}} \tag{8-43b}$$

虽然可以通过式（8-41）计算任意漫灰表面的净辐射放热热流量，通过式（8-42）计算两漫灰表面之间的辐射热流量，但是这两个式子中的有效辐射 J 都是未知量。只有将所有参与辐射传热的物体表面构成一个封闭系统进行分析，才可以得到每个表面的有效辐射。组成辐射传热封闭系统的表面可以全部是真实存在的，也可以部分是假想的。不做特殊说明下，封闭系统表面之间均为真空或是非辐射性气体（例如空气）。

8.6.2　辐射热阻与辐射热网络图

1. 辐射热阻

将式（8-41）与电路中的欧姆定律相对比，热流量 Φ 相当于电路中的电流，分子 $E_b - J$ 相当于辐射传热热流产生的动力，分母 $\dfrac{1-\varepsilon}{A\varepsilon}$ 则相当于阻力，称为表面辐射热阻，它反映了表面发射率及面积大小对辐射传热的影响。显然，黑体表面的表面辐射热阻为零，其有效辐射等于其黑体辐射力。图 8-23（a）为表面辐射热阻的等效电路表示方法。

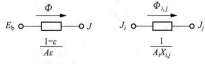

(a) 表面辐射热阻的　　(b) 空间辐射热阻的
等效电路表示方法　　　等效电路表示方法

图 8-23　辐射热阻示意

式（8-43）中分母 $\dfrac{1}{A_i X_{i,j}}$ 或 $\dfrac{1}{A_j X_{j,i}}$ 称为表面 i、j 之间的空间辐射热阻，它反映了两表面之间的空间位置对辐射热流量的影响。图 8-23（b）给出了空间辐射热阻的等效电路表示方法。

2. 辐射热网络图

应用辐射热阻的概念，对于由漫灰表面组成的封闭辐射系统，可以用类似电路图的形式将辐射传热的关系表示出来，称为辐射热网络图。

画辐射热网络图的原则是，对于封闭系统中任意一个表面都有一个表面辐射热阻，系统中任意两个表面之间存在一个空间辐射热阻。但若两表面间的角系数为零，此时，其空间辐射热阻为无穷大，相当于断路。

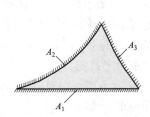

图 8-24　两表面构成封闭
系统的辐射热网络

对于两表面构成的封闭系统的辐射传热，两表面各有一个表面辐射热阻，表面间有一个空间辐射热阻，因此形成如图 8-24 所示的辐射热网络。

对于图 8-25 所示的三个表面构成的封闭系统，辐射系统有三个表面辐射热阻，任意两个表面之间都存在直接的辐射传热，故也有三个空间辐射热阻，其辐射热网络的关系如图 8-26 所示。

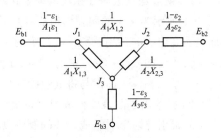

图 8-25　三个表面构成的封闭系统　　　图 8-26　三表面构成封闭系统的辐射热网络

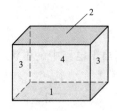

图 8-27　例题 8-9 附图 1

在实际的辐射传热问题中，若封闭系统几个表面温度相等、发射率也相等，则可以将其看成一个整体，以减少辐射系统中辐射面的个数，简化辐射热网络图。

例题 8-9　图 8-27 所示为一个房间的示意。根据房间内各壁面温度和发射率的不同，将其划分为四个辐射表面，地面为表面 1，房顶为表面 2，左、右侧墙为表面 3，前、后墙为表面 4。各表面的面积分别为 A_1、A_2、A_3、A_4，发射率分别为 ε_1、ε_2、ε_3、ε_4，温度分别为 T_1、T_2、T_3、T_4。若 $\varepsilon_1 = 1$，试画出其辐射传热的网络图，并写出各热阻的表达式。

题解：

该问题是四个表面构成的封闭系统，并且表面 1 为黑体，所以存在 3 个表面辐射热阻。任意两个表面之间都有辐射传热，因此有 6 个空间辐射热阻。其辐射传热的热网络图如图 8-28 所示。图中各热阻分别为

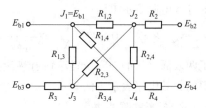

图 8-28　例题 8-9 附图 2

表面热阻：$R_2 = \dfrac{1-\varepsilon_2}{A_2 \varepsilon_2}$，$R_3 = \dfrac{1-\varepsilon_3}{A_3 \varepsilon_3}$，

$R_4 = \dfrac{1-\varepsilon_4}{A_4 \varepsilon_4}$。

空间热阻：$R_{1,2} = \dfrac{1}{A_1 X_{1,2}}$，$R_{1,3} = \dfrac{1}{A_1 X_{1,3}}$，$R_{1,4} = \dfrac{1}{A_1 X_{1,4}}$，$R_{2,3} = \dfrac{1}{A_2 X_{2,3}}$，

$R_{2,4} = \dfrac{1}{A_2 X_{2,4}}$，$R_{3,4} = \dfrac{1}{A_3 X_{3,4}}$。

8.7　两表面构成封闭系统的辐射传热计算

微课33
两表面构成
封闭系统的
辐射传热计算

两表面构成的封闭系统是辐射传热计算中最简单的情况。本节首先利用辐射热网络的方法给出两表面构成封闭系统的辐射传热计算式，之后介绍一种工程上用于削弱表面之间辐射传热的遮热板。

8.7.1　两表面构成封闭系统的辐射传热计算

图 8-29 所示为常见的两表面组成的封闭辐射系统，（a）表示的是一个圆面 1 与半球表面 2 组成的封闭系统；（b）中的 1 和 2 可以代表两个球表面，也可以看作是两个长圆柱的表面；（c）中的 1 和 2 代表两个距离很近的平行表面；（d）表示的是一个小的物体表面 1 与将其包围的大壁面 2 组成的封闭系统。

图 8-24 已给出了两表面构成封闭系统辐射热网络图，它由两个表面辐射热阻和一个空间辐射热阻串联组成。该问题可以不用计算出两个表面的有效辐射 J_1 和 J_2，而是采用类似串联电路的分析方法，可直接得到两表面间辐射热流量的计算式，即

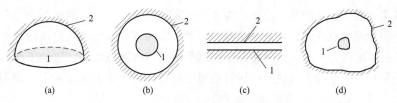

图 8-29　常见的两表面组成的封闭辐射系统

$$\Phi_{1,2} = \frac{E_{b1} - E_{b2}}{\dfrac{1-\varepsilon_1}{A_1\varepsilon_1} + \dfrac{1}{A_1 X_{1,2}} + \dfrac{1-\varepsilon_2}{A_2\varepsilon_2}} \tag{8-44}$$

对于图 8-29 给出的四类情况，它们有个共同的特点，角系数 $X_{1,2}=1$，此时式（8-44）可以简化为

$$\Phi_{1,2} = \frac{A_1(E_{b1} - E_{b2})}{\dfrac{1}{\varepsilon_1} + \dfrac{A_1}{A_2}\left(\dfrac{1}{\varepsilon_2} - 1\right)} \tag{8-45}$$

图 8-29 (d) 的情况，不但角系数 $X_{1,2}=1$，而且还具有 $A_1 \ll A_2$ 的特点，因此，式（8-45）可进一步简化为

$$\Phi_{1,2} = \varepsilon_1 A_1 \sigma(T_1^4 - T_2^4) \tag{8-46}$$

式（8-46）是在辐射传热分析中广泛使用的一个式子。此外，当 $A_1 \ll A_2$ 时，也相当于表面 2 的表面热阻趋于零的情况，换句话说，面积相对很大的表面在辐射换热系统中可以近似当作黑体处理。

8.7.2　遮热板（遮热罩）

传热的强化和削弱是传热学工程应用中的重要内容。从前面的分析可以看出，对于辐射传热的强化或削弱，主要可以通过改变物体表面的发射率和表面之间的空间位置来实现。在工程上还有一种用来削弱两个表面之间的辐射传热的薄板，这就是遮热板。遮热板是指插在两个表面之间用于削弱辐射传热的薄板。

下面以两块距离很近的大平板间的辐射传热为例说明遮热板的工作原理。参照图 8-30（a），大平板 1、2 的温度分别为 T_1、T_2，表面发射率都为 ε，面积为 A，两块平板间的辐射热流量可按式（8-44）计算，即

$$\Phi_{1,2} = \frac{E_{b1} - E_{b2}}{\dfrac{1-\varepsilon_1}{A_1\varepsilon_1} + \dfrac{1}{A_1 X_{1,2}} + \dfrac{1-\varepsilon_2}{A_2\varepsilon_2}} = \frac{A\sigma(T_1^4 - T_2^4)}{\dfrac{2}{\varepsilon} - 1} \tag{8-47}$$

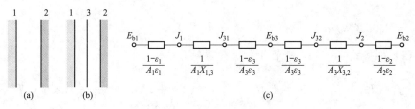

图 8-30　遮热板原理示意

如果在两平板之间加一块遮热板 3，如图 8-30（b）所示，遮热板为很薄的金属板，假设面积及两侧的发射率都与原有的平板相等。若增加遮热板后平板 1 和平板 2 的温度保持不变，此时相当于在原有的辐射热网络中串联增加了两个表面辐射热阻和一个空间辐射热阻，辐射热网络如图 8-30（c）所示，此时，辐射热流量为

$$\Phi_{1,2} = \frac{A(E_{b1} - E_{b2})}{\frac{1}{\varepsilon_1} + \frac{1}{\varepsilon_3} + \frac{1}{\varepsilon_3} + \frac{1}{\varepsilon_2} - 2} = \frac{A\sigma(T_1^4 - T_2^4)}{\frac{4}{\varepsilon} - 2} \qquad (8\text{-}48)$$

比较式（8-48）与式（8-47），增加 1 块遮热板后，总辐射热阻增加了 1 倍，在平板温度保持不变的情况下，辐射热流量减少为原来的 1/2，即

$$\Phi_{1,2}^{(1)} = \frac{1}{2}\Phi_{1,2} \qquad (8\text{-}49)$$

以此类推，如果加 n 层同样的遮热板，则辐射热流量减少为原来的 $1/(n+1)$。

实际上，遮热板通常采用表面反射率高、发射率小的材料，如表面高度抛光的薄铝板。遮热板的作用是增加辐射传热热阻，削弱辐射传热。由于在辐射传热的同时，往往还存在表面之间流体的导热或对流传热，为了增加隔热保温的效果，通常在多层遮热板中间抽真空，将导热或对流传热减少到最低限度。遮热板应用非常广泛，例如炼钢工人的遮热面罩、航天器的多层真空舱壁、低温技术中的多层隔热容器以及测温元件的遮热罩等。

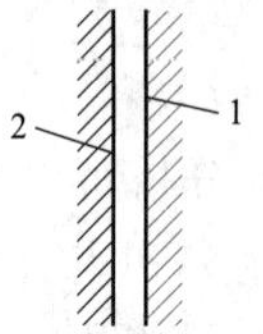

例题 8-10 图 8-31 所示的是两个距离很近的平行平面，已知表面 1、2 的温度分别为 227、127℃，发射率分别为 0.6、0.4。试计算：（1）表面 1 的辐射力；（2）单位面积上表面 1、2 间的辐射热流量；（3）表面 1 的有效辐射；（4）表面 1 的投入辐射；（5）表面 2 单位面积的反射辐射。

图 8-31 例题
8-10 附图

题解：

计算：（1）表面 1 的辐射力为

$$E_1 = \varepsilon_1 \sigma T_1^4 = 0.6 \times 5.67 \times 10^{-8} \times (227 + 273)^4 = 2126.25(\text{W/m}^2)$$

（2）根据式（8-44），单位面积上表面 1、2 间的辐射热流量为

$$q_{1,2} = \frac{E_{b1} - E_{b2}}{\frac{1-\varepsilon_1}{\varepsilon_1} + \frac{1}{X_{1,2}} + \frac{1-\varepsilon_2}{\varepsilon_2}} = \frac{5.67 \times 10^{-8} \times \left[(227+273)^4 - (127+273)^4\right]}{\frac{1}{0.6} + \frac{1}{0.4} - 1}$$

$$= 660.7(\text{W/m}^2)$$

（3）根据式（8-41），表面 1 的有效辐射为

$$J_1 = E_{b1} - \frac{1-\varepsilon_1}{A_1\varepsilon_1}\Phi_1 = 5.67 \times 10^{-8} \times (227+273)^4 - \frac{1-0.6}{0.6} \times 660.7$$

$$= 3103.28(\text{W/m}^2)$$

（4）表面 1 的投入辐射为

$$G_1 = J_1 - q_{1,2} = 3103.28 - 660.7 = 2442.57(\text{W/m}^2)$$

（5）在此问题中，表面 2 的投入辐射等于表面 1 的有效辐射，所以表面 2 单位面积的反射辐射为

$$\rho_2 \times G_2 = (1 - \varepsilon_2)J_1 = (1 - 0.4) \times 3103.28 = 1\,862(\text{W/m}^2)$$

例题 8-11　对于如图 8-32 所示的水平放置于室内的蒸汽管道，其保温层的外径 d 为 360mm。正常情况下，保温层表面的温度为 40℃，若室内的空气温度和房间壁面的温度均为 20℃，保温层外表面的发射率为 0.5。试计算每米管长上的辐射热流量。

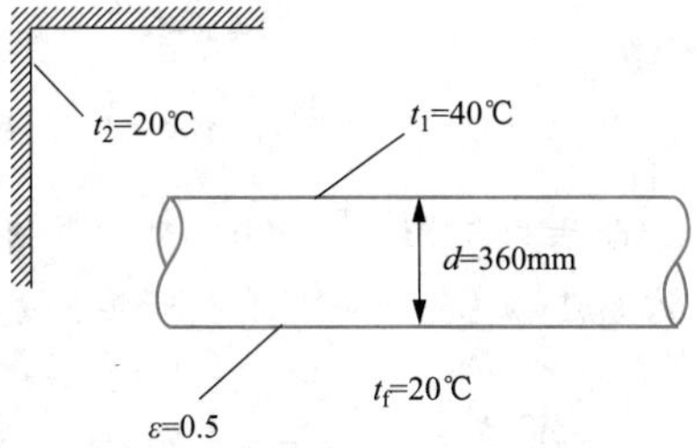

题解：

分析：管道表面与环境的换热有与周围空气的自然对流传热，也有与周围环境壁面的辐射传热，本题只要求计算辐射热流量。由于管道表面完全被周围壁面包围，因此可以看作是小物体表面与包壳之间的辐射传热。

图 8-32　例题 8-11 附图

计算：按照式（8-46），管道每米长度上通过辐射传热的热流量 $q_{1,r}$ 为

$$q_{1,r} = \varepsilon_1 A_1 \sigma(T_1^4 - T_2^4) = 0.5 \times 3.14 \times 0.36 \times 5.67 \times 10^{-8}$$
$$\times [(273 + 40)^4 - (273 + 20)^4] = 71.4(\text{W/m})$$

讨论：从计算结果可以看出，本问题中管道表面的辐射散热是比较显著的。管道表面的自然对流可以利用本书第 5 章的特征数关联式计算，热流量等于 83.6W/m。日常生活中人体、暖气片等散热问题也需同时考虑自然对流散热与辐射散热。

例题 8-12　图 8-33（a）所示为用裸露的热电偶测量管道内的气体温度的示意图。若已知管道内壁的温度 $t_2 = 600$℃，气体与热电偶结点对流传热的表面传热系数为 $h_1 = 58.2\text{W/(m}^2 \cdot \text{K)}$，热电偶表面的发射率为 $\varepsilon_1 = 0.3$，热电偶指示的温度 $t_1 = 792$℃。（1）计算被测气体的真实温度；（2）若改用图 8-33（b）所示带抽气遮热罩的测温方法，假定气体温度保持不变，此时热电偶结点对流传热的表面传热系数增加到 $h_2 = 118\text{W/(m}^2 \cdot \text{K)}$，遮热罩表面的发射率 $\varepsilon_2 = 0.3$，计算此时热电偶的指示温度。

题解：

分析：① 热电偶指示的温度是热电偶结点在与外界换热处在热平衡时的温度值。裸露的热电偶测量管道内的气体温度时，热电偶结点与流体（非辐射性气体）进行对流传热，同时也与管道壁面进行辐射传热，忽略沿导线的导热。稳态情况下，其能量守恒关系为

$$A_1 h_1 (t_f - t_1) = A_1 \varepsilon_1 \sigma(T_1^4 - T_2^4) \tag{a}$$

由上式可计算出被测气体的真实温度。

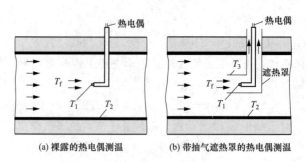

(a) 裸露的热电偶测温　　　　　　(b) 带抽气遮热罩的热电偶测温

图 8-33　热电偶测温误差分析示意

② 若改用图 8-33（b）所示带抽气遮热罩的方式，热电偶结点辐射传热的对象就变成了遮热罩，其能量守恒关系为

$$A_1 h_2(t_f - t_1) = A_1 \varepsilon_1 \sigma(T_1^4 - T_3^4) \tag{b}$$

遮热罩内、外侧均有对流传热，外侧与管道壁进行辐射传热，热电偶对其的辐射传热可以忽略不计。其换热的能量守恒关系为

$$2A_3 h_2(t_f - t_3) = A_3 \varepsilon_3 \sigma(T_3^4 - T_2^4) \tag{c}$$

计算：（1）利用式（a），代入数据得被测气体的真实温度为

$$t_f = t_1 + \frac{\varepsilon_1 \sigma(T_1^4 - T_2^4)}{h_1}$$

$$= 792 + \frac{0.3 \times 5.67 \times \left[\left(\dfrac{792 + 273}{100} \right)^4 - \left(\dfrac{600 + 273}{100} \right)^4 \right]}{58.2} = 998.2(℃)$$

此时，测量的绝对误差为 206℃，相对误差为 20%。

（2）利用式（c），代入数据有

$$2 \times 118 \times (998.2 - t_3) = 0.3 \times 5.67 \times \left[\left(\frac{t_3 + 273}{100} \right)^4 - \left(\frac{600 + 273}{100} \right)^4 \right]$$

采用试算的方法可求得遮热罩的温度 $t_3 = 903℃$。

利用式（b），代入数据有

$$118 \times (998.2 - t_1) = 0.3 \times 5.67 \times \left[\left(\frac{t_1 + 273}{100} \right)^4 - \left(\frac{903 + 273}{100} \right)^4 \right]$$

同样采用试算的方法，可求得此时热电偶的指示温度 $t_1 = 951.2℃$，绝对误差减小到了 47℃，相对误差小于 5%。

讨论：通过本例题发现，直接采用裸露的热电偶测量气体温度，可能会产生很大的测量误差，增加热电偶表面的对流传热系数以及增加遮热罩都是减小测量误差的重要途径。

 重点归纳：辐射传热相关的思维导图及重点知识

图 8-34～图 8-38 为辐射传热相关的思维导图及重点知识。

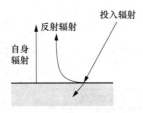

图 8-34　表面的辐射与吸收

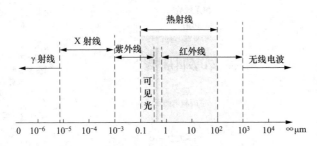

图 8-35　辐射的波谱

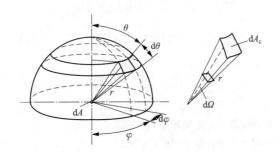

图 8-36　半球空间及立体角示意

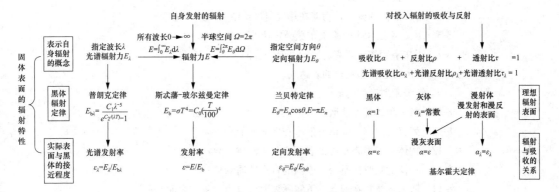

图 8-37　固体表面的辐射特性

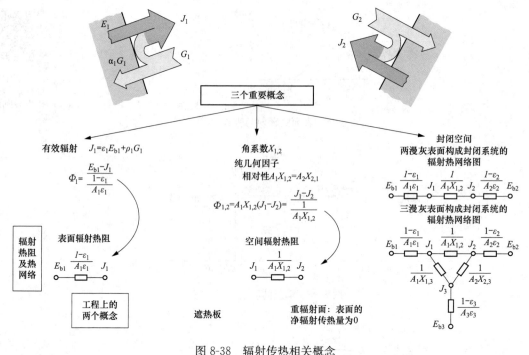

图 8-38　辐射传热相关概念

思考题

8-1　辐射力、光谱辐射力和定向辐射力有何区别？

8-2　解释定向辐射力与定向辐射强度的区别。

8-3　何为吸收比和光谱吸收比？

8-4　什么情况下形成漫反射？

8-5　解释黑体的概念，为何在热辐射理论中引入这一概念？

8-6　用文字表述斯忒藩-玻尔兹曼定律的主要内容。

8-7　用文字表述普朗克定律的主要内容。

8-8　写出维恩位移定律的表达式。

8-9　解释漫射表面的概念。

8-10　何为黑体辐射函数？

8-11　解释发射率、光谱发射率和定向发射率。

8-12　物体的发射率是否是表面的自身性质参数？

8-13　物体的吸收比是否是表面的自身性质参数？

8-14　何为灰体？在何条件下实际表面可以当作灰体表面？

8-15　不同的物体在室温下会呈现不同的颜色，请从辐射的角度进行解释。

8-16　解释黑体与黑颜色物体、灰体与灰颜色物体的区别。

8-17　在什么条件下表面的光谱发射率与光谱吸收比相等？

8-18　在什么条件下表面的发射率等于其吸收比？

8-19　"角系数是一个纯几何因子"的结论是在什么前提下得出的？

8-20　在利用角系数的相对性时，对表面的凸凹性有无限制？

8-21　为什么辐射传热计算必须在封闭系统内进行？对实际非封闭的情况可采取什么措施使其变为封闭系统？

8-22　对于一个黑体表面，其自身辐射和有效辐射是什么关系？

8-23　什么是表面辐射热阻？什么是空间辐射热阻？

习　　题

8-1　一物体表面温度为 207℃，表面发射率为 0.65。①计算该物体表面的辐射力；②若该表面在波长 $\lambda = 10\mu m$ 处，光谱发射率 $\varepsilon_\lambda = 0.6$，计算该波长下其光谱辐射力；③若已知该表面为漫射表面，计算其表面法线方向和在 $\theta = 45°$ 处的定向辐射力。

8-2　等温空腔的内表面为漫射表面，并维持在均匀的温度。其上有一个面积为 $0.02m^2$ 的小孔，小孔面积相对于空腔内表面积可以忽略。今测得小孔向外界辐射的能量为 70W，试确定空腔内表面的温度。

＊8-3　地球的直径为 $1.29 \times 10^7 m$，太阳的直径为 $1.39 \times 10^9 m$，日地平均距离为 $1.5 \times 10^{11} m$。太阳可看作温度为 5762K 的黑体，若把地球也看作黑体且忽略大气层的存在，宇宙空间的背景温度可近似当作 0K。试估算地球表面的平均温度。

习题8–3详解

8-4　试确定一个 100W 灯泡的发光效率，已知灯丝的直径为 0.5mm，长度为 15mm，发光时灯丝可看作是温度为 2900K 的黑体。发光效率是指灯泡发出的可见光占其电功率的百分比。

8-5　已知材料 A、B 的光谱发射率 ε_λ 与波长的关系如图 8-39 所示，试估计两种材料的发射率 ε 随温度变化的特性，并说明理由。

8-6　一个物体表面在 2000K 的光谱发射率大致为如下的分段函数：

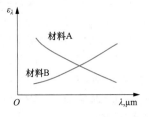

图 8-39　习题 8-5 附图

$$\varepsilon_\lambda = \begin{cases} 0.4, 0 \leqslant \lambda < 2\mu m \\ 0.7, 2 \leqslant \lambda < 6\mu m \\ 0.3, 6 \leqslant \lambda < \infty\mu m \end{cases}$$

计算该表面在此温度下的发射率及辐射力。

8-7　已知一表面的光谱吸收比与波长的关系如图 8-40（a）所示。在某一瞬间，测得表面温度为 1000K。投入辐射 G_λ 按波长分布的情形如图 8-40（b）所示。①计算单位表面积所吸收的辐射能；②若表面为漫射表面，计算该表面的发射率及辐射力。

8-8　人造地球卫星必须用辐射散热器把设备工作时产生的热量散出去。某辐射散热器表面对太阳辐射的吸收比为 0.5，辐射的发射率是 0.9，散热器的面积为 $1m^2$。太阳投入辐射为 $1100W/m^2$，卫星的产热功率为 1500W，宇宙空间的温度近似取 0K（宇宙背景的辐射温度约为 2.73K）。计算此时辐射散热器表面的温度。

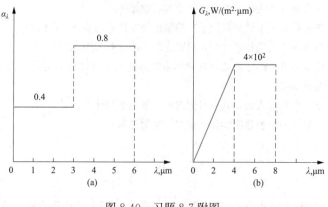

图 8-40　习题 8-7 附图

8-9　太阳表面的温度约为 5800K。试根据普朗克定律，画出太阳辐射光谱辐射力随波长变化的曲线图。

* 8-10　试从普朗克定律推导出维恩位移定律。

习题8-10详解

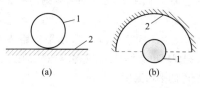

图 8-41　习题 8-11 附图

8-11　试确定图 8-41 中几何结构的角系数 $X_{1,2}$。图 8-41（a）中 1 为面积为 A_1 的球面，2 为面积为无限大的平表面；图 8-41（b）中 1 为面积为 A_1 的球表面，2 为面积为 A_2 的半球表面。

8-12　计算夏天与冬天站立在室温同为 25℃ 的房间内的人体与环境的换热热流量。人体与空气间的自然对流表面传热系数取 2.6W/(m²·K)，人体衣着与皮肤的表面温度取 30℃，表面发射率为 0.9，室内墙壁温度夏天取 26℃，冬天取 15℃。可将人体简化为直径等于 25cm、高 1.75m 的圆柱体，并忽略人体与地面的导热及呼吸换热。

8-13　由两个可以认为是无限长同心圆柱组成的空腔系统，圆柱 1 外径为 60mm，圆柱 2 内径为 90mm。表面 1 温度为 127℃，表面 2 温度为 57℃。试计算以下情况两表面间单位长度上的辐射热流量：①表面 1 和 2 均为黑体表面；②表面 1 和表面 2 均为漫灰表面，发射率分别为 0.8 和 0.6。

8-14　一个储存低温液体的容器由双层球形薄壁构成，薄壁中间已抽真空。已知内、外壁的直径分别为 0.4m 和 0.5m，表面温度分别为 −50℃ 和 10℃，薄壁材料的发射率为 0.3。①计算在此情况下该低温容器吸热的热流量；②若在该容器的内、外壁中间再安装直径为 0.45m 的一个薄壁球壳，其发射率为 0.05，其他条件不变，计算此时吸热的热流量。

8-15　一个放置在房间的加热炉如图 8-42 所示，其圆柱形炉腔的直径为 $d=20\text{cm}$、深度为 $l=40\text{cm}$，炉腔内壁面发射率为 $\varepsilon=0.8$，炉内温度为 727℃，室内壁面温度为 27℃。试计算炉门打开时，通过炉门与环境的辐射传热热流量为多少？

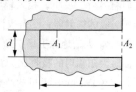

* 8-16　图 8-43 是人工黑体模型，若已知空腔壁上小孔的面积为 A_1，空腔的内表面积为 A_2，温度为 T_2，其表面的

图 8-42　习题 8-15 附图

发射率为 ε_2。试推导小孔表观发射率的计算式。表观发射率的定义是小孔在空腔表面温度下的辐射能与相同面积、相同温度下的黑体辐射能之比。

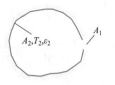

习题8-16详解

8-17 用裸露的热电偶测量管道内的气体温度，热电偶指示的温度为 $t_1=175℃$。若已知管道内壁温度为 $t_2=90℃$，气体与热电偶对流传热的表面传热系数为 $h=325W/(m^2·K)$，热电偶表面的发射率为 $\varepsilon_1=0.6$。计算被测气体的真实温度和测量误差。

图 8-43 习题 8-16
附图

8-18 某平板式太阳能集热器，在性能实验中得到如下测试数据：太阳的直接投入辐射 $G=600W/m^2$，内部吸热板表面温度为 $80℃$，玻璃盖板内表面温度为 $40℃$。并且已知：盖板表面的长度（或高度）为 $1.5m$，宽度 $1m$，盖板与吸热板的间距为 $4cm$，盖板对太阳辐射的透射比为 0.87，盖板自身的发射率为 0.94，吸热板对太阳能的吸收比为 0.93，吸热板自身的发射率为 0.09，吸热板与盖板之间自然对流传热的表面传热系数为 $2.85W/(m^2·K)$。计算该集热器的集热效率。

＊8-19 在考虑一建筑物冬天的采暖设计中，需要确定平屋顶的传热情况。屋顶可看作是南北方向 $5m$，东西方向 $10m$ 的长方形表面。①若测得一个时段内屋顶外表面温度为 $6.5℃$，空气的温度为 $-4℃$，有 5 级的北风（风速为 $10m/s$），计算房顶的对流传热的热流量；②若房顶表面涂有涂层，其光谱吸收比随波长的变化关系可近似表示为 $0≤\lambda<1\mu m$，$\alpha_\lambda=0.6$；$1≤\lambda<3\mu m$，$\alpha_\lambda=0.4$；$3≤\lambda<\infty\mu m$，$\alpha_\lambda=0.2$。太阳辐射可近似看做是 $6000K$ 黑体的辐射。若投入到房顶单位面积的太阳辐射为 $500W/m^2$，计算该房顶单位时间吸收的太阳辐射能量；③若天空温度按 $250K$ 考虑，房顶表面的辐射特性利用前一问给出的数据，且涂层可按漫射表面处理，房顶表面的温度仍取 $6.5℃$，计算该房顶单位时间向天空辐射的热流量；④若房顶的厚度为 $0.2m$，材料的导热系数为 $0.2W/(m·K)$，按照以上的计算结果计算此时房顶的内侧（室内侧）温度。

习题8-19详解

第9章 多表面系统及气体辐射传热

在第 8 章介绍了辐射的基本概念和基本定律、固体（液体）表面的辐射特性，给出了角系数、有效辐射和辐射热阻的概念，并研究了两表面组成封闭系统的辐射传热计算方法。本章首先从角系数的定义出发，分析得到确定角系数的计算公式，给出一些典型情况下确定角系数的图线；利用辐射热网络图的方法，进一步分析多表面系统的辐射传热计算；最后介绍气体辐射的特性及气体与包壳间辐射传热的计算。

9.1 角系数的确定

角系数是表面之间辐射传热计算的一个重要参数，对于一些简单情况，可以通过定义直接得到角系数的数值，更多情况是通过直接积分法、查图法和代数分析法等获得表面之间的角系数，下面分别进行介绍。

9.1.1 直接积分法

在符合角系数应用假定的基础上，角系数是一个纯几何因子，因此可以通过两表面之间的位置关系分析得到角系数。

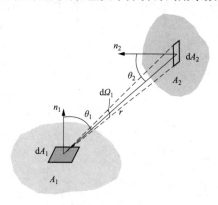

图 9-1 两个任意表面之间的角系数

对图 9-1 所示的空间中任意两个黑体表面进行分析。两个表面的面积分别为 A_1 和 A_2，在其上任取微元面积 dA_1 和 dA_2，两微元面的中心距离为 r，两个微元表面的中心连线与其表面的法线方向夹角分别为 θ_1 和 θ_2。显然，dA_2 位于 dA_1 的 θ_1 方向，dA_1 位于 dA_2 的 θ_2 方向。

dA_1 所发出的辐射能为 $dA_1 E_{b1}$，其在 θ_1 方向上的定向辐射力可表示为

$$E_{b1\theta_1} = E_{b1n}\cos\theta_1 = \frac{E_{b1}}{\pi}\cos\theta_1 \qquad (a)$$

dA_2 对 dA_1 张开的立体角可表示为

$$d\Omega_1 = \frac{dA_2\cos\theta_2}{r^2} \qquad (b)$$

因此，离开 dA_1 的辐射能中落到 dA_2 上的部分为

$$\Phi_{dA_1 \to dA_2} = dA_1 E_{b1\theta_1} d\Omega_1 = E_{b1}\frac{\cos\theta_1\cos\theta_2}{\pi r^2}dA_1 dA_2 \qquad (c)$$

离开 $\mathrm{d}A_1$ 的辐射能中落到整个 A_2 上的部分为

$$\Phi_{\mathrm{d}A_1 \to A_2} = E_{\mathrm{b1}} \int_{A_2} \frac{\cos\theta_1 \cos\theta_2}{\pi r^2} \mathrm{d}A_1 \mathrm{d}A_2 \tag{d}$$

整个 A_1 表面所发出的辐射能落到整个 A_2 表面上的为

$$\Phi_{A_1 \to A_2} = \int_{A_1} \Phi_{\mathrm{d}A_1 \to A_2} = E_{\mathrm{b1}} \int_{A_1} \int_{A_2} \frac{\cos\theta_1 \cos\theta_2}{\pi r^2} \mathrm{d}A_1 \mathrm{d}A_2 \tag{e}$$

因此，按照角系数的定义，得表面 1 对表面 2 的角系数为

$$X_{1,2} = \frac{\Phi_{A_1 \to A_2}}{A_1 E_{\mathrm{b1}}} = \frac{1}{A_1} \int_{A_1} \int_{A_2} \frac{\cos\theta_1 \cos\theta_2}{\pi r^2} \mathrm{d}A_1 \mathrm{d}A_2 \tag{9-1}$$

类似分析可得，表面 2 对表面 1 的角系数为

$$X_{2,1} = \frac{\Phi_{A_2 \to A_1}}{A_2 E_{\mathrm{b2}}} = \frac{1}{A_2} \int_{A_1} \int_{A_2} \frac{\cos\theta_1 \cos\theta_2}{\pi r^2} \mathrm{d}A_1 \mathrm{d}A_2 \tag{9-2}$$

式（9-1）是求解任意两表面之间角系数的积分计算式，利用该式求解角系数就是获得角系数的直接积分法。显然，上面的计算式是一个四重积分，只有对一些特殊几何系统的情况，才能获得其积分解。表 9-1 给出了几种特殊几何系统积分后的角系数计算公式。

表 9-1 几种特殊几何系统的角系数 $X_{1,2}$ 计算公式

几何系统	角系数 $X_{1,2}$
两个同样大小、平行相对的矩形表面	$x = a/h, y = b/h$ $X_{1,2} = \dfrac{2}{\pi xy}\Big[\dfrac{1}{2}\ln\dfrac{(1+x^2)(1+y^2)}{1+x^2+y^2}$ $- x\cdot\arctan x + x\sqrt{1+y^2}\arctan\dfrac{x}{\sqrt{1+y^2}}$ $- y\cdot\arctan y + y\sqrt{1+x^2}\arctan\dfrac{y}{\sqrt{1+x^2}}\Big]$
两个相互垂直具有一条公共边的矩形表面	$x = b/c, y = a/c$ $X_{1,2} = \dfrac{1}{\pi x}\Big[x\cdot\arctan\dfrac{1}{x} + y\cdot\arctan\dfrac{1}{y}$ $- \sqrt{x^2+y^2}\arctan\dfrac{1}{\sqrt{x^2+y^2}} + \dfrac{1}{4}\ln\dfrac{(1+x^2)(1+y^2)}{1+x^2+y^2}$ $+ \dfrac{x^2}{4}\ln\dfrac{x^2(1+x^2+y^2)}{(1+x^2)(x^2+y^2)} + \dfrac{y^2}{4}\ln\dfrac{y^2(1+x^2+y^2)}{(1+x^2)(x^2+y^2)}\Big]$
两个相互垂直具有公共中垂线的圆盘	$x = r_1/h, y = r_2/h, z = 1+(1+y^2)/x^2$ $X_{1,2} = \dfrac{1}{2}\Big[z - \sqrt{z^2 - 4(y/x)^2}\Big]$

续表

几何系统	角系数 $X_{1,2}$
一个圆盘和一个中心在其中垂线上的球	$X_{1,2} = \dfrac{1}{2}\left[1 - \dfrac{1}{\sqrt{1+(r_2/h)^2}}\right]$

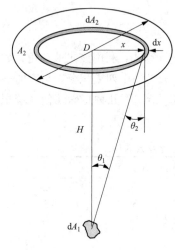

图 9-2　例题 9-1 附图

例题 9-1　如图 9-2 所示，微元面 dA_1 与直径为 D 的有限大圆盘 A_2 平行，两表面的中心距为 H。试计算微元面对圆盘的角系数 X_{dA_1,A_2}。

题解：

在圆盘上任意 x 处取微元 dx 的圆环 dA_2 进行分析，$dA_2 = 2\pi x dx$。

根据图 9-2 所示的几何关系，得

$$\cos\theta_1 = \cos\theta_2 = \frac{H}{\sqrt{H^2 + x^2}}$$

利用式（d）和角系数的定义得

$$X_{dA_1,A_2} = \frac{\Phi_{dA_1 \to A_2}}{dA_1 E_{b1}} = \int_{A_2} \frac{\cos\theta_1 \cos\theta_2}{\pi r^2} dA_2$$

$$= \int_0^{D/2} \frac{\dfrac{H^2}{H^2 + x^2}}{\pi(H^2 + x^2)} 2\pi x dx = \frac{D^2}{4H^2 + D^2}$$

9.1.2　查图法

即使对一些特殊的几何系统，可以利用直接积分法计算角系数，但多数也非常烦琐。为此前人将部分情况做成了线算图，图 9-3～图 9-5 所示为三种典型情况下确定角系数的图线。使用中请注意 3 个图中横坐标均为对数坐标。

例题 9-2　两个同轴平行相对的圆盘，圆盘的直径 $D_1 = D_2 = 0.4\text{m}$，两圆盘相距 $L = 0.4\text{m}$。计算两圆盘之间的角系数。

题解：

计算：首先计算查图 9-5 所需的两个参数。

$$L/r_1 = L/(D_1/2) = 0.4/0.2 = 2, \quad r_2/L = (D_2/2)/L = 0.2/0.4 = 0.5$$

查图 9-5 得角系数 $X_{1,2}$ 约为 0.17。

讨论：本例题中计算的两个参数正好在图中都有对应的刻度和图线，否则需要采用插值的方法进行估算。

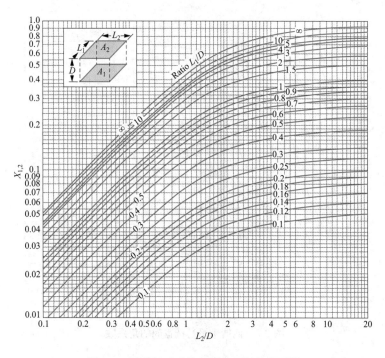

图 9-3　两平行正对长方形表面间的角系数

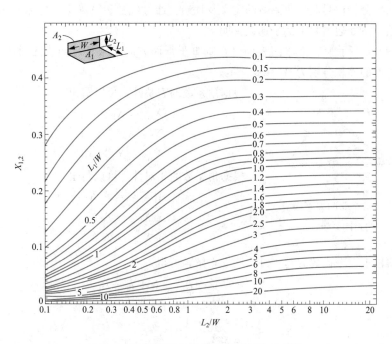

图 9-4　两垂直相交长方形表面间的角系数

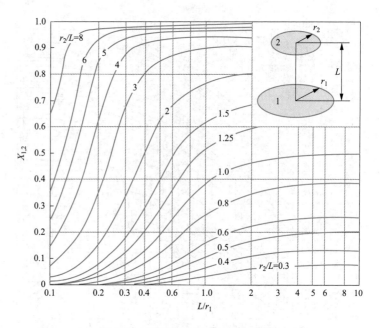

图 9-5 两同轴平行圆盘间的角系数

9.1.3 代数分析法

代数分析法是利用角系数的定义及性质，通过代数运算确定一些未知角系数的方法。下面通过几个例子加以说明。

图 9-6 所示为三个非凹表面（在垂直于纸面方向无限长）构成的封闭系统，三个表面的面积分别为 A_1、A_2、A_3。

根据角系数的完整性，可以写出

$$X_{1,2} + X_{1,3} = 1 \qquad (f)$$

$$X_{2,1} + X_{2,3} = 1 \qquad (g)$$

$$X_{3,1} + X_{3,2} = 1 \qquad (h)$$

根据角系数的相对性，可以写出

$$A_1 X_{1,2} = A_2 X_{2,1} \qquad (i)$$

$$A_1 X_{1,3} = A_3 X_{3,1} \qquad (j)$$

$$A_2 X_{2,3} = A_3 X_{3,2} \qquad (k)$$

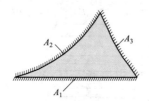

图 9-6 三个非凹表面构成
的封闭系统

将以上 6 个代数方程式进行联立求解，可得

$$X_{1,2} = \frac{A_1 + A_2 - A_3}{2A_1} = \frac{l_1 + l_2 - l_3}{2l_1} \qquad (9\text{-}3a)$$

$$X_{1,3} = \frac{A_1 + A_3 - A_2}{2A_1} = \frac{l_1 + l_3 - l_2}{2l_1} \qquad (9\text{-}3b)$$

$$X_{2,3} = \frac{A_2 + A_3 - A_1}{2A_2} = \frac{l_2 + l_3 - l_1}{2l_2} \qquad (9\text{-}3c)$$

式中：l_1、l_2、l_3 分别为表面 A_1、A_2、A_3 在横截面上的长度。

下面应用代数分析法求解图 9-7 所示的垂直于纸面方向无限长的两非凹表面间的角系数 $X_{1,2}$。假设横截面的线段长度分别为 ab、cd。做辅助线 ac、bd、ad、bc，它们分别代表 4 个同样垂直于纸面方向无限长的辅助平面。对于表面 1、2 与辅助平面 ac、bd 构成的封闭系统 $abdc$，根据角系数的完整性，可得

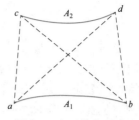

图 9-7　交叉线法示意

$$X_{1,2} = 1 - X_{1,ac} - X_{1,bd} \tag{1}$$

对于表面 1 与辅助平面 ac、bc 构成的封闭系统 abc，以及表面 1 与辅助平面 ad、bd 构成的封闭系统 abd，根据前面三个非凹表面构成的封闭系统的计算结果，可得

$$X_{1,ac} = \frac{ab + ac - bc}{2l_1} \tag{m}$$

$$X_{1,bd} = \frac{ab + bd - ad}{2l_1} \tag{n}$$

将式（n）、（m）代入式（l）得

$$X_{1,2} = \frac{(ad + bc) - (ac + bd)}{2ab} \tag{9-4}$$

上式也可以用文字表述为

$$X_{1,2} = \frac{交叉线长度之和 - 非交叉线长度之和}{2 倍表面 1 的横截面线段长度} \tag{9-5}$$

以上这种方法有时称为交叉线法。

结合查图法和代数分析法还可以推导出更多情况的角系数，下面以例题进行说明。

例题 9-3　确定图 9-8 所示的表面 1 对表面 2 的角系数 $X_{1,2}$。

题解：

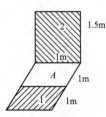

分析： 表面 2 与表面 A、表面 2 与表面（$1+A$）都是相互垂直相交的矩形，因此 $X_{2,A}$ 与 $X_{2,(1+A)}$ 都可以查图 9-4 确定。

由角系数的可加性，有 $X_{2,(1+A)} = X_{2,1} + X_{2,A}$。

因此有 $X_{2,1} = X_{2,(1+A)} - X_{2,A}$。

再利用角系数的相对性可得到

$$X_{1,2} = \frac{A_2}{A_1} X_{2,1} = \frac{A_2}{A_1} \left[X_{2,(1+A)} - X_{2,A} \right]$$

图 9-8　例题 9-3 附图

计算： 由图 9-4 得，$X_{2,A} = 0.148$，$X_{2,(1+A)} = 0.183$ 所以

$$X_{1,2} = \frac{A_2}{A_1} X_{2,1} = \frac{A_2}{A_1} \left[X_{2,(1+A)} - X_{2,A} \right] = \frac{1.5}{1} \times (0.183 - 0.148) = 0.052\,5$$

9.2 多表面系统的辐射传热

在 8.7 节曾分析了两表面构成封闭系统的辐射传热，其辐射热网络由 3 个热阻串联而成，因此直接得到了辐射热流量的计算式。但在多表面系统中，辐射热网络更为复杂，每一个表面的净辐射热流量等于与其他各表面分别换热的热流量之和，因此，必须联立求解出各表面有效辐射才可以计算。本节首先以三个表面构成的封闭系统为例进行分析，然后给出更多表面构成封闭系统的求解方法。

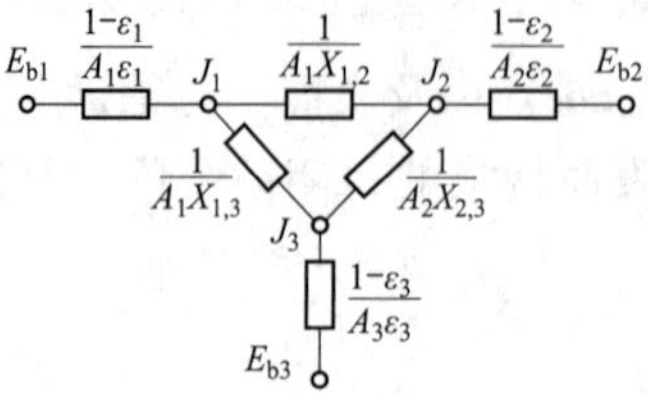

图 9-9 三表面构成封闭系统的辐射热网络

9.2.1 三表面构成的封闭系统

图 9-9 所示为三个表面构成封闭系统的辐射热网络。对该问题计算的关键是求解 3 个节点 J_1、J_2、J_3。对每个节点都可以根据能量守恒关系列出一个线性代数方程，即流入每个节点的热流代数和必定等于零。三个节点的方程分别为

$$J_1 \qquad \frac{E_{b1}-J_1}{\dfrac{1-\varepsilon_1}{A_1\varepsilon_1}}+\frac{J_2-J_1}{\dfrac{1}{A_1X_{1,2}}}+\frac{J_3-J_1}{\dfrac{1}{A_1X_{1,3}}}=0 \qquad (9\text{-}6a)$$

$$J_2 \qquad \frac{E_{b2}-J_2}{\dfrac{1-\varepsilon_2}{A_2\varepsilon_2}}+\frac{J_1-J_2}{\dfrac{1}{A_2X_{2,1}}}+\frac{J_3-J_2}{\dfrac{1}{A_2X_{2,3}}}=0 \qquad (9\text{-}6b)$$

$$J_3 \qquad \frac{E_{b3}-J_3}{\dfrac{1-\varepsilon_3}{A_3\varepsilon_3}}+\frac{J_1-J_3}{\dfrac{1}{A_3X_{3,1}}}+\frac{J_2-J_3}{\dfrac{1}{A_3X_{3,2}}}=0 \qquad (9\text{-}6c)$$

联立以上三个代数方程就可求出有效辐射 J_1、J_2、J_3。

按照式 (8-41)，即 $\Phi_i=\dfrac{E_{bi}-J_i}{(1-\varepsilon_i)/A_i\varepsilon_i}$ 便可计算各表面的净辐射放热热流量，如果计算结果为正值，则表示该表面为净辐射放热表面；相反，则表示该表面为净辐射吸热表面。

9.2.2 两种特殊情形

1. 有一个表面为黑体表面

仍以三表面组成的封闭系统为例，假设图 9-9 中的表面 3 为黑体。此时，表面 3 的表面热阻 $\dfrac{1-\varepsilon_3}{A_3\varepsilon_3}=0$，从辐射热势 E_{b3} 到有效辐射 J_3 相当于短路，其辐射热网络如图 9-10 所示。在计算时，式 (9-6c) 可表示为 $J_3=E_{b3}$，因此，只需联立求解式 (9-6a) 和式 (9-6b)

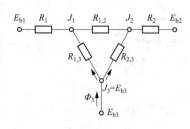

图 9-10 一表面为黑体的辐射热网络

即可。黑体表面 3 的净辐射放热热流量可由下式计算：

$$\Phi_3 = \frac{E_{b3} - J_1}{\dfrac{1}{A_3 X_{3,1}}} + \frac{E_{b3} - J_2}{\dfrac{1}{A_3 X_{3,2}}} \tag{9-7}$$

2. 某一表面为重辐射面

在前面的讨论中，我们主要关心的是表面之间辐射传热的分析和计算，但应该清楚辐射传热与其他的传热往往是相关联的。系统中某表面维持恒定的温度，如产生净辐射放热，那么就一定有其他传热形式将相等的热量传递给此表面。如图 9-11 所示，该热流可以是该表面所在的物体内部的导热或者表面上的对流传热等。相反，若辐射面产生净辐射吸热，则必然要通过其他的方式将此部分热量带走。将与系统的净辐射热流量为零的辐射表面称为重辐射面。

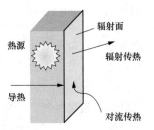

图 9-11　重辐射面分析示意

假设图 9-9 中的表面 3 为重辐射面，即表面 3 与外界绝热，在该系统中，若表面 1 温度高于表面 2，则此时表面 3 温度会介于表面 1 和 2 之间。表面 3 从表面 1 得到的辐射热将完全再辐射给表面 2。其辐射热网络如图 9-12（a）所示，简化后如图 9-12（b）所示。

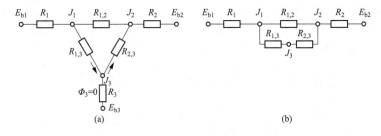

图 9-12　有重辐射面的辐射热网络

图 9-12 中空间辐射热阻 $R_{1,3}$ 与 $R_{2,3}$ 串联，因此

$$\frac{J_1 - J_3}{\dfrac{1}{A_3 X_{3,1}}} = \frac{J_3 - J_2}{\dfrac{1}{A_3 X_{3,2}}} \tag{9-8}$$

此时，表面 3 的温度是受表面 1 和表面 2 温度影响的一个待定值，其数值等于辐射力为 J_3 的黑体的温度，即

$$T_3 = \left(\frac{E_{b3}}{\sigma}\right)^{1/4} = \left(\frac{J_3}{\sigma}\right)^{1/4} \tag{9-9}$$

以上讨论的黑体表面与重辐射面情况，虽然是以三表面的封闭系统为例说明的，但是在其他多表面系统中也是同样的处理方法。

例题 9-4　一个埋入地下的加热炉如图 9-13 所示，已知加热炉的直径

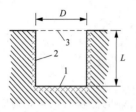

图 9-13　例题 9-4 附图

$D=0.4$m，深度 $L=0.4$m，其底面的温度为 600K，侧面温度为 500K，炉壁材料的发射率均为 0.6，炉口外的环境温度为 300K。计算整个加热炉向外界的辐射热流量。

题解：

分析： 加热炉向外界的散热是通过炉口出去的，并且出去的辐射能几乎全部被外面的环境吸收，可以将炉口看做一个虚拟的表面 3，表面 3 相当于周围环境壁面上的一个小孔，其温度等于环境温度，发射率为 1。因此假想的黑体表面 3 与表面 1、2 组成一个封闭的辐射系统。

计算： 根据分析，该辐射热网络为图 9-10 所示的形式。

首先计算各表面之间的角系数，表面 1 和 3 之间的角系数可由图 9-5 查得

$$X_{1,3} = X_{3,1} = 0.17$$

利用角系数的完整性得

$$X_{1,2} = X_{3,2} = 1 - X_{1,3} = 1 - 0.17 = 0.83$$

表面 1 和 3 的面积为

$$A_1 = A_3 = \pi D^2/4 = 3.14 \times 0.4^2/4 = 0.125\,6 (\text{m}^2)$$

表面 2 的面积为

$$A_2 = \pi DL = 3.14 \times 0.4 \times 0.4 = 0.502\,4 (\text{m}^2)$$

各辐射热阻为

$$R_1 = \frac{1 - \varepsilon_1}{A_1 \varepsilon_1} = \frac{1 - 0.6}{0.125\,6 \times 0.6} = 5.3 (\text{m}^{-2})$$

$$R_2 = \frac{1 - \varepsilon_2}{A_2 \varepsilon_2} = \frac{1 - 0.6}{0.502\,4 \times 0.6} = 1.33 (\text{m}^{-2})$$

$$R_{1,2} = \frac{1}{A_1 X_{1,2}} = \frac{1}{0.125\,6 \times 0.83} = 9.6 (\text{m}^{-2})$$

$$R_{1,3} = \frac{1}{A_1 X_{1,3}} = \frac{1}{0.125\,6 \times 0.17} = 46.8 (\text{m}^{-2})$$

$$R_{3,2} = \frac{1}{A_3 X_{3,2}} = \frac{1}{0.125\,6 \times 0.83} = 9.6 (\text{m}^{-2})$$

对节点 J_1、J_2 可以列出下列方程：

$$\frac{E_{b1} - J_1}{R_1} = \frac{J_1 - J_2}{R_{1,2}} + \frac{J_1 - J_3}{R_{1,3}}, \frac{E_{b2} - J_2}{R_2} = \frac{J_2 - J_1}{R_{1,2}} + \frac{J_2 - J_3}{R_{3,2}}$$

$$E_{b1} = \sigma T_1^4 = 5.67 \times (600/100)^4 = 7348.3 (\text{W/m}^2)$$

$$E_{b2} = \sigma T_2^4 = 5.67 \times (500/100)^4 = 3543.8 (\text{W/m}^2)$$

$$J_3 = E_{b3} = \sigma T_3^4 = 5.67 \times (300/100)^4 = 459.3 (\text{W/m}^2)$$

代入节点 J_1、J_2 的方程式并联立求解得

$$J_1 = 5577(\text{W/m}^2), J_2 = 3432(\text{W/m}^2)$$

加热炉向外界的辐射热流量为

$$\Phi = \Phi_{1,3} + \Phi_{2,3} = \frac{J_1 - J_3}{R_{1,3}} + \frac{J_2 - J_3}{R_{3,2}} = \frac{5577 - 459.3}{46.8} + \frac{3432 - 459.3}{9.6} = 419(\text{W})$$

例题 9-5　如图 9-14 所示，对一个采用地暖的房间进行热负荷计算。房间的长、宽和高分别为 5、4m 和 3m，已知地面温度为 30℃，房顶的温度为 20℃，房间的四面墙壁可近似看作绝热，所有壁面的发射率为 0.8。(1) 忽略室内空气与壁面的对流传热，计算地面单位面积辐射传热的热负荷；(2) 若室内空气温度也为 20℃，地面与空气自然对流传热的表面传热系数为 2.5W/(m²·K)，计算地面单位面积总的热负荷。

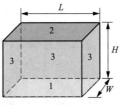

图 9-14　例题 9-5 附图

题解：

分析： 房间的四面侧墙近似绝热，若同时忽略侧墙与室内空气的对流传热，将其整体作为表面 3，且为重辐射面。地面、房顶和侧墙组成三表面构成的封闭系统，辐射热网络与图 9-12 一致。

计算： (1) 表面 1 和表面 2 之间的角系数可由图 9-3 查得

$$X_{1,2} = X_{2,1} = 0.32$$

利用角系数的完整性有

$$X_{1,3} = X_{2,3} = 1 - X_{1,2} = 1 - 0.32 = 0.68$$

表面 1 和表面 2 的面积为

$$A_1 = A_2 = LW = 5 \times 4 = 20(\text{m}^2)$$

表面 3 的面积为

$$A_3 = 2H(L+W) = 2 \times 3 \times (5+4) = 54(\text{m}^2)$$

各辐射热阻为

$$R_1 = \frac{1-\varepsilon_1}{A_1\varepsilon_1} = \frac{1-0.8}{20 \times 0.8} = 0.0125(\text{m}^{-2})$$

$$R_2 = \frac{1-\varepsilon_2}{A_2\varepsilon_2} = \frac{1-0.8}{20 \times 0.8} = 0.0125(\text{m}^{-2})$$

$$R_{1,2} = \frac{1}{A_1 X_{1,2}} = \frac{1}{20 \times 0.32} = 0.156(\text{m}^{-2})$$

$$R_{1,3} = \frac{1}{A_1 X_{1,3}} = \frac{1}{20 \times 0.68} = 0.074(\text{m}^{-2})$$

$$R_{3,2} = \frac{1}{A_2 X_{2,3}} = \frac{1}{20 \times 0.68} = 0.074(\text{m}^{-2})$$

整个辐射热网络的总热阻为

$$\sum R = R_1 + \frac{(R_{1,3} + R_{2,3}) \times R_{1,2}}{R_{1,3} + R_{2,3} + R_{1,2}} + R_2$$

$$= 0.012\,5 + \frac{(0.074 + 0.074) \times 0.156}{0.074 + 0.074 + 0.156} + 0.012\,5 = 0.1\,(\text{m}^{-2})$$

$$E_{\text{b}1} = \sigma T_1^4 = 5.67 \times \left[(273 + 30)/100 \right]^4 = 478\,(\text{W/m}^2)$$

$$E_{\text{b}2} = \sigma T_2^4 = 5.67 \times \left[(273 + 20)/100 \right]^4 = 418\,(\text{W/m}^2)$$

地面向其他墙壁的辐射热流量为

$$\Phi_1 = \Phi_{1,2} = \frac{E_{\text{b}1} - E_{\text{b}2}}{\sum R} = \frac{478 - 418}{0.1} = 600 \quad (\text{W})$$

地面单位面积辐射传热的热负荷为

$$q_r = \frac{\Phi_1}{A_1} = 600/20 = 30\,(\text{W/m}^2)$$

（2）地面与空气自然对流传热的热流密度为

$$q_c = h(t_w - t_f) = 2.5 \times (30 - 20) = 25\,(\text{W/m}^2)$$

因此，地面单位面积总的热负荷为

$$q = q_r + q_c = 30 + 25 = 55\,(\text{W/m}^2)$$

讨论： ①在该问题中四周墙壁绝热，虽然其净辐射热流量为零，但仍参与辐射，所起的作用就是把地面辐射给它的热量再辐射传递给房顶。②认为四周墙壁绝热与多数实际情况有较大的误差，一般前、后墙壁的外侧是室外，必定有通过墙壁的散热，此外，四周墙壁也会与室内的空气进行自然对流传热。

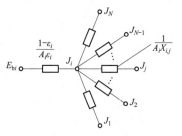

图 9-15　任意表面 i 与其他表面之间的辐射热网络

9.2.3　多表面构成的封闭系统

工程上可能遇到数量超过 3 个表面封闭系统辐射传热的计算，计算方法和步骤与 3 表面系统基本一致。现研究由 N 个漫灰表面构成的封闭系统的辐射传热。如图 9-15 所示，对于系统内的任意一个表面 i，类似式 (9-6) 其有效辐射节点的方程为

$$\frac{E_{\text{b}i} - J_i}{\dfrac{1 - \varepsilon_i}{A_i \varepsilon_i}} = \sum_{j=1}^{N} \frac{J_i - J_j}{\dfrac{1}{A_i X_{i,j}}} \quad (i = 1, 2, \cdots, N) \tag{9-10}$$

联立求解由式 (9-10) 组成的方程组，得到各有效辐射。

对于较多表面（非凹）构成的封闭系统的辐射传热问题，为了便于利用计算机求解，可以把式 (9-10) 整理成有关 J_i 显函数的形式。在图 9-15 中，据有效辐射的定义对封闭系统中任意表面的有效辐射 J_i 有

$$J_i = E_i + \rho_i G_i = \varepsilon_i \sigma T_i^4 + (1 - \varepsilon_i) \sum_{j=1}^{N} A_j J_j X_{j,i}/A_i \quad (i = 1, 2, \cdots, N, i \neq j) \tag{9-11}$$

利用角系数的相对性 $A_i X_{i,j} = A_j X_{j,i}$，式 (9-11) 可简化为

$$J_i = \varepsilon_i \sigma T_i^4 + (1 - \varepsilon_i) \sum_{j=1}^{N} J_j X_{i,j} \quad (i = 1, 2, \cdots, N, i \neq j) \tag{9-12}$$

9.3 气体的辐射特性及辐射传热计算

在工业上常见的温度范围内,自然界中单原子气体及分子结构对称的双原子气体不参与辐射和吸收,是热辐射的透明介质,如 He、Ar、O_2、N_2、H_2 等。分子结构不对称的双原子气体及 CO_2、H_2O(气)、SO_2、氟利昂等多原子气体,则具有向外辐射和吸收投入辐射的能力,称为辐射性气体。由于燃料(油、燃气和煤)的燃烧产物会有一定浓度的 CO_2 和水蒸气存在,对燃烧室的换热起到重要影响,本节将以 CO_2 和水蒸气为例介绍气体辐射的特点及相关的工程计算方法。

9.3.1 气体辐射和吸收的特点

1. 对波长的选择性

实际固体与液体表面的辐射光谱随波长是连续分布的。然而对于辐射性气体来说,仅仅在特定的波段范围内存在热辐射和吸收,对波长具有明显的选择性。通常把气体辐射和吸收的波长范围称为光带。CO_2 的光带主要有 $2.65\sim2.80\mu m$,$4.15\sim4.45\mu m$,$13.0\sim17.0\mu m$;水蒸气的光带主要有 $2.55\sim2.84\mu m$,$5.6\sim7.6\mu m$,$12\sim30\mu m$,这些光带都位于红外线的波长范围内,同时这两种气体的光带有重叠。

CO_2 和水蒸气均是大气温室气体的主要成分,它们辐射与吸收对波长的选择性是造成大气温室效应的主要原因。太阳辐射中 $0\sim2.5\mu m$ 的辐射占 96% 以上,因此可直接穿透大气层到达地球表面,而地面发射的辐射则主要处于红外线区域,部分辐射被这些温室气体吸收,从而形成温室效应。

2. 容积性

固体和液体的辐射与吸收一般仅在很薄的表面层进行,与此相比,气体则有明显的不同。当光带中的辐射穿过气体层时,其能量将在行程中被逐渐吸收,吸收的程度与行程中遇到的气体分子数目有关。同样,气体层表面上发射的辐射能是整个容积内各点气体辐射传向该表面的总和。因此,气体的辐射和吸收能力都与气体容积的大小和形状有关,这就是气体辐射和吸收的容积性。

9.3.2 光谱辐射在气体层中的传递

如图 9-16 所示,当波长为 λ,光谱辐射强度为 $I_{\lambda0}$ 的投入辐射投射到厚度为 s 的具有吸收性的气体层上时,因沿途被吸收而减弱。设到达任意位置 x 处的光谱辐射强度为 $I_{\lambda,x}$,通过微元气体层厚度 dx 后,光谱辐射强度减少量 $dI_{\lambda,x}$ 与 $I_{\lambda,x}$ 和 dx 成正比关系,可以表示为

$$dI_{\lambda,x} = -k_\lambda I_{\lambda,x} dx \qquad (9-13)$$

式中:k_λ 为光谱减弱系数(单色吸收系数),m^{-1},与

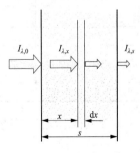

图 9-16 气体层对辐射能的吸收

所涉及的波长、气体的种类及所处的条件（压力、温度）有关。

当容积内的气体温度和压力不变时，k_λ 不随射线行程变化，对式（9-13）从 0 到 s 积分，可得穿过厚度 s 的气体层后辐射强度为

$$I_{\lambda,s} = I_{\lambda,0} e^{-k_\lambda s} \tag{9-14}$$

式（9-14）表明，光谱辐射强度在吸收性气体中传播时按指数规律衰减，这一规律称为贝尔（Beer）定律。对于气体，反射比为零，因此 $I_{\lambda,0} - I_{\lambda,s}$ 就是厚度为 s 的气体层对波长为 λ 的光谱辐射的吸收部分，根据吸收比的定义得

$$\alpha_{\lambda,s} = \frac{I_{\lambda,0} - I_{\lambda,s}}{I_{\lambda,0}} = 1 - e^{-k_\lambda s} \tag{9-15}$$

对于光带内的投入辐射，当 $s \to \infty$ 时，气体吸收比为 1，但是在光带以外的投入辐射，即使 $s \to \infty$，吸收比仍然为 0。

气体仍可以认为具有漫射的性质，根据基尔霍夫定律，$\alpha_\lambda = \varepsilon_\lambda$，则厚度为 s 的气体层对波长为 λ 的光谱发射率也为

$$\varepsilon_{\lambda,s} = \alpha_{\lambda,s} \tag{9-16}$$

9.3.3　平均射线程长的计算

由式（9-15）和式（9-16）可见，气体的光谱发射率除了与气体的光谱减弱系数有关外，还与辐射经过的气体厚度 s 有关，我们把这个厚度称作气体辐射的

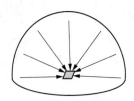

图 9-17　半球内气体对球心的辐射

平均射线程长。在确定气体辐射射线程长时，应指明容器内气体对哪一个表面的辐射，因为即使是在同一个容器内，气体对不同表面处的射线行程也不一定相等。一个特殊的情况是如图 9-17 所示的半球空间，半球内气体对球心辐射，各方向射线程长是相等的，且等于半球的半径。如果把不同形状的气体容积当作半球来处理（当量半球法），就可以用当量半球的半径作为平均射线程长。表 9-2 列出了几种典型几何容积对指定壁面的平均射线程长。

表 9-2　　　　　　　　　　　**气体辐射的平均射线程长**

气体容积形状	特征尺寸	受到气体辐射的位置	平均射线程长
球	直径 d	整个包壁或壁上任意位置	$0.6d$
立方体	边长 b	整个包壁	$0.6b$
高度等于直径的圆柱	直径 d	底面圆心 整个包壁	$0.77d$ $0.6d$
两无限大平行平板	平板间距 H	平板	$1.8H$

对于其他形状的气体容积，其对全部壁面的平均射线程长可按下式计算：

$$s = 3.6 \frac{V}{A} \tag{9-17}$$

式中：V 为气体容积，m^3；A 为包壁面积，m^2。

9.3.4 CO_2、水蒸气的发射率和吸收比

1. CO_2、水蒸气的发射率

式（9-15）和式（9-16）给出的是气体层对波长为 λ 的投射辐射的光谱吸收比和光谱发射率，在工程上，则需要确定气体对所有光带范围内的辐射和吸收能力。目前，完全利用理论方法计算气体的辐射力和吸收比还存在一定的困难，更多是采用实验方法得到的结果。一般仍采用 $\varepsilon_g = E_g/E_b$ 作为气体发射率的定义，ε_g 与气体的温度、辐射性气体所占的分压力 p 和平均射线程长 s 有关，并可表示为下面的关系式，即

$$\varepsilon_g = f(T_g, ps) \tag{9-18}$$

大多数资料推荐霍特尔（Hottel）等人根据实验测定的气体发射率计算方法。CO_2 气体的发射率按下式计算：

$$\varepsilon_{CO_2} = C_{CO_2} \varepsilon_{CO_2}^* \tag{9-19}$$

式中：$\varepsilon_{CO_2}^*$ 为标准大气压力下（$p=10^5\,Pa$）并忽略分压单独影响下的发射率，可由线算图 9-18 查取，图中横坐标为气体的温度 T_g，参变量是 CO_2 气体的分压力与平均射线程长的乘积 $p \cdot s$；C_{CO_2} 为考虑总压力与分压力的修正系数，由线算图 9-19 查取。

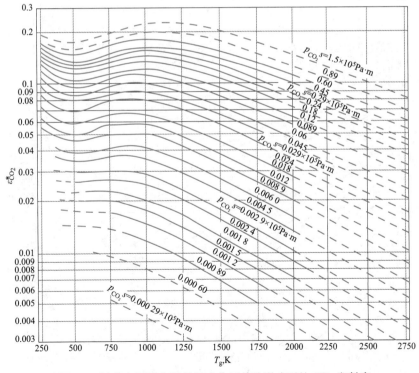

图 9-18 标准大气压力下并忽略分压单独影响下的 CO_2 发射率

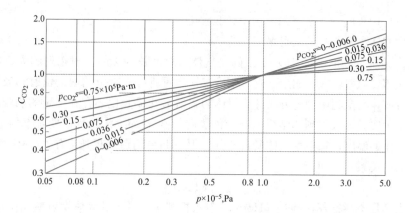

图 9-19　总压力与分压力对 CO_2 发射率影响的修正系数

相类似，水蒸气的发射率用下式计算

$$\varepsilon_{H_2O} = C_{H_2O} \varepsilon^*_{H_2O}　　　　　　　　　　(9-20)$$

式中：$\varepsilon^*_{H_2O}$ 为标准大气压力下（$p=10^5\,Pa$）和忽略分压单独影响下的发射率，可由线算图 9-20 查取；C_{H_2O} 为考虑总压力与分压力的修正系数，由线算图 9-21 查取。

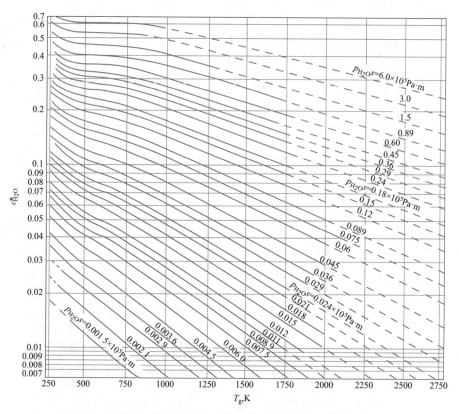

图 9-20　标准大气压力下和忽略分压单独影响下的水蒸气的发射率

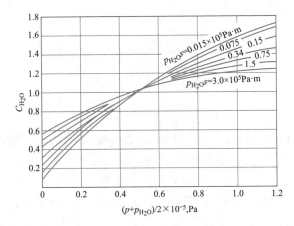

图 9-21 总压力与分压力对水蒸气发射率影响的修正系数

需要说明的是，在图 9-18、图 9-20 中实线是完全按照实验数据绘制的，虚线部分是外推计算得到的。

对气体中同时含有 CO_2 和 H_2O 的情形，由于两种气体的光带有重叠，所以需修正，应采用下式确定：

$$\varepsilon_g = \varepsilon_{CO_2} + \varepsilon_{H_2O} - \Delta\varepsilon \tag{9-21}$$

式中，修正系数 $\Delta\varepsilon$ 由图 9-22 确定。

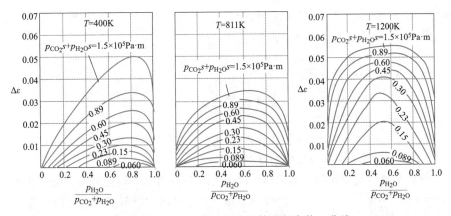

图 9-22 水蒸气、CO_2 混合气体发射率修正曲线

2. CO_2、水蒸气的吸收比

气体在发出辐射能的同时，必然也接受来自包壁和其他部分气体的辐射。因为气体吸收对波长的选择性以及气体温度与其包壁温度也不一定相等，所以气体的吸收比往往不等于发射率。水蒸气和 CO_2 共存的混合气体对黑体包壁辐射的吸收比可按以下经验公式计算：

$$\alpha_g = C_{H_2O}\alpha^*_{H_2O} + C_{CO_2}\alpha^*_{CO_2} - \Delta\alpha \tag{9-22}$$

式中，修正系数 C_{CO_2} 和 C_{H_2O} 的确定与式（9-19）和式（9-20）相同，而其他参数的确定一般采用以下方案：

$$
\left.\begin{array}{l}
\alpha^*_{H_2O} = \left[\varepsilon^*_{H_2O}\right]_{T_w,\,p_{H_2O}s(T_w/T_g)}\left(\dfrac{T_g}{T_w}\right)^{0.45} \\[3mm]
\alpha^*_{CO_2} = \left[\varepsilon^*_{CO_2}\right]_{T_w,\,p_{H_2O}s(T_w/T_g)}\left(\dfrac{T_g}{T_w}\right)^{0.65} \\[3mm]
\Delta\alpha = \left[\Delta\varepsilon\right]_{T_w}
\end{array}\right\}
\tag{9-23}
$$

式中：T_w 为气体包壁的温度；中括号下角标是指确定括号内的参数时所用的参变量。

例题 9-6 在一个直径和长度均为 5m 的圆柱形燃烧室中，燃烧烟气的温度为 1 200K，燃烧室内的总压力为 2atm，烟气中主要组分所占的体积百分比为 N_2 占 80%，O_2 占 7%，H_2O 占 8%，CO_2 占 5%。确定烟气的发射率。

题解：

分析： 烟气中含有 CO_2 和水蒸气两种辐射性气体，已知其压力、温度，并能计算其平均射线程长，可利用式（9-18）计算其总的发射率。

计算： 利用表 9-2 可计算其平均射线程长为

$$s = 0.6d = 0.6 \times 5 = 3(m)$$

CO_2 和水蒸气所占的分压分别为

$$p_{CO_2} = Y_{CO_2}p = 0.05 \times 2 = 0.1(atm)$$
$$p_{H_2O} = Y_{H_2O}p = 0.08 \times 2 = 0.16(atm)$$

因此，$p_{CO_2}s = 0.1 \times 3 = 0.3\,(m \cdot atm)$；$p_{H_2O}s = 0.16 \times 3 = 0.48\,(m \cdot atm)$，则

$$\frac{p_{H_2O}}{p_{H_2O} + p_{CO_2}} = \frac{0.16}{0.16 + 0.1} = 0.615$$

查线算图 9-18～图 9-22 得

$$\varepsilon^*_{CO_2} = 0.16, C_{CO_2} = 1.1, \varepsilon^*_{H_2O} = 0.23, C_{H_2O} = 1.4, \Delta\varepsilon = 0.048$$

因此烟气的发射率为

$$\varepsilon_g = \varepsilon_{CO_2} + \varepsilon_{H_2O} - \Delta\varepsilon = 1.1 \times 0.16 + 1.4 \times 0.23 - 0.048 = 0.45$$

9.3.5 气体与黑体包壁间的辐射传热

气体与黑体包壁间的辐射传热可以采用图 9-23 所示的简化模型。由于气体所发出的辐射能和壁面对气体的辐射都要通过图中虚线所表示的边界，因此可以用边界代替气体与包壁进行辐射传热分析，辐射热流量即为气体的自身辐射与气体吸收的来自包壁的辐射之差，即

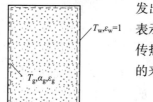

$$q = \varepsilon_g E_{b,g} - \alpha_g E_{b,w}$$

$$= 5.67\left[\varepsilon_g\left(\frac{T_g}{100}\right)^4 - \alpha_g\left(\frac{T_w}{100}\right)^4\right] \tag{9-24}$$

图 9-23 气体与黑体包壁间的辐射传热模型

如果外壳不是黑体而是灰体，计算就要复杂得多，这里不再叙述。

9.3.6 复合传热

工程上有时候也会遇到辐射性气体与固体表面换热的情况，此时，气体不但与固体表面有对流传热，也会存在辐射传热。这种对流传热与辐射传热同时存在的换热过程称为**复合传热**。对于复合传热，工程上为了计算方便，通常将辐射传热热流量折算成对流传热热流量，即

$$\Phi_r = h_r A(t_w - t_f) \tag{9-25}$$

式中：h_r 为辐射传热表面传热系数（习惯上称为辐射传热系数）。于是，复合传热的热流量可以表示为

$$\Phi = \Phi_c + \Phi_r = (h_c + h_r)A(t_w - t_f) = hA(t_w - t_f) \tag{9-26}$$

式中：h 为复合传热系数。

h 的计算式为

$$h = h_c + h_r \tag{9-27}$$

这种将辐射传热采用对流传热形式处理的方法，有时也应用于两个表面间的辐射传热。例如，对于小物体表面与包壳之间的辐射传热，可以定义相应的辐射传热表面传热系数如下：

$$h_r = \frac{\varepsilon_1 \sigma (T_1^4 - T_2^4)}{T_1 - T_2} \tag{9-28}$$

这种情况多用在环境固体壁面温度与气体温度相近的情况。

例题 9-7 如图 9-24 所示，一个高温金属件悬吊在房间中冷却过程的问题。若金属件的体积为 V、外表面积为 A，初始温度均匀为 t_0，房间内的空气温度为 t_∞，与金属表面对流传热的表面传热系数为 h_c，房间内的壁面温度为 $t_w = t_\infty$，金属件表面的发射率为 ε。确定该金属件在冷却过程中平均温度随时间的变化规律。

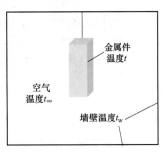

图 9-24　例题 9-7 示意

题解：

分析：①在例题 1-2 中已分析金属件表面将以对流传热的形式向周围空气散热，同时，表面还将以辐射传热的形式向周围的壁面散热；②可以将金属件当做一个集总体处理。

求解：根据例题 1-5 的分析和集总体的能量守恒关系式，可得

$$\rho c V \frac{dt}{d\tau} = -(\Phi_c + \Phi_r)$$

任意时刻表面对流放热的热流量为

$$\Phi_c = A h_c (t - t_\infty)$$

任意时刻表面辐射放热的热流量为

$$\Phi_r = \varepsilon \sigma A(T^4 - T_w^4) = h_r A(t - t_\infty)$$

将 Φ_c 和 Φ_r 代入集总体金属件的能量守恒关系式得

$$\rho c V \frac{\mathrm{d}t}{\mathrm{d}\tau} = -hA(t - t_\infty)$$

将式中复合传热系数 h 当作常数处理，利用 2.7 节的求解结果，得

$$t = t_\infty + (t_0 - t_\infty)\exp\left(-\frac{hA}{\rho c V}\tau\right)$$

上式即为金属件冷却过程中平均温度随时间的变化规律。

讨论： ①前面我们给出了对流传热的表面传热系数为 h_c，若要进行实际计算，就需要首先按照对流传热的计算方法将其计算出来，但是计算表面传热系数又需要金属件的表面温度，因此需要迭代计算；②由于金属件表面温度变化，表面传热系数 h_c 也必然在整个冷却过程中变化，计算时可根据情况取平均值或分时间段计算；③若空气温度和墙壁温度相差较大，则无法利用复合传热系数概念进行计算。

思 考 题

9-1 请解释重辐射面的概念。

9-2 重辐射面对整个辐射换热系统起什么作用？

9-3 简述采用辐射热网络法求解多表面系统辐射传热的基本步骤。

9-4 常见的辐射性气体有哪些？气体辐射的特点是什么？

9-5 什么是气体辐射的平均射线程长？

9-6 辐射性气体的发射率是否等于其吸收比，气体的发射率与哪些参数有关？

习 题

9-1 试确定图 9-25 中几何结构的角系数 $X_{1,2}$。图（a）中 1 和 2 是两个相互平行的平面；图（b）中 1 和 2 位于两个相互垂直的平面上。

9-2 试确定图 9-26 中几何结构的角系数 $X_{1,2}$。图中表面 1 是直径为 100mm、长度为 100mm 的圆筒内表面，表面 2 是一个直径为 50mm 的圆盘，圆筒的中心线与圆盘垂直且过其中心，圆盘与圆筒的端面相距 100mm。

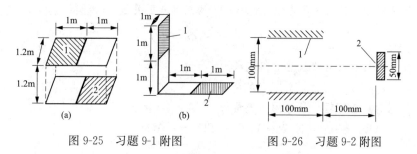

图 9-25 习题 9-1 附图   图 9-26 习题 9-2 附图

9-3 如图 9-27 所示，两薄平板 A 和 B 被放置于一绝热的空间内，并位于同一平面，面积分别为 A_A 和 A_B，其四个表面的发射率分别为 ε_1、ε_2、ε_3 和 ε_4，平板 A 和 B 的温度恒定为 T_A 和 T_B。试画出这一辐射传热系统的网络图。

9-4 已知边长为 1m 的一个正方体空腔，其底面由两个面积相等但是材料不同的长方形表面 1 和表面 2 组成，表面 1 为灰体，$T_1 = 550K$，$\varepsilon_1 = 0.35$；表面 2 为黑体，$T_2 = 330K$。其他表面是绝热面 3，两底面之间无导热。试计算表面 1 的净辐射损失及表面 3 的温度。

9-5 一个布置在大房间内的辐射加热器如图 9-28 所示。已知加热器的表面尺寸为 $0.5m \times 0.5m$，表面发射率为 0.8，控制使其表面温度为 450℃，被加热元件的尺寸与加热器相同，并被布置在加热器的正下方 0.4m 处，被加热元件表面的发射率为 0.5，初始时刻的温度与房间墙壁的温度相同，均为 30℃。计算在此时刻加热器的辐射热流量。

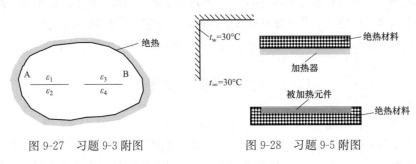

图 9-27 习题 9-3 附图   图 9-28 习题 9-5 附图

*9-6 考虑一个半圆形管道式空气加热器，如图 9-29 所示，管道垂直纸面方向很长，管道的半径为 20mm，其底面温度维持在 450K，上部半圆管道表面与外界保持绝热，整个通道内壁的发射率均为 0.8，大气压力下流过管道的空气流量为 0.006kg/s，某段管道长度内的空气平均温度为 373K。计算：①在此加热条件下，其上部半圆管道表面的温度是多少？②维持该加热条件，其单位管长底部表面加热所需的功率。

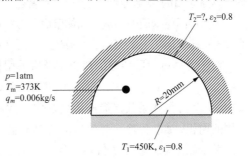

习题9-6详解

图 9-29 习题 9-6 附图

9-7 一个燃烧室可近似看作是边长为 0.4m 的立方体。已知燃烧室内烟气的温度为 1 000K，总压力为 1atm，烟气中 CO_2 和水蒸气的摩尔分数各为 0.1，燃烧室的壁面温度为 600K，且可将壁面近似认为是黑体。计算燃烧室壁面的热负荷（单位面积上的辐射热流量）。

*9-8 对一个高温金属件的冷却过程进行分析和计算。金属件为直径 0.3m 的圆球，金属材料为铬钢 $W_{Cr} = 17\%$。金属件初始温度均匀为 330℃，将其悬挂于室内进行冷却，室内空气及墙壁温度均为 30℃，金属件表面发射率取 0.7。计算金属件的平均温度降到 90℃ 时所需的时间。

习题9-8详解

第 10 章 传热过程及换热器

在实际的传热问题中，有一类问题属于固体壁面两侧流体的热量交换。例如，室内外空气通过墙壁的热量传递、火力发电厂锅炉烟道内的烟气通过受热面管壁与管内工质的热量传递等。在传热学中，这种热量从固体壁面一侧的流体通过固体壁面传递到另一侧流体的过程称为传热过程，可见"传热过程"有其特定的含义，并非泛指一般的热量传递过程。在工程上，用来实现热量从热流体传递到冷流体的装置称为换热器（或热交换器），换热器在能源动力、化工、轻工、石油等领域有大量的应用。本章首先对通过不同形式固体壁面的传热过程进行分析，然后介绍常见换热器的形式，最后介绍间壁式换热器的传热计算方法。

10.1 传热过程的分析和计算

微课34
传热过程的
分析和计算

10.1.1 传热过程

在传热学中，热量从固体壁面一侧的流体通过固体壁面传递到另一侧流体的过程称为传热过程。一般来说，传热过程由三个相互串联的热量传递环节组成：①高温流体与壁面的对流传热，若流体是辐射性气体，也包括流体与壁面间的辐射传热；②通过固体壁面的导热，固体壁面的形状可以是单层或多层的平壁、圆筒壁或其他形式；③壁面与低温流体的对流传热，同样也可能包括壁面与流体间的辐射传热。

对于传热过程所传递的热流量通常采用传热方程式进行计算，即

$$\Phi = kA\Delta t_{\mathrm{m}} \tag{10-1}$$

式中：k 为总传热系数（简称传热系数），$W/(m^2 \cdot K)$；A 为传热面积，取壁面某一侧的面积；Δt_{m} 为冷、热流体的传热温差，其计算将在第 10.3 节介绍。

总传热系数 k 表征了传热过程的传热性能，它与传热过程的三个环节都有关系。本节重点推导通过几种常见固体壁面传热过程的总传热系数。不同流体间传热过程总传热系数的大致范围见表 10-1。

表 10-1	总传热系数的大致范围	$W/(m^2 \cdot K)$
流体		k
气体到气体（常压）		$10\sim30$
气体到高压水蒸气或水		$10\sim100$
油到水		$100\sim600$
凝结有机物蒸气到水		$500\sim1000$
水到水		$1000\sim2500$
凝结水蒸气到水		$2000\sim6000$

10.1.2　通过平壁的传热过程

讨论图 10-1 所示的情况，一个面积为 A，厚度为 δ，导热系数为 λ 的平壁，平壁左侧流体主流温度为 t_{f1}，表面传热系数为 h_1，平壁右侧流体主流温度为 t_{f2}，表面传热系数为 h_2，且 $t_{f1} > t_{f2}$。假设平壁两侧的流体温度及表面传热系数都不随时间变化。

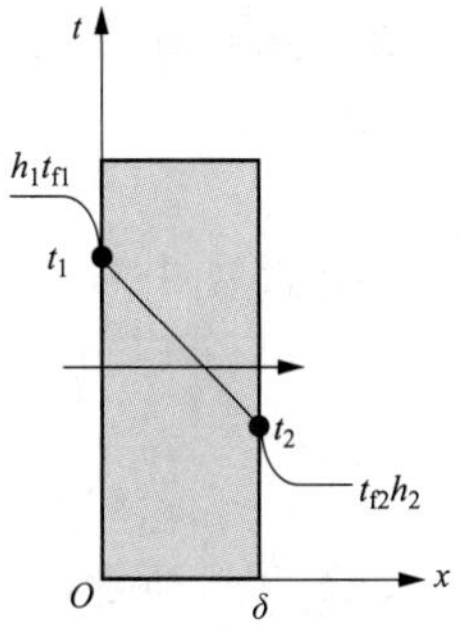

该传热过程由平壁左侧的对流传热、平壁的导热及平壁右侧的对流传热三个热量传递环节串联组成。

对于平壁左侧流体与左侧壁面之间的对流传热，根据牛顿冷却公式得

$$\Phi = A h_1 (t_{f1} - t_1) \qquad \text{(a)}$$

图 10-1　通过平壁的
传热过程

对于平壁的导热有

$$\Phi = A \lambda \frac{t_1 - t_2}{\delta} \qquad \text{(b)}$$

对于平壁右侧流体与右侧壁面之间的对流传热，同样可得

$$\Phi = A h_2 (t_2 - t_{f2}) \qquad \text{(c)}$$

在稳态情况下，(a)、(b)、(c) 三式计算的热流量 Φ 是相同的，由此可得

$$\Phi = \frac{t_{f1} - t_{f2}}{\dfrac{1}{A h_1} + \dfrac{\delta}{A \lambda} + \dfrac{1}{A h_2}} \qquad (10\text{-}2)$$

式 (10-2) 也可以通过热路法写出。将式 (10-2) 与传热方程式 (10-1) 相对比，可得通过单层平壁传热过程的传热系数为

$$k = \frac{1}{\dfrac{1}{h_1} + \dfrac{\delta}{\lambda} + \dfrac{1}{h_2}} \qquad (10\text{-}3)$$

若某一侧流体为辐射性气体，将该侧的表面传热系数直接用复合传热系数代替即可。此外，若是通过多层平壁的传热过程，只需将式 (10-3) 分母中的导热热阻改为各层平壁的导热热阻之和。

例题 10-1　一房屋的混凝土外墙厚度 $\delta = 150\text{mm}$，混凝土的导热系数 $\lambda = 1.5\text{W/(m·K)}$，冬季室内空气温度 $t_{f1} = 25\,℃$，表面传热系数 $h_1 = 5\text{W/(m}^2\text{·K)}$；室外空气温度 $t_{f2} = -10\,℃$，表面传热系数 $h_2 = 20\text{W/(m}^2\text{·K)}$。假设墙壁及两侧的空气温度及表面传热系数都不随时间而变化，求单位面积墙壁的散热损失及内、外壁面的温度 t_1、t_2。

题解：

分析： 由给定条件可知，这是一个通过平壁的稳态传热过程。

计算： 根据式 (10-2)，通过墙壁的热流密度，即单位面积墙壁的散热损失为

$$q = \frac{t_{f1} - t_{f2}}{\frac{1}{h_1} + \frac{\delta}{\lambda} + \frac{1}{h_2}} = \frac{25 - (-10)}{\frac{1}{5} + \frac{0.15}{1.5} + \frac{1}{20}} = 100(\text{W/m}^2)$$

各个环节的热流密度相等，利用牛顿冷却公式可得，内墙面的温度为

$$t_1 = t_{f1} - q\frac{1}{h_1} = 25 - 100 \times \frac{1}{5} = 5(℃)$$

外墙面的温度为

$$t_2 = t_{f2} + q\frac{1}{h_2} = -10 + 100 \times \frac{1}{20} = -5(℃)$$

10.1.3 通过圆筒壁的传热过程

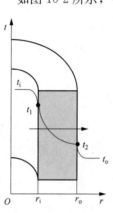

如图 10-2 所示，一单层圆筒壁，内、外半径分别为 r_i、r_o（内径和外径分别为 d_i、d_o），长度为 l，导热系数为 λ，圆筒壁内、外两侧的流体温度分别为 t_i、t_o，且 $t_i > t_o$，两侧的表面传热系数分别为 h_i、h_o。

该传热过程由圆管内侧的对流传热、圆管壁的导热及圆管外侧的对流传热三个热量传递环节串联组成。

运用热路分析法，写出通过圆管壁传热的热流量计算式，即

$$\Phi = \frac{t_i - t_o}{\frac{1}{\pi d_i l h_i} + \frac{1}{2\pi\lambda l}\ln\frac{d_o}{d_i} + \frac{1}{\pi d_o l h_o}} \tag{10-4}$$

图 10-2 单层圆筒壁的传热过程

圆筒壁的内、外侧表面积不相等，在利用传热方程式时，工程上常用管的外表面积 $A = \pi d_o l$ 作为计算面积。比较式（10-4）和传热方程式（10-1）可得，通过圆筒壁传热过程的总传热系数为

$$k = \frac{1}{\frac{d_o}{d_i}\frac{1}{h_i} + \frac{d_o}{2\lambda}\ln\frac{d_o}{d_i} + \frac{1}{h_o}} \tag{10-5}$$

例题 10-2 对某电厂的省煤器传热过程进行计算时，已知如下数据：烟气与管外侧进行对流传热和辐射传热的复合传热系数 $h_o = 100\text{W/(m}^2 \cdot \text{K)}$；省煤器管的规格为 $\phi28 \times 4\text{mm}$（外径是 28mm，壁厚是 4mm），管材的导热系数 $\lambda = 40\text{W/(m} \cdot \text{K)}$；管内水侧的表面传热系数 $h_i = 5\,400\text{W/(m}^2 \cdot \text{K)}$。试计算该传热过程三个环节的单位管长的热阻及以管外面积为计算面积的总传热系数。

题解：

计算：三个环节的单位管长上的热阻分别为

烟气侧对流传热热阻 $R_o = \dfrac{1}{\pi d_o l h_o} = \dfrac{1}{3.14 \times 0.028 \times 1 \times 100} = 0.113\,7(\text{K/W})$

管壁的导热热阻 $R_\lambda = \dfrac{1}{2\pi\lambda l}\ln\dfrac{d_o}{d_i} = \dfrac{1}{2 \times 3.14 \times 40 \times 1}\ln\dfrac{28}{20} = 0.001\,34\,(\text{K/W})$

水侧对流传热热阻 $R_i = \dfrac{1}{\pi d_i l h_i} = \dfrac{1}{3.14 \times 0.02 \times 1 \times 5400} = 0.00295\,(\text{K/W})$

总热阻为 $R = R_o + R_\lambda + R_i = 0.1137 + 0.00134 + 0.00295 = 0.118\,(\text{K/W})$

以管外表面积为基准的总传热系数为

$$k = \cfrac{1}{\cfrac{d_o}{d_i}\cfrac{1}{h_i} + \cfrac{d_o}{2\lambda}\ln\cfrac{d_o}{d_i} + \cfrac{1}{h_o}} = \frac{1}{\pi d_o l \times R} = \frac{1}{3.14 \times 0.028 \times 1 \times 0.118}$$

$$= 96.4\,[\text{W/(m}^2 \cdot \text{K)}]$$

讨论：①烟气侧对流传热热阻、管壁的导热热阻和水侧对流传热热阻分别占总热阻的 96.4%、1.1% 和 2.5%。说明烟气侧对流传热热阻在总热阻中占有主要地位，改变它可最大程度地改变总热阻。②由于管壁的导热热阻和水侧对流传热热阻在总热阻中所占比例很小，因此工程上在进行省煤器热力计算时常常略去这两项。

10.1.4 临界热绝缘直径

在其他条件不变的情况下，通过平壁传热过程的热流量随平壁厚度的增加而减小，但是通过圆筒壁的传热过程未必如此。分析式（10-4），增加圆筒壁的厚度，相当于增加 d_o，在其他条件不变的情况下，圆管内侧的对流传热热阻 $\dfrac{1}{\pi d_i l h_i}$ 不变，圆管壁的导热热阻 $\dfrac{1}{2\pi\lambda l}\ln\dfrac{d_o}{d_i}$ 变大，但是管外侧的对流传热热阻 $\dfrac{1}{\pi d_o l h_o}$ 变小，因此，无法直接确定总的热阻是变大还是变小。将式（10-4）对 d_o 求导并令其等于零，即

$$\frac{\mathrm{d}\Phi}{\mathrm{d}d_o} = \frac{(t_i - t_o)\left(\dfrac{1}{2\pi\lambda l d_o} - \dfrac{1}{\pi l h_o (d_o)^2}\right)}{-\left(\dfrac{1}{\pi d_i l h_i} + \dfrac{1}{2\pi\lambda l}\ln\dfrac{d_o}{d_i} + \dfrac{1}{\pi d_o l h_o}\right)^2} = 0$$

则热流量达最大值的条件为

$$d_o = d_{cr} = \frac{2\lambda}{h_o} \tag{10-6}$$

式中：d_{cr} 为临界热绝缘直径。

在圆筒壁外径小于 d_{cr} 时，热流量随 d_o 的增加而增大；在圆筒壁外径大于 d_{cr} 时，热流量随 d_o 的增加而减小。

那么，对一般的热力管道，会不会出现在管外侧增加保温层，反而使其散热增大的情况呢？取代表性的数据 $\lambda = 0.08\text{W/(m} \cdot \text{K)}$、$h_o = 10\text{W/(m}^2 \cdot \text{K)}$ 来分析，计算得临界热绝缘直径为 1.6cm。一般热力管道的直径大于此值，不会出现在管外侧增加保温层而使其散热增大的情况。

临界热绝缘直径可用在电缆绝缘层厚度对其散热影响的分析中。虽然电缆向外的散热过程不属于传热过程（没有内侧的对流传热环节），但并不影响采用此概

念进行分析。当电缆绝缘层外径小于 d_{cr} 时，增加绝缘层的厚度，既有利于绝缘，又有利于电缆的散热；当绝缘层外径大于 d_{cr} 时，增加绝缘层的厚度将阻碍电缆的散热。

例题 10-3 一铝电线的外径为 3mm，外包导热系数 $\lambda=0.15\text{W}/(\text{m}\cdot\text{K})$ 的聚苯氯乙烯作为绝缘层。假设环境温度（周围空气及壁面）为 20℃，绝缘层表面与环境的复合传热系数为 10W/(m² · K)，铝线表面温度要控制在 70℃ 以下。试计算：①该条件下的临界热绝缘直径；②当绝缘层厚度为 2mm 时单位长度上能够保证的散热热流量。

题解：

计算：（1）该条件下的临界热绝缘直径为

$$d_{cr}=\frac{2\lambda}{h_o}=\frac{2\times0.15}{10}=0.03(\text{m})=30(\text{mm})$$

（2）单位长度上能够保证的散热热流量为

$$\Phi=\frac{t_i-t_o}{\dfrac{1}{2\pi\lambda l}\ln\dfrac{d_o}{d_i}+\dfrac{1}{\pi d_o l h_o}}$$

$$=\frac{70-20}{\dfrac{1}{2\times3.14\times0.15}\ln\dfrac{3+2\times2}{3}+\dfrac{1}{3.14\times(3+2\times2)\times10^{-3}\times10}}$$

$$=9.18(\text{W/m})$$

讨论： 从计算结果看出，在该条件下临界热绝缘直径为 30mm，增加绝缘层后的直径仍小于该数值，因而增加绝缘层厚度是有利于散热的。

10.1.5 通过肋壁的传热过程

如图 10-3 所示，如果传热过程中的固体壁面其中一侧有肋片，则传热过程为

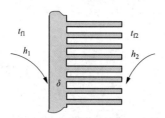

图 10-3 通过肋壁传热
过程示意

通过肋壁的传热过程。对于平壁加肋的传热过程，若无肋侧流体的温度为 t_{f1}，流体与无肋侧表面的表面传热系数为 h_1，无肋侧的表面积为 A_1；肋片侧流体的温度为 t_{f2}，流体与整个表面的表面传热系数为 h_2，整个肋片侧换热面积为 A_2。按照热路分析法可以写出通过肋壁传热的热流量计算式为

$$\Phi=\frac{t_{f1}-t_{f2}}{\dfrac{1}{h_1 A_1}+\dfrac{\delta}{\lambda A_1}+\dfrac{1}{\eta_0 h_2 A_2}} \tag{10-7}$$

式中：η_0 为肋面总效率。

η_0 的计算式为

$$\eta_0=\frac{A_r+\eta_f A_f}{A_2} \tag{d}$$

式中：A_r 为未被肋片占据的基础表面积；η_f 为肋效率；A_f 为肋片的表面积（肋片

侧换热面积 $A_2 = A_r + A_f$)。

以无肋侧的表面积 A_1 为基准，总传热系数为

$$k = \cfrac{1}{\cfrac{1}{h_1} + \cfrac{\delta}{\lambda} + \cfrac{1}{\eta_0 h_2 \beta}} \tag{10-8}$$

式中：β 为肋化系数，$\beta = A_2 / A_1$，即加肋后总表面积与未加肋时表面积的比值。

工程应用中表面肋化系数一般远大于 1（从几倍到几十倍）。因此，在表面传热系数较低侧加装肋片可以大大降低该侧的对流传热热阻，从而起到强化传热的作用。

10.1.6　固体壁面具有污垢时的传热过程

工程传热设备运行一段时间后，换热面上往往会集结水垢、淤泥、油污或灰尘等覆盖物。这些覆盖物垢层在传热过程中都表现为附加的热阻，使传热系数减小，换热性能下降。这种热阻称为污垢热阻，用 R_f 表示，其单位为 m² · K/W。由于污垢产生的机理复杂，目前尚未找到避免污垢产生的有效办法，因此进行传热计算时必须考虑污垢热阻带来的影响。工程上常用的做法是，在设计换热器时考虑污垢热阻对传热的影响，运行中对换热器进行定期的清洗，以保证污垢热阻不超过设计时选用的数值。表 10-2 给出了部分典型工质污垢热阻的经验数据，其他的污垢热阻可参考相关文献。

表 10-2　　　　　　　**典型工质污垢热阻的经验数据**　　　　　　m² · K/W

流体	污垢热阻 R_f	说明
蒸馏水	0.000 088	
海水	0.000 088	水温≤52℃
	0.000 176	水温>52℃
自来水或井水	0.000 176	水温≤52℃
	0.000 352	水温>52℃
干净的空气或水蒸气	0.000 088	
2 号燃料油	0.000 35	
6 号燃料油	0.000 88	
变压器油或机械润滑油	0.000 176	
燃煤烟气	0.000 176	

对于一台管壁两侧均可能结垢的换热器，以管子外壁面为计算面积的总传热系数可表示为

$$k = \cfrac{1}{\left(\cfrac{1}{h_o} + R_o\right) + \cfrac{d_o}{2\lambda}\ln\cfrac{d_o}{d_i} + \left(R_i + \cfrac{1}{h_i}\right)\cfrac{d_o}{d_i}} \tag{10-9}$$

式中：h_i、h_o 分别为管子内、外侧的表面传热系数；R_i、R_o 分别为管子内、外侧的污垢热阻，可查表 10-2 确定；d_i、d_o 分别为管子的内、外直径。

对于一台实际运行的传热设备，可以通过实验间接测定设备的污垢生成情况。首先在设备刚投入运行或者对表面进行清洁处理后进行实验，测定冷、热流体的温度，用传热方程式（10-1）计算清洁换热面的传热系数 k_0。设备运行一段时间后，再采用同样的方法测定换热面污染后的实际传热系数 k，并利用式（10-10）计算实际的污垢热阻，即

$$R_f = \frac{1}{k} - \frac{1}{k_0} \tag{10-10}$$

式中：R_f 为换热面的总污垢热阻，包含了固体壁面两侧的污垢热阻。

有关实验测量和确定传热过程污垢热阻的更详细方法可参见有关资料介绍的威尔逊图解法。

例题 10-4 一台管壳式水-水换热器，其管束采用内径为 16mm、壁厚为 1mm 的钢管。管材的导热系数 $\lambda = 40W/(m \cdot K)$，管子外侧的表面传热系数 $h_o = 1500W/(m^2 \cdot K)$，管子内侧的表面传热系数 $h_i = 3270W/(m^2 \cdot K)$，管外为蒸馏水，管内为自来水，平均水温为 90℃。试计算：（1）管子内、外表面清洁情况下换热器的总传热系数；（2）换热器结垢的总传热系数；（3）换热器结垢且忽略管材导热热阻的总传热系数。

题解：

计算：（1）管子内、外清洁情况下的换热器总传热系数可按式（10-5）计算，即

$$k = \frac{1}{\dfrac{d_o}{d_i}\dfrac{1}{h_i} + \dfrac{d_o}{2\lambda}\ln\dfrac{d_o}{d_i} + \dfrac{1}{h_o}} = \frac{1}{\dfrac{0.018}{0.016} \times \dfrac{1}{3270} + \dfrac{0.018}{2 \times 40} \times \ln\dfrac{0.018}{0.016} + \dfrac{1}{1500}}$$

$$= \frac{1}{0.000\,34 + 0.000\,027 + 0.000\,67} = 964[W/(m^2 \cdot K)]$$

（2）考虑换热器可能的结垢情况，查表 10-2 得，管外侧的污垢热阻为 0.000\,088m^2 \cdot K/W，管内侧的污垢热阻为 0.000\,352m^2 \cdot K/W。利用式（10-9）得

$$k = \frac{1}{\left(\dfrac{1}{h_o} + R_o\right) + \dfrac{d_o}{2\lambda}\ln\dfrac{d_o}{d_i} + \left(R_i + \dfrac{1}{h_i}\right)\dfrac{d_o}{d_i}}$$

$$= \frac{1}{\left(\dfrac{1}{1500} + 0.000\,088\right) + \dfrac{0.018}{2 \times 40} \times \ln\dfrac{0.018}{0.016} + 0.000\,352 \times \dfrac{18}{16} + \dfrac{0.018}{0.016} \times \dfrac{1}{3270}}$$

$$= \frac{1}{0.000\,75 + 0.000\,027 + 0.000\,396 + 0.000\,34} = 661[W/(m^2 \cdot K)]$$

（3）忽略管材的导热热阻，则总传热系数为

$$k = \frac{1}{0.000\,75 + 0.000\,396 + 0.000\,34} = 673[W/(m^2 \cdot K)]$$

讨论： 比较上面的计算结果发现，在该问题中，若考虑污垢热阻，其总传热系数下降 31.4%；管材的导热热阻比两侧的对流传热热阻小一个数量级，忽略管材的导热热阻，对于问题②总传热系数的计算仅有 1.8% 的误差。

10.2　换 热 器 的 形 式

微课35
换热器的
形式

10.2.1　换热器的分类

在工程上，用来实现热量从热流体传递到冷流体的装置称为换热器（或热交换器）。换热器的种类繁多，按照其工作原理，可分为混合式、回热式（或称蓄热式）及间壁式三大类。

混合式换热器是通过冷、热两种流体直接接触、混合进行热量交换的换热器，又称为直接接触式换热器。混合式换热器一般用于冷、热流体是同品质的同种流体（如同品质的冷水和热水、水和水蒸气等）的情况，或冷、热流体虽然不是同一种物质，但混合换热后非常容易分离（如水和空气）的情况。例如，在发电厂的冷水塔中，热水由上往下喷淋，而冷空气自下而上吸入，在填充物的水膜表面或飞沫及水滴表面，热水和冷空气相互接触进行换热，热水被冷却，然后依靠两种流体本身的密度差得以及时分离。在工程实际中，绝大多数情况下的冷、热流体不允许相互混合，所以混合式换热器在应用上受到限制。

回热式换热器是冷、热两种流体依次交替地流过同一换热面（蓄热体）进行热量交换的换热器。当热流体流过时，换热面吸收并积蓄热流体放出的热量；当冷流体流过时，换热面又将热量释放给冷流体，通过换热面这种周期性的吸、放热过程实现冷、热流体间的热量交换。显然，这种换热器的热量传递过程是非稳态的。大型锅炉的回转式空气预热器、冶金工业中炼钢平炉的蓄热室都是这种换热器。

间壁式换热器是冷、热流体由壁面隔开进行换热的热交换器。两种流体不直接接触，热量通过壁面进行传递。发电厂的凝汽器、给水加热器都属于间壁式换热器；锅炉的过热器、省煤器、管式空气预热器也可以看作是间壁式换热器；一些设备润滑系统的油冷却器，化工、轻工、石油等领域中使用的加热器、冷却器、蒸发器等也都属于间壁式换热器。

10.2.2　间壁式换热器的主要形式

间壁式换热器是工业上应用最多的一种换热器，间壁式换热器中热量由热流体到冷流体的传递过程正是本章10.1节所介绍的"传热过程"。从形式上，间壁式换热器又分多种类型，下面对常见的间壁式换热器做进一步的介绍。

1. 套管式换热器

套管式换热器是由直径不同的管道制成的同心套管，一种流体走管内，另一种流体走环隙，图10-4所示为最简单的套管式换热器示意。根据两种流体流动方向的不同，又有顺流布置和逆流布置的区别。显然，套管式换热器中两种流体的流动方向要么是顺流布置，要么是逆流布置。

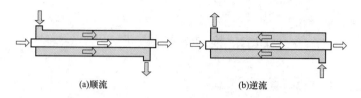

(a)顺流 (b)逆流

图 10-4 最简单的套管式换热器示意

图 10-5 一种套管式换热器的实物

图 10-5 所示为一种套管式换热器的实物。套管式换热器的优点是结构简单，能承受高压、高温，应用方便（可根据需要增减套管的长度）；主要缺点是流动阻力大，金属消耗量多。由于套管式换热器的换热面积较小，因此适用于热流量不大或流体流量较小的情形。

2. 管壳式换热器

管壳式（又称列管式）换热器是最典型的间壁式换热器，主要由壳体、管束、管板和封头等部分组成，壳体多呈圆筒形，内部装有平行管束，管束固定于管板上。图 10-6 所示为管壳式换热器示意，图 10-7 所示为实际管壳式换热器。

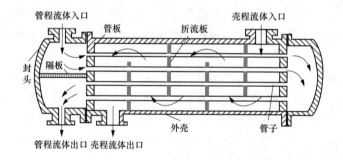

图 10-6 管壳式换热器示意

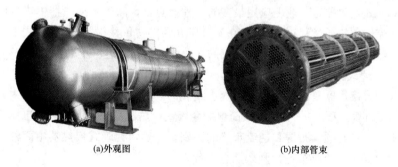

(a)外观图 (b)内部管束

图 10-7 实际管壳式换热器

在管壳式换热器内进行换热的两种流体，一种在管内流动，其行程称为管程；一种在管外流动，其行程称为壳程。在两端封头内设置隔板，可将全部管子平均分隔成若干组。这样，流体每次只通过部分管子而往返管束多次，称为多管程。在壳侧增加纵向隔板或把几个壳程串联起来也能得到多壳程结构。图 10-6 所示的换热器中壳程流体是一个流程，而管内流体经历了两个管程，称为 1-2 型换热器（此处 1 表示壳程数，2 表示管程数）。

单流程管壳式换热器（壳程数与管程数均为 1）内冷、热流体的流动可为纯顺流布置，也可为纯逆流布置。多流程管壳式换热器内冷、热流体的流动一定是非顺流、非逆流的复杂流布置。

为提高管外流体表面传热系数，通常在壳体内安装一定数量的横向折流板。折流板不仅可防止流体短路，增加流体速度，还迫使流体按规定路径多次横向冲刷管束。常用的折流板有圆缺形和圆盘形两种，前者应用更为广泛。近年来，国内外还开发出一些新型的折流板形式，如螺旋折流板和折流杆等，图 10-8 所示为螺旋折流板的结构，图 10-9 所示为折流杆结构的换热器管束。

图 10-8　螺旋折流板的结构　　　图 10-9　折流杆结构的换热器管束

管壳式换热器在工业上的应用历史悠久，而且至今仍在所有换热器中占据主导地位。

3. 交叉流换热器

交叉流换热器多用于液体与气体的换热，对由空气作为冷却介质的情况常称为散热器。根据换热面的结构形式，有管束式、管带式和板翅式等。图 10-10 所示为管束式交叉流换热器示意，图 10-10（a）中的管束带有翅片，以强化该侧的换热，家用空调器中的蒸发器和冷凝器多采用此形式换热器；图 10-10（b）中的管束为光管形式，电站锅炉中的过热器、省煤器和管式空气预热器多为此形式。图 10-11（a）所示为管带式换热器的结构示意图，换热管多是椭圆或扁平管，在两管之间是带状的翅片；图 10-11（b）所示为采用管带式结构的汽车散热器实物图。交叉流换热器内两种流体的流动属于非顺流、非逆流的布置方式。

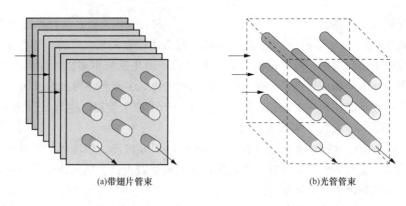

(a)带翅片管束　　　　　　　　　(b)光管管束

图 10-10　管束式交叉流换热器示意

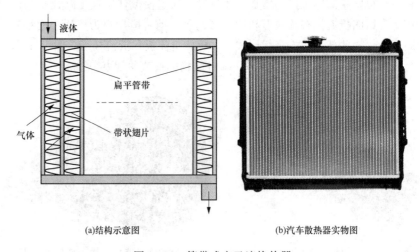

(a)结构示意图　　　　　　　　　(b)汽车散热器实物图

图 10-11　管带式交叉流换热器

4. 板式换热器

板式换热器是一种高效换热器，主要用于液体与液体换热，其结构如图 10-12（a）所示。它由若干片压制成型的波纹状金属传热板片叠加而成，相邻板片之间用特制的密封垫片隔开，冷、热流体分别交错地流过各自的流道并通过板片传递热量。传热板是板式换热器的关键元件，图 10-12（b）所示为传热板的形式，板的表面压制出不同类型的波纹，从而大大增加其换热面积。板式换热器具有传热系数高、阻力相对较小、结构紧凑、金属消耗量低、使用灵活性大（传热面积可以灵活变更）、拆装清洗方便等优点，广泛应用于供热采暖系统及食品、医药，化工等部门。板式换热器内两种流体的流动方式布置灵活，既可以是纯顺流或纯逆流，也可以采用非顺流、非逆流的布置方式。

以上介绍了四种常见的间壁式换热器的形式，工程上需要根据不同的应用条件（冷、热流体的性质、温度、压力范围、易污染程度等）加以选择。

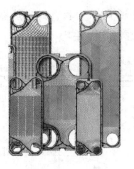

(a)结构示意图　　　　　　　　　(b)传热板的形式

图 10-12　板式换热器

10.3　间壁式换热器传热分析与平均温差

10.3.1　传热计算的基本方程

1. 传热方程式

间壁式换热器的热量传递原理符合传热过程，因此，其热流量可由传热方程式（10-1）计算，即

$$\Phi = kA\,\Delta t_{m} \tag{10-11}$$

对于应用最多的套管式和管壳式换热器，其间壁一般为单层圆管壁，此时换热器的总传热系数可用式（10-5）计算。若考虑管子内、外侧各垢层的影响，这时总传热系数计算公式中还要增加相应的污垢热阻项，采用式（10-9）计算。

2. 热平衡方程式

若流体在换热器中不发生相变，热、冷流体在换热器中的放、吸热热流量为

$$\Phi_{1} = q_{m1}c_{1}(t'_{1} - t''_{1}) \tag{10-12}$$

$$\Phi_{2} = q_{m2}c_{2}(t''_{2} - t'_{2}) \tag{10-13}$$

上两式中：q_{m1}、q_{m2} 和 c_1、c_2 分别为热、冷流体的质量流量和比热容；t'_1、t''_1 分别为热流体进、出口温度；t'_2、t''_2 分别为冷流体进、出口温度。

若某一流体属于相变换热则其吸（或放）热热流量为

$$\Phi = q_{m}r \tag{10-14}$$

式中：r 为该流体在对应饱和温度（压力）下的相变潜热。

在不考虑换热器散热损失的情况下，热流体放出的热量必然等于冷流体吸收的热量。这时热平衡方程式可写为

$$\Phi = \Phi_{1} = \Phi_{2} \tag{10-15}$$

10.3.2　换热器的平均传热温差

1. 算术平均温差

在间壁式换热器中，冷、热流体的温度沿流向不断变化（相变换热除外）。

微课36
换热器的对
数平均温差

图 10-13 所示为套管式换热器中流体温度沿程变化示意。冷、热流体在换热器中的算数平均温差为

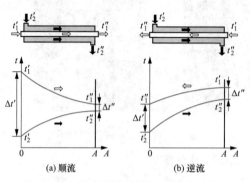

(a) 顺流　　　**(b) 逆流**

图 10-13　换热器中流体温度沿程变化示意

$$\Delta t_{\mathrm{m}} = \frac{t_1' + t_1''}{2} - \frac{t_2' + t_2''}{2} = \frac{\Delta t' + \Delta t''}{2} \tag{10-16}$$

式中：$\Delta t'$ 和 $\Delta t''$ 为换热器两端的端差，表示换热器一端，热、冷流体的温度差值。对于顺流情况，进、出口两端的端差分别为 $\Delta t' = t_1' - t_2'$、$\Delta t'' = t_1'' - t_2''$；对于逆流情况，换热器两端的端差则分别为 $\Delta t' = t_1'' - t_2'$、$\Delta t' = t_1' - t_2''$。显然，算术平均温差没有能反映出真实的热、冷流体的温度差值。但是，当换热器两端的端差之比不超过 1.7 时，其误差小于 2.3%，工程上也常规定，以此作为使用算术平均温差的依据。

2. 顺流和逆流换热器的对数平均温差

精确的换热器平均温差应按式（10-17）计算，即

$$\Delta t_{\mathrm{m}} = \frac{1}{A} \int_0^A \Delta t \, \mathrm{d}A \tag{10-17}$$

将换热器中冷、热流体温度差 Δt 沿换热面的变化规律代入式（10-17）可以得到换器的精确平均温差。

下面以顺流式换热器为例进行推导，如图 10-14 所示。在换热面 A_x 处，热、冷流体温差为 Δt，取微元换热面积 $\mathrm{d}A$ 作为研究对象，经过该微元换热面传热后，热流体的温增为 $\mathrm{d}t_1$，冷流体的温增为 $\mathrm{d}t_2$。

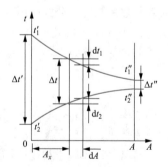

图 10-14　顺流换热器中平均温差的推导

为便于分析，特做以下简化假设：①热、冷流体的质量流量 q_{m1}、q_{m2} 和比热容 c_1、c_2 在整个换热表面上都是常数；②总传热系数 k 沿换热表面不变；③热流体散失的热量全部传给冷流体，无向外的散热损失。

在所取的微元面上应用传热方程式，即

$$\mathrm{d}\Phi = k \Delta t \, \mathrm{d}A \tag{a}$$

热流体通过微元面后放出的热量为

$$\mathrm{d}\Phi = - q_{m1} c_1 \, \mathrm{d}t_1 \tag{b}$$

冷流体通过微元面后吸收的热量为

$$\mathrm{d}\Phi = q_{m2} c_2 \, \mathrm{d}t_2 \tag{c}$$

经过微元换热面，热、冷流体的温度差 Δt 的变化可表示为

$$d(\Delta t) = dt_1 - dt_2 \tag{d}$$

把式（b）、式（c）代入式（d），则有

$$d(\Delta t) = -d\Phi\left(\frac{1}{q_{m1}c_1} + \frac{1}{q_{m2}c_2}\right) \tag{e}$$

令 $\mu = \dfrac{1}{q_{m1}c_1} + \dfrac{1}{q_{m2}c_2}$，将式（a）代入式（e）得

$$d(\Delta t) = -\mu d\Phi = -\mu k \Delta t dA \tag{f}$$

分离变量并积分得

$$\int_{\Delta t'}^{\Delta t_x} \frac{d(\Delta t)}{\Delta t} = \int_0^{A_x} -\mu k \, dA \tag{g}$$

式中：$\Delta t'$ 和 Δt_x 分别为换热器进口和沿程任意位置的传热温差。

整理后得

$$\frac{\Delta t_x}{\Delta t'} = e^{-\mu k A_x} \tag{h}$$

说明温差沿换热面做负指数规律变化。

在换热器的出口端，可得

$$\frac{\Delta t''}{\Delta t'} = e^{-\mu k A} \tag{i}$$

将式（h）代入式（10-17），并在整个换热面上积分，得换热器的平均温差为

$$\Delta t_m = \frac{1}{A}\int_0^A \Delta t_x \, dA = \frac{\Delta t'}{A}\int_0^A e^{-\mu k A_x} \, dA_x = \frac{\Delta t'}{-\mu k A}(e^{-\mu k A} - 1) \tag{j}$$

进一步利用式（i）的结果，整理式（j）得顺流布置换热器的平均温差为

$$\Delta t_m = \frac{\Delta t'}{\ln\dfrac{\Delta t'}{\Delta t''}}\left(\frac{\Delta t''}{\Delta t'} - 1\right) = \frac{\Delta t'' - \Delta t'}{\ln\dfrac{\Delta t''}{\Delta t'}} \tag{10-18}$$

进行类似的推导可知，逆流情况的平均温差也为式（10-18），习惯上把式（10-18）改写成如下形式：

$$\Delta t_m = \frac{\Delta t_{\max} - \Delta t_{\min}}{\ln\dfrac{\Delta t_{\max}}{\Delta t_{\min}}} \tag{10-19}$$

式中：$\Delta t_{\max}$、$\Delta t_{\min}$ 分别表示换热器端差 $\Delta t'$、$\Delta t''$ 中的大者和小者。

对于顺流换热器，$\Delta t_{\max}$ 为 $\Delta t'$、$\Delta t_{\min}$ 为 $\Delta t'$；对于逆流情况，需要计算才可知道何处为 $\Delta t_{\max}$ 和 $\Delta t_{\min}$。因为式（10-19）中出现对数运算，所以由其计算的温差称为对数平均温差。

3. 其他流动形式的对数平均温差

对于前面介绍的多流程管壳式换热器、交叉流换热器及其他非顺流也非逆流的情况，平均传热温差采用式（10-20）计算，即

$$\Delta t_m = \psi(\Delta t_m)_{cf} \tag{10-20}$$

式中：ψ 为小于 1 的温差修正系数；$(\Delta t_{m})_{cf}$ 为对于给定的进、出口温度，按照逆流布置计算得到的对数平均温差。

ψ 的数值取决于流动形式和 P、R 两个无量纲参数，其计算式分别为

$$P = \frac{t_2'' - t_2'}{t_1' - t_2'}, \quad R = \frac{t_1' - t_1''}{t_2'' - t_2'} \tag{10-21}$$

为了工程计算方便，已将常见流动形式的温差修正系数绘制成线算图，在有关传热学或换热器的设计手册中可以查到。图 10-15～图 10-18 所示为 4 种流动形式的线算图。可以看出，当 R 接近或大于 4 时，ψ 随 P 变化剧烈，查图容易产生较大的误差，这时可用 $1/R$ 代替 R、用 PR 代替 P 查图。

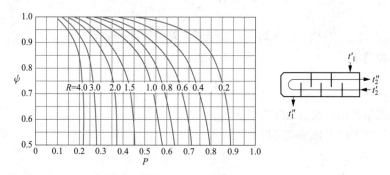

图 10-15　1 壳程，2、4、6、8…管程的 ψ 值

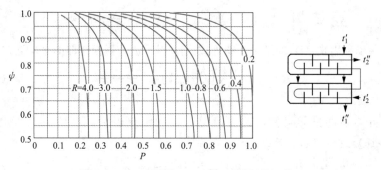

图 10-16　2 壳程，4、8、12…管程的 ψ 值.

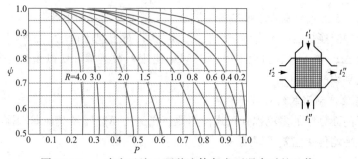

图 10-17　一次交叉流，两种流体各自不混合时的 ψ 值

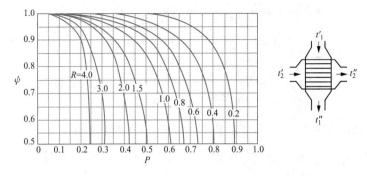

10-18　一次交叉流，一种流体混合、另一种流体不混合时的 ψ 值

4. 不同流动布置形式的比较

在相同的冷、热流体进、出口温度下，逆流布置的换热器平均温差最大，顺流布置的平均温差最小，其他布置形式的平均温差介于它们之间。对于类似图 10-19 蛇形管束换热器的布置形式，理论分析表明，只要管束的曲折次数超过 4 次，就可按总体流动方向作为纯逆流或纯顺流计算平均温差。

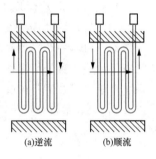

图 10-19　蛇形管束换热器的布置形式

若换热器中的某一流体发生相变，相变时若忽略相变流体压力的变化，该流体的温度在整个换热面积上维持饱和温度，此情况下，采用顺流、逆流或其他流动方式，对两种流体的平均温差并无影响，因而按照顺流或逆流计算对数平均温差将得到相同的计算结果。

例题 10-5　有一管壳式水-水换热器，管内为热水，进、出口温度分别为 $t_1' = 100℃$ 和 $t_1'' = 80℃$；壳侧为冷水，进、出口温度分别为 $t_2' = 20℃$ 和 $t_2'' = 70℃$。试确定：（1）该换热器的算术平均温差；（2）顺流布置的对数平均温差；（3）逆流布置的对数平均温差；（4）换热器为 1-2 型布置的对数平均温差。

题解：

计算：（1）该换热器的算术平均温差为

$$\Delta t_m = \frac{t_1' + t_1''}{2} - \frac{t_2' + t_2''}{2} = \frac{100 + 80}{2} - \frac{20 + 70}{2} = 45(℃)$$

（2）该换热器为顺流布置时，换热器的端差分别为

$$\Delta t' = t_1' - t_2' = 100 - 20 = 80(℃), \Delta t'' = t_1'' - t_2'' = 80 - 70 = 10(℃)$$

其对数平均温差为

$$\Delta t_m = \frac{\Delta t_{max} - \Delta t_{min}}{\ln \dfrac{\Delta t_{max}}{\Delta t_{min}}} = \frac{80 - 10}{\ln \dfrac{80}{10}} = 33.6(℃)$$

（3）该换热器为逆流布置时，换热器的端差分别为

$$\Delta t' = t'_1 - t''_2 = 100 - 70 = 30(℃), \quad \Delta t'' = t''_1 - t'_2 = 80 - 20 = 60(℃)$$

其对数平均温差为

$$(\Delta t_{\mathrm{m}})_{\mathrm{cf}} = \frac{\Delta t_{\max} - \Delta t_{\min}}{\ln\dfrac{\Delta t_{\max}}{\Delta t_{\min}}} = \frac{60 - 30}{\ln\dfrac{60}{30}} = 43.3(℃)$$

（4）该换热器为 1-2 型布置，首先计算两个无量纲参数为

$$P = \frac{t''_2 - t'_2}{t'_1 - t'_2} = \frac{70 - 20}{100 - 20} = 0.625, \quad R = \frac{t'_1 - t''_1}{t''_2 - t'_2} = \frac{100 - 80}{70 - 20} = 0.4$$

查图 10-15 得其温差修正系数为 $\psi = 0.9$。

利用式（10-20）得其对数平均温差为

$$\Delta t_{\mathrm{m}} = \psi(\Delta t_{\mathrm{m}})_{\mathrm{cf}} = 0.9 \times 43.3 = 39(℃)$$

讨论： 由本例题的计算结果可以看出，在相同的冷、热流体进、出口温度下，逆流布置的换热器平均温差最大，顺流情况下平均温差最小，其他布置形式的平均温差介于它们之间。在该问题中，逆流情况下，若利用算术平均温差计算，其误差为 3.9%；顺流情况下，由于换热器两端的端差相差太大（比值为 8），误差达到了 33.9%。

微课37
传热过程与
换热器总结
及典型例题
分析

10.4　换热器的热计算：平均温差法

10.4.1　热计算的类型

换热器的热计算分为两种类型：设计计算和校核计算。设计计算是根据生产任务给出的运行要求和参数，设计一个新的换热器，确定换热器的类型和所需要的传热面积。一般给定两流体的流量和两种流体进、出口温度中的 3 个。校核计算则是针对已有或已选定面积的换热器，在非设计工况条件下核算其是否能完成预定的换热任务，一般给出换热器的结构（换热面积）、类型、两流体的流量和进口温度，需要核算流体的出口温度及热流量。换热器的热计算有平均温差法和效能与传热单元数法两种，本节介绍平均温差法。

10.4.2　平均温差法

采用平均温差法进行换热器的热计算，是直接利用传热方程式（10-11）、热平衡方程式（10-15），对数平均温差计算式（10-19）和式（10-20）进行计算的方法。下面分别介绍采用平均温差法进行设计计算和校核计算的步骤。

1. 设计计算

（1）由热平衡方程计算未知的流体温度和热流量。

（2）确定换热器的类型。

（3）计算换热器的平均温差。

（4）根据手册选取总传热系数。

（5）利用传热方程式计算换热器初选面积。

（6）根据初步计算的换热器面积，进行工艺设计。以管壳式换热器为例，首先根据手册选定管程和壳程工质的流速，推荐值见表10-3；进而确定换热器的具体形式和尺寸（如圆管的直径、长度、根数、管束的布置方式等），计算得到换热器的设计面积 A_d。

表 10-3　　　　　　　　管壳式换热器中常用流速范围的推荐值

流速/(m/s)	介质				
	新鲜水	循环水	低黏度油	高黏度油	气体
管程	0.8～1.5	1.0～2.0	0.8～1.8	0.5～1.5	5～30
壳程	0.5～1.5	0.5～1.5	0.4～1.0	0.3～0.8	2～15

（7）计算两流体侧的表面传热系数，进而计算出换热器的总传热系数以及换热器的计算面积 A_c。

（8）比较（6）和（7）中的换热器面积，一般 $\dfrac{A_d}{A_c}=1.15\sim1.25$ 即符合要求，则计算终止，否则，重新进行（4）～（7）的计算。

在实际工程问题中，若工质的种类及参数均属于标准范围，通常直接按标准选择通用规格的换热器。此外，在换热器热计算结束后，还需进行流动阻力计算，若阻力过大，也需要重新进行工艺设计。

2. 校核计算

在校核计算中，冷、热流体的进、出口温度中，一般仅已知 2 个。因此通常采用试算法，先假定某一未知的温度，再进行校验，具体步骤如下：

（1）假定某一未知的流体温度，根据热平衡方程式计算另一个未知的流体温度和热流量 Φ'。

（2）根据两流体进、出口温度及换热器的形式，计算两流体侧的表面传热系数及换热器的总传热系数。

（3）计算换热器的对数平均温差。

（4）根据传热方程式计算换热器的热流量 Φ''。

（5）由于 Φ' 的计算基于假定的某一未知流体温度，因此需比较 Φ' 和 Φ''。如果误差不超过一定的范围（一般不超过 $\pm5\%$，更高要求的设备不超过 $\pm2\%$）则认为（1）中假设的温度与实际相符，计算结束。如果误差超过要求，则需要重新假定流体出口温度，回到（1）重新计算。

例题 10-6　要设计一台采用纯逆流布置的管壳式水-水换热器，要求的条件是，管内为热水，进、出口温度分别为 $t_1'=100℃$ 和 $t_1''=80℃$，热水的流量为 4.159kg/s；管外为冷水，进、出口温度分别为 $t_2'=20℃$ 和 $t_2''=70℃$。若换热器的管束采用的是内径为 16mm、壁厚为 1mm 的钢管，管子的总数为 53 根，且换热器的总传热系数为 964W/(m² · K)。计算每根管子的长度。

题解：

分析： 该问题虽属于设计计算，但是问题中已给出了换热器布置的基本形式以及总传热系数，因此只需计算换热器的热流量和平均温差，便可利用传热方程式确定换热器的面积，从而计算出每根管子的长度。

计算： 管内热水的平均温度为 $(100+80)/2=90℃$，在此温度下，其比热容为 $4208J/(kg·K)$，换热器的热流量可由热流体的放热计算，即

$$\Phi = q_{m1}c_1(t_1'-t_1'') = 4.159 \times 4208 \times (100-80) = 350\,021(W)$$

由例题 10-5 的结果，换热器的对数平均温差为

$$\Delta t_m = \frac{\Delta t_{max}-\Delta t_{min}}{\ln \dfrac{\Delta t_{max}}{\Delta t_{min}}} = \frac{60-30}{\ln \dfrac{60}{30}} = 43.3(℃)$$

换热器的面积为

$$A = \frac{\Phi}{k\Delta t_m} = \frac{350\,021}{964 \times 43.3} = 8.38(m^2)$$

每根管子的长度为

$$l = \frac{A}{n\pi d_o} = \frac{8.38}{53 \times 3.14 \times 0.018} = 2.79(m)$$

讨论： 该例题中已给出了换热器布置的基本形式以及总传热系数，而实际设计中，则需要根据设计计算步骤中的（6）和（7）计算总传热系数，请读者根据题目中的已知条件进一步计算管内的表面传热系数、管外的表面传热系数及总传热系数。

例题 10-7 一台 1-2 型管壳式换热器用水冷却润滑油。冷却水在管内流动，$t_2'=30℃$，流量为 $1.2kg/s$；热润滑油的入口温度 $t_1'=120℃$，流量为 $2kg/s$，比热容取 $c_1=2100J/(kg·K)$。已知换热器总传热系数 $k=275W/(m^2·K)$，传热面积 $A=20m^2$。试计算该换热器中润滑油和冷却水的出口温度。

题解：

分析： 该问题属于换热器的校核计算，并且给定了换热器的总传热系数，采用对数平均温差法进行计算，且其中的步骤（2）可以省略。

计算：（1）假定冷却水的出口温度为 $60℃$，则冷却水的平均温度为 $45℃$，在此温度下其比热容为 $c_2=4174J/(kg·K)$。

冷却水吸热的热流量为

$$\Phi' = q_{m2}c_2(t_2''-t_2') = 1.2 \times 4174 \times (60-30) = 150\,264(W)$$

利用热平衡方程式可计算出润滑油的出口温度

$$t_1'' = t_1' - \frac{\Phi'}{q_{m1}c_1} = 120 - \frac{150\,264}{2 \times 2100} = 84.2(℃)$$

先按逆流布置计算其对数平均温差，换热器的端差分别为

$$\Delta t' = t_1'-t_2'' = 120-60 = 60(℃), \Delta t'' = t_1''-t_2' = 84.2-30 = 54.2(℃)$$

逆流时的对数平均温差为

$$(\Delta t_{\mathrm{m}})_{\mathrm{cf}} = \frac{\Delta t_{\max} - \Delta t_{\min}}{\ln \dfrac{\Delta t_{\max}}{\Delta t_{\min}}} = \frac{60 - 54.2}{\ln \dfrac{60}{54.2}} = 57(^\circ\mathrm{C})$$

两个无量纲参数为

$$P = \frac{t_2'' - t_2'}{t_1' - t_2'} = \frac{60 - 30}{120 - 30} = 0.33, \quad R = \frac{t_1' - t_1''}{t_2'' - t_2'} = \frac{120 - 84.2}{60 - 30} = 1.19$$

查图 10-15 得温差修正系数为 $\psi = 0.94$。

对数平均温差为

$$\Delta t_{\mathrm{m}} = \psi(\Delta t_{\mathrm{m}})_{\mathrm{cf}} = 0.94 \times 57 = 53.6(^\circ\mathrm{C})$$

由传热方程式计算换热器的热流量为

$$\Phi'' = Ak\Delta t_{\mathrm{m}} = 20 \times 275 \times 53.6 = 294\,800(\mathrm{W})$$

比较 Φ' 和 Φ''，其相对误差为

$$\delta = \frac{\Phi'' - \Phi'}{\Phi'} \times 100\% = \frac{294\,800 - 150\,264}{150\,264} \times 100\% = 96.2\%$$

误差太大，应该调整初始假定的冷却水出口温度，由于 Φ' 远小于 Φ''，因此应该提高冷却水出口温度，第二次假定冷却水的出口温度为 70℃，重复上面的计算，得润滑油的出口温度为 72.3℃，热流量误差为 3.5%，符合要求，计算结束。

讨论：该例题中换热器的总传热系数是已知的，并固定不变。实际上，若流体温度发生改变，流体的物性会对两侧的表面传热系数有所影响，但若流体温度改变不是太大，对总传热系数的影响也不会太大。

例题 10-8 一台逆流管壳式换热器，换热面积为 $A = 0.892\mathrm{m}^2$。在刚投入工作（换热面洁净无垢时），测得热流体进、出口温度分别为 $t_1' = 360℃$、$t_1'' = 300℃$，冷流体进、出口温度分别为 $t_2' = 30℃$、$t_2'' = 200℃$。已知热流体的质量流量与比热容乘积为 $q_{m1}c_1 = 2500\mathrm{W/K}$。运行一年后发现，在 $q_{m1}c_1$、$q_{m2}c_2$、t_1'、t_2' 保持不变的情况下，测得冷流体只能被加热到 162℃。试计算运行一年后换热器的污垢热阻及热流体的出口温度。

题解：

计算：在洁净状态下，换热器的热流量为

$$\Phi = q_{m1}c_1(t_1' - t_1'') = 2500 \times (360 - 300) = 150(\mathrm{kW})$$

换热器的端差分别为

$$\Delta t' = t_1' - t_2'' = 360 - 200 = 160(^\circ\mathrm{C}), \Delta t'' = t_1'' - t_2' = 300 - 30 = 270(^\circ\mathrm{C})$$

对数平均温差为

$$\Delta t_{\mathrm{m}} = \frac{\Delta t_{\max} - \Delta t_{\min}}{\ln \dfrac{\Delta t_{\max}}{\Delta t_{\min}}} = \frac{270 - 160}{\ln \dfrac{270}{160}} = 210.2(^\circ\mathrm{C})$$

洁净状态下换热器总传热系数为

$$k_\circ = \frac{\Phi}{A \Delta t_m} = \frac{150\,000}{0.892 \times 210.2} = 800[\text{W}/(\text{m}^2 \cdot \text{K})]$$

利用热平衡方程式可得冷流体的 $q_{m2} c_2$ 为

$$q_{m2} c_2 = \frac{\Phi}{t_2'' - t_2'} = \frac{150\,000}{200 - 30} = 882.4(\text{W/K})$$

换热器运行一年后，冷流体只能被加热到 162℃，此时换热器的热流量为

$$\Phi = q_{m2} c_2 (t_2'' - t_2') = 882.4 \times (162 - 30) = 116\,477(\text{W})$$

根据热平衡方程式得热流体的出口温度为

$$t_1'' = t_1' - \frac{\Phi}{q_{m1} c_1} = 360 - \frac{116\,477}{2500} = 313.4(℃)$$

换热器的端差分别为

$$\Delta t' = t_1' - t_2'' = 360 - 162 = 198(℃)$$

$$\Delta t'' = t_1'' - t_2' = 313.4 - 30 = 283.4(℃)$$

对数平均温差为

$$\Delta t_m = \frac{\Delta t_{max} - \Delta t_{min}}{\ln \dfrac{\Delta t_{max}}{\Delta t_{min}}} = \frac{283.4 - 198}{\ln \dfrac{283.4}{198}} = 238.2(℃)$$

运行一年结垢后换热器的总传热系数为

$$k = \frac{\Phi}{A \Delta t_m} = \frac{116\,471}{0.892 \times 238.2} = 548.2[\text{W}/(\text{m}^2 \cdot \text{K})]$$

根据式（10-10）换热器的污垢热阻为

$$R_f = \frac{1}{k} - \frac{1}{k_\circ} = \frac{1}{548.2} - \frac{1}{800} = 0.000\,574[(\text{m}^2 \cdot \text{K})/\text{W}]$$

10.5　换热器的热计算：效能与传热单元数法

对于换热器的热计算，除了采用上一节所介绍的平均温差法以外，还可以采用效能与传热单元数法。在这种方法中，不需要利用传热方程式，故不需要计算换热器的平均温差。而是利用效能和传热单元数这两个参数之间的关系进行计算。本节首先介绍这两个参数的定义及不同形式换热器两者的关系，然后介绍如何利用该方法进行换热器的热计算。

10.5.1　换热器的效能和传热单元数

1. 换热器的效能

换热器的效能用符号 ε 表示，定义为

$$\varepsilon = \frac{|t' - t''|_{max}}{t_1' - t_2'} \tag{10-22}$$

式（10-22）中的分母为换热器中热流体进口温度与冷流体进口温度的差值，即换热器中的最大温差，而分子为冷流体进、出口温度的差值或热流体进、出口温度

的差值，取两者中较大值。

根据换热器的热平衡方程式（10-15），在换热器中，冷、热流体温度变化的大小与其质量流量和比热容的乘积 $q_m c$ 成反比，$q_m c$ 也被称为流体的热容流量（简称热容量或水当量）。将式（10-22）分子和分母都乘以 $(q_m c)_{min}$ 得

$$\varepsilon = \frac{|t' - t''|_{max}}{t'_1 - t'_2} = \frac{|t' - t''|_{max}(q_m c)_{min}}{(t'_1 - t'_2)(q_m c)_{min}} \tag{10-23}$$

式（10-23）中分子表示换热器的实际热流量，而分母可理解为该换热器理论上最大可能的热流量，即该换热器能够将热流体的出口温度降至等于冷流体的入口温度，或者是将冷流体的出口温度升高至等于热流体的入口温度情况下的热流量。因此，换热器的效能 ε 表示的是换热器中的实际热流量与换热器最大可能的热流量之比。

如果已知换热器的效能，则可以根据两流体的进口温度确定换热器的热流量为

$$\Phi = (q_m c)_{min}(t' - t'')_{max} = (q_m c)_{min}\varepsilon(t'_1 - t'_2) \tag{10-24}$$

2. 换热器的传热单元数

换热器的传热单元数用符号 NTU 表示，定义为

$$\mathrm{NTU} = \frac{kA}{(q_m c)_{min}} \tag{10-25}$$

式（10-25）中的分子是换热器的总传热系数与换热器面积的乘积，分母是冷、热流体中较小的热容流量。NTU 是一个无量纲量，反映了换热器的初投资和运行费用，是换热器的一个综合技术经济指标。

10.5.2 效能与传热单元数的关系

可以证明，任何换热器都存在以下形式的无量纲函数关系：

$$\varepsilon = f\left[\mathrm{NTU}, \frac{(q_m c)_{min}}{(q_m c)_{max}}\right] \tag{10-26}$$

下面分别介绍不同形式换热器 ε 与 NTU 的函数关系式。

1. 顺流换热器

首先推导顺流换热器中效能和传热单元数的函数关系。为了分析的方便，暂规定热流体的水当量小于冷流体的水当量，$q_{m1} c_1$ 为 $(q_m c)_{min}$ ，则由式（10-22）可以写出

$$t'_1 - t''_1 = \varepsilon(t'_1 - t'_2) \tag{a}$$

根据热平衡方程有

$$t''_2 - t'_2 = \frac{q_{m1} c_1}{q_{m2} c_2}(t'_1 - t''_1) \tag{b}$$

将式（a）代入式（b）得

$$t''_2 - t'_2 = \frac{q_{m1} c_1}{q_{m2} c_2}\varepsilon(t'_1 - t'_2) \tag{c}$$

将（a）、（c）两式相加，且两边同除以 $t'_1 - t'_2$ 得

$$1 - \frac{t_1'' - t_2''}{t_1' - t_2'} = \varepsilon\left(1 + \frac{q_{m1}c_1}{q_{m2}c_2}\right) \tag{d}$$

由本章 10.3 中（i）式可得 $\dfrac{t_1'' - t_2''}{t_1' - t_2'} = e^{-\mu kA}$，而 $\mu = \dfrac{1}{q_{m1}c_{p1}} + \dfrac{1}{q_{m2}c_{p2}}$，因此可得

$$\varepsilon = \frac{1 - \exp\left[-\dfrac{kA}{q_{m1}c_1}\left(1 + \dfrac{q_{m1}c_1}{q_{m2}c_2}\right)\right]}{1 + q_{m1}c_1/(q_{m2}c_2)} \tag{e}$$

当 $q_{m1}c_1 > q_{m2}c_2$ 时，类似可得

$$\varepsilon = \frac{1 - \exp\left[-\dfrac{kA}{q_{m2}c_2}\left(1 + \dfrac{q_{m2}c_2}{q_{m1}c_1}\right)\right]}{1 + q_{m2}c_2/(q_{m1}c_1)} \tag{f}$$

综合考虑式（e）和式（f），并利用 NTU 的定义式，得顺流布置换热器的效能与传热单元数的关系式为

$$\varepsilon = \frac{1 - \exp\left\{(-\text{NTU})\left[1 + \dfrac{(q_m c)_{\min}}{(q_m c)_{\max}}\right]\right\}}{1 + \dfrac{(q_m c)_{\min}}{(q_m c)_{\max}}} \tag{10-27}$$

2. 逆流换热器

类似可以得到逆流换热器的效能计算式为

$$\varepsilon = \frac{1 - \exp\left\{(-\text{NTU})\left[1 - \dfrac{(q_m c)_{\min}}{(q_m c)_{\max}}\right]\right\}}{1 - \dfrac{(q_m c)_{\min}}{(q_m c)_{\max}}\exp\left\{(-\text{NTU})\left[1 - \dfrac{(q_m c)_{\min}}{(q_m c)_{\max}}\right]\right\}} \tag{10-28}$$

当有流体发生相变时，$(q_m c)_{\max}$ 趋于无穷大，式（10-27）和式（10-28）都可以简化为

$$\varepsilon = 1 - \exp(-\text{NTU}) \tag{10-29}$$

当两流体的 $q_m c$ 相等时，式（10-27）和式（10-28）分别简化为

$$\varepsilon = \frac{1}{2}\left[1 - \exp(-2\text{NTU})\right] \tag{10-30}$$

$$\varepsilon = \frac{\text{NTU}}{1 + \text{NTU}} \tag{10-31}$$

3. 其他形式的换热器

比较复杂的换热器效能的计算式可以参考相关文献。为了便于工程应用，这些计算公式已被绘成图线。图 10-20～图 10-23 所示为几种流动形式的 ε-NTU 图线。

10.5.3　采用效能-传热单元数法（ε-NTU 法）进行换热器的热计算

1. 设计计算

（1）由热平衡方程计算未知的流体温度和热流量。

（2）计算换热器的效能 ε。

（3）确定热交换器的类型，利用效能-传热单元数的关系计算传热单元数 NTU。

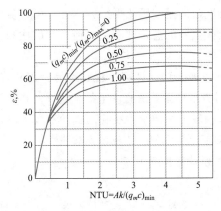

图 10-20 单壳程，2、4、6…管程的
管壳式换热器 ε-NTU 图线

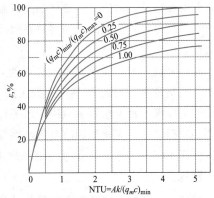

图 10-21 双壳程，4、6、12…管程的
管壳式换热器 ε-NTU 图线

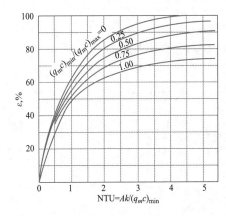

图 10-22 流体不混合的一次交叉流
换热器 ε-NTU 图线

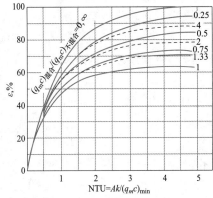

图 10-23 一种流体混合的一次交叉流
换热器 ε-NTU 图线

（4）~（8）与 10.4.2 中利用平均温差法设计计算的步骤一致。与平均温差法相比，除（2）、（3）不同外，其他步骤均相同。

2. 校核计算

（1）根据已知的传热面积、总传热系数和较小热容量，计算传热单元数 NTU。

（2）由两流体的热容量比和传热单元数 NTU 选取对应的公式或曲线求得换热器的效能。

（3）由效能的定义式可直接求出小热容量侧流体的出口温度。

（4）根据热平衡方程式，求出另一流体的出口温度。

与平均温差法相比，若换热器的总传热系数已知，效能-传热单元数法的迭代计算仅需考虑温度对比热容的影响，其过程相对简单；若换热器的总传热系数未知，此时，也需要假定某一流体的出口温度，进而利用热平衡方程计算另一流体的出口温度，计算两侧的表面传热系数及换热器的总传热系数，但迭代的次数也是较少的。

总体来看，对于换热器的设计计算，两种方法的计算过程和难易程度相当，而对于校核计算，效能-传热单元数法比对数平均温差法有一定的优越性。在实际使用中采取哪一种方法更多取决于该工程领域中的传统。在我国锅炉工程界广泛采用平均温差法，而化工和冶金领域则偏向于使用效能-传热单元数法。

例题 10-9 利用效能-传热单元数法重新计算例题 10-7。

题解：

分析： 该问题属于换热器的校核计算，并且给定了换热器的总传热系数，在此，采用 ε-NTU 法进行计算。

计算： 假定冷却水的出口温度为 60℃，则冷却水的平均温度为 45℃，在此温度下其比热容为 $c_2 = 4174\mathrm{J/(kg \cdot K)}$。

热流体润滑油的热容量为

$$q_{m1}c_1 = 2 \times 2100 = 4200(\mathrm{W/K})$$

冷流体冷却水的热容量为

$$q_{m2}c_2 = 1.2 \times 4174 = 5008.8(\mathrm{W/K})$$

热容量之比为

$$\frac{(q_mc)_{\min}}{(q_mc)_{\max}} = \frac{4200}{5008.8} = 0.838\,5$$

由式（10-25）得传热单元数

$$\mathrm{NTU} = \frac{kA}{(q_mc)_{\min}} = \frac{20 \times 275}{4200} = 1.31$$

查图 10-20 得，换热器的效能为 $\varepsilon = 0.54$。

根据效能的定义式（10-22）得

$$\varepsilon = \frac{|t' - t''|_{\max}}{t_1' - t_2'} = \frac{t_1' - t_1''}{t_1' - t_2'} = \frac{120 - t_1''}{120 - 30}$$

计算得 $t_1'' = 71.4$（℃）。

利用热平衡方程式 $\dfrac{t_2'' - t_2'}{t_1' - t_1''} = \dfrac{q_{m1}c_1}{q_{m2}c_2}$ 可计算出冷却水的出口温度为

$$t_2'' = 0.838\,5 \times (120 - 7.14) + 30 = 70.8(℃)$$

由此计算的冷却水的平均温度为 50.4℃，在此温度下其比热容与 4174J/(kg·K) 十分接近，故不必重算。

讨论： 相比例题 10-6，虽然本题中也假定了冷却水的出口温度为 60℃，但是这个假定的温度仅是为了确定平均温度下的比热容，因此对整个计算的影响较小，所以，利用效能-传热单元数法进行换热器的校核计算相对简单。

思 考 题

10-1 何为"传热过程"？它与一般的热量传递过程有何区别？

10-2 何为临界热绝缘直径？

10-3 污垢热阻与哪些因素有关？

10-4 按照工作原理，换热器分为哪些形式？

10-5 对于同心套管式换热器，逆流和顺流布置哪种更有利于传热？

10-6 管壳式换热器中的折流板起什么作用？折流杆与折流板相比有何优点？

10-7 为什么算术平均温差不能反映出真实的冷、热流体的温度差值？

10-8 为强化冷油器的传热（壳侧油、管侧水），有人用提高冷却水流速的方法，发现效果不明显。试分析原因。

10-9 什么是换热器的效能和传热单元数？

10-10 对于 $q_{m1}c_1 > q_{m2}c_2$、$q_{m1}c_1 < q_{m2}c_2$ 及 $q_{m1}c_1 = q_{m2}c_2$ 三种情形，画出顺流与逆流时冷、热流体温度沿流动方向的变化曲线（注意曲线的凹向与 $q_m c$ 相对大小的关系）。

习 题

10-1 有一台传热面积为 $12m^2$ 的氨蒸发器。氨液的蒸发温度为 0℃，被冷却水的进口温度为 9.7℃、出口温度为 5℃，已知蒸发器的热流量为 6900W。试计算：①该蒸发器的总传热系数；②冷却水的流量。

10-2 一个管式冷凝器，管外侧是饱和水蒸气凝结，管内侧是经过处理的循环水。冷凝器的管束采用外径为 22mm、壁厚为 1.5mm 的黄铜管。①若已知管外水蒸气凝结的表面传热系数为 7 620W/(m²·K)，管内侧循环水与内表面的表面传热系数为 6 070W/(m²·K)，黄铜的导热系数为 110W/(m·K)，计算冷凝器洁净状况下的总传热系数（以管外面积为基准）；②若该冷凝器由 288 根长度为 4.9m 的管子组成，管外蒸汽的温度为 33℃，管内循环水的平均温度为 20℃，计算该冷凝器的热流量。

10-3 在火力发电厂的高压加热器中，用从汽轮机抽出的过热蒸汽加热给水，过热蒸汽在加热器中先被冷却到相应的饱和温度，然后冷凝成水，最后被冷却到过冷水。假设冷、热流体的总流向为逆流，且热流体单相介质部分 $q_{m1}c_1 < q_{m2}c_2$，试绘出冷、热流体的温度沿换热面变化的曲线。

10-4 卧式冷凝器采用外径 25mm、壁厚 1.5mm 的黄铜管作为换热表面。已知管外冷凝侧的平均表面传热系数为 5 700W/(m²·K)，管内水侧的平均表面传热系数为 4 300W/(m²·K)。试计算下面两种情况下冷凝器按管子外表面计算的总传热系数：①管子内、外表面均是洁净的；②考虑结垢情况，管内为海水，平均温度小于 50℃，管外为干净的水蒸气。

10-5 一台液-液换热器，甲、乙两种介质分别在管内、外流动。实验测得的总传热系数与两种流体流速的变化关系如图 10-24 所示。试分析该换热器的主要热阻在甲、乙流体哪一侧。

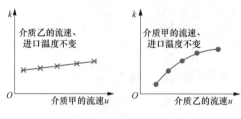

图 10-24　习题 10-5 附图

10-6　用一个逆流式套管换热器来冷却高温的润滑油。中心管是冷却水，外侧环形空间是需要被冷却的 14 号润滑油，套管外有保温材料。已知中心管的外径 21mm、壁厚 1mm，管材的导热系数为 110W/(m·K)，外管的内径是 27mm。润滑油的流量是 0.2kg/s，进口温度是 70℃，冷却水的流量为 0.4kg/s，进口温度为 15℃。为使润滑油的温度降到 30℃，计算所需的套管长度。

10-7　设计一台 1-2 型管壳式换热器用来冷却 11 号润滑油。冷却水在管内流动，进、出口温度分别为 20℃ 和 50℃，流量为 3kg/s；热油的进、出口温度分别为 100℃ 和 60℃。初步选取的换热器总传热系数为 350W/(m²·K)。试计算：①换热器的热流量；②能够冷却的润滑油的流量；③所需的传热面积。

10-8　有一管壳式换热器，已知换热管的内径为 17mm，外径为 19mm，单程管子的根数为 50 根，单程管长为 4m。热水走管程，热水的流量为 33t/h，进、出口温度分别为 55℃ 和 45℃。被加热的冷水走壳程，冷水的流量为 11t/h，进口温度为 15℃。若已知换热器传热系数为 1200W/(m²·K)，试计算该换热器的面积和需要的管程数。

习题10-9
详解

*10-9　一个管壳式冷凝器，饱和水蒸气在壳侧凝结，经过处理的循环水在黄铜管内流过，冷凝器采用单管程布置。①已知水蒸气的压力为 5.03×10^3 Pa（饱和温度为 33℃），流量为 1.35kg/s。循环水的进口温度为 17℃，若希望循环水的出口温度低于 23℃，计算全部蒸汽凝结成饱和水所需的循环水流量；②若冷凝器的管束采用外径 22mm，壁厚 1.5mm 的黄铜管，设计流速为 1.6m/s，计算管内的表面传热系数；③若已知管外水蒸气凝结的表面传热系数为 7620W/(m²·K)，黄铜的导热系数为 110W/(m·K)，管内侧的污垢热阻为 4.21×10^{-5} m²·K/W，忽略管外侧的污垢影响。计算冷凝器的总传热系数（以管外面积为基准）；④在上面条件下，计算所需管子的根数和单根管子的长度。

习题10-10
详解

*10-10　某化工厂需要设计一个换热器对分馏得到的 80℃ 的饱和苯蒸气进行凝结并过冷到 40℃。已知苯蒸气的流量为 1800kg/h，冷却水的流量为 9000kg/h，冷水的初始温度为 10℃。计划采用管壳式换热器，苯蒸气走壳程，冷却水走管程，逆流布置。换热器传热系数为 1000W/(m²·K)，苯蒸气的汽化潜热为 395kJ/kg，苯液体的比热容为 1.758kJ/(kg·K)，水的比热容为 4.183kJ/(kg·K)。①计算换热器的面积；②若选用内径 21mm，壁厚为 2mm 的钢管作为换热器的换热管，管内水的流速按 1.5m/s 选取，计算所需管子的根数和单根管的长度。

10-11　某工厂需要设计一个换热器，将 50℃ 的饱和水蒸气凝结为饱和水。已知水蒸气的流量为 1kg/s，冷却水流量为 20kg/s，冷却水的初始温度为 15℃。计划采用管壳式换热器，水蒸气走壳程，冷却水走管程，顺流布置。计算得到的总传热系数为 800W/(m²·K)。请确定换热器的传热面积。

10-12　某顺流布置换热器的传热面积为 14.5m²，用来冷却流量为 8000kg/h、比热容为 1 800J/(kg·K)、进口温度为 100℃ 的润滑油，采用流量为 2 500kg/h、比热容为 4174J/(kg·K)、进口温度为 30℃ 的水作为冷却介质，水在管内流过。如果传热系数为 330W/

（m² · K），试用效能与传热单元数确定换热器的出口油温和水温。

10-13　某电厂用一台逆流管壳式换热器冷却 11 号润滑油，冷却介质为 15℃的水，冷却水的质量流量为 0.25kg/s。在某工况下测得油的入口温度为 85℃，油的质量流量为 0.35kg/s。已知该冷油器的传热面积为 6m²，传热系数为 296W/（m² · K），润滑油的比热容取 2 064J/（kg · K），水的比热容取 4 174J/（kg · K）。试计算：①润滑油的出口温度；②该换热器的效能 ε。

*10-14　在一顺流式换热器中传热系数 k 与局部温差呈线性关系，即 $k=a+b\Delta t$，其中 a 和 b 为常数，Δt 为任一截面上的局部温差，试证明该换热器的热流量为

$$\Phi = A\frac{k''\Delta t' - k'\Delta t''}{\ln\dfrac{k''\Delta t'}{k'\Delta t''}}$$

式中：k'、k'' 分别为入口和出口的传热系数。

习题10–14
详解

第 11 章 传 热 学 专 题

本章将介绍一些有关传热学的专门问题，以开拓读者的视野。内容主要包括温度测量方法、隔热材料、传热问题数值计算商用软件、热管技术、传质学基础等。

11.1 温 度 测 量 方 法 简 介

温度是工农业生产和科学研究中常常需要实时监控或测量的物理量，更是传热实验研究中必须测量的参数。本节简单介绍常见温度测量方法的分类及其优缺点。

11.1.1 温度测量方法的分类

温度的测量方法可以根据测温元件与被测量物体是否接触分为接触式和非接触式。接触式测量仪表比较简单、可靠，测量精确度高。但是因为测温元件与被测介质需要进行充分的热交换，所以需要一定的时间才能达到热平衡。接触式测量仪存在测温延迟现象，同时受耐高温和耐低温材料的限制，不能应用于极端的温度测量。非接触式测温仪通过热辐射的原理测量温度，测温元件不需要与被测介质接触，测温范围广，也不会破坏被测物体的温度场，反应速度一般也比较快；但受到物体发射率、测量距离、烟尘和水汽等外界因素的影响，其测量误差较大。

11.1.2 接触式测温方法

1. 膨胀式温度测量

膨胀式温度测量的原理：利用物质的热胀冷缩原理，即根据物体体积或几何形变与温度的关系进行温度测量。膨胀式温度计包括玻璃液体温度计、双金属膨胀式温度计和压力式温度计等。其优点：结构简单，价格低廉，可直接读数，使用方便，非电量测量方式，适用于防爆场合；其缺点：准确度比较低，不易实现自动化，而且容易损坏。

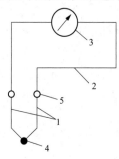

图 11-1 热电偶原理示意

1—热电偶电极；2—连接导线；3—显示仪表；
4—工作端；5—自由端

2. 热电偶测温

热电偶测温的基本原理是两种不同材质的导体（称为热电偶丝或热电极）组成闭合回路，其原理如图 11-1 所示。当接合点两端存在温度梯度时，回路中就会有电流通过，此时两端之间就存在电动势——热电动势，这就是所谓的塞贝克效应。热电偶具有结构简单，响应快，适宜远距离测量和自动控制的特点，应用比较广泛。根据热电动势与温度的函数关系，制成热电偶分度表，分度表是自由端温度在 0℃时的条件下得到的，不同的热电偶具有不同的分度表。常用的热电偶及测量范围见表 11-1。

表 11-1		常用的热电偶及其测量范围		℃
热电偶名称	热电偶分度号	热电极材料		测量范围
		正极	负极	
铂铑 10-铂热电偶	S	铂铑 10	纯铂	0~1600
铂铑 13-铂热电偶	R	铂铑 13	纯铂	0~1600
铂铑 30-铂铑 6 热电偶	B	铂铑 30	铂铑 6	600~1700
镍铬-镍硅热电偶	K	镍铬	镍硅	−40~1100
镍铬硅-镍硅热电偶	N	镍铬硅	镍硅	−40~1300
镍铬-铜镍热电偶	E	镍铬	铜镍	−40~900
铁-铜镍热电偶	J	铁	铜镍	−40~750
铜-铜镍热电偶	T	纯铜	铜镍	−40~350

由于热电偶的材料一般都比较贵重，而测温点到仪表的距离都很远，为了节省热电偶材料，降低成本，通常采用补偿导线把热电偶的自由端延伸到温度比较稳定的控制室内，连接到仪表端子上。必须指出，热电偶补偿导线本身并不能消除冷端温度变化对测温的影响，不起补偿作用。因此，还需采用其他修正方法来补偿冷端温度不为 0℃时对测温结果的影响。在使用热电偶补偿导线时必须注意型号相配，极性不能接错，补偿导线与热电偶连接端的温度差不能超过 100℃。应该根据被测介质的温度、压力、介质性质、测温时间长短等来选择热电偶。

3. **热电阻测温**

热电阻是中低温区最常用的一种测温仪，其测温原理为金属导体或半导体的电阻值随温度的增加而增加。只要测量出感温热电阻的阻值变化，就可以测量出温度。目前主要有金属热电阻和半导体热敏电阻两类。它的主要特点是测量精确度高，输出信号大，性能稳定。通常需要把电阻信号通过引线传递到计算机控制装置或者其他二次仪表上。

热电阻大都由纯金属材料制作，目前应用最多的是铂和铜。此外，现在已开始采用镍、锰和铑等材料制造热电阻。金属热电阻常用的感温材料种类较多，最常用的是铂丝。铂热电阻的测量精确度是最高的，它不仅广泛应用于工业测温，而且被制成基准仪。工业测量用金属热电阻材料除铂丝外，还有铜、镍、铁、铁-镍等。热电阻测温元件结构一般比较大，动态响应较差，不适宜测量体积狭小和温度瞬变区域。

热电阻的主要种类有普通型热电阻、铠装热电阻、端面热电阻、隔爆型热电阻等。

4. **石英温度计**

石英温度计是利用石英晶体谐振器的谐振频率随温度变化的特性进行测温的

仪器。石英温度计由石英振子、传感器和温度计的电路构成，通常采用石英振荡器构成一个决定频率的谐振回路，而石英振子部分通常采用易接受温度变化的结构。

石英晶体温度传感器稳定性很好，可用于高精确度和高分辨率的测量场合。随着电子技术的发展，可以将感温元件和相关电子线路集成在一个小芯片上，构成一个小型化、一体化及多功能的专用集成电路芯片，输出信号可以是电压、频率，或者是数字信号，使用非常方便，适用于便携式设备。

石英温度计具有高分辨率（可达 $0.001 \sim 0.000\ 1 ℃$）、高精确度（$-50 \sim 120 ℃$ 范围内，其误差为 $\pm 0.05 ℃$），高稳定度（年变化在 $0.02 ℃$ 以内）、热滞后误差小等优点，因此石英温度计在以上各种技术性能方面远优于热电偶温度计和半导体温度计。

5. 光纤式测温

光纤式温度测量技术近年来发展迅速，它是对传统测温方法的补充与提高。根据光纤所起的作用，光纤温度传感器可分为两类：一类是利用光纤本身具有的某种敏感功能测量温度，属于功能型传感器；另一类，光纤仅仅起到传输光信号的作用，必须在光纤端面配合其他敏感元件才能实现测量，称为传输型传感器。基于不同的原理，有很多种光纤温度传感器，适用于不同的测温场合。如：强电磁场下的温度测量、高压电器的温度测量、易燃易爆物的生产过程与设备的温度测量、高温介质的温度测量、桥梁安全检测、钢液浇铸检测等。

光纤式温度测量的优点有不受电磁干扰，耐腐蚀；无源实时监测、电绝缘、防爆性好；体积小，质量小，可绕曲；灵敏度高，使用寿命长；传输距离远，维护方便等。其缺点是成本较高，需要经常校准。

11.1.3　非接触式测温方法

1. 辐射式测温方法

辐射式测温的原理是以热辐射定律为基础，可分为全辐射式高温计、亮度式高温计和比色式高温计。全辐射式高温计结构相对简单，但受被测对象发射率和中间介质影响比较大，测温误差较大，不适合用于测量低发射率目标。亮度温度计灵敏度比较高，受被测对象发射率和中间介质影响相对较小，测量的亮度温度与真实温度偏差较小，但也不适用于测量低发射率物体的温度，并且测量时要避开中间介质的吸收带。比色测温法测量结果最接近真实温度，并且适用于低发射率物体的温度测量，但结构比较复杂，价格较贵。红外测温仪具有如下优点：可以采用伪彩色直观显示物体表面的温度场；温度分辨率高，能准确区分的温度差甚至达 $0.01 ℃$ 以下。

2. 光谱测温方法

光谱测温方法主要适用于高温火焰和气流温度的测量。当单色光线照射透明物体时，会发生光的散射现象，散射光包括弹性散射和非弹性散射，弹性散射中的瑞利散射和非弹性散射的拉曼散射的光强都与介质的温度有关。相比而言，拉曼散射光谱测温技术的实用性更好，常用拉曼散射光谱来测量温度。由于自发拉曼散射的信号微弱且非相干，对于许多具有光亮背景和荧光干扰的实际体系，它的应用受到一定的限制。而受激拉曼散射能大幅度提高测量的信噪比，更具有实用性。如相干反斯托克斯拉曼散射（CARS）测温方法，可使收集到的有效散射光信号强度比自发拉曼散射提高好几个数量级，同时还具有方向性强、抗噪声、荧光性好、脉冲效率高和所需脉冲输入能量小等优点，适合于含有高浓度颗粒的两相流场非清洁火焰的温度诊断。但是，CARS法的整套测量装置价格十分昂贵，其信号的处理相当复杂，限制了其广泛使用。

3. 声波、微波测温方法

声学测温是基于声波在介质中的传播速度与介质温度有关的原理实现的，因此只要测得声速，就可以推算出温度。可以通过直接测量声波在被测介质中的传播速度，也可以测量放在被测介质中细线的声波传播速度来得到温度。这种方法可以用于测量高温气体或液体的温度，在高温时会有更高的灵敏度。

微波衰减法可以用来测量火焰温度，其原理是当入射微波通过火焰时，与火焰中的等离子体相互作用，使出射的微波强度减弱，通过测量入射微波的衰减程度可以确定火焰气体的温度。

11.2　隔热材料简介

隔热保温技术在建筑、制造、航空航天等领域都有着重要的应用。隔热保温技术的核心是隔热材料（thermal insulation material）。隔热材料就是能阻滞热量传递的材料，又称热绝缘材料。本节对不同种类的隔热材料进行简单的介绍。

1. 低导热系数材料

最普通的隔热材料是一些导热系数较低的非金属材料。如木材、塑料和树脂类的制品。表 11-2 给出了部分塑料或胶的导热系数。这些材料的导热系数一般为 0.1～0.3。

表 11-2　　　　　　　　**部分塑料或胶的导热系数**　　　　　　W/(m·K)

物质	导热系数	物质	导热系数	物质	导热系数
聚丙烯	0.125	ABS 树脂	0.19～0.36	天然橡胶	0.13
多氯乙烯	0.13～0.29	环氧树脂	0.3	硅橡胶	0.2
聚苯乙烯	0.1～0.14	硅酮树脂	0.15～0.17	聚氨酯甲酸脂橡胶	0.12～0.18

2. 多孔材料

多孔材料是利用材料本身所含的孔隙隔热。由于空气的导热系数要比多孔材料中固体的导热系数小得多，所以多孔材料的导热系数都较小。多孔材料的导热系数是指它的表观导热系数，或称作折算导热系数，它相当于和多孔材料物体具有相同的形状、尺寸和边界温度，且通过的导热热流量也相同的某种均质物体的导热系数。

多孔材料的导热系数与密度有关。一般密度越小，多孔材料的孔隙率就越大，导热系数也就越小。如石棉的密度从 $800kg/m^3$ 减小到 $400kg/m^3$ 时，导热系数从 $0.248W/(m \cdot K)$ 减小到 $0.105W/(m \cdot K)$。但是，当密度小到一定程度后，由于孔隙较大，孔隙中的空气出现宏观流动，由于对流传热的作用反而使多孔材料的表观导热系数增大。

多孔材料的导热系数受湿度的影响较大。湿材料的导热系数比干材料和水的导热系数都大。例如，干砖的导热系数为 $0.35W/(m \cdot K)$，水的导热系数为 $0.60W/(m \cdot K)$，湿砖的导热系数为 $1.0W/(m \cdot K)$。这一方面是由于水分的渗入，替代了多孔材料孔隙中的空气，水的导热系数要比空气大很多；另一方面，由于多孔介质中毛细力的作用，高温区的水分向低温区迁移，由此而产生热量传递，使湿材料的表观导热系数增大。

常见的用于隔热的多孔材料如：砖、混凝土、石棉、玻璃纤维棉、聚酯泡沫、聚乙烯泡沫等，它们的导热系数可从附录中 3 查取。

气凝胶毡是一种新型的多孔隔热材料，其为纳米级孔径的多孔材料。它以二氧化硅气凝胶为主体材料，复合于增强性纤维（如玻璃纤维、预氧化纤维）中，通过特殊工艺合成的柔性保温材料。该材料的导热系数在常温下为 $0.018W/(m \cdot K)$，低温下可至 $0.009W/(m \cdot K)$。

3. 热反射材料

热反射材料具有很高的反射比，能将热量反射出去，如金、银、镍、铝箔或镀金属的聚酯、聚酰亚胺薄膜等。对于如航天器、低温液体保存等需要进行超级隔热的情况，须使用高反射性能的多层隔热材料，一般由几十层镀铝薄膜、镀铝聚酯薄膜、镀铝聚酰亚胺薄膜组成，同时采用夹层中抽真空的办法，进一步降低层间的对流传热。这种超级隔热材料的表观导热系数可以低到 $10^{-4}W/(m \cdot K)$ 的数量级。

11.3 传热问题数值计算商用软件简介

利用计算机辅助求解复杂工程问题的软件统称为 CAE（computer aided engineering），而主要求解流动与传热问题的软件则通称为 CFD（computational fluid dynamics）。CFD 以计算流体力学、计算传热学的原理为基础，以计算机为工具，应用不同离散化的数学方法，对有关流体与传热的各类问题进行数值实验、计算机模拟和分析研究，以解决各种实际问题。CFD 广泛应用于能源动力、航天设计、汽车设计、生物医学工业、化工、涡轮机设计、半导体设计等诸多工程领域。

目前，世界上有几十种这样的 CFD 商用软件，应用较广的有 FLUENT、CFX、STAR-CD、PHOENICS 等。下面主要以 FLUENT 软件为例说明商用软件的特点和求解问题的基本方法。

1. FLUENT 软件的发展

这一软件是由美国 FLUENT Inc. 于 1983 年推出的，是继 PHOENICS 软件之后的第二个基于有限容积法的商用软件。2006 年 FLUENT 软件成为全球最大的 CAE 软件供应商——ANSYS 大家庭中的重要成员，FLUENT 软件被集成在 ANSYS Workbench 环境下使用。最新的 FLUENT 软件为 ANSYS FLUENT 2019R3 版本。FLUENT 因其用户界面友好、算法丰富、新用户容易上手等优点一直在用户中有着良好的口碑。

2. FLUENT 软件的主要组成

所有的商用 CFD 软件均包括三个基本环节：前处理、求解和后处理。与之对应的程序模块常简称前处理器、求解器、后处理器。以下简要介绍 FLUENT 软件中的这三个程序模块。

在 FLUENT 软件中是将上述的三个模块设计在两个独立的软件中，即 Gambit 和 FLUENT。Gambit 的主要功能是几何建模和网格划分，FLUENT 的功能是物理场的解算及后置处理。此外，还有针对某些专门用途的功能模块。

(1) Gambit 创建网格。Gambit 不仅拥有完整的建模手段，可以生成复杂的几何模型，还含有 CAD/CAE 接口，可以方便地从其他 CAD/CAE 软件中导入建好的几何模型或网格。另外，也可以使用 ICEMCFD、ANSYSMeshing 和 ANSYSFluentMeshing 等来创建网格。

(2) FLUENT 求解及后处理。求解器（solver）的核心是数值求解算法，FLUENT 软件提供了三种数值算法：非耦合隐式算法、耦合显式算法、耦合隐式算法。其功能的不断完善确保了 FLUENT 软件对于不同的问题都可以得到很好的收敛性、稳定性和精度。

后处理的目的是有效地观察和分析计算结果。随着计算机图形处理功能的提高，目前的 CFD 软件均配备了后处理功能。FLUENT 软件具有强大的后置处理功能，包括速度矢量图、等值线图、等值面图、流动轨迹图，并具有积分功能等。对于非稳态计算，FLUENT 软件提供了非常强大的动画制作功能，在迭代过程中将所模拟非定常现象的整个过程记录成动画文件，供后续的分析演示。

3. 使用 FLUENT 软件的主要步骤

使用 FLUENT 软件解决某一问题时，首先要考虑如何根据目标需要选择相应的物理模型，其次明确所要模拟的物理系统的计算区域及边界条件，并确定二维问题还是三维问题。在确定所解决问题的特征之后，FLUENT 软件的分析过程基本包括如下步骤：

(1) 创建几何结构的模型以及生成网格。可以使用 Gambit 或者一个独立的

CAD 系统产生几何结构模型及网格。

（2）运行合适的解算器。FLUENT 包含两类解算器，分别包括 2D、3D、2DDP、3DDP。FLUENT2d 运行二维单精度版本；相应的 FLUENT3d、FLU-ENT2ddp、FLUENT3ddp 分别运行三维单精度、二维双精度、三维双精度。大多数情况下，单精度解算器高效准确。

（3）读入网格。通过选择菜单 File→Read→mesh 命令读入扩展名为 .msh 网格文件。

（4）检查网格。读入网格之后要检查网格，在检查过程中，可以在控制台窗口中看到区域范围、体积统计以及连通性信息。

（5）选择需要解的基本模型方程。例如层流、湍流、化学组分、化学反应、热传导模型等。

（6）指定材料物理性质。可以在材料数据库中选择流体或固体的属性，或者创建自己的材料数据。

（7）设定边界条件。

（8）调节解的控制参数。一般计算过程需要监控计算收敛及精度的变化情况。

（9）初始化物理量场。迭代之前一般需要初始化的物理量场，即提供一个初始解。

（10）计算求解。迭代计算时，需要设置迭代步数。

（11）检查结果。通过图形窗口中的残差图查看收敛过程，通过残差图可以了解迭代解是否已经收敛到允许的误差范围了；可观察流场分布图。

（12）保存结果。问题的定义和 FLUENT 计算结果分别保存在 case 文件和 data 文件中。

11.4　热管技术简介

1963 年美国 Los Alamos 国家实验室的 G. M. Grover 发明了一种称为"热管"的传热元件，它将蒸发和凝结两种相变换热过程巧妙地结合在一起，具有较高的传热性能，在宇航、军工、散热器制造等行业得到了广泛的应用。下面对热管技术进行简单介绍。

11.4.1　典型热管

1. 结构及原理

典型热管是由管壳、管芯和端盖组成的一个封闭系统，如图 11-2 所示。管内抽成 $1.3 \times (10^{-4} \sim 10^{-1})$ Pa 的负压后，充入适量的工质，使紧贴管内壁的吸液芯毛细多孔材料中充满工质。热管在整体上可分为三段：加热段（蒸发段）、绝热段与放热段（冷凝段）。热管工作时，加热段被管外的热流体加热，液态工质在加热段吸收汽化潜热而蒸发，其蒸气流经绝热段到达放热段后被管外的冷流体冷却，放出汽化潜热而凝结，凝结液在毛细力的作用下沿管芯又回到蒸发段，至此工质完成一个工作循环。通过热管内工质不间断的蒸发与凝结实现热量从热流体传递给冷流体。

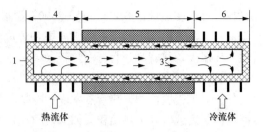

图 11-2　典型热管的结构及工作原理示意
1—管壳；2—管芯（吸液芯）；3—工质蒸气；4—加热段（蒸发段）；5—绝热段；6—放热段（冷凝段）

热管在实现这一热量转移的过程中，包含了以下六个相互关联的主要过程：

（1）热量从热源通过热管管壁和充满工作液体的吸液芯传递到（液-气）分界面。

（2）液体在蒸发段内的（液-气）分界面上蒸发。

（3）蒸气腔内的蒸气从蒸发段流到冷凝段。

（4）蒸气在冷凝段内的气-液分界面上凝结。

（5）热量从（气-液）分界面通过吸液芯、液体和管壁传给冷源。

（6）在吸液芯内由于毛细作用使冷凝后的工作液体回流到蒸发段。

2. 热管的相容性

热管的相容性是指热管在预期的设计寿命内，管内工作液体同壳体不发生显著的化学反应，或有变化但不足以影响热管的工作性能。如果热管材料会被工质腐蚀，或者在工作过程中会与工质反应生成不凝气体而破坏热管正常工作，则称管壳材料与工质不相容。管壳一般由铜、不锈钢、镍等金属材料制成，常用的工质有氨、甲醇、水、导热姆、液态金属等。管壳和吸液芯的材料是根据它们之间及与工质之间的化学相容性而选定的。例如：用于电子冷却设备中的大多数水热管（适用温度 30～200℃）用铜制造，银热管（适用温度 1800～2300℃）用钨制造，氨热管（适用温度 -203～-170℃）用铝或不锈钢制造。通过化学处理的方法解决了碳钢和水的化学反应问题而得到的碳钢-水这种热管，具有高性能、长寿命、低成本等特点，在工业中得到了大规模的推广使用。

3. 热管的特点

热管的工作原理决定了热管传热具有下述主要特点：

（1）热阻小，温差小，传热能力强。热管的传热热阻主要包含热流体和冷流体与热管外壁面的对流传热热阻、管壳的导热热阻、管内工质沸腾蒸发与凝结换热热阻。计算表明，一根内、外径分别为 21、25mm，加热段、冷凝段长度都为 1m 的碳钢-水热管的热阻（管外对流传热热阻除外）是直径相同、长度为 2m 的紫铜棒导热热阻的 1/1500，即这种热管的传热能力是紫铜棒的 1500 倍。可见，热管是非常优良的传热元件。

（2）适应温度范围广，工作温度可调。通过选择不同的热管工质和相容的管壳材料，可以使热管适应在－200～2000℃温度范围内工作。对于同一种热管，还可以通过调整管内压力达到调整工质饱和温度（即工作温度）的目的。按照热管管内工作温度，热管可分为低温热管（＜0℃）、常温热管（0～250℃）、中温热管（250～450℃）、高温热管（450～1000℃）等。

（3）热流密度可调。热管蒸发段和冷凝段的热流密度可以通过改变蒸发段和冷凝段的长度或管外传热面积（如加装肋片）来分别进行调节。

11.4.2　重力热管

由于管芯的毛细力是热管内凝结液回流的驱动力，也就是热管工质工作循环

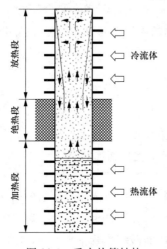

图 11-3　重力热管结构

的驱动力，因此对热管的形状与位置没有限制，可以根据工作环境需要做成不同形状。但这种热管制造成本较高，多用于航天器的热控制和电子器件冷却等较为特殊的应用环境。对于工业上大量使用的热管式换热器，通常采用重力热管（又称热虹吸管），其结构如图 11-3 所示。重力热管依靠重力回流冷凝液，从而可以省去吸液材料，简化典型热管的结构。重力热管的工质聚集在热管的底部，当该处受到热管外流体加热时，工质蒸发，蒸气上升到热管上半部被管外流体冷却而凝结成液体，凝结液在重力作用下沿内壁流下返回到蒸发段而完成一个循环。重力热管的凝结液靠重力由冷凝段流回蒸发段，因而工作时必须使加热段在下，放热段在上。

重力热管中应用最广的是碳钢-水热管。

11.4.3　脉动热管

脉动热管（又称振荡热管）是 20 世纪 90 年代初由日本学者 Akachi 提出的一种新型热管。典型脉动热管的基本结构由毛细管弯曲而成，有回路形和开路形两种基本形式，如图 11-4 所示。当热管管径足够小（内径一般为 0.5～3mm）时，真空条件下封装在管内的工作介质将在管内形成气液相间的柱塞。脉动热管管内的液柱和气塞在加热段被加热迅速膨胀升压并推动工质流向冷凝段，液柱和气塞在冷却段被冷却，收缩甚至消亡，压力下降。热管各管间形成的压差和压力波动使工质在冷、热段间来回振荡运动，实现热量的传递。脉动热管运行时

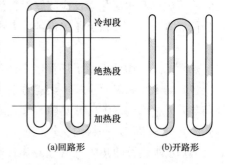

图 11-4　脉动热管的两种基本形式

兼有相变和振荡传热的特点，因此能够最大程度地提高热量传递的效率，传热性

能突出。脉动热管中常用的工质有水、甲醇、乙醇、氟利昂等。

脉动热管与普通热管相比有着不可替代的优势，其优越的自身结构特点、适应性决定了其应用的广泛性。目前，脉动热管传热技术已被应用于余热回收、微电子冷却、太阳能集热和制冷空调等相关领域中。此外，脉动热管不受重力影响的特征使其能应用于重力场变化或微重力等环境下。

11.5　传质学基础

在自然界中，物质传递（也称为传质）现象十分普遍。有多种原因可以引起传质，比如流体的流动本身就是一种传质；在混合物内若某种组分存在浓度梯度，在浓度梯度作用下这种组分会从高浓度区向低浓度区迁移，这也是一种传质；在没有浓度梯度的二元混合物中，温度梯度和压力梯度也会引起质量传递，称为热扩散和压力扩散，若温度梯度和总压力梯度不大，热扩散和压力扩散则可以忽略。

本节主要介绍混合物中由于浓度梯度导致的物质传递。例如：发电厂烟囱排放的 SO_2 在空气中的弥散，糖和盐在水中的溶解，水面产生的水蒸气向空气中传递等都是由于浓度梯度导致的物质传递。

由于浓度梯度导致的传质过程分为扩散传质和对流传质两种形式，这两种形式分别与传热过程中的导热与对流传热类似。扩散传质单纯指在组分浓度梯度驱动下产生的物质传递过程；对流传质是流体流过固相或液相界面时，与界面之间产生的质量传递。

11.5.1　混合物浓度的表示方法

研究多元混合物中由于浓度梯度引发的传质，需首先明确混合物中不同组分浓度的表达方式。在混合物中，组分的浓度通常用质量浓度 ρ（单位为 kg/m^3）和摩尔浓度（物质的量浓度）c（单位为 mol/m^3）表示，其定义为

$$\rho_i = \frac{m_i}{V}, \quad c_i = \frac{n_i}{V} \tag{11-1}$$

式中：m_i 为混合物中组分 i 的质量，kg；n_i 为混合物中组分 i 的摩尔值，mol；V 为混合物的体积。

若混合气体可视为理想气体，根据理想气体状态方程还可得出组分 i 的质量浓度和摩尔浓度与组分分压力 p_i 及温度 T 的关系，即

$$\rho_i = \frac{p_i}{R_i T}, \quad c_i = \frac{p_i}{RT} \tag{11-2}$$

式中：p_i 为混合物中组分 i 的分压力，Pa；R 为摩尔气体常数，$R=8.314J/(mol \cdot K)$；R_i 为组分 i 的气体常数。

11.5.2　扩散传质

1. 斐克定律

二元混合物中某组分的扩散可用斐克定律计算，该定律的表达式为

$$m_A = -D_{AB}\mathrm{grad}\rho_A, \quad n_A = -D_{AB}\mathrm{grad}c_A \tag{11-3}$$

式中：m_A、n_A 分别为二元混合物中某点处组分 A 的质量通量密度和摩尔通量密度，$\mathrm{kg/(m^2 \cdot s)}$ 与 $\mathrm{mol/(m^2 \cdot s)}$；$D_{AB}$ 为质量扩散系数，$\mathrm{m^2/s}$（下标 AB 表示物质 A 向物质 B 的扩散，负号表示扩散方向指向浓度降低的方向）。

显然斐克定律与傅里叶定律表达式是类似的。

对于图 11-5（a）所示的系统，组分 A 和 B 被一块薄板分隔在容器的两侧，当抽出薄板后，由于浓度梯度的存在，组分 A 和 B 将相互扩散。若某时刻容器内两种组分浓度分布如图 11-5（b）所示，则单位时间内在垂直于 x 方向的某截面单位面积上组分 A 的质量通量密度 $m_{A,x}$ 和摩尔通量密度 $n_{A,x}$ 利用斐克定律计算为

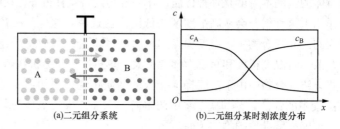

(a)二元组分系统　　　　　　(b)二元组分某时刻浓度分布

图 11-5　二元组分系统扩散示意

$$m_{A,x} = -D_{AB}\frac{\partial\rho_A}{\partial x}, \quad n_{A,x} = -D_{AB}\frac{\partial c_A}{\partial x} \tag{11-4}$$

质量扩散系数 D 是物性参数，它取决于混合物的性质及当前的压力与温度。D 可通过实验测定。对于理想气体有

$$D \propto T^{1.5}/p \tag{11-5}$$

若已知温度 T_0、压力 p_0 下的质扩散率为 D_0，则温度 T、压力 p 下的质扩散率 D 可由下式求出：

$$D = D_0\left(\frac{T}{T_0}\right)^{1.5}\frac{p_0}{p} \tag{11-6}$$

表 11-3 给出了几种常见气体在空气中的质扩散系数。

表 11-3　几种常见气体在空气中的质扩散系数（25℃，$1.013\,25 \times 10^5\,\mathrm{Pa}$）

扩散气体	质扩散系数 D	扩散气体	质扩散系数 D
NH_3	0.28	乙醚	0.093
CO_2	0.164	甲醇	0.159
H_2	0.41	乙醇	0.119
O_2	0.206	苯	0.088
H_2O	0.256	甲苯	0.084

2. 典型扩散传质过程

（1）等摩尔逆向扩散。如图 11-6 所示，若二元混合物中组分 A、B 以相同的

摩尔通量密度向相反的方向扩散,且扩散过程为稳态,这种扩散传质过程称为等摩尔逆向扩散。从图 11-6 (b) 可以看出,沿扩散方向各截面上混合物总压力均为 p_0。稳态时,整个扩散系统总压力保持不变,两种组分分压力均为线性变化,而且有

(a)等摩尔扩散系统

$$\frac{\mathrm{d}p_A}{\mathrm{d}x} = -\frac{\mathrm{d}p_B}{\mathrm{d}x}$$

根据斐克定律,有

$$n_{A,x} = -D_{AB}\frac{\mathrm{d}c_A}{\mathrm{d}x} = -\frac{D_{AB}}{RT} \times \frac{\mathrm{d}p_A}{\mathrm{d}x}$$

$$n_{B,x} = -D_{BA}\frac{\mathrm{d}c_B}{\mathrm{d}x} = -\frac{D_{BA}}{RT} \times \frac{\mathrm{d}p_B}{\mathrm{d}x}$$

(b)某时刻压力分布

图 11-6 等摩尔逆向扩散示意

将上两式积分得

$$n_{A,x} = \frac{D_{AB}}{RT} \times \frac{(p_{A1} - p_{A2})}{\Delta x}, \quad n_{B,x} = \frac{D_{BA}}{RT} \times \frac{p_{B1} - p_{B2}}{\Delta x} \tag{11-7}$$

因为 $n_{A,x} = -n_{B,x}$,所以有

$$-\frac{D_{AB}}{RT} \times \frac{\mathrm{d}P_A}{\mathrm{d}x} = \frac{D_{BA}}{RT} \times \frac{\mathrm{d}P_B}{\mathrm{d}x}$$

可得

$$D_{AB} = D_{BA} \tag{11-8}$$

可见,对于二元混合物,两种组分的扩散系数是相等的。

(2) 单向扩散。图 11-7 所示为一等截面容器内水从液面向容器口外大气单向扩散过程示意。容器中的气体是由水蒸气与空气组成的混合气体。容器内水蒸气扩散的特点:由于液面水分的蒸发,液面处水蒸气浓度高,分压力也高,容器口处由于环境空气流动水蒸气浓度与分压力基本与环境空气的水蒸气浓度与分压力相同,低于液面处值,容器内沿竖直向上方向水蒸气浓度与分压力是逐渐降低的。在浓度差作用下水蒸气不断由液面向容器口传递,这种传递会导致容器内产生一股自下而上的低流速气流。因此容器内任意截面处水蒸气向上的迁移由两种作用产生,一是竖直方向浓度梯度导致的水蒸气扩散,二是竖直方向流动导致的水蒸气迁移。

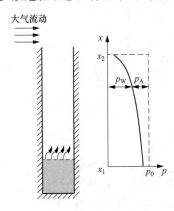

图 11-7 等截面容器内水的
单向扩散过程示意

容器内空气扩散的特点:容器口处空气分压力相对大,液面处空气分压力相对小,在浓度梯度作用下空气由容器口向液面扩

散，但容器内自下而上的混合气流动则使空气由液面向容器口传递。由于空气几乎不溶于水，不能向水中扩散，因此在稳态条件下容器内任意截面处空气的通量必然是零，也就是在容器任意截面处，由于浓度差导致的空气向下传递量与由于混合气向上流动导致的空气向上传递量大小相等、方向相反。

在稳态条件下，若系统是等温的，由于容器内混合气体流速较低，可认为液面上方沿高度方向水蒸气与空气混合物的总压力 p_0 保持不变，在常压下将混合气体作为理想气体处理。在图 11-7 所建的坐标系中，在容器任一截面处，空气通量为

$$n_{A,x} = -\frac{D}{RT} \times \frac{dp_A}{dx}\bigg|_x + c_{A,x} u_x = 0 \tag{11-9}$$

式中：p_A 为混合气体中空气分压力，Pa；$c_{A,x}$、u_x 分别为 x 截面处混合气体中空气的摩尔浓度及混合气流速，m/s。

可得

$$u_x = \frac{1}{c_{A,x}} \times \frac{D}{RT} \times \frac{dp_A}{dx}\bigg|_x \tag{a}$$

同一截面上水蒸气的通量为

$$n_{W,x} = -\frac{D}{RT} \times \frac{dp_W}{dx}\bigg|_x + c_{W,x} u_x$$

$$= -\frac{D}{RT} \times \frac{dp_W}{dx}\bigg|_x + c_{W,x}\frac{1}{c_{A,x}} \times \frac{D}{RT} \times \frac{dp_A}{dx}\bigg|_x \tag{b}$$

式中：下标 W 为水蒸气的量。

对于理想气体，有

$$\frac{c_{W,x}}{c_{A,x}} = \frac{p_{W,x}}{p_{A,x}} \tag{c}$$

将式（c）代入式（b），得

$$n_W = -\frac{D}{RT}\left(\frac{dp_W}{dx}\bigg|_x - \frac{p_{W,x}}{p_{A,x}} \times \frac{dp_A}{dx}\bigg|_x\right) \tag{d}$$

由于混合气总压 p_0 为常数，即

$$p_0 = p_{A,x} + p_{W,x} = 常数 \tag{e}$$

有

$$\frac{dp_A}{dx}\bigg|_x = -\frac{dp_W}{dx}\bigg|_x \tag{f}$$

再将式（f）代入式（d），得

$$n_{W,x} = -\frac{D}{RT} \times \frac{p_{A,x} + p_{W,x}}{p_{A,x}} \times \frac{dp_W}{dx}\bigg|_x = \frac{D}{RT} \times \frac{p_0}{p_{A,x}} \times \frac{dp_A}{dx}\bigg|_x \tag{11-10}$$

将式（11-10）从液面到容器口进行积分，并考虑 $n_{W,x}$ 与 x 无关，得

$$n_W = n_{W,x} = \frac{Dp_0}{RT} \times \frac{1}{\Delta x}\ln\frac{p_{A2}}{p_{A1}} \tag{11-11}$$

式中：p_{A1}、p_{A2} 分别为液面处与容器口处空气分压力，Pa；Δx 为液面到容器口的

距离，m。

11.5.3 对流传质

图 11-8 所示为两个典型对流传质的例子，图
（a）为空气掠过水面，水蒸发向空气内传递的对
流传质过程；图（b）为空气掠过萘球（卫生球）
表面，萘升华向空气内传递的对流传质过程。

对于对流传质，通常也采用类似于牛顿冷却
公式的计算式计算对流传质量，即

$$n_A = h_m(c_{A,w} - c_{A,f}), \quad m_A = h_m(\rho_{A,w} - \rho_{A,f})$$

$$\tag{11-12}$$

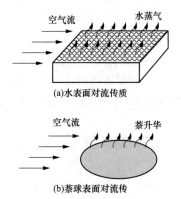

(a)水表面对流传质

(b)萘球表面对流传

图 11-8　对流传质

式中：$c_{A,w}$、$\rho_{A,w}$ 分别为界面处组分 A 的摩尔浓度
和质量浓度，$kmol/m^3$、kg/m^3；$c_{A,f}$、$\rho_{A,f}$ 分别是主流中组分 A 的摩尔浓度和质量
浓度，$kmol/m^3$、kg/m^3；h_m 为表面传质系数，m/s。

确定表面传质系数是计算对流传质量的关键。对流传质与对流传热具有很强
的类比性。表 11-4 给出了空气平行吹过一块萘表面的对流传质与外掠平板对流传
热在层流情况下的比较。

表 11-4　　　　　　　　　对流传热与对流传质的对比

对比项	对流传热	对流传质
图示	u_∞, t_∞　　y　　t_w　O　x　x	u_∞, c_∞　　y　　c_w　O　x　x
控制方程	$u\dfrac{\partial t}{\partial x} + v\dfrac{\partial t}{\partial y} = a\dfrac{\partial^2 t}{\partial y^2}$ $u\dfrac{\partial u}{\partial x} + v\dfrac{\partial u}{\partial y} = \nu\dfrac{\partial^2 u}{\partial y^2}$ $\dfrac{\partial u}{\partial x} + \dfrac{\partial v}{\partial y} = 0$	$u\dfrac{\partial c}{\partial x} + v\dfrac{\partial c}{\partial y} = D\dfrac{\partial^2 c}{\partial y^2}$ $u\dfrac{\partial u}{\partial x} + v\dfrac{\partial u}{\partial y} = \nu\dfrac{\partial^2 u}{\partial y^2}$ $\dfrac{\partial u}{\partial x} + \dfrac{\partial v}{\partial y} = 0$
边界条件	$y=0, u=v=0, t=t_w$ $y\to\infty, u=u_\infty, t=t_\infty$	$y=0, u=0, v_w\approx 0, c=c_w$ $y\to\infty, u=u_\infty, c=c_\infty$
转移率方程	$-\lambda\dfrac{\partial t}{\partial y}\Big|_{y=0} = h(t_w - t_\infty)$	$-D\dfrac{\partial c}{\partial y}\Big|_{y=0} = h_m(c_w - c_\infty)$
相似特征数	$Nu = \dfrac{hl}{\lambda} = \dfrac{\partial\left(\dfrac{t-t_w}{t_\infty - t_w}\right)}{\partial(y/l)}\Big|_{y=0}$ $Pr = \dfrac{\nu}{a}$	$Sh = \dfrac{h_m l}{D} = \dfrac{\partial\left(\dfrac{c-c_w}{c_\infty - c_w}\right)}{\partial(y/l)}\Big|_{y=0}$ $Sc = \dfrac{\nu}{D}$
层流解析解	$Nu_x = 0.332 Re_x^{1/2} Pr^{1/3}$ $Nu = 0.664 Re^{1/2} Pr^{1/3}$	$Sh_x = 0.332 Re_x^{1/2} Sc^{1/3}$ $Sh = 0.664 Re^{1/2} Sc^{1/3}$

在表 11-4 对流传质的边界条件中，采用了 $y=0$，$v_w \approx 0$，原因是萘组分的浓度很低，界面处质量交换引起的法向速度 v_w 相对较小，可以不计其影响，这时对流传热与对流传质的控制方程和边界条件形式完全一致，其解的形式也一致。在表 11-4 的对流传质中引入了与 Nu 数对应的舍伍德（Sherwood）数 Sh 以及与普朗特数 Pr 相对应的施密特（Schmidt）数 Sc。其表达式和物理意义分别为

$$Sh = h_m l / D$$

反映了对流传质的强度。

$$Sc = \nu / D$$

表示速度分布与浓度分布的相互关系，或动量传递与质量传递的相互关系。

附　　录

附录1　常用单位换算

物理量	符号	我国法定计量单位	工程单位	
力	F	N	kgf	
		1	0.102 0	
		9.807	1	
压力	p	Pa	atm	
		1	$9.869\,23\times10^{-6}$	
		$1.013\,25\times10^{5}$	1	
动力黏度	η	Pa·s	kgf·s/m²	
		1	0.101 972	
		9.806 65	1	
功率 热流量	P Φ	W	kcal/h	kgf·m/s
		1	0.859 845	0.101 972
		1.163	1	0.118 583
		9.806 65	8.433 719	1
热流密度	q	W/m²	kcal/(m²·h)	
		1	0.238 846	
		1.163	1	
比热容	c	kJ/(kg·K)	kcal（kgf·℃）	
		1	0.238 846	
		4.186 8	1	
导热系数	λ	W/(m·K)	kcal/(m·h·℃)	
		1	0.859 845	
		1.163	1	
表面传热系数 传热系数	h k	W/(m²·K)	kcal/(m²·h·℃)	
		1	0.859 845	
		1.163	1	

附录 2　金属材料的密度、比热容和导热系数

材料名称	20℃			导热系数 λ/W/(m·K)							
	密度 ρ kg/m³	比热容 c_p J/(kg·K)	导热系数 λ W/(m·K)	温度 t/℃							
				−100	0	100	200	400	600	800	1000
纯铝	2710	902	236	243	236	240	238	228	215		
杜拉铝	2790	881	169	124	160	188	188				
铝合金 (92Al-8Mg)	2610	904	107	86	102	123	148				
铝合金 (87Al-13Si)	2660	871	162	139	158	173	176				
铍	1850	1758	219	382	218	170	145	118			
纯铜	8930	386	398	421	401	393	389	379	366	352	
铝青铜 (90Cu-10Al)	8360	420	56		49	57	66				
青铜 (89Cu-11Sn)	8800	343	24.8		24	28.4	33.2				
黄铜 (70Cu-32Zn)	8440	377	109	90	106	131	143	148			
铜合金 (60Cu-40Ni)	8920	410	22.2	19	22.2	23.4					
黄金	19 300	127	315	331	318	313	310	300	287		
纯铁	7870	455	81.1	96.7	83.5	72.1	63.5	50.3	39.4	29.6	29.4
阿姆口铁	7960	455	73.2	82.9	74.7	67.5	61.0	49.9	38.6	29.3	29.3
灰铸铁 ($w_C \approx 3\%$)	7570	470	39.2		28.5	32.4	35.3	36.6	20.8	19.2	
碳钢 ($w_C \approx 0.5\%$)	7840	465	49.8		50.5	47.5	44.8	39.4	34.0	29.0	
碳钢 ($w_C \approx 1.0\%$)	7790	470	43.2		43.0	42.8	42.2	40.6	36.7	32.2	
碳钢 ($w_C \approx 1.5\%$)	7750	470	36.7		36.8	36.6	36.2	34.7	31.7	27.8	
铬钢 ($w_{Cr} \approx 5\%$)	7830	460	36.1		36.3	35.2	34.7	31.4	28.0	27.2	27.2
铬钢 ($w_{Cr} \approx 13\%$)	7740	460	26.8		26.5	27.0	27.0	27.6	28.4	29.0	29.0
铬钢 ($w_{Cr} \approx 17\%$)	7710	460	22		22.0	22.2	22.6	23.3	24.0	24.8	25.5

材料名称	20℃			导热系数 λ/W/(m·K)							
	密度 ρ kg/m³	比热容 c_p J/(kg·K)	导热系数 λ W/(m·K)	温度 t/℃							
				−100	0	100	200	400	600	800	1000
铬镍钢 (18-20Cr/8-12Ni)	7820	460	15.2	12.2	14.7	16.6	18.0	20.8	23.5	26.3	
铬镍钢 (17-19Cr/9-13Ni)	7830	460	14.7	11.8	14.3	16.1	17.5	20.2	22.8	25.5	28.2
镍钢 ($w_{Ni}\approx1\%$)	7900	460	45.5	40.8	45.2	46.8	46.1	41.2	35.7		
镍钢 ($w_{Ni}\approx3.5\%$)	7910	460	36.5	30.7	36.0	38.8	39.7	37.8			
镍钢 ($w_{Ni}\approx50\%$)	8260	460	19.6	17.3	19.4	20.5	21.0	21.3	22.5		
锰钢 ($w_{Mn}\approx$ 12%~13%)	7800	487	13.6			14.8	16.0	18.3			
锰钢 ($w_{Mn}\approx$ 0.4%)	7860	440	51.2			51.0	50.0	43.5	35.5	27.0	
钨钢 ($w_{w}\approx5\%\sim6\%$)	8070	436	18.7		18.4	19.7	21.0	23.6	24.9	25.3	
铅	11 340	128	35.3	37.2	35.5	34.3	32.8				
镁	1730	1020	156	160	157	154	152				
钼	9590	255	138	146	139	135	131	123	116	109	103
镍	8900	444	91.4	144	94	82.8	74.2	64.6	69.0	73.3	77.6
铂	21 450	133	71.4	73.3	71.5	71.6	72.0	73.6	76.6	80.0	84.2
银	10 500	234	427	431	428	422	415	399	384		
钛	4500	520	22	23.3	22.4	20.7	19.9	19.4	19.9		
铀	19 070	116	27.4	24.3	27.0	29.1	31.1	35.7	40.6	45.6	
锌	7140	388	121	123	122	117	112				
锆	6570	276	22.9	26.5	23.2	21.8	21.2	21.4	22.3	24.5	26.4
钨	19 350	134	179	204	182	166	153	134	125	119	114

附录3　保温材料、耐火材料、建筑材料及其他材料的密度和导热系数

材料名称	温度 $t/℃$	密度 $\rho/(kg/m^3)$	导热系数 $\lambda/[W/(m \cdot K)]$
膨胀珍珠岩散料	25	60～300	0.021～0.062
沥青膨胀珍珠岩	31	233～282	0.069～0.076
岩棉制品	20	80～150	0.035～0.038
膨胀蛭石	20	100～130	0.051～0.07
石棉粉	22	744～1400	0.099～0.19
石棉绳		590～730	0.10～0.21
石棉绒		35～230	0.055～0.077
石棉板	30	770～1045	0.10～0.14
玻璃棉毡	28	18.4～38.3	0.043
矿渣棉	30	207	0.058
软木板	20	105～437	0.044～0.079
木丝纤维板	25	245	0.048
葵芯板	20	95.5	0.05
玉米梗板	22	25.2	0.065
棉花	20	117	0.049
锯木屑	20	179	0.083
硬泡沫塑料	30	29.5～56.3	0.041～0.048
软泡沫塑料	30	411～62	0.043～0.056
铝箔间隔层（5层）	21		0.042
松木（垂直木纹）	15	496	0.15
松木（平行木纹）	21	527	0.35
碎石混凝土	20	2200	1.28
钢筋混凝土	20	2400	1.51
耐酸混凝土板	30	2250	1.5～1.6
混凝土板	35	1930	0.79
红砖	35	1560	0.49
黏土砖砌体	20	1700～1800	0.76～0.81
实心砖砌体	20	1300～1400	0.52～0.46
水泥	30	1900	0.30
花岗石		2643	1.73～3.98

材料名称	温度 $t/℃$	密度 $\rho/(kg/m^3)$	导热系数 $\lambda/[W/(m·K)]$
大理石		2499~2707	2.70
瓷砖	37	2090	1.1
黄沙	30	1580~1700	0.28~0.34
泥土	20		0.83
黏土	27	1460	1.3
玻璃	45	2500	0.65~0.71
草绳		230	0.064~0.113
水垢	65		1.31~3.14
烟灰			0.07~0.116
冰	0	913	2.22

附录 4　几种材料的导热系数与温度间的拟合关系

材料名称	最高允许温度 $t/℃$	密度 $\rho/(kg/m^3)$	导热系数 $\lambda/[W/(m \cdot K)]$
超细玻璃棉毡、管	400	18～20	$0.033+0.000\,23t$
玻璃棉原棉	300	80～100	$0.038+0.000\,17t$
矿渣棉	550～600	350	$0.067\,4+0.000\,215t$
矿棉纤维	600	80～200	$0.035+0.000\,15t$
酚醛矿棉制品	350	80～150	$0.047+0.000\,17t$
水泥蛭石制品	800	400～450	$0.103+0.000\,198t$
水泥珍珠岩制品	600	300～400	$0.065\,1+0.000\,105t$
膨胀珍珠岩散料	1000	40～160	$0.065\,2+0.000\,105t$
粉煤灰泡沫砖	300	500	$0.099+0.000\,2t$
岩棉玻璃布缝板	600	100	$0.031\,4+0.000\,198t$
A 级硅藻土制品	900	500	$0.039\,5+0.000\,19t$
B 级硅藻土制品	900	550	$0.047\,7+0.000\,2t$
膨胀珍珠岩	1000	55	$0.042\,4+0.000\,137t$
微孔硅酸钙制品	650	＜250	$0.041+0.000\,2t$
聚氨酯硬质泡沫塑料	100	30～50	$0.021+0.000\,14t$
聚苯乙烯硬质泡沫塑料	75	20～50	$0.035+0.000\,14t$
耐火黏土砖	1350～1450	1800～2040	$(0.7～0.84)+0.000\,58t$
轻质耐火黏土砖	1250～1300	800～1300	$(0.29～0.41)+0.000\,26t$
超轻质耐火黏土砖	1150～1300	540～610	$0.093+0.000\,16t$
超轻质耐火黏土砖	1100	270～330	$0.058+0.000\,17t$
硅砖	1700	1900～1950	$0.93+0.000\,7t$
镁砖	1600～1700	2300～2600	$2.1+0.000\,19t$
铬砖	1600～1700	2600～2800	$4.7+0.000\,17t$
普通红砖	600	1600～2000	$0.465+0.000\,152t$

注　表中 t 的单位为℃。

附录5　1标准大气压下干空气的热物理性质

t ℃	ρ kg/m³	c_p J/(kg·K)	λ W/(m·K)	a m²/s	η kg/(m·s)	ν m²/s	Pr
−150	2.866	983	0.011 71	4.158×10^{-6}	8.636×10^{-6}	3.013×10^{-6}	0.724 6
−100	2.038	966	0.015 82	8.036×10^{-6}	1.189×10^{-6}	5.837×10^{-6}	0.726 3
−50	1.582	999	0.019 79	1.252×10^{-5}	1.474×10^{-5}	9.319×10^{-6}	0.744 0
−40	1.514	1002	0.020 57	1.356×10^{-5}	1.527×10^{-5}	1.008×10^{-5}	0.743 6
−30	1.451	1004	0.021 34	1.465×10^{-5}	1.579×10^{-5}	1.087×10^{-5}	0.742 5
−20	1.394	1005	0.022 11	1.578×10^{-5}	1.630×10^{-5}	1.169×10^{-5}	0.740 8
−10	1.341	1 006	0.022 88	1.696×10^{-5}	1.680×10^{-5}	1.252×10^{-5}	0.738 7
0	1.292	1006	0.023 64	1.818×10^{-5}	1.729×10^{-5}	1.338×10^{-5}	0.736 2
5	1.269	1006	0.024 01	1.880×10^{-5}	1.754×10^{-5}	1.382×10^{-5}	0.735 0
10	1.246	1006	0.024 39	1.944×10^{-5}	1.778×10^{-5}	1.426×10^{-5}	0.733 6
15	1.225	1007	0.024 76	2.009×10^{-5}	1.802×10^{-5}	1.470×10^{-5}	0.732 3
20	1.204	1007	0.025 14	2.074×10^{-5}	1.825×10^{-5}	1.516×10^{-5}	0.730 9
25	1.184	1007	0.025 51	2.141×10^{-5}	1.849×10^{-5}	1.562×10^{-5}	0.729 6
30	1.164	1007	0.025 88	2.208×10^{-5}	1.872×10^{-5}	1.608×10^{-5}	0.728 2
35	1.145	1007	0.026 25	2.277×10^{-5}	1.895×10^{-5}	1.655×10^{-5}	0.726 8
40	1.127	1007	0.026 62	2.346×10^{-5}	1.918×10^{-5}	1.702×10^{-5}	0.725 5
45	1.109	1007	0.026 99	2.416×10^{-5}	1.941×10^{-5}	1.750×10^{-5}	0.724 1
50	1.092	1007	0.027 35	2.487×10^{-5}	1.963×10^{-5}	1.798×10^{-5}	0.722 8
60	1.059	1007	0.028 08	2.632×10^{-5}	2.008×10^{-5}	1.896×10^{-5}	0.720 2
70	1.028	1007	0.028 81	2.780×10^{-5}	2.052×10^{-5}	1.995×10^{-5}	0.717 7
80	0.999 4	1008	0.029 53	2.931×10^{-5}	2.096×10^{-5}	2.097×10^{-5}	0.715 4
90	0.971 8	1008	0.030 24	3.086×10^{-5}	2.139×10^{-5}	2.201×10^{-5}	0.713 2
100	0.945 8	1009	0.030 95	3.243×10^{-5}	2.181×10^{-5}	2.306×10^{-5}	0.711 1
120	0.897 7	1011	0.032 35	3.565×10^{-5}	2.264×10^{-5}	2.522×10^{-5}	0.707 3
140	0.854 2	1013	0.033 74	3.898×10^{-5}	2.345×10^{-5}	2.745×10^{-5}	0.704 1
160	0.814 8	1016	0.035 11	4.241×10^{-5}	2.420×10^{-5}	2.975×10^{-5}	0.701 4
180	0.778 8	1019	0.036 46	4.593×10^{-5}	2.504×10^{-5}	3.212×10^{-5}	0.699 2
200	0.745 9	1023	0.037 79	4.954×10^{-5}	2.577×10^{-5}	3.455×10^{-5}	0.697 4
250	0.674 6	1033	0.041 04	5.890×10^{-5}	2.760×10^{-5}	4.091×10^{-5}	0.694 6

续表

t ℃	ρ kg/m³	c_p J/(kg·K)	λ W/(m·K)	a m²/s	η kg/(m·s)	ν m²/s	Pr
300	0.615 8	1044	0.044 18	6.871×10^{-5}	2.934×10^{-5}	4.765×10^{-5}	0.693 5
350	0.566 4	1056	0.047 21	7.892×10^{-5}	3.101×10^{-5}	5.475×10^{-5}	0.693 7
400	0.524 3	1069	0.050 15	8.951×10^{-5}	3.261×10^{-5}	6.219×10^{-5}	0.694 8
450	0.488 0	1081	0.052 98	1.004×10^{-4}	3.415×10^{-5}	6.997×10^{-5}	0.696 5
500	0.456 5	1093	0.055 72	1.117×10^{-4}	3.563×10^{-5}	7.806×10^{-5}	0.698 6
600	0.404 2	1115	0.060 93	1.352×10^{-4}	3.846×10^{-5}	9.515×10^{-5}	0.703 7
700	0.362 7	1135	0.065 81	1.598×10^{-4}	4.111×10^{-5}	1.133×10^{-4}	0.709 2
800	0.328 9	1153	0.070 37	1.855×10^{-4}	4.362×10^{-5}	1.326×10^{-4}	0.714 9
900	0.300 8	1169	0.074 65	2.122×10^{-4}	4.600×10^{-5}	1.529×10^{-4}	0.720 6
1000	0.277 2	1184	0.078 68	2.398×10^{-4}	4.826×10^{-5}	1.741×10^{-4}	0.726 0
1500	0.199 0	1234	0.095 99	3.908×10^{-4}	5.817×10^{-5}	2.922×10^{-4}	0.747 8

附录 6　1 标准大气压下标准烟气的热物理性质

（烟气中组成成分的质量分数：$w_{CO_2} = 0.13; w_{H_2O} = 0.11; w_{N_2} = 0.76$）

t ℃	ρ kg/m³	c_p kJ/(kg·K)	λ W/(m·K)	a m²/s	η kg/(m·s)	ν m²/s	Pr
0	1.295	1.042	0.022 8	1.690×10^{-5}	1.58×10^{-5}	1.220×10^{-5}	0.72
100	0.950	1.068	0.031 3	3.080×10^{-5}	2.04×10^{-5}	2.154×10^{-5}	0.69
200	0.748	1.097	0.040 1	4.890×10^{-5}	2.45×10^{-5}	3.280×10^{-5}	0.67
300	0.617	1.122	0.048 4	6.990×10^{-5}	2.82×10^{-5}	4.581×10^{-5}	0.65
400	0.525	1.151	0.057 0	9.430×10^{-5}	3.17×10^{-5}	6.038×10^{-5}	0.64
500	0.457	1.185	0.065 6	1.211×10^{-4}	3.48×10^{-5}	7.630×10^{-5}	0.63
600	0.405	1.214	0.074 2	1.509×10^{-4}	3.79×10^{-5}	9.361×10^{-5}	0.62
700	0.363	1.239	0.082 7	1.838×10^{-4}	4.07×10^{-5}	1.121×10^{-4}	0.61
800	0.330	1.264	0.091 5	2.197×10^{-4}	4.34×10^{-5}	1.318×10^{-4}	0.60
900	0.301	1.290	0.100 0	2.580×10^{-4}	4.59×10^{-5}	1.525×10^{-4}	0.59
1000	0.275	1.306	0.109 0	3.034×10^{-4}	4.84×10^{-5}	1.743×10^{-4}	0.58
1100	0.257	1.323	0.117 5	3.455×10^{-4}	5.07×10^{-5}	1.971×10^{-4}	0.57
1200	0.240	1.340	0.126 2	3.924×10^{-4}	5.30×10^{-5}	2.210×10^{-4}	0.56

附录 7　1 标准大气压下过热水蒸气的热物理性质

T K	ρ kg/m³	c_p kJ/(kg·K)	λ W/(m·K)	a m²/s	η kg/(m·s)	ν m²/s	Pr
380	0.586 3	2.060	0.024 6	2.036×10^{-5}	1.271×10^{-5}	2.16×10^{-5}	1.060
400	0.554 2	2.014	0.026 1	2.338×10^{-5}	1.344×10^{-5}	2.42×10^{-5}	1.040
450	0.490 2	1.980	0.029 9	3.070×10^{-5}	1.525×10^{-5}	3.11×10^{-5}	1.010
500	0.440 5	1.985	0.033 9	3.870×10^{-5}	1.704×10^{-5}	3.86×10^{-5}	0.996
550	0.400 5	1.997	0.037 9	4.750×10^{-5}	1.884×10^{-5}	4.70×10^{-5}	0.991
600	0.385 2	2.026	0.042 2	5.730×10^{-5}	2.067×10^{-5}	5.66×10^{-5}	0.986
650	0.338 0	2.056	0.046 4	6.660×10^{-5}	2.247×10^{-5}	6.64×10^{-5}	0.995
700	0.314 0	2.085	0.050 5	7.720×10^{-5}	2.426×10^{-5}	7.72×10^{-5}	1.000
750	0.293 1	2.119	0.054 9	8.330×10^{-5}	2.604×10^{-5}	8.88×10^{-5}	1.005
800	0.273 0	2.152	0.059 2	1.001×10^{-4}	2.786×10^{-5}	1.020×10^{-4}	1.010
850	0.257 9	2.186	0.063 7	1.130×10^{-4}	2.969×10^{-5}	1.152×10^{-4}	1.019

附录 8　饱和水的热物理性质

t ℃	$p \times 10^{-5}$ Pa	ρ kg/m³	h' kJ/kg	c_p kJ/ (kg·K)	$\lambda \times 10^2$ W/ (m·K)	$a \times 10^8$ m²/s	$\eta \times 10^6$ Pa·s	$\nu \times 10^6$ m²/s	$\alpha_v \times 10^4$ K⁻¹	Pr
0	0.006 11	999.9	0	4.212	55.1	13.1	1 788	1.789	−0.81	13.67
10	0.012 27	999.7	42.04	4.191	57.4	13.7	1 306	1.306	+0.87	9.52
20	0.023 38	998.2	93.91	4.183	59.9	14.3	1 004	1.006	2.09	7.02
30	0.042 41	995.7	125.7	4.174	61.8	14.9	801.5	0.805	3.05	5.42
40	0.073 75	992.2	167.5	4.174	63.5	15.3	653.3	0.659	3.86	4.31
50	0.123 35	988.1	209.3	4.174	64.8	15.7	549.4	0.556	4.57	3.54
60	0.199 20	983.1	251.1	4.179	65.9	16.0	469.9	0.478	5.22	2.99
70	0.311 6	977.8	293.0	4.187	66.8	16.3	406.1	0.415	5.83	2.55
80	0.473 6	971.8	355.0	4.195	67.4	16.6	355.1	0.365	6.40	2.21
90	0.701 1	965.3	377.0	4.208	68.0	16.8	314.9	0.326	6.96	1.95
100	1.013	958.4	419.1	4.220	68.3	16.9	282.5	0.295	7.50	1.75
110	1.43	951.0	461.4	4.233	68.5	17.0	259.0	0.272	8.04	1.60
120	1.98	943.1	503.7	4.250	68.6	17.1	237.4	0.252	8.58	1.47
130	2.70	934.8	546.4	4.266	68.6	17.2	217.8	0.233	9.12	1.36
140	3.61	926.1	589.1	4.287	68.5	17.2	201.1	0.217	9.68	1.26
150	4.76	917.0	632.2	4.313	68.4	17.3	186.4	0.203	10.26	1.17
160	6.18	907.0	675.4	4.346	68.3	17.3	173.6	0.191	10.87	1.10
170	7.92	897.3	719.3	4.380	67.9	17.3	162.8	0.181	11.52	1.05
180	10.03	886.9	763.3	4.417	67.4	17.2	153.0	0.173	12.21	1.00
190	12.55	876.0	807.8	4.459	67.0	17.1	144.2	0.165	12.96	0.96
200	15.55	863.0	852.8	4.505	66.3	17.0	136.4	0.158	13.77	0.93
210	19.08	852.3	897.7	4.555	65.5	16.9	130.5	0.153	14.67	0.91
220	23.20	840.3	943.7	4.614	64.5	16.6	124.6	0.148	15.67	0.89
230	27.98	827.3	990.2	4.681	63.7	16.4	119.7	0.145	16.80	0.88
240	33.48	813.6	1037.5	4.756	62.8	16.2	114.8	0.141	18.08	0.87
250	39.78	799.0	1085.7	4.844	61.8	15.9	109.9	0.137	19.55	0.86
260	46.94	784.0	1135.7	4.949	60.5	15.6	105.9	0.135	21.27	0.87

续表

t ℃	$p \times 10^{-5}$ Pa	ρ kg/m³	h' kJ/kg	c_p kJ/ (kg·K)	$\lambda \times 10^2$ W/ (m·K)	$a \times 10^8$ m²/s	$\eta \times 10^6$ Pa·s	$\nu \times 10^6$ m²/s	$\alpha_v \times 10^4$ K⁻¹	Pr
270	55.05	767.9	1185.7	5.070	59.0	15.1	102.0	0.133	23.31	0.88
280	64.19	750.7	1236.8	5.230	57.4	14.6	98.1	0.131	25.79	0.90
290	74.45	732.3	1290.0	5.485	55.8	13.9	94.2	0.129	28.84	0.93
300	85.92	712.5	1344.9	5.736	54.0	13.2	91.2	0.128	32.73	0.97
310	98.70	691.1	1402.2	6.071	52.3	12.5	88.3	0.128	37.85	1.03
320	112.90	667.1	1462.1	6.574	50.6	11.5	85.3	0.128	44.91	1.11
330	128.65	640.2	1526.2	7.244	48.4	10.4	81.4	0.127	55.31	1.22
340	146.08	610.1	1594.8	8.165	45.7	9.17	77.5	0.127	72.10	1.39
350	165.37	574.4	1671.4	9.504	43.0	7.88	72.6	0.126	103.7	1.60
360	186.74	528.0	1761.5	13.984	39.5	5.36	66.7	0.126	182.9	2.35
370	210.53	450.5	1892.5	40.321	33.7	1.86	56.9	0.126	676.7	6.79

注　ν 值选自 Steam Tables in SI Units, 2nd Ed., Ed. by Grigull, U. et. Al., Springer Verlag, 1984.

附录9　干饱和水蒸气的热物理性质

t ℃	$p \times 10^{-5}$ Pa	ρ'' kg/m³	h'' kJ/kg	r kJ/kg	c_p kJ/ (kg·K)	$\lambda \times 10^2$ W/(m·K)	$a \times 10^3$ m²/s	$\eta \times 10^6$ Pa·s	$\nu \times 10^6$ m²/s	Pr
0	0.006 11	0.004 847	2501.6	2501.6	1.854 3	1.83	7313.0	8.022	1655.01	0.815
10	0.012 27	0.009 396	2520.0	2477.7	1.859 4	1.88	3881.3	80 424	896.54	0.831
20	0.023 38	0.017 29	2538.0	2 454.3	1.866 1	1.94	2167.2	8.84	509.90	0.847
30	0.042 41	0.030 37	2556.5	2430.9	1.874 4	2.00	1265.1	9.218	303.53	0.863
40	0.073 75	0.051 16	2574.5	2407.0	1.855 3	2.06	768.45	9.620	188.04	0.883
50	0.123 35	0.083 02	2592.0	2392.7	1.898 7	2.12	483.59	10.022	120.72	0.896
60	0.199 20	0.130 2	2609.6	2358.4	1.915 5	2.19	315.55	10.424	80.07	0.913
70	0.311 6	0.198 2	2626.8	2334.1	1.936 4	2.25	210.57	10.817	54.57	0.930
80	0.473 6	0.293 3	2643.5	2309.0	1.961 5	2.33	145.53	11.219	38.25	0.947
90	0.701 1	0.423 5	2660.3	2283.1	1.992 1	2.40	102.22	11.621	27.44	0.966
100	1.013	0.597 7	2676.2	2257.1	2.028 1	2.48	73.57	12.023	30.12	0.984
110	1.43	0.826 5	2691.3	2229.9	2.070 1	2.56	53.83	12.425	15.03	1.00
120	1.98	1.122	2705.9	2202.3	2.119 8	2.65	40.15	12.798	11.41	1.02
130	2.70	1.497	2719.7	2173.8	2.176 3	2.76	30.46	13.170	8.80	1.04
140	3.61	1.967	2733.1	2144.1	2.240 8	2.85	23.28	13.543	6.89	1.06
150	4.76	2.548	2745.3	2113.1	2.314 5	2.97	18.10	13.896	5.45	1.08
160	6.18	3.260	2756.6	2081.3	2.397 4	3.08	14.20	14.249	4.37	1.11
170	7.92	4.123	2767.1	2047.8	2.491 1	3.21	11.25	14.612	3.54	1.13
180	10.03	5.160	2776.3	2013.0	2.595 8	3.36	9.03	14.965	2.90	1.15
190	12.55	6.397	2784.2	1976.6	2.712 6	3.51	7.29	15.298	2.39	1.18
200	15.55	7.864	2790.9	1938.5	2.842 5	3.68	5.92	15.651	1.99	1.21
210	19.08	9.593	2796.4	1898.3	2.987 7	3.87	4.86	15.995	1.67	1.24
220	23.20	11.62	2799.7	1856.4	3.149 7	4.07	4.00	16.338	1.41	1.26
230	27.98	14.00	2801.8	1811.6	3.331 0	4.30	3.32	16.701	1.19	1.29
240	33.48	16.76	2802.2	1764.7	3.536 6	4.54	2.76	17.073	1.02	1.33
250	39.78	19.99	2800.6	1714.4	3.772 3	4.84	2.31	17.446	0.873	1.36

续表

t ℃	$p \times 10^{-5}$ Pa	ρ'' kg/m³	h'' kJ/kg	r kJ/kg	c_p kJ/ (kg·K)	$\lambda \times 10^2$ W/(m·K)	$a \times 10^3$ m²/s	$\eta \times 10^6$ Pa·s	$\nu \times 10^6$ m²/s	Pr
260	46.94	23.73	2796.4	1661.3	4.047 0	5 018	1.94	17.848	0.752	1.40
270	55.05	28.10	2789.7	1604.8	4.373 5	5.55	1.63	19.280	0.651	1.44
280	64.19	33.19	2780.5	1543.7	4.767 5	6.00	1.37	18.750	0.565	1.49
290	74.45	39.16	2767.5	1477.5	5.252 8	6.55	1.15	19.270	0.492	1.54
300	85.92	46.19	2751.1	1405.9	5.863 2	7.22	0.96	19.839	0.430	0.61
310	98.70	54.54	2730.2	1327.6	6.650 3	8.06	0.80	20.691	0.380	1.71
320	112.90	64.60	2703.8	1241.0	7.721 7	8.65	0.62	21.691	0.336	1.94
330	128.65	76.99	2670.3	1143.8	9.361 3	9.61	0.48	23.093	0.300	2.24
340	146.08	92.76	2626.0	1030.8	12.210 8	10.70	0.34	24.692	0.266	2.82
350	165.37	113.6	2567.8	895.6	17.150 4	11.90	0.22	26.594	0.234	3.83
360	186.74	144.1	2485.3	721.4	25.116 2	13.70	0.14	29.193	0.203	5.34
370	210.53	201.1	2342.9	452.0	76.915 7	16.60	0.04	33.989	0.169	15.7
374.15	221.20	315.5	2107.2	0.0	∞	13.79	0.0	44.992	0.143	∞

附录10　1标准大气压下一些气体的热物理性质

t℃	ρkg/m³	c_pJ/(kg·K)	λW/(m·K)	am²/s	ηPa·s	νm²/s	Pr
二氧化碳（CO_2）							
0	1.963 5	811	0.014 56	9.141×10^{-6}	1.375×10^{-5}	7.003×10^{-6}	0.766 1
27	1.797 3	871	0.016 572	$1.058\,8\times10^{-6}$	$1.495\,8\times10^{-5}$	8.321×10^{-6}	0.770 0
50	1.659 7	866.6	0.018 58	1.291×10^{-5}	1.612×10^{-5}	9.714×10^{-6}	0.752 0
77	1.536 2	900	0.020 47	$1.480\,8\times10^{-5}$	$1.720\,5\times10^{-5}$	1.119×10^{-5}	0.755 0
100	1.437 3	914.8	0.022 57	1.716×10^{-5}	1.841×10^{-5}	1.281×10^{-5}	0.746 4
127	1.342 4	942	0.024 61	$1.946\,3\times10^{-5}$	1.932×10^{-5}	1.439×10^{-5}	0.738 0
177	1.191 8	980	0.028 97	$2.481\,3\times10^{-5}$	2.134×10^{-5}	1.790×10^{-5}	0.721 0
200	1.133 6	995.2	0.030 44	2.698×10^{-5}	2.276×10^{-5}	2.008×10^{-5}	0.744 2
氮气（N_2）							
0	1.249 8	1035	0.023 84	1.843×10^{-5}	1.640×10^{-5}	1.312×10^{-5}	0.712 1
27	1.142 1	1040.8	0.026 20	$2.204\,4\times10^{-5}$	1.784×10^{-5}	1.563×10^{-5}	0.713 0
50	1.056 4	1042	0.027 46	2.494×10^{-5}	1.874×10^{-5}	1.774×10^{-5}	0.711 4
100	0.914 9	1041	0.030 90	3.244×10^{-5}	2.094×10^{-5}	2.289×10^{-5}	0.705 6
127	0.853 8	1045.9	0.033 35	3.734×10^{-5}	2.198×10^{-5}	2.574×10^{-5}	0.691 0
150	0.806 8	1043	0.034 16	4.058×10^{-5}	2.300×10^{-5}	2.851×10^{-5}	0.702 5
200	0.721 5	1050	0.037 27	4.921×10^{-5}	2.494×10^{-5}	3.457×10^{-5}	0.702 5
氧气（O_2）							
0	1.427 7	928.7	0.024 72	1.865×10^{-5}	1.916×10^{-5}	1.342×10^{-5}	0.719 8
27	1.300 7	920.3	0.026 76	$2.235\,3\times10^{-5}$	2.063×10^{-5}	1.586×10^{-5}	0.709 0
50	1.206 8	921.7	0.028 67	2.577×10^{-5}	2.194×10^{-5}	1.818×10^{-5}	0.705 3
77	1.113 3	929.1	0.030 70	2.968×10^{-5}	2.316×10^{-5}	2.080×10^{-5}	0.702 0
100	1.045 1	931.8	0.032 54	3.342×10^{-5}	2.451×10^{-5}	2.346×10^{-5}	0.701 9
127	0.975 5	942.0	0.034 61	3.768×10^{-5}	2.554×10^{-5}	2.618×10^{-5}	0.695 0
150	0.921 6	947.6	0.036 37	4.164×10^{-5}	2.694×10^{-5}	2.923×10^{-5}	0.701 9
177	0.868 2	956.7	0.038 28	4.609×10^{-5}	2.777×10^{-5}	3.199×10^{-5}	0.694 0
200	0.824 2	964.7	0.040 14	5.048×10^{-5}	2.923×10^{-5}	3.546×10^{-5}	0.702 5
水蒸气（H_2O）							
−50	0.983 9	1892	0.013 53	7.271×10^{-6}	7.187×10^{-6}	7.305×10^{-6}	1.004 7
0	0.803 8	1874	0.016 73	1.110×10^{-5}	8.956×10^{-6}	1.114×10^{-5}	1.003 3
50	0.679 4	1874	0.020 32	1.596×10^{-5}	1.078×10^{-5}	1.587×10^{-5}	0.994 4
100	0.588 4	1887	0.024 29	2.187×10^{-5}	1.265×10^{-5}	2.150×10^{-5}	0.983 0
107	0.586 3	2060	0.024 60	2.036×10^{-5}	1.271×10^{-5}	2.160×10^{-5}	1.060 0

续表

$t℃$	$\rho\,kg/m^3$	$c_p\,J/(kg \cdot K)$	$\lambda\,W/(m \cdot K)$	$a\,m^2/s$	$\eta\,Pa \cdot s$	$\nu\,m^2/s$	Pr
				水蒸气（H_2O）			
127	0.554 2	2014	0.026 10	2.338×10^{-5}	1.344×10^{-5}	2.420×10^{-5}	1.040 0
150	0.518 9	1908	0.028 61	2.890×10^{-5}	1.456×10^{-5}	2.806×10^{-5}	0.971 2
177	0.490 2	1980	0.029 90	3.070×10^{-5}	1.525×10^{-5}	3.110×10^{-5}	1.010 0
200	0.464 0	1935	0.033 26	3.705×10^{-5}	1.650×10^{-5}	3.556×10^{-5}	0.959 9
227	0.440 5	1985	0.033 90	3.870×10^{-5}	1.704×10^{-5}	3.860×10^{-5}	0.996 0
300	0.383 1	1997	0.043 45	5.680×10^{-5}	2.045×10^{-5}	5.340×10^{-5}	0.940 1

附录 11　一些液体的热物理性质

t ℃	ρ kg/m³	c_p J/(kg·K)	λ W/(m·K)	a m²/s	ν m²/s	Pr	a_v K⁻¹
乙二醇［$C_2H_4(OH)_2$］							
0	1131	2294	0.242 0	9.340×10^{-8}	7.530×10^{-6}	0.615	0.000 65
20	1117	2382	0.249 0	9.390×10^{-8}	1.918×10^{-5}	0.204	0.000 65
40	1101	2474	0.256 0	9.390×10^{-8}	8.690×10^{-6}	0.093	0.000 65
60	1088	2562	0.260 0	9.320×10^{-8}	4.750×10^{-6}	0.051	0.000 65
80	1078	2650	0.261 0	9.210×10^{-8}	2.980×10^{-6}	0.032 4	0.000 65
100	1059	2742	0.263 0	9.080×10^{-8}	2.030×10^{-6}	0.022 4	0.000 65
饱和 CO_2							
−50	1156	1.84	0.085 5	$0.402\,1\times10^{-7}$	0.119×10^{-6}	2.96	0.014 00
−40	1118	1.88	0.101 1	$0.481\,0\times10^{-7}$	0.118×10^{-6}	2.46	0.014 00
−30	1077	1.97	0.111 6	$0.527\,2\times10^{-7}$	0.117×10^{-6}	2.22	0.014 00
−20	1032	2.05	0.115 1	$0.544\,5\times10^{-7}$	0.115×10^{-6}	2.12	0.014 00
−10	983	2.18	0.109 9	$0.513\,3\times10^{-7}$	0.113×10^{-6}	2.20	0.014 00
0	927	2.47	0.104 5	$0.457\,8\times10^{-7}$	0.108×10^{-6}	2.38	0.014 00
10	860	3.14	0.097 1	$0.360\,8\times10^{-7}$	0.101×10^{-6}	2.80	0.014 00
20	773	5.0	0.087 2	$0.221\,9\times10^{-7}$	0.091×10^{-6}	4.10	0.014 00
30	598	36.4	0.070 3	$0.027\,9\times10^{-7}$	0.080×10^{-6}	28.7	0.014 00
饱和 SO_2							
−30	1521	1.361 6	0.230	1.117×10^{-7}	0.371×10^{-6}	3.31	0.001 94
−20	1489	1.362 4	0.225	1.107×10^{-7}	0.324×10^{-6}	2.93	0.001 94
−10	1464	1.362 8	0.218	1.097×10^{-7}	0.288×10^{-6}	2.62	0.001 94
0	1438	1.363 6	0.211	1.081×10^{-7}	0.257×10^{-6}	2.38	0.001 94
10	1413	1.364 5	0.204	1.066×10^{-7}	0.232×10^{-6}	2.18	0.001 94
20	1386	1.365 3	0.199	1.050×10^{-7}	0.210×10^{-6}	2.00	0.001 94
30	1359	1.366 2	0.192	1.035×10^{-7}	0.190×10^{-6}	1.83	0.001 94
40	1329	1.367 4	0.185	1.019×10^{-7}	0.173×10^{-6}	1.70	0.001 94
50	1299	1.368 3	0.177	0.999×10^{-7}	0.162×10^{-6}	1.61	0.001 94
饱和氟利昂—12（CCl_2F_2）							
−50	1547	0.875 0	0.067	0.501×10^{-7}	0.310×10^{-6}	6.2	0.002 63
−40	1519	0.884 7	0.069	0.514×10^{-7}	0.279×10^{-6}	5.4	0.002 63
−30	1490	0.895 6	0.069	0.526×10^{-7}	0.253×10^{-6}	4.8	0.002 63
−20	1461	0.907 3	0.071	0.539×10^{-7}	0.235×10^{-6}	4.4	0.002 63

续表

t ℃	ρ kg/m³	c_p J/(kg·K)	λ W/(m·K)	a m²/s	ν m²/s	Pr	a_v K⁻¹
			饱和氟利昂—12（CCl₂F₂）				
−10	1429	0.920 3	0.073	0.550×10^{-7}	0.221×10^{-6}	4.0	0.002 63
0	1397	0.934 5	0.073	0.557×10^{-7}	0.214×10^{-6}	3.8	0.002 63
10	1364	0.949 6	0.073	0.560×10^{-7}	0.203×10^{-6}	3.6	0.002 63
20	1330	0.965 9	0.073	0.560×10^{-7}	0.198×10^{-6}	3.5	0.002 63
30	1295	0.983 5	0.071	0.560×10^{-7}	0.194×10^{-6}	3.5	0.002 63
40	1257	1.001 9	0.069	0.555×10^{-7}	0.191×10^{-6}	3.5	0.002 63
50	1216	1.021 6	0.067	0.545×10^{-7}	0.190×10^{-6}	3.5	0.002 63
			饱和 NH₃				
−50	702.0	4354	0.620 7	2.031×10^{-7}	4.745×10^{-7}	2.337	0.001 69
−40	689.9	4396	0.601 4	1.983×10^{-7}	4.160×10^{-7}	2.098	0.001 78
−30	677.5	4448	0.581 0	1.928×10^{-7}	3.700×10^{-7}	1.919	0.001 88
−20	664.9	4501	0.560 7	1.874×10^{-7}	3.328×10^{-7}	1.766	0.001 96
−10	652.0	4556	0.540 5	1.820×10^{-7}	3.018×10^{-7}	1.659	0.002 04
0	638.6	4617	0.520 2	1.764×10^{-7}	2.753×10^{-7}	1.560	0.002 16
10	624.8	4683	0.499 8	1.708×10^{-7}	2.522×10^{-7}	1.477	0.002 28
20	610.4	4758	0.479 2	1.650×10^{-7}	2.320×10^{-7}	1.406	0.002 42
30	595.4	4843	0.458 3	1.589×10^{-7}	2.143×10^{-7}	1.348	0.002 57
40	579.5	4943	0.437 1	1.526×10^{-7}	0.988×10^{-7}	1.303	0.002 76
50	562.9	5066	0.415 6	1.457×10^{-7}	1.853×10^{-7}	1.271	0.003 07
			11 号润滑油				
0	905.0	1834	0.144 9	8.73×10^{-8}	1.336×10^{-3}		
10	898.8	1872	0.144 1	8.56×10^{-8}	5.642×10^{-4}	15 310	
20	892.7	1909	0.143 2	8.40×10^{-8}	2.802×10^{-4}	6591	0.000 69
30	886.6	1947	0.142 3	8.24×10^{-8}	1.532×10^{-4}	3335	
40	880.6	1985	0.141 4	8.09×10^{-8}	9.07×10^{-5}	1859	
50	874.6	2022	0.140 5	7.94×10^{-8}	5.74×10^{-5}	1121	
60	868.8	2064	0.139 6	7.78×10^{-8}	3.84×10^{-5}	723	
70	863.1	2106	0.138 7	7.63×10^{-8}	2.70×10^{-5}	493	
80	857.4	2148	0.137 9	7.49×10^{-8}	1.97×10^{-5}	354	
90	851.8	2190	0.137 0	7.34×10^{-8}	1.49×10^{-5}	263	
100	846.2	2236	0.136 1	7.19×10^{-8}	1.15×10^{-5}	203	

续表

t ℃	ρ kg/m³	c_p J/(kg·K)	λ W/(m·K)	a m²/s	ν m²/s	Pr	a_v K⁻¹
				14 号润滑油			
0	905.2	1866	0.149 3	8.84×10^{-8}	2.237×10^{-3}	25 310	
10	899.0	1909	0.148 5	8.65×10^{-8}	8.632×10^{-4}	9979	
20	892.8	1915	0.147 7	8.48×10^{-8}	4.109×10^{-4}	4846	0.000 69
30	886.7	1993	0.147 0	8.32×10^{-8}	2.165×10^{-4}	2603	
40	880.7	2035	0.146 2	8.16×10^{-8}	1.242×10^{-4}	1522	
50	874.8	2077	0.145 4	8.00×10^{-8}	7.65×10^{-5}	956	
60	869.0	2114	0.144 6	7.87×10^{-8}	5.05×10^{-5}	462	
70	863.2	2156	0.143 9	7.73×10^{-8}	3.43×10^{-5}	444	
80	857.5	2194	0.143 1	7.61×10^{-8}	2.46×10^{-5}	323	
90	851.9	2227	0.142 4	7.51×10^{-8}	1.83×10^{-5}	244	
100	846.4	2265	0.141 6	7.39×10^{-8}	1.40×10^{-5}	190	

附录 12　液态金属的热物理性质

t ℃	ρ kg/m³	c_p J/ (kg·K)	λ W/ (m·K)	a m²/s	η Pa·s	ν m²/s	Pr	a_v K⁻¹
				水银（Hg）熔点：−39℃				
0	13 595	140.4	8.182 00	4.287×10^{-6}	1.687×10^{-3}	1.241×10^{-7}	0.028 9	1.810×10^{-4}
20	13 579	139.4	8.690 00	4.606×10^{-6}	—	1.140×10^{-7}	0.024 9	1.820×10^{-4}
25	13 534	139.4	8.515 33	4.514×10^{-6}	1.534×10^{-3}	1.133×10^{-7}	0.025 1	1.810×10^{-4}
50	13 473	138.6	8.836 32	4.734×10^{-6}	1.423×10^{-3}	1.056×10^{-7}	0.022 3	1.810×10^{-4}
75	13 412	137.8	9.156 32	4.956×10^{-6}	1.316×10^{-3}	9.819×10^{-8}	0.019 8	1.810×10^{-4}
100	13 351	137.1	9.467 06	5.170×10^{-6}	1.245×10^{-3}	9.326×10^{-8}	0.018 0	1.810×10^{-4}
150	13 231	136.1	10.077 80	5.595×10^{-6}	1.126×10^{-3}	8.514×10^{-8}	0.015 2	1.810×10^{-4}
200	13 112	135.5	10.654 65	5.996×10^{-6}	1.043×10^{-3}	7.959×10^{-8}	0.013 3	1.810×10^{-4}
250	12 993	135.3	11.181 50	6.363×10^{-6}	9.820×10^{-4}	7.558×10^{-8}	0.011 9	1.810×10^{-4}
300	12 873	135.3	11.681 50	6.705×10^{-6}	9.336×10^{-4}	7.252×10^{-8}	0.010 8	1.854×10^{-4}
315.5	12 847	134.0	14.020 00	8.150×10^{-6}		6.730×10^{-8}	0.008 3	1.820×10^{-4}
				钠（Na）熔点：98℃				
100	927.3	1378	85.84	6.718×10^{-5}	6.892×10^{-4}	7.432×10^{-7}	0.011 06	
200	902.5	1349	80.84	6.639×10^{-5}	5.385×10^{-4}	5.967×10^{-7}	0.008 987	
300	877.8	1320	75.84	6.544×10^{-5}	3.878×10^{-4}	4.418×10^{-7}	0.006 751	
400	853.0	1296	71.20	6.437×10^{-5}	2.720×10^{-4}	3.188×10^{-7}	0.004 953	
500	828.5	1284	67.41	6.335×10^{-5}	2.411×10^{-4}	2.909×10^{-7}	0.004 593	
600	804.0	1272	63.63	6.220×10^{-5}	2.101×10^{-4}	2.614×10^{-7}	0.004 202	
				钾（K）熔点：64℃				
200	795.2	790.8	43.99	6.995×10^{-5}	3.350×10^{-4}	4.213×10^{-7}	0.006 023	
300	771.6	772.8	42.01	7.045×10^{-5}	2.667×10^{-4}	3.456×10^{-7}	0.004 906	
400	748.0	754.8	40.03	7.090×10^{-5}	1.984×10^{-4}	2.652×10^{-7}	0.003 74	
500	723.9	750.0	37.81	6.964×10^{-5}	1.668×10^{-4}	2.304×10^{-7}	0.003 309	
600	699.6	750.0	35.50	6.765×10^{-5}	1.487×10^{-4}	2.126×10^{-7}	0.003 143	
				钠钾化合物（%22Na−%78K）熔点：−11℃				
100	847.3	944.4	25.64	3.205×10^{-5}	5.707×10^{-4}	6.736×10^{-7}	0.021 02	
200	823.2	922.5	26.27	3.459×10^{-5}	4.587×10^{-4}	5.572×10^{-7}	0.016 11	
300	799.1	900.6	26.89	3.736×10^{-5}	3.467×10^{-4}	4.339×10^{-7}	0.011 61	
400	775.0	879.0	27.50	4.037×10^{-5}	2.357×10^{-4}	3.041×10^{-7}	0.007 53	
500	751.5	880.1	27.89	4.217×10^{-5}	2.108×10^{-4}	2.805×10^{-7}	0.006 65	
600	728.0	881.2	28.28	4.408×10^{-5}	1.859×10^{-4}	2.553×10^{-7}	0.005 79	

数据来源：数据是利用 S. A. Klein 和 F. L. Alvarado 研发的 EES 软件生成的，其中原始数据基于大量资料。

附录 13　无限大平板非稳态导热线算图

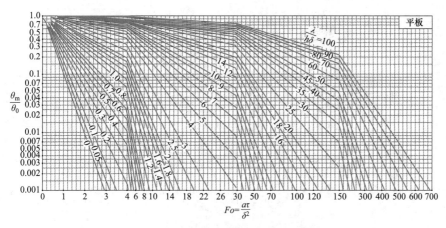

附录 13-1　无限大平板中心温度诺谟图

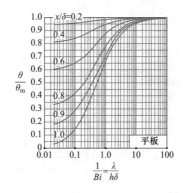

附录 13-2　无限大平板的 θ/θ_m 曲线

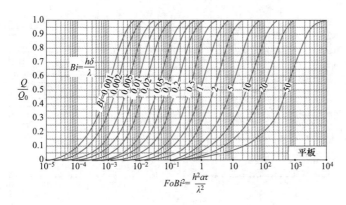

附录 13-3　无限大平板的 Q/Q_0 曲线

附录 14　长圆柱非稳态导热线算图

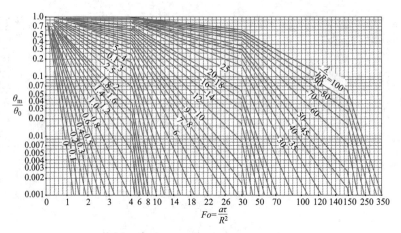

附录 14-1　长圆柱中心温度诺谟图

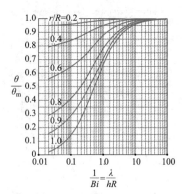

附录 14-2　长圆柱的 θ/θ_m 曲线

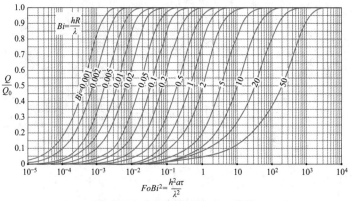

附录 14-3　长圆柱的 Q/Q_0 曲线

附录 15　球体非稳态导热线算图

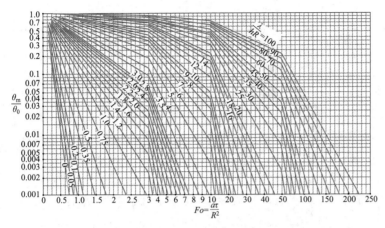

附录 15-1　球体中心温度诺谟图

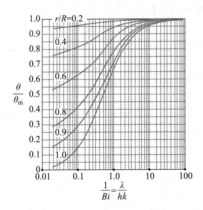

附录 15-2　球体的 $\theta/\theta_{\mathrm{m}}$ 曲线

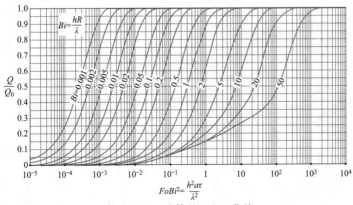

附录 15-3　球体的 Q/Q_0 曲线

附录 16　部分毕渥数下对应特征方程（3-26）的前 6 个根 μ_n

Bi	μ_1	μ_2	μ_3	μ_4	μ_5	μ_6
0.01	0.141 2	3.834 3	7.017 0	10.174 5	13.324 4	16.471 2
0.05	0.314 3	3.844 7	7.022 7	10.178 4	13.327 4	16.473 7
0.1	0.441 7	3.857 7	7.029 8	10.183 3	13.331 2	16.476 7
0.5	0.940 8	3.959 4	7.086 4	10.222 5	13.361 1	16.501 0
1	1.255 8	4.079 5	7.155 8	10.271 0	13.398 4	16.531 2
5	1.989 8	4.713 1	7.617 7	10.622 3	13.678 6	16.763 0
10	2.179 5	5.033 2	7.956 9	10.936 3	13.958 0	17.009 9
50	2.357 2	5.411 2	8.484 0	11.562 1	14.643 3	17.727 2
100	2.380 9	5.465 2	8.567 8	11.674 7	14.783 4	17.893 1

附录 17　部分毕渥数下对应特征方程式（3-30）的前 6 个根 μ_n

Bi	μ_1	μ_2	μ_3	μ_4	μ_5	μ_6
0.01	0.173 0	4.495 6	7.726 5	10.905 0	14.066 9	17.221 3
0.05	0.358 4	4.504 5	7.731 7	10.908 7	14.069 7	17.223 7
0.1	0.542 3	4.515 7	7.738 2	10.913 3	14.073 3	17.226 6
0.5	1.165 6	4.604 2	7.789 9	10.949 9	14.101 7	17.249 8
1	1.570 8	4.712 4	7.854 0	10.995 6	14.137 2	17.278 8
5	2.570 4	5.354 0	8.302 9	11.334 9	14.408 0	17.503 4
10	2.836 3	5.717 2	8.658 7	11.653 2	14.687 0	17.748 1
50	3.078 8	6.158 2	9.238 4	12.320 0	15.407 8	18.488 8
100	3.110 3	6.220 5	9.330 8	14.441 4	15.552 1	18.663 2

附录18　误差函数表

x	erf$x$	x	erf$x$	x	erf$x$
0.00	0.000 00	0.76	0.717 54	1.52	0.968 41
0.02	0.022 56	0.78	0.730 01	1.54	0.970 59
0.04	0.045 11	0.80	0.742 10	1.56	0.972 63
0.06	0.067 62	0.82	0.753 81	1.58	0.974 55
0.08	0.090 08	0.84	0.765 14	1.60	0.976 36
0.10	0.112 46	0.86	0.776 10	1.62	0.978 04
0.12	0.134 76	0.88	0.786 69	1.64	0.979 62
0.14	0.156 95	0.90	0.796 91	1.66	0.981 10
0.16	0.179 01	0.92	0.806 77	1.68	0.982 49
0.18	0.200 94	0.94	0.816 27	1.70	0.983 79
0.20	0.222 70	0.96	0.825 42	1.72	0.985 00
0.22	0.244 30	0.98	0.834 23	1.74	0.986 13
0.24	0.265 70	1.00	0.842 70	1.76	0.987 19
0.26	0.286 90	1.02	0.850 84	1.78	0.988 17
0.28	0.307 88	1.04	0.858 65	1.80	0.989 09
0.30	0.328 63	1.06	0.866 14	1.82	0.989 94
0.32	0.349 13	1.08	0.873 33	1.84	0.990 74
0.34	0.369 36	1.10	0.880 20	1.86	0.991 47
0.36	0.389 33	1.12	0.880 79	1.88	0.992 16
0.38	0.409 01	1.14	0.893 08	1.90	0.992 79
0.40	0.428 39	1.16	0.899 10	1.92	0.993 38
0.42	0.447 49	1.18	0.904 84	1.94	0.993 92
0.44	0.466 22	1.20	0.910 31	1.96	0.994 43
0.46	0.484 66	1.22	0.915 53	1.98	0.994 89
0.48	0.502 75	1.24	0.920 50	2.00	0.995 322
0.50	0.520 50	1.26	0.925 24	2.10	0.997 020
0.52	0.537 90	1.28	0.929 73	2.20	0.998 137
0.54	0.554 94	1.30	0.934 01	2.30	0.998 857
0.56	0.571 62	1.32	0.938 06	2.40	0.999 311
0.58	0.587 92	1.34	0.941 91	2.50	0.999 593
0.60	0.603 86	1.36	0.945 56	2.60	0.999 764
0.62	0.619 41	1.38	0.949 02	2.70	0.999 866
0.64	0.634 59	1.40	0.952 28	2.80	0.999 925
0.66	0.649 38	1.42	0.955 38	2.90	0.999 959
0.68	0.662 78	1.44	0.958 30	3.00	0.999 978
0.70	0.677 80	1.46	0.961 05	3.20	0.999 994
0.72	0.691 43	1.48	0.963 65	3.40	0.999 998
0.74	0.704 68	1.50	0.966 10	3.60	1.000 000

注　误差函数 $\mathrm{erf}\ x = \dfrac{2}{\sqrt{\pi}}\displaystyle\int_0^x \mathrm{e}^{-t^2}\,\mathrm{d}t$；余误差函数 $\mathrm{erfc}\ x = 1 - \mathrm{erf}\ x$。

附录 19　典型相关联的例题和习题

1. 关于一个无限长矩形金属棒通电情况下内部温度的分析

问题类型：直角坐标系二维、稳态、有内热源的导热问题。

问题分类，例题 2-1；

数学模型，例题 2-7；

分析求解，例题 3-1；

数值求解，例题 4-3。

2. 关于平板塑料件冷却的问题

问题类型：直角坐标系一维、非稳态导热问题。

数学模型，例题 2-6；

分析求解，例题 3-2；

数值求解，例题 4-4。

3. 关于有内热源平壁的传热分析

问题类型：直角坐标系一维、稳态、有内热源的导热问题。

分析求解，例题 2-13；

数值求解，例题 4-1。

4. 关于核燃料棒的传热分析

问题类型：圆柱坐标系一维、稳态、有内热源的导热问题。

利用能量守恒关系进行工程计算，习题 1-13；

问题分类，例题 2-2；

数学模型，例题 2-8；

分析求解，例题 2-14；

数值求解，例题 4-2；

数值求解，习题 4-4。

5. 关于鸡蛋加热和冷却的问题

问题类型：非稳态导热问题。

零维模型计算，例题 2-17（冷却）；

一维模型计算，例题 3-3（加热）。

6. 关于太阳辐射

太阳表面的温度，例题 8-2；

太阳常数 S_c 的计算，例题 8-3；

太阳辐射中可见光的占比，例题 8-4。

7. 关于平板式太阳能集热器

外表面的对流散热计算，例题 5-2；

中间夹层的自然对流散热计算，例题 5-10；

表面涂层的发射率计算，例题 8-5；

表面涂层的吸收比计算，例题 8-6；

集热效率计算，例题 8-7；

集热效率计算，习题 8-18。

8. 关于热线风速仪

能量守恒计算表面传热系数，习题 1-11；

关联式计算表面传热系数，习题 5-12。

9. 关于套管换热器的计算

中心管管外表面传热系数的计算，习题 5-6；

中心管管内表面传热系数的计算，习题 5-7；

传热过程的计算，习题 10-6。

10. 关于管壳式冷凝器的计算

传热模式分析，例题 1-3；

能量守恒计算，例题 1-6；

管内表面传热系数的计算，习题 5-5；

管外表面传热系数的计算，习题 7-4；

洁净情况下传热过程的计算，习题 10-2；

传热过程的综合计算，习题 10-9。

11. 关于高温金属件的冷却

传热模式分析，例题 1-2；

能量守恒分析，例题 1-5；

集总参数法计算，习题 2-20；

一维非稳态分析解法，习题 3-9、3-10 和 3-11；

一维非稳态数值解法，习题 4-9、4-10 和 4-11；

表面传热系数的变化，习题 5-18；

平均温度随时间的变化规律分析，例题 9-7；

对流传热、辐射传热、非稳态导热综合计算，习题 9-8。

附录 20　配套数字资源目录

一、传热学工程应用相关的视频

   1. 高强度钢的淬火过程

   2. 航天飞行器的温度控制与返回舱的隔热

   3. 绿色建筑与建筑节能

   4. 塔式熔盐太阳能光热发电

   5. 核燃料棒

   6. 青藏铁路路基冻土的保护

   7. 石墨烯与 CPU 散热

   8. 液态金属与大功率器件的快速散热

二、传热学核心内容讲解微课

   1.1　传热学的研究内容及其工程应用

   1.2　热量传递的基本模式

   1.3　能量守恒定律在分析传热现象中的应用

   2. 导热概述

   2.1　导热问题的分类

   2.2　导热基本定律与导热系数

   2.3　导热问题的数学描写

   2.4-1　无内热源的一维稳态导热

   2.4-2　热阻的概念及应用

   2.5　有内热源的一维稳态导热

   2.6-1　肋片及工程计算

   2.6-2　等截面直肋的分析解

   2.7　非稳态导热的集总参数模型

   4.1　导热问题数值求解的基本原理

   4.2　稳态导热数值解法的实例分析

   4.3　非稳态导热的数值解法及实例分析

   5. 对流传热概述

   5.2　对流传热理论分析基础

   5.3　相似原理及其在传热学中的应用

   5.4　管、槽内强制对流传热

   5.5　外部流动强制对流传热

   5.6　自然对流传热

   6.1　对流传热的数学描写

三、部分教学软件及程序的演示视频

1. 例题 2-1 的分析

2. 例题 2-6 的分析

3. 例题 2-7 的讨论

4. 例题 2-11 圆球导热仪的实验简介

5. 集总参数模型的适用条件

6. 毕渥数对一维非稳态温度场的影响

7. 例题 4-1 的迭代求解过程

8. 例题 4-2 的迭代求解过程

9. 例题 4-4 的求解过程

10. 习题 4-9、4-10、4-11 计算和分析

11. 对流传热的思维导图讲解

12. 黑体光谱辐射规律

13. 辐射传热思维导图讲解

四、部分习题参考答案（请扫码获取）

五、部分习题详解

参 考 文 献

[1]　陶文铨. 传热学. 5 版. 北京：高等教育出版社，2019.

[2]　赵镇南. 传热学. 3 版. 北京：高等教育出版社，2019.

[3]　戴锅生. 传热学. 2 版. 北京：高等教育出版社，1999.

[4]　章熙民，任泽霈，梅飞鸣. 传热学. 5 版. 北京：中国建筑工业出版社，2006.

[5]　CENGEL A Y. Heat Transfer，A Practical Approach. 2nd. New York：McGraw-Hill Book Company，2003 .

[6]　霍尔曼. 传热学. 北京：机械工业出版社，2005.

[7]　英克鲁佩勒，德维特，伯格曼，等. 传热和传质基本原理. 葛新石，叶红，译. 北京：化学工业出版社，2009.

[8]　王补宣. 工程传热传质学：上册. 2 版. 北京：科学出版社，2015.

[9]　王补宣. 工程传热传质学：下册. 2 版. 北京：科学出版社，2015.

[10]　李友荣，吴双应. 传热学. 北京：科学出版社，2012.

[11]　李友荣，吴双应，石万元，等. 传热分析与计算. 北京：中国电力出版社，2013.

[12]　许国良，王晓墨，邬田华，等. 工程传热学. 北京：中国电力出版社，2011.

[13]　张靖周，常海萍. 传热学. 2 版. 北京：科学出版社，2015.

[14]　圆山垂直. 传热学. 王世学，张信荣，等编译. 北京：北京大学出版社，2011.